Manuel Duque-Antón

Mobilfunknetze

**Aus dem Programm
Informationstechnik**

Kommunikationstechnik
von M. Meyer

Informationstechnik kompakt
herausgegeben von O. Mildenberger

Mobilfunknetze
von M. Duque-Antón

Datenübertragung
von P. Welzel

Telekommunikation
von D. Conrads

Praxiswissen Radar und Radarsignalverarbeitung
von A. Ludloff

Von Handy, Glasfaser und Internet
von W. Glaser

Nachtsichttechnik
von A. Wallrabe

vieweg

Manuel Duque-Antón

Mobilfunknetze

Grundlagen, Dienste und Protokolle

Mit 167 Abbildungen und 19 Tabellen

Herausgegeben von Otto Mildenberger

Vieweg Praxiswissen

Die Deutsche Bibliothek – CIP-Einheitsaufnahme
Ein Titeldatensatz für diese Publikation ist bei
Der Deutschen Bibliothek erhältlich.

Herausgeber:
Prof. Dr.-Ing. Otto Mildenberger lehrte an der Fachhochschule Wiesbaden in den Fachbereichen
Elektrotechnik und Informatik.

1. Auflage Mai 2002

ISBN 978-3-663-05803-8   ISBN 978-3-663-05802-1 (eBook)
DOI 10.1007/978-3-663-05802-1
Softcover reprint of the hardcover 1st edition 2002
Alle Rechte vorbehalten
© Friedr. Vieweg & Sohn Verlagsgesellschaft mbH, Braunschweig/Wiesbaden, 2002

Der Verlag Vieweg ist ein Unternehmen der Fachverlagsgruppe BertelsmannSpringer.
www.vieweg.de

Das Werk einschließlich aller seiner Teile ist urheberrechtlich geschützt. Jede
Verwertung außerhalb der engen Grenzen des Urheberrechtsgesetzes ist ohne
Zustimmung des Verlags unzulässig und strafbar. Das gilt insbesondere für
Vervielfältigungen, Übersetzungen, Mikroverfilmungen und die Einspeicherung
und Verarbeitung in elektronischen Systemen.

Konzeption und Layout des Umschlags: Ulrike Weigel, www.CorporateDesignGroup.de

Gedruckt auf säurefreiem und chlorfrei gebleichtem Papier

Vorwort

Der Anteil der Informations- und Kommunikationstechnik an der Wertschöpfung gewinnt zunehmend an Bedeutung. War in der ersten Hälfte dieses Jahrhunderts die Übertragung menschlicher Sprache durch das Telefon das dominierende Mittel zur Kommunikation, so bieten moderne Kommunikationsnetze multimediale Dienste an, wie beispielsweise die gleichzeitige Übertragung von Sprache, Video und Daten. Informationen, von Ort und Zeit unabhängig und beliebig reproduzierbar, stellen den Rohstoff der Zukunft dar.

Die größte technische und organisatorische Herausforderung ist die Unterstützung der Mobilität der Teilnehmer. Mobilfunknetze, die diesem Wunsch nach räumlich ungebundener Kommunikation nachkommen, können im Vergleich zu leitungsgebundenen Netzen überall dort eingesetzt werden, wo eine Verkabelung unwirtschaftlich oder unmöglich ist. Während in leitungsgebundenen Netzen die zu errichtende Netzinfrastruktur den begrenzenden Faktor darstellt, wird die Kapazität der Funknetze zusätzlich durch das zur Verfügung stehende Frequenzspektrum bestimmt.

Die Entwicklung der Mobilfunksysteme wurde daher wesentlich durch die knappe Ressource Frequenz geprägt. Eine bessere spektrale Effizienz konnte zum Beispiel durch Digitalisierung der Sprache, sowie Quell- und Kanalkodierung erreicht werden. Daher wurden die bestehenden analogen Mobilfunksysteme durch digitale Mobilfunknetze ersetzt. Die bandbreiteneffiziente Übertragung wurde durch moderne Digitaltechniken bei der Modulation, Codierung und Entzerrung ermöglicht, welche auch ein besseres Störverhalten und geringere Anfälligkeit gegenüber Rauschen bieten als analog modulierte Signale. Die Entwicklung flexibler Kommunikationsprotokolle, die rasanten Fortschritte in der Mikroelektronik und in der Computer- und Softwaretechnik stellen weitere wichtige Schritte auf diesem Weg dar.

Der Grad der Mobilität hängt von der Art des Mobilfunknetzes ab. Innerhalb eines Mobilfunknetzes ist der Teilnehmer über Funk an das Netz angeschlossen und kann sich mit seinem Endgerät relativ freizügig auch während der Kommunikationsverbindung bewegen. Bei einem sogenannten drahtlosen Telefonanschluss für das Heim sind die Anforderungen geringer als beim Mobiltelefon, welches im Fahrzeug oder Zug verwendet wird. Im Gegensatz zur klassischen Terminalmobilität, bei der der Teilnehmer drahtlos über Funk ans Netz angeschlossen ist, bietet die persönliche Mobilität spezielle zusätzliche Dienste im Festnetz an. Darunter wird die Möglichkeit der ortsunabhängigen Nutzung von Telekommunikationsdiensten aller Art verstanden, insbesondere auch in leitungsgebundenen Netzen. Ein Teilnehmer, der sich zum Beispiel mit Hilfe einer Chipkarte an einem aktuell verfügbaren Endgerät identifiziert, kann von dem Moment an dieselben Telekommunikationsdienste nutzen wie zuhause. Im günstigsten Fall ist der Teilnehmer weltweit, unabhängig vom Netzdienstanbieter, unter seiner persönlichen Rufnummer für alle Dienste erreichbar sowohl in Fest- als auch Mobilfunknetzen.

Das Buch richtet sich an all jene, die sich eine Übersicht über die in den letzten Jahren eingeführten digitalen mobilen Kommunikationsnetze sowie deren Dienste und verwendeten Protokolle verschaffen wollen. Angesprochen sind Studierende der Informatik, Elektrotechnik, Informationstechnik und des Wirtschaftsingenieurwesen, aber auch Mitarbeiter aus Industrie und Netzbetrieb. Das Buch ermöglicht dem Leser eine systematische Einarbeitung in das aktuelle GSM- beziehungsweise zukünftige UMTS-System, ohne sich im Detail der Standards zu verlieren.

Nach einer kurzen Einführung erfolgt in Kapitel 1 eine Klassifikation der existierenden mobilen Systeme.

Anschließend werden in Kapitel 2 die Grundlagen der Funkübertragung behandelt. Da die Mehrzahl der in Mobilfunknetzen eingesetzten Verfahren und Protokolle auf den spezifischen Eigenschaften des Funkkanals basieren, sind zum Verständnis unbedingt Kenntnisse der relevanten Grundbegriffe notwendig.

Das allgemeine Referenzmodell zur offenen Kommunikation ist Gegenstand von Kapitel 3. In diesem Kapitel werden die Grundlagen der Kommunikation behandelt, also die Art und Weise wie Informationen zwischen Kommunikationspartnern ausgetauscht werden.

Die relevanten Aspekte bei der Planung von Mobilfunknetzen werden in Kapitel 4 erläutert. In einem Mobilfunksystem ist das zur Verfügung stehende Frequenzspektrum absolut beschränkt. Um trotzdem mehrere Millionen Teilnehmer zu bedienen, müssen die verfügbaren Funkbetriebsmittel geeignet eingesetzt werden.

In Kapitel 5 wird die Architektur und Funktionsweise des aktuellen, paneuropäischen, digitalen Mobilkommunikationssystems der zweiten Generation *GSM (Global System for Mobile Communication)* ausführlich behandelt. In GSM steht die Terminalmobilität im Vordergrund. Die GSM-Technik enthält aber auch schon wesentliche „intelligente" Funktionen zur Unterstützung der persönlichen Mobilität, insbesondere hinsichtlich der Identifizierung und Authentifizierung sowie der Lokalisierung und Verwaltung mobiler Benutzer.

Für die Zukunft wird eine nahezu parallele Entwicklung der Teilnehmerzahlen im Mobilfunk und Internet erwartet. Die Fähigkeit zur effizienten Bereitstellung mobiler, multimedialer Internetdienste wird als strategisch besonders wichtig eingestuft. Ein Überblick über die aktuellen Anwendungen im mobilen Bereich wird in Kapitel 6 gegeben.

In Kapitel 7 wird ein systematischer Einblick in das komplexe Mobilfunksystem der dritten Generation vermittelt. *UMTS* steht für *Universal Mobile Telecommunications System*. Mit Hilfe von UMTS wird dem mobilen Anwender ein Endgerät zur Verfügung gestellt, mit dem eine breit gefächerte Dienstepalette für alle Einsatzbereiche verwendet werden kann.

Der Verfasser dankt besonders Herrn Prof. Dr. Thomas Zimmermann (Fachhochschule Kaiserslautern) für viele hilfreiche Hinweise und klärende Diskussionen. Mein weiterer Dank gilt zum einen Herrn Niko Bender für die kritische Durchsicht des Manuskripts und zahlreiche Verbesserungsvorschläge und zum anderen dem Vieweg Verlag, insbesondere Herrn Prof. Dr. O. Mildenberger, für die gute Zusammenarbeit.

Zweibrücken, im Februar 2002 Manuel Duque-Antón

Inhaltsverzeichnis

1	**Einführung**	**1**
	1.1 Zellulare Mobilfunknetze	2
	1.2 Schnurlose Telefone	4
	1.3 Schnurlose Zugangsnetze/Telefonzelle	5
	1.4 Mobile Kommunikationsnetze	5
	1.5 Bündelfunk-Systeme	6
	1.6 Pagingsysteme	7
	1.7 Satellitensysteme	7
	1.8 UMTS	8
	1.9 Geschichte der Kommunikationsnetze	9
2	**Grundlagen der Funkübertragung**	**13**
	2.1 Frequenzspektrum	13
	2.2 Charakteristika der Funkübertragung	13
	2.3 Ausbreitung über eine Ebene	15
	2.4 Schwund bei Mehrwegeausbreitung	16
	2.5 Abschattung	18
	2.6 Reflexion und Beugung	19
	2.7 Zeitliche Dispersion	20
	2.8 Qualität des Mobilfunkkanals	20
3	**Grundlagen der Kommunikation**	**23**
	3.1 Das OSI-Referenzmodell	23
	3.2 Strukturierung der Funkübertragung	26
	3.3 Grundlagen zur Fehlersicherung	28
	3.4 Grundlagen zum Mehrfachzugriff	29
	3.4.1 Frequenzvielfachzugriff	30
	3.4.2 Zeitvielfachzugriff	31
	3.4.3 Codevielfachzugriff	35
	3.4.4 Raumvielfachzugriff	37
	3.4.5 Duplexverfahren	38
	3.5 Grundlagen zum Zufallszugriff	39

4 Planung von Mobilfunknetzen 43
4.1 Zellularkonzept 43
4.1.1 Grundbegriffe 43
4.1.2 Modellnetze mit hexagonalen Zellen 45
4.1.3 Interferenz und Signalstörabstand 47
4.2 Verträglichkeitsmatrix 50
4.2.1 Modelle zur Vorhersage der Funkausbreitung 51
4.2.2 Ermittlung der Interferenz-Beziehungen 53
4.3 Kanalbedarf 54
4.4 Verfahren zur Kanalvergabe 56
4.4.1 Definition 56
4.4.2 Statische Kanalvergabe 56
4.4.3 Dynamische Kanalvergabe 57
4.4.4 Hybride Kanalvergabe 57
4.5 Systemkapazität 59
4.5.1 Hierarchische Funkzellennetze 59
4.5.2 Verkleinerung der Clustergröße 60
4.5.3 Systembetrieb 61

5 Das GSM-Mobilfunknetz 63
5.1 Dienste 64
5.1.1 Einführungsphasen der Dienste 65
5.1.2 Trägerdienste 66
5.1.3 Telematikdienste 69
5.1.4 Zusatzdienste 72
5.2 System-Architektur 74
5.2.1 Versorgungsgebiete 75
5.2.2 Adressierung 77
5.2.3 Mobilstation 83
5.2.4 Funkteilsystem 86
5.2.5 Vermittlungsteilsystem 87
5.2.6 Betreiberteilsystem 90
5.2.7 Basis-Konfiguration 92
5.3 Protokoll-Architektur 93
5.3.1 Protokoll-Architektur der Signalisierungsebene .. 94
5.3.2 Protokoll-Architektur der Nutzdatenebene 98
5.4 Luftschnittstelle 107
5.4.1 Physikalische Kanäle 108
5.4.2 Logische Kanäle 118

	5.4.3	Abbildung auf physikalische Kanäle	121
	5.4.4	Synchronisation	127
	5.4.5	Sprachcodierung	132
	5.4.6	Kanalcodierung	134
5.5	Netzschicht	139
	5.5.1	Radio Ressource Management	141
	5.5.2	Mobility Management	152
	5.5.3	Connection Management	160

6 Mobile Anwendungen 169

6.1	Dienste		169
	6.1.1	SMS	170
	6.1.2	USSD	170
	6.1.3	Zellenrundfunk	171
	6.1.4	SIM Application Toolkit	171
	6.1.5	WAP	172
	6.1.6	MExE	172
	6.1.7	UMTS	173
6.2	Wireless Application Protocol	176
	6.2.1	WWW-Modell	176
	6.2.2	WAP-Modell	178
	6.2.3	WAP-Architektur	179
	6.2.4	Wireless Markup Language	183
6.3	Technologien	184
	6.3.1	HSCSD	185
	6.3.2	GPRS	186
	6.3.3	EDGE	187
	6.3.4	3G	188
6.4	Endgeräte	190
	6.4.1	Endgeräte der zweiten Generation	190
	6.4.2	Endgeräte der dritten Generation	191
	6.4.3	Bluetooth	192

7 UMTS 193

7.1	Evolution		194
	7.1.1	Dienste	194
	7.1.2	Frequenzspektrum	197
	7.1.3	Innovationen	200
	7.1.4	Standardisierung und Zeitplan	209

7.2	Architektur		212
	7.2.1	Domänen	213
	7.2.2	Strata	215
	7.2.3	Dienstgüte	217
7.3	Funknetz		219
	7.3.1	CDMA	219
	7.3.2	Kapazität von CDMA-Systemen	226
	7.3.3	Funkschnittstelle	229
	7.3.4	Prozeduren der physikalischen Schicht	241
7.4	Zugangsnetz		246
	7.4.1	Komponenten in UTRAN	247
	7.4.2	Protokollarchitektur in UTRAN	249
	7.4.3	AAL in UTRAN	251
	7.4.4	Funkprotokolle in UTRAN	252
	7.4.5	Medium Access Control	255
	7.4.6	Radio Link Control	260
	7.4.7	Packet Data Convergence Protocol	262
	7.4.8	Broadcast/Multicast Control Protocol	263
	7.4.9	Radio Ressource Control	264
	7.4.10	Radio Ressource Management	271
7.5	Kernnetz		275
	7.5.1	Leitungsvermitteltes Kernnetz	276
	7.5.2	Paketvermitteltes Kernnetz	281

Literaturverzeichnis   **297**

Abkürzungen   **303**

Sachwortverzeichnis   **309**

1 Einführung

Eine wichtige Rolle bei der Entwicklung der Mobilfunksysteme hat die Deregulierung und Liberalisierung des Telekommunikationsmarktes gespielt und die damit verknüpften Einigungsprozesse in der Standardisierung. Um Verträglichkeit der Produkte der verschiedenen System- und Endgerätehersteller zu erreichen, müssen enge Spezifikationen erstellt werden. Heute werden von internationalen beziehungsweise europäischen Normungsgremien Mobilfunksysteme definiert, die länderübergreifend eingesetzt und betrieben werden. Das ermöglicht eine grenzüberschreitende Erreichbarkeit der Teilnehmer und aufgrund der hohen Stückzahlen eine kostengünstige Produktion der Endgeräte. Auf diese Weise wird eine Markterschließung für breite Kundenkreise ermöglicht.

Die wichtigsten Mitspieler auf der Standardisierungsbühne sind die Vertreter der Telefongesellschaften, der entsprechenden Fachverbände und schließlich eine freiwillige, weltweite Organisation, deren Mitglieder die nationalen Normungsinstitute sind.

Die *ITU (International Telecommunication Union)* wurde 1947 eine Behörde der Vereinten Nationen und hat Aufgaben wie die Standardisierung des Telefons übernommen. Eine andere typische Aufgabe der ITU ist die weltweite Zuteilung von Radiofrequenzen für die im Wettbewerb stehenden Interessengruppen. Die *ETSI (European Telecommunication Specification Institute)* stellt eine regionale Telekommunikationsorganisation innerhalb der ITU dar. Der paneuropäische Standard für digitale, zellulare Mobilfunknetze *GSM (Global System for Mobile Communication)* wurde beispielsweise von der Vorgängerorganisation der ETSI ausgegeben. Der zukünftige Standard der dritten Generation wird von der ETSI unter dem Namen *UMTS (Universal Mobile Telecommunication System)* und international von der ITU als *IMT 2000 (International Mobile Telecommunication System 2000)* standardisiert.

Internationale Normen werden von der *ISO (International Standards Organization)* ausgegeben, einer freiwilligen weltweiten Organisation, deren Mitglieder die nationalen Normungsinstitute sind. Dazu gehören beispielsweise die amerikanische *ANSI (American National Standardization Institute)* und das deutsche *DIN (Deutsches Institut für Normung)*.

Das *IEEE (Institute of Electrical and Electronics Engineers)* ist der größte Fachverband der Welt. Außer der Veröffentlichung von Berichten in Fachzeitschriften und der Veranstaltung vieler jährlicher Konferenzen beschäftigt sich das IEEE mit der Entwicklung von Normen im Bereich der Elektrotechnik und Informatik. IEEE 802 ist beispielsweise der wichtigste Standard für lokale Netze und wurde anschließend von der ISO als Grundlage für die ISO-Norm 8802 verwendet. Daneben hat das weltweite Internet seine eigenen Standardisierungsmechanismen, die sich stark von denen der ITU und ISO unterscheiden.

De facto Standards werden häufig von Konsortien ausgegeben, bei denen sich mehrere Firmen zusammenschließen, um neue Produkte schneller auf den Markt zu bringen. Ein solches Beispiel stellt das *WAP (Wireless Application Protocol)* Forum dar, dem alle einschlägigen Hersteller, Betreiber und Anwender angehören.

Im weiteren Verlauf des Kapitels werden die heute existierenden beziehungsweise in Planung oder im Aufbau befindlichen digitalen Funknetze beschrieben. Die Unterschiede betreffen die technischen Grundlagen, die verwendeten Protokolle, die angebotenen Dienste und die Einsatzmöglichkeiten. In Abbildung 1.1 wird das gesamte Spektrum der heutigen und, soweit absehbar, der zukünftigen Mobilkommunikationssysteme gezeigt. Die Einteilung orientiert sich dabei an der jeweiligen Reichweite. Am Ende des Kapitels wird eine knappe Zusammenfassung der geschichtlichen Entwicklung mobiler Netze gegeben.

1.1 Zellulare Mobilfunknetze

Unter öffentlichen zellularen Mobilfunksystemen werden Funknetze verstanden, die den Fernsprechdienst leitungsgebundener Netze flächendeckend auf mobile Teilnehmer ausdehnen. Teilnehmer mit mobilen Endgeräten können sich in das Mobilfunksystem einwählen und können dort von anderen (mobilen oder festen) Teilnehmern angerufen werden, beziehungsweise Verbindungen zu anderen (mobilen oder festen) Teilnehmern aufbauen.

Während ältere Mobilfunknetze auf reine Sprachübertragung ausgelegt sind und mit analoger Übertragungstechnik arbeiten, erlauben die neuen digitalen Systeme zudem die Übertragung von Daten. Trotz der dienstintegrierenden Eigenschaften solcher Systeme werden diese ebenfalls als Mobiltelefonnetze bezeichnet, da sie zur Zeit vorwiegend zur Sprachübertragung verwendet werden.

Zellulare Mobilfunknetze sind zentral organisiert. Das heißt, die mobilen Stationen kommunizieren nicht direkt miteinander, sondern sind mit zentralen Funk- und Vermittlungsstationen verbunden. Dadurch unterscheiden sie sich von den dezentral organisierten Funknetzen, wie zum Beispiel den sogenannten *Packet Radio Networks* [3]. Dort können die Mobilstationen direkt miteinander in Verbindung treten.

Um Verbindungen zwischen beliebigen Teilnehmern zu ermöglichen, beinhalten zellulare Mobilfunknetze Vermittlungsfunktionen. Dadurch unterscheiden sich diese Netze von sogenannten Verteilnetzen, wie beispielsweise Fernseh- und Rundfunksystemen, die nur Punkt-zu-Mehrpunktverbindungen betreiben.

Ende 1998 waren weltweit insgesamt 320 GSM-Netze mit etwa 150 Millionen Teilnehmern in 120 Ländern in Betrieb. Allein in Deutschland waren Ende 2000 über 30 Millionen Teilnehmer registriert. Dieser steigenden Globalisierung wurde bereits in mehreren Schritten Rechnung getragen. Die *PCS / PCN* - Netze *(Personal Communication System, Personal Communication Network)* verwenden Frequenzbereiche um 1800 MHz (statt um 900 MHz) und, auf dem nordamerikanischen Markt, um 1900 MHz. Von den durch die unterschiedlichen Frequenzbereichen bedingten Besonderheiten einmal abgesehen sind die PCS/PCN-Netze allerdings GSM-Systeme ohne Einschränkungen.

1.1 Zellulare Mobilfunknetze

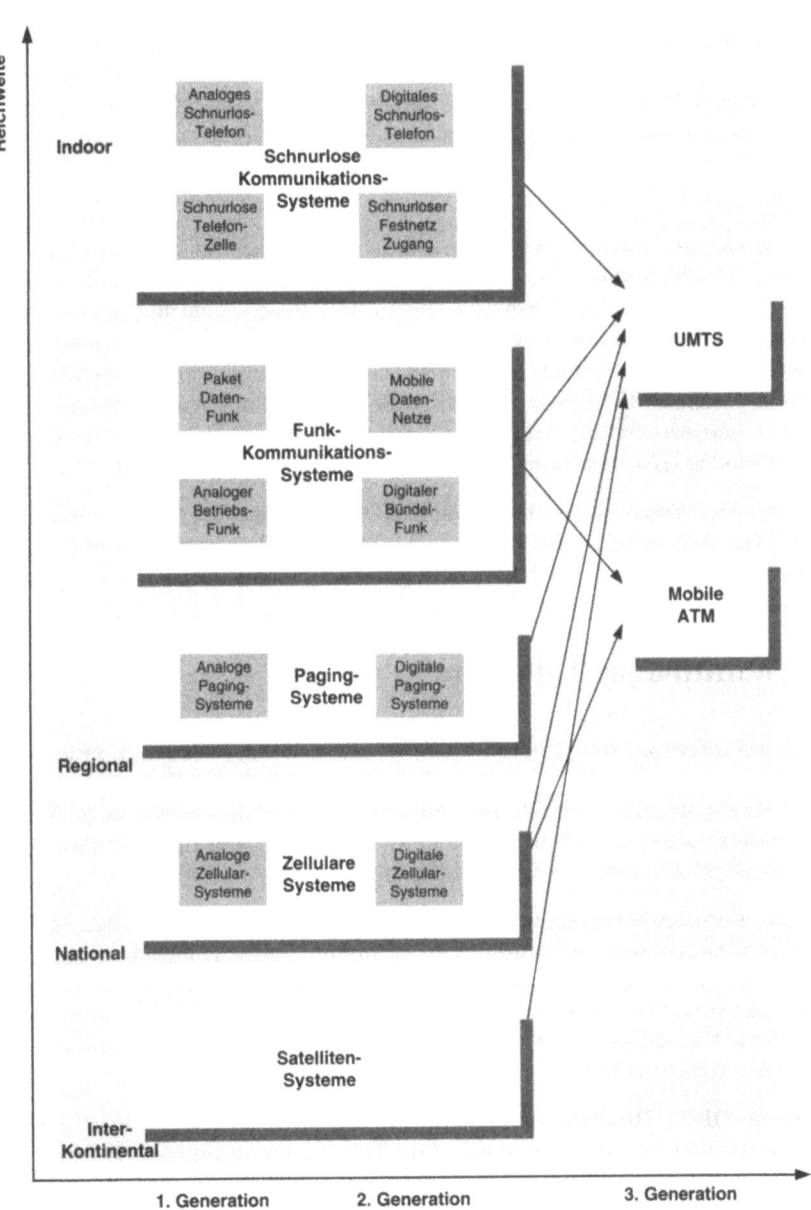

Abbildung 1.1: Typen von Mobilkommunikationssystemen

Das spektakuläre Wachstum der GSM-basierten Netze vermittelt den Eindruck, dass mit Einführung dieser zellularen digitalen paneuropäischen Mobilfunknetze die wesentlichen Entwicklungsschritte getan sind. Dabei vergißt man, dass diese Netze als Verlängerung des ISDN in den mobilen Bereich konzipiert sind, diese Aufgabe aber nur eingeschränkt lösen. Anstelle zweier B-Kanäle pro Teilnehmer steht nur einer zur Verfügung, mit erheblich kleinerer Nutzdatenrate (13 kbit/s für Sprache, 9 kbit/s für Daten). Der beim ISDN verfügbare Primärmultiplexanschluß (2.048 Mbit/s) ist nicht vorhanden. Die erwartete Nachfrage nach ISDN-kompatiblen mobilen Datendiensten (64 kbit/s) erfordert eine zügige Weiterentwicklung der Funkschnittstelle. Entsprechende Arbeiten laufen bei der ETSI.

Obwohl durch die ständige Weiterentwicklung GSM noch für mehrere Jahre das bestimmende Mobilfunksystem bleiben wird, ist es aus technologischen und ökonomischen Gründen offensichtlich, dass GSM von einem Mobilfunksystem der dritten Generation abgelöst werden wird. Es ist deswegen nicht verwunderlich, dass in diesem Zusammenhang über Wege zu einer Konvergenz der Fest- und Mobilfunknetze nachgedacht wird. Insbesondere wird die Fähigkeit zur effizienten Bereitstellung mobiler Internetdienste als strategisch besonders wichtig eingestuft. In Abschnitt 1.8 wird das Netz der Zukunft, das *Universal Mobile Telecommunication System (UMTS)*, kurz vorgestellt.

Zum Thema Mobilfunksysteme, insbesondere GSM, existiert ein großes Literaturverzeichnis. Dem Autor erscheinen die folgenden Bücher besonders erwähnenswert: [43, 44, 67] und [17, 49, 73].

1.2 Schnurlose Telefone

Das schnurlose Telefon stellt die einfachste Variante eines mobilen, bidirektionalen Kommunikationssystems dar. Dabei wird im Prinzip lediglich das Kabel zwischen dem Fernsprechgerät und dem Hörer durch eine Funkstrecke ersetzt, die eine bis zu 300 beziehungsweise 50 Meter weite (außen/im Haus) Funkverbindung ermöglicht. Schnurlose Telefone bieten allerdings nur eine sehr geringe Mobilität.

In Europa sind besonders schnurlose Endgeräte nach dem *DECT*-Standard *(Digital Enhanced Cordless Telecommunication)* weit verbreitet. Solche kleinen Systeme eignen sich hervorragend für bewegliche mobile Anwendungen innerhalb von Gebäuden und in der näheren Umgebung der jeweiligen Feststation. Das schnurlose Telefon nach dem DECT-Standard hat die analogen Vorläufersysteme *(CT0, CT1* und *CT2 Cordless Telephony)* nahezu vom Markt verdrängt.

Ein weiteres DECT-Produkt, die drahtlose Nebenstellenanlage, erobert zur Zeit den Markt der privaten Vermittlungsstellen. Mit Hilfe solcher drahtlosen Telefonanlagen ist eine kostengünstige und einfache Erweiterung bereits existierender privater Vermittlungsstellen innerhalb von Bürogebäuden oder Wohnhäusern möglich.

Im Vergleich zu GSM besitzen DECT-Systeme mehr Freiheitsgrade, da die an der Funkschnittstelle erlaubten Dienste weniger spezifisch definiert sind. Mit Hilfe von DECT kann ein lokales Netz genutzt werden oder der drahtlose Funkanschluß eines Festnetz-Teilnehmers an das öffentliche Telefonnetz realisiert werden. Ausführliche Beschreibungen zum Thema DECT findet der Leser in [50] und [70].

1.3 Schnurlose Zugangsnetze/Telefonzelle

Die Abschaffung des Sprachdienstmonopols der Deutschen Telekom im Jahre 1998 hat zu einem Ausbau von bisher nur intern genutzten Unternehmensnetzen für die Bedienung von Großkunden geführt. Um später im Wettbewerb mit der Telekom möglichst viele Privatkunden zu erreichen, müssen die neuen Netzanbieter Zugänge zu den privaten Haushalten erhalten. Um von der Telekom unabhängig zu bleiben und trotzdem konkurrenzfähige Tarifgebühren anbieten zu können, kommen vorwiegend drahtlose Zugangsnetze in Frage.

Eng verwandt mit der auf dem DECT-Standard basierenden schnurlosen Telefonanlage ist der im Zusammenhang mit der Realisierung alternativer Zugangsnetze sehr aktuelle drahtlose Teilnehmeranschluß *RLL* oder *WLL (Radio in the Local Loop* oder *Wireless Local Loop)*. Diese Art des Anschlusses fordert nur eine eingeschränkte Mobilität, bedarf jedoch weiterer Entwicklungsarbeiten, um insbesondere frequenzökonomisch und kostengünstig seine Aufgabe erfüllen zu können.

Weniger durchgesetzt haben sich die schnurlosen Telefonzellen (Telepoint), die ebenfalls vom DECT-Standard vorgesehen sind. Dies sind Systeme mit eingeschränkter Kommunikationsfähigkeit. Sie bieten den Teilnehmern nur die Möglichkeit, in der Nähe der Feststation zu telefonieren.

1.4 Mobile Kommunikationsnetze

Für die im Inhousebereich verbreiteten lokalen Rechnernetze *LAN (Local Area Network)* besteht ein erheblicher Bedarf an drahtlosen Anschlüssen mobiler Arbeitsplatzrechner, um auf diese Weise Flexibilität bezüglich Installation und Aufenthaltsort zu erreichen. Drahtlose Lokale Netze *WLAN (Wireless LAN)* sind auf dem Markt erhältlich und wurden bei der ETSI als *HIPERLAN (High Performance Radio LAN)* und IEEE *802.11* standardisiert. WLAN bieten vergleichbare Datenübertragungsraten wie herkömmliche LANs (typischerweise 20 Mbit/s) und sind als Ersatz für LANs konzipiert.

Heutige WLANs sind weniger zur Unterstützung neuer Multimedia-Dienste geeignet. Die von diesen neuen Diensten gestellten Echtzeitanforderungen an das Übertragungssystem werden vom aktuellen Internet zur Zeit nicht erfüllt. In diesem Zusammenhang sind auch die Weiterentwicklungen zur Mobilisierung des Internet zu sehen. Es gibt daher eine Vielzahl von Vorschlägen für ein mobiles Internetprotokoll (Mobile IP [55]). Die aktuelle Entwicklung geht dahin, mobilen Teilnehmern einen nahezu identischen Zugang zum Internet zu bieten, wie Teilnehmern mit einem herkömmlichen Arbeitsplatzrechner. Das drahtlose Anwendungsprotokoll *WAP* (Wireless Application Protocol [31]) ist eine offene, globale Spezifikation, welche mobile Teilnehmer in die Lage versetzt, mit ihren drahtlosen Endgeräten einfach und in Abhängigkeit der Mächtigkeit ihres Endgerätes flexibel Informationen aus dem Internet zu holen. Neben bewegbaren Arbeitsplatzrechnern können auch mobile Endgeräte unterstützt werden. Neben Funk werden für drahtlose LANs auch Medien wie Infrarot oder Licht diskutiert.

Im Festnetzbereich kann eine zunehmende Nutzung von Breitbanddiensten über Glasfasernetzen (Breitband-ISDN) mit 155, 600 und 2400 Mbit/s Übertragungsrate beobachtet werden, die auf der ATM-Übertragungstechnik basieren [12, 30]. Sollten ATM-Netze echtzeitfähig bis zum Terminal geführt werden, muss die Anwendung vieler Internetprotokolle überdacht werden, die eigentlich nur für nicht-echtzeitfähige, fehlerbehaftete und heterogene Netze und Dienste entwickelt wurden. Die Einführung drahtloser Breitbandsysteme erfordert, ähnlich wie GSM bezüglich des Schmalband-ISDN, die breitbandige Anschlussmöglichkeit bewegbarer beziehungsweise mobiler Endgeräte über ein mobiles Breitbandsystem. Der aktuelle technologische Standard erlaubt funkgestützte, zellulare, mobile Breitbandsysteme mit 34 MBits Nutzdatenrate zu realisieren. Im Gegensatz zu den WLANs handelt es sich hier um echtzeitfähige, auf ATM-Zellenübertragung basierende *W-ATM* Systeme *(Wireless-ATM)*. ETSI spezifiziert seit 1996 W-ATM Standards für *Radio Local Loop (RLL)*, Funk-LANs und Zellularsysteme [18]. Im ATM-Forum werden seit 1996 Protokolle zur Mobilitätsverwaltung im ATM-Netz [2] entwickelt. Wegen der hohen erforderlichen Frequenzbandbreite sind Trägerfrequenzen von 40/60 GHz vorgesehen. Daneben werden für die Einführungsphase Systeme bei 5,3 und 17 GHz erwartet.

Drahtlose Netze in der Prozeßautomatisierung sind von besonderem Interesse und unter anderem bereit für die Einführung drahtloser Kommunikationssysteme, weil die bestehenden drahtgebundenen Netze überwiegend firmenspezifische Lösungen darstellen und die Anwender offene Kommunikationsstrukturen fordern. Die spezielle industrielle Umgebung stellt an die Übertragungsprotokolle spezielle Anforderungen, die nicht leicht durch die in den anderen Bereichen der Mobilfunknetze abgedeckt werden können.

1.5 Bündelfunk-Systeme

Neben dem öffentlichen Mobilfunktelefon-Dienst, der die Massenkommunikation zum Ziel hat, existieren eine Reihe weiterer Funkdienste, die jedoch nicht öffentlich zugänglich sind. Dies bedeutet, dass die verwendeten Funkfrequenzen nicht von der breiten Öffentlichkeit, sondern von spezifischen Anwendern beziehungsweise geschlossenen Anwendergruppen genutzt werden.

Der wohl bedeutendste Dienst im sogenannten nicht öffentlichen mobilen Landfunk ist der Betriebsfunk. Dieser Dienst bietet den Betreibern die Möglichkeit, mit ihren mobilen Endgeräten in einem privaten Funknetz in Funkkontakt zu treten. Typische Unternehmen, die einen solchen Betriebsfunk betreiben sind beispielsweise Transport-Unternehmen, welche die Warensteuerung per LKW kontrollieren, oder Taxi-Unternehmen. Betriebsfunksysteme sind zur Durchsage von kurzen Nachrichten oder Meldungen besonders gut geeignet.

Bündelfunknetze sind neue Betriebsfunksysteme, bei denen die Auslastung der Funkkanäle optimiert ist. Um die wenigen Kanäle möglichst gut auszulasten, wird keine feste Zuordnung zwischen den Benutzern hergestellt. Stattdessen kann jeder Benutzer über einen der Kanäle aus der Gesamtmenge der Kanäle senden, ohne explizit zu wissen, welcher Kanal ihm nun genau zugeteilt ist.

Ein Bündelfunknetz ist genau wie das GSM-Netz ein zellulares Netz, welches in der Regel mehrere Feststationen umfassen kann. Im Unterschied zu den herkömmlichen zellularen Mobilfunknetzen ist beim Bündelfunknetz in der Regel kein Handover möglich, da die sehr kurzen Verbindungsaufbauzeiten dies nicht als notwendig erscheinen lassen. Bündelfunksysteme ermöglichen die Kommunikation über Halb-Duplexkanäle mit einer

Zentrale oder direkt zwischen mobilen Teilnehmern. Heutige Bündelfunknetze arbeiten digital nach dem europäischen *TETRA* Standard *(Trans European Trunked Radio)*.

1.6 Pagingsysteme

In vielen Situationen des alltäglichen Lebens und insbesondere in Notfällen ist es von höchster Wichtigkeit, bestimmte Personen schnell erreichen zu können. Dabei genügt es in der Regel, diesen Personen ein Signal, dessen Bedeutung vorher abgesprochen wurde, zukommen zu lassen.

Das herkömmliche, drahtgebundene Telefonnetz kann eine solche Funktion nur sehr beschränkt bieten, da Verbindungen nur zum Endgerät des Teilnehmers aufgebaut werden. Falls die gesuchte Person nicht am Platz ist, kann diese nicht erreicht werden.

Funkrufsysteme (Paging-Systeme) ermöglichen den gezielten Aufruf von Teilnehmern mit mobilen, taschenrechnergroßen Empfängern durch die Übertragung eines Signals oder einer kurzen Nachricht. Die gesuchte Person muss das empfangsbereite Endgerät mit sich tragen, und kann den Ruf zwar empfangen, kann jedoch mit ihrem Funkrufempfänger nicht antworten. Die Person kann dann eine vorher abgesprochene Aktion wie beispielsweise den Anruf einer bestimmten Telefonnummer ausführen.

Im März 1989 wurde in Deutschland der Paging-Dienst mit dem Namen *Cityruf* eröffnet, welcher neben dem Alarmsignal (Nur-Ton) die beiden anderen Leistungsmerkmale, Übertragung von 15 Ziffern oder von 80 alphanumerischen Zeichen anbietet. Der Teilnehmer legt sich bei der Anmeldung auf eine der drei möglichen Rufklassen fest.

Im Jahr 1993 wurde von der ETSI der paneuropäische Funkrufdienst *ERMES (European Radio Message System)* verabschiedet, welcher im Gegensatz zum Cityruf einen flächendeckenden Paging-Dienst anbietet. Des Weiteren werden mehr und höherwertige Rufklassen unterstützt. Insbesondere wird auch eine transparente Datenübertragung ermöglicht.

1.7 Satellitensysteme

Zur Funkversorgung langsamer Mobilstationen wie beispielsweise Schiffe sind geostationäre Satelliten gut geeignet, weil die Empfangsantennen aufgrund der hohen Dämpfung sehr groß sein müssen. Solche Systeme eignen sich besonders gut zur Versorgung ländlicher und vorstädtischer Gebiete, die nur dünn besiedelt sind. Mittlerweile betreiben verschiedene Firmengruppen weltweite Mobilfunknetze mit erdnah (700-1700 Kilometer, *LEO Low Earth Orbit* beziehungsweise 10.000 - 16.000 Kilometer, *MEO Medium Earth Orbit*) fliegenden Satelliten.

Im Zusammenhang mit dem Ausbau existierender Satellitensysteme ergeben sich ähnliche Aufgabenstellungen wie bei den üblichen zellularen Mobilfunknetzen. So müssen Interferenzen zwischen Raumsegmenten desselben beziehungsweise verschiedener Satellitensysteme und zwischen Raum- und Bodensegmenten vermieden werden. Aktuelle Planungen deuten darauf hin, dass eine flächendeckende Versorgung mit hoher Kapazität auch für die mit erdgebundenen Zellularnetzen gut versorgten Gebiete angestrebt wird. Daher sind auch Fragen der Kooperation mit erdgebundenen Mobilfunk- und Festnetzen zu bearbeiten. Zu entwickeln sind Verfahren zum Handover in hierarchischen Zellstrukturen, von der Kleinstzelle (Picozelle) bis zur Satellitenschirmzelle.

Allerdings dürfen die bei Umsetzung von Satellitensystemen entstehenden ökonomischen Probleme nicht verschwiegen werden. Zur Realisierung der benötigten Infrastruktur entsteht ein hoher Investitionsbedarf. Zur Amortisierung dieser Kosten müssen im Vergleich zu existierenden Zellularnetzen sehr hohe Tarife erhoben werden. Angesichts der aktuell sehr guten Funkversorgung durch das weltweit aufgebaute GSM-Netz, bleibt die Frage offen, ob sich ein hinreichend großer Kreis von Teilnehmern findet, der bereit ist, die extrem hohen Gebühren zu entrichten, um mit seinem mobilen Endgerät weltweit lückenlos kommunizieren zu können.

Satellitensysteme können nicht nur zur Kommunikation zwischen mobilen Teilnehmern verwendet werden sondern auch zu deren Lokalisierung. Das *GPS* System *(Global Positioning System)* ist ein weltweites Ortungs- und Navigationssystem für Luftfahrt, Schifffahrt, Straßenverkehr und andere Bereiche. GPS ist ein amerikanisches Satellitsystem, welches aus 24 geostationären Satelliten besteht und eine weltweite Abdeckung sichert. Die Satelliten senden periodisch Funksignale mit ihren Positionsdaten. Ein Empfänger, der Signale von mindestens drei Satelliten erhält, kann daraus seine eigene Position auf der Erdoberfläche berechnen. Zur Berechnung der Höhe benötigt er noch die Daten von vier Satelliten. Das System ist so ausgelegt, dass zu jeder Zeit überall auf der Welt die Signale von mindestens vier Satelliten empfangen werden. Die GPS-Empfänger sind sehr klein, leicht und benötigen nur eine kleine Antenne. Der kommerzielle Erfolg der Navigations-Systeme für Fahrzeuge ist durch GPS-Systeme erst möglich geworden.

1.8 UMTS

Obwohl GSM durch die ständige Weiterentwicklung für einige Jahre noch das bestimmende Mobilfunksystem bleiben wird, wird aus technologischen und ökonomischen Gründen GSM von einem Mobilfunksystem der dritten Generation abgelöst. Dieses System wurde in Europa von der ETSI unter dem Namen *UMTS (Universal Mobile Telecommunication System)* [4, 33, 71] und international von der ITU als *IMT 2000 (International Mobile Telecommunication System 2000)* standardisiert. Die Planung in Deutschland sieht vor, im Laufe des Jahres 2002 das erste UMTS-Netz in Betrieb zu nehmen.

Die Fähigkeit, mobile Internetdienste anzubieten, wird als strategisch besonders wichtig eingestuft. Es wird eine nahezu parallele Entwicklung der Teilnehmerzahlen von UMTS und Internet erwartet. UMTS bietet dem mobilen Teilnehmer ähnliche Leistungsdaten an wie das Festnetz, mit Hilfe von UMTS soll die Entwicklung neuer Multimedia-Applikationen stimuliert werden. Ein wichtiges Entwurfsziel ist daher die Unterstützung einer großen Palette von Sprachdiensten und (schmal- und breitbandigen) Datendiensten. Im Gegensatz zu GSM liegt nun der Fokus auf paketvermittelter Datenübertragung, basierend auf der IP-Technologie des Internet *(Mobile Internet)*.

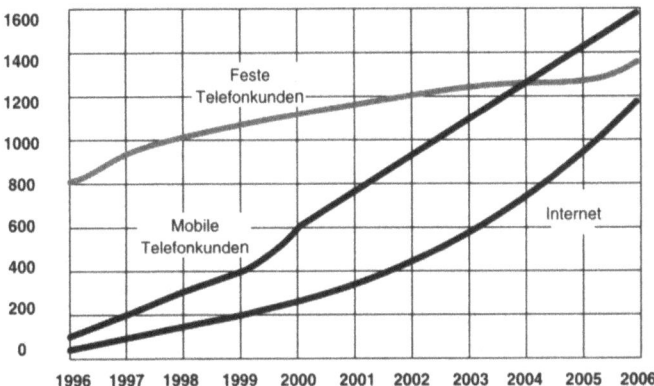

Abbildung 1.2: Millionen Teilnehmer weltweit (Quelle: Lucent Technologies)

Die rapide anwachsende Zahl von GSM-Teilnehmern macht deutlich, dass jedes zukünftige Mobilfunksystem eine sehr hohe Teilnehmerdichte unterstützen muss [25]. Penetrationsraten von 50% und mehr, wie sie beispielsweise Finnland heute bereits besitzt, sind zu erwarten. Schätzungen gehen davon aus, das bereits im Jahr 2004 die Anzahl der Mobilfunkteilnehmer jene der festen Telefonanschlüsse übersteigen wird, siehe Abbildung 1.2. Trotz des sich entwickelnden Massenmarktes wird das verfügbare Frequenzspektrum nicht unbeschränkt wachsen können.

Berücksichtigt man, dass die Anforderungen der zukünftigen breitbandigen Datendienste (bis zu 2 Mbit/s) ebenfalls erheblich anwachsen werden, so wird deutlich, dass die Funkübertragungstechnik eine höhere Spektrumseffizienz realisieren muss. Der Engpass der bestehenden Mobilkommunikationssysteme ist ja gerade die verfügbare Bitrate, die für neue zukünftige Anwendungen nicht ausreicht. Aus diesem Grunde enthält UMTS eine neue Funkschnittstelle *UTRA (UMTS Terrestrial Radio Access)*. Diese nutzt Frequenzbänder im Bereich 2 GHz und setzt modernste Vielfachzugriffstechniken ein, siehe [29, 71].

Im Gegensatz zu den früheren Evolutionsszenarien, baut die aktuelle Version von UMTS auf der existierenden GSM-Infrastruktur und -Technologie auf. UMTS wird weniger als ein völlig neues System sondern eher als Weiterentwicklung des erfolgreichen GSM gesehen. Kompatibilität von UMTS und GSM wird dabei als vordringliches Ziel gesehen. Genau wie GSM ist UMTS das gemeinsame Ergebnis mehrjährigen Aufwandes vieler europäischer Länder und einschlägiger Konzerne.

1.9 Geschichte der Kommunikationsnetze

Die erste Versuchsstrecke für Morsetelegraphie wurde im Jahre 1843 zwischen Washington und Baltimore eingerichtet. Mit der Erfindung des Telefons durch Graham Bell 1876 wurde die Sprachübertragung über leitungsgebundene Netze möglich. Im Jahre 1877 wurde die erste Fernsprechvermittlung in den USA in Betrieb genommen. In Deutschland wurde das erste öffentliche Telefonnetz mit zunächst 8 Teilnehmern in Berlin errichtet.

Punkt-zu-Punkt Sprachübertragung wurde mit Hilfe des „Fräuleins vom Amt" (handvermittelt) durch Bedienung eines Endgerätes zu einem beliebigen anderen Endgerät ermöglicht.

In den darauf folgenden Jahren wurden Telefonnetze zunehmend eingeführt und laufend erweitert. Die erste automatische Vermittlung mit 900 Teilnehmern wurde in Europa in Hildesheim im Jahre 1908 eingeführt. Auf diese Weise wurde das Fräulein vom Amt durch automatische Vermittlungen ersetzt, und die Netze zu regionalen, nationalen und schließlich weltweiten Netzen erweitert. Die erste vollelektronische Ortsvermittlungsstelle wurde im Jahre 1965 in den USA eingeweiht. Im Jahre 1970 wurde der erste flächendeckende Selbstwähldienst in Deutschland realisiert. In Deutschland wird seit 1975 rechnergesteuerte Vermittlungstechnik verwendet, seit 1998 ist das Fernsprechnetz vollständig digitalisiert.

Das Telefonieren wurde ein Teil des täglichen Lebens, allerdings blieb es beschränkt auf feste Drahtnetze. Im Jahre 1897 entwickelte Marconi das erste brauchbare System zur drahtlosen Übertragung über große Entfernungen. Marconi gelang es damit, drahtlos Signale über den Atlantik zu übertragen. Die dabei verwendeten Sende- und Empfangsanlagen waren allerdings aufgrund ihrer Größe nur für feste Standorte geeignet. Die kommerzielle Nutzung der drahtlosen Kommunikation setzte zu Beginn des 20. Jahrhunderts ein. Dazu wurden erstmalig Schiffe mit Funkanlagen ausgestattet.

Nach 1945 kamen die ersten Sende- und Empfangsgeräte für private Anwender auf den Markt. Sie basierten auf elektronischen Röhren und füllten den Kofferraum eines Autos (Taxis) komplett aus. Im Jahre 1952 wurde es in Deutschland zum ersten Mal möglich, einen Teilnehmer mit einem mobilen Endgerät von einem Festnetzanschluss aus anzurufen.

Das erste landesweite Mobilfunksystem, das A-Netz, entstand in Deutschland im Jahre 1958. Bis zu diesem Zeitpunkt versorgten die regionalen Systeme nur den Bereich einer Stadt (Kreis, Gemeinde) und konnten nur im Zusammenhang mit den Endgeräten des Betreibers verwendet werden. Ein Teilnehmer, der seine Region verließ, konnte in einer anderen Stadt sein Mobilfunkgerät nicht verwenden.

Seit 1989 wurde mit dem C-Netz das automatische unterbrechungsfreie Weiterreichen (Handover) des Gesprächs eines mobilen Teilnehmers in Deutschland realisiert. Von einigen Versorgungslücken einmal abgesehen, konnte mit Hilfe des unterbrechungsfreien Weiterreichens eine Deutschland-weite universelle Erreichbarkeit sichergestellt werden. Das C-Netz hat eine vollautomatische Mobilitätsverwaltung. Die Aufenthaltsorte der eingeschalteten mobilen Endgeräte werden permanent aktualisiert. Daher kann der mobile Teilnehmer über die entsprechende Datenbank bei eingehendem Anruf automatisch gefunden werden.

Im Jahre 1992 wurde in Deutschland das erste digitale zellulare Funknetz (GSM) eingeführt. Das D-Netz beseitigte die bis dahin in Europa bestehenden Unverträglichkeiten der nationalen Mobilfunknetze. Aufgrund der Deregulierung des Mobilfunks in Europa wird erstmalig neben der Telekom-Tochter T-Mobil (D1) der private Anbieter D2 Vodafone (ehemals Mannesmann Mobilfunk AG) Betreiber. In den darauf folgenden Jahren schließen sich E-Plus und Viag Interkom dem Kreis der privaten Mobilfunknetzbetreiber an.

Die Anzahl der mobilen Kunden allein in Deutschland hat Anfang des Jahres 2000 die Anzahl von 50 Millionen überschritten. Das Handy ist zu einem selbstverständlichen Konsumgut geworden, welches aus dem alltäglichen Leben nicht mehr wegzudenken ist.

2 Grundlagen der Funkübertragung

Im Gegensatz zum Festnetz werden in einem Mobilfunknetz die Informationen als elektromagnetische Signale im freien Raum übertragen. Die Mehrzahl der Verfahren und Protokolle in Mobilfunknetzen basiert auf den spezifischen Eigenschaften des Funkkanals. Zum Verständnis zellularer Mobilfunksysteme sind aus diesem Grund unbedingt Kenntnisse der relevanten Grundbegriffe notwendig. Daher werden im Folgenden die grundlegenden Charakteristika der Funkübertragung kurz vorgestellt und erläutert. Für eine vertiefende Betrachtung des Themas existiert umfangreiche Literatur, siehe zum Beispiel [13, 45, 54, 56, 64].

2.1 Frequenzspektrum

Die Frequenzbereiche des Frequenzspektrums sind in Deutschland in der DIN-Norm 40015 [14] geregelt. Das in dieser Norm aufgeführte Frequenzspektrum beginnt bei 0.3 Hz und geht bis zu 3 THz. In Tabelle 2.1 sind die Bezeichnungen der Frequenzbereiche oberhalb 3 kHz aufgeführt.

Die Wellenlänge und die Frequenz elektromagnetischer Wellen stehen durch die Gleichung $c = f \cdot \lambda$ zueinander in Beziehung, wobei λ die Wellenlänge, c die Lichtgeschwindigkeit und f die Frequenz bezeichnet. Die in diesem Buch beschriebenen Mobilfunksysteme werden in einem Frequenzbereich von einigen hundert MHz bis zu einigen GHz betrieben. Zur Erinnerung, das in Abschnitt 1.1 erläuterte GSM-System arbeitet im Bereich um 900 MHz, die älteren analogen zellularen Mobilfunknetze im Bereich um 450 MHz. Das zukünftige UMTS System wird Frequenzbänder im Bereich 2 GHz nutzen, die zukünftigen drahtlosen ATM-Netze im Bereich um 40 bis 60 GHz, siehe Kapitel 7.

2.2 Charakteristika der Funkübertragung

Die Ausbreitung elektromagnetischer Wellen im freien Raum ist überaus komplex. In Abhängigkeit von der Frequenz und der damit verbundenen Wellenlänge breiten sich elektromagnetische Wellen als Boden-, Oberflächen-, Raum- oder Direktwellen aus. Eng mit der Ausbreitungsart ist auch die Reichweite korreliert, also die Entfernung, in der das Signal noch empfangen werden kann. Allgemein gilt, je höher die Frequenz der zu übertragenden Welle, desto geringer ist ihre Reichweite.

Ein weiterer Faktor, der die Reichweite elektromagnetischer Wellen bestimmt, ist deren Leistung. Die elektromagnetische Welle des Funksignals breitet sich unter idealen Bedin-

Tabelle 2.1: Frequenzbereiche und Wellenlänge

Bezeichnung (Frequenz)	Bezeichnung (Wellenlänge)	Frequenzen	Wellenlänge
	Mikrometerwellen	300GHz bis 3 THz	1mm bis 0.1mm
Extremely High Frequencies (EHF)	Millimeterwellen	30GHz bis 300 GHz	1cm bis 1mm
Super High Frequencies (SHF)	Zentimeterwellen (Mikrowellen)	3GHz bis 30 GHz	10cm bis 1cm
Ultra High Frequencies (UHF)	Dezimeterwellen (Ultrakurzwellen)	300 MHz bis 3 GHz	1m bis 10cm
Very High Frequencies (VHF)	Meterwellen (Ultrakurzwellen)	30 MHz bis 300 MHz	10m bis 1m
High Frequencies (HF)	Dekameterwellen (Kurzwellen)	3 MHz bis 30 MHz	100m bis 10m
Medium Frequencies (MF)	Hektometerwellen (Mittelwellen)	300 kHz bis 3 MHz	1km bis 100m
Low Frequencies (LF)	Kilometerwellen (Langwellen)	30 kHz bis 300 kHz	10km bis 1km
Very Low Frequencies (VLF)	Myriameterwellen (Längstwellen)	3 kHz bis 30 kHz	100km bis 10km
...	...	...	...

gungen im freien Raum radialsymmetrisch aus, das bedeutet die Empfangsleistung sinkt quadratisch mit dem Abstand zum Sender. Den Empfänger erreicht nun die Leistung:

$$P_E = P_S \left(\frac{\lambda}{4\pi d}\right)^2 \quad (2.1)$$

wobei Index E und S für Empfänger beziehungsweise Sender, λ für die entsprechende Wellenlänge und d für die Entfernung steht. Der Term

$$L = \left(\frac{\lambda}{4\pi d}\right)^2 \quad (2.2)$$

entspricht dabei der Freiraumdämpfung und beschreibt das räumliche Auffächern der gesendeten Energie über den Pfad der Länge d. Der Pfadverlust wird häufig in logarithmischer Darstellung $P_S - P_E$ wie folgt angegeben:

$$L_{dB} = 20\log f_{MHz} + 20\log d_{km} + 32 \quad (2.3)$$

In der Praxis werden Antennen benutzt, welche die abgestrahlte Leistung in eine Richtung bündeln. Der Gewinn einer Antenne g_w in die Richtung w wird ausgedrückt durch das Verhältnis von abgestrahlter Leistung zu mittlerer Leistung, bezogen auf den Raumwinkel:

$$g_S = g_w = \frac{P_w 4\pi}{P_S} \quad (2.4)$$

Das Produkt $P_S g_S$ wird *EIRP (Effective Isotropically Radiated Power)* genannt, und gibt die Sendeleistung an, die man bei ungerichteter Abstrahlung mit einem isotropen Strahler benötigt, um die gleiche Leistungsflußdichte wie im gerichteten Fall zu erreichen. Im allgemeinen Fall, wenn Sende- und Empfängergewinn berücksichtigt werden, ergibt sich die folgende Verallgemeinerung der Gleichung 2.1 zur Beschreibung der empfangenen Leistung beim Empfänger:

$$P_E = P_S g_S g_E \left(\frac{\lambda}{4\pi d}\right)^2 \tag{2.5}$$

Die Dämpfung ist abhängig von der Frequenz, je höher die Frequenz desto größer ist der Pfadverlust, und die empfangene Leistung beim Empfängergerät ist um so geringer, siehe Gleichung 2.3. Daneben existieren noch weitere Gründe für die Signaldämpfung. So verändert die Atmosphäre ihre Eigenschaften aufgrund der Wetterbedingungen, und damit ändern sich auch die Ausbreitungsbedingungen der Wellen. In den höheren Frequenzbereichen ab etwa 12 GHz tritt zum Beispiel bei Nebel oder Regen, durch Streuung und Absorption der elektromagnetischen Wellen an Wassertropfen eine starke Dämpfung ein.

2.3 Ausbreitung über eine Ebene

In der Realität treten immer Hindernisse und reflektierende Oberflächen im Ausbreitungspfad auf. Daher gelten im terrestrischen Mobilfunk nicht mehr die idealen Bedingungen der Freiraumausbreitung. Neben der entfernungsabhängigen Dämpfung verliert das Signal noch Energie durch Reflexion, Beugung und Streuung an natürlichen Hindernissen wie beispielsweise Bergen, Vegetation, Wasserflächen oder Gebäuden. Die direkten und reflektierten Anteile des Signals überlagern sich beim Empfänger. Die Mehrwegeausbreitung kann mit einem einfachen Zwei-Pfad-Modell bereits recht gut beschrieben werden. Abbildung 2.1 stellt ein solches Modell beispielhaft dar.

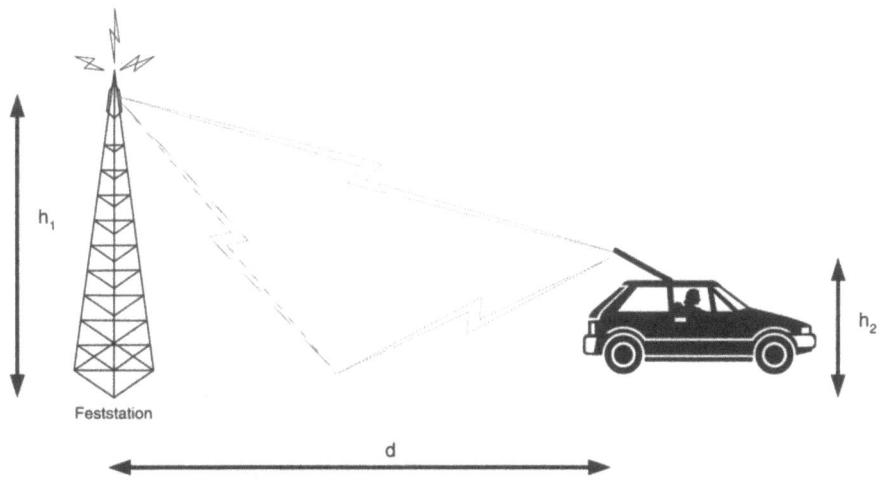

Abbildung 2.1: Einfaches Zwei-Pfad-Modell für die Funkausbreitung

Mit Hilfe des Zwei-Pfad-Modells kann gezeigt werden, dass die Empfangsleistung wesentlich stärker sinkt, als quadratisch mit der Entfernung vom Sender. Im einfachsten Fall, falls nur der direkte und ein reflektierender Pfad (2-Wege-Ausbreitung) betrachtet werden, ergibt sich näherungsweise für die Empfangsleistung [45, 53] für die Entfernung $d \gg h_1, h_2$ ein frequenzunabhängiger Term:

$$P_E = P_S g_S g_E \left(\frac{h_1 h_2}{d^2}\right)^2 \qquad (2.6)$$

In diesem Modell nimmt die Empfangsleistung sehr viel schneller ab ($\approx \frac{1}{d^4}$) als bei der Freiraumausbreitung ($\approx \frac{1}{d^2}$). Auf diese Weise erhält man eine bessere Annäherung an die Realität der Mobilfunkumgebung, die allerdings Unterschiede in realen Geländeoberflächen nicht berücksichtigt. Zur Berücksichtigung von Umgebungsbedingungen wird ein Ausbreitungskoeffizient γ eingeführt, der den Pfadverlust in der Realität bestimmt:

$$P_E = P_S g_S g_E \left(\frac{\lambda}{4\pi}\right)^2 \cdot \frac{1}{d^\gamma} \qquad (2.7)$$

Die Mehrwegeausbreitung führt zu einem überquadratischen Pfadverlust. Realistische Werte für γ liegen zwischen 2 (Freiraumausbreitung) und 5 (starke Dämpfung zum Beispiel bei städtischer Bebauung). In Kapitel 4.2.1 werden die relevanten Modelle zur Berechnung des Pfadverlustes in Abhängigkeit von diesem Parameter vorgestellt. Anderseits ergibt sich aufgrund der Mehrwegeausbreitung ein Vorteil bei fehlendem direktem Pfad. Falls kein Sichtkontakt zwischen mobilem Teilnehmer und der Feststation vorliegt, kann trotzdem ein Teil des Signals empfangen werden.

2.4 Schwund bei Mehrwegeausbreitung

Aufgrund von Reflexion, Streuung und Beugung breiten sich Signale im Allgemeinen über mehrere Wege aus *(Multipath Propagation)*. Die verschiedenen Signalanteile, die beim Empfänger eintreffen, können daher verschieden lange Wege zurückgelegt haben. Dieser Sachverhalt wird in Abbildung 2.2 illustriert. Die Signalanteile besitzen deshalb alle eine entsprechende Phasenverschiebung gegenüber dem direkten Pfad. Die Signalanteile (Mehrwegekomponenten) mit ihrer jeweiligen Phasenverschiebung können sich an der Antenne der Mobilstation konstruktiv überlagern und damit einen größeren Empfangspegel ergeben. In ungünstigen Fällen können sie sich destruktiv überlagern und zu Signalauslöschungen führen. Im letzten Fall spricht man auch von Schwund *(fading)*, das empfangene Signal ist starken Pegeleinbrüchen unterworfen, siehe auch [9, 43].

Eine Mobilstation, die sich durch das elektromagnetische Feld bewegt, empfängt also ein Mehrwegesignal, welches abhängig von der Umgebung im Allgemeinen stark zeit- und ortsabhängig ist. Die Pegeleinbrüche treten dabei periodisch in einem Abstand von etwa einer halben Wellenlänge auf und sind typischerweise 30 bis 40 dB tief, siehe Abbildung 2.3. Aufgrund der kleinräumigen Abhängigkeit und der schnellen Veränderung bei Bewegung wird der Mehrwegeschwund auch als *schneller Schwund (Fast Fading)* bezeichnet. Die Wellenlänge bei Trägerfrequenzen um 1 GHz liegt beispielsweise im Zentimeterbereich. Diese Strecke wird bei Geschwindigkeiten von zum Beispiel 35 km/h in Millisekundenbereich zurückgelegt.

2.4 Schwund bei Mehrwegeausbreitung

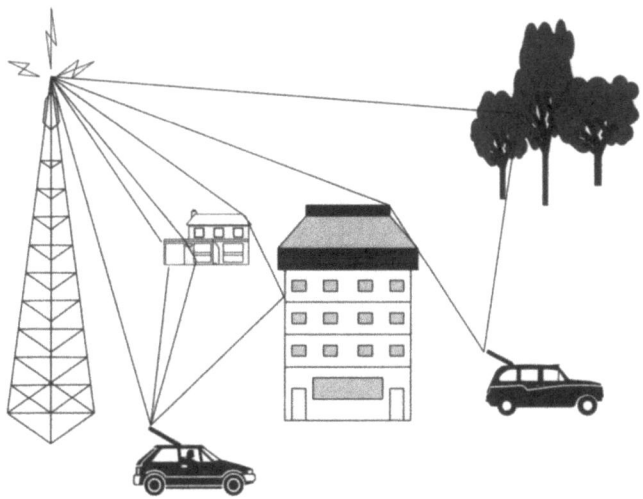

Abbildung 2.2: Mehrwegeausbreitung

Die Schwunderscheinungen bei der Funkübertragung sind frequenzspezifisch, da der an einem bestimmten Ort beobachtbare empfangene Signalpegel unter anderem durch die Phasenverschiebung der Mehrwegekomponenten des Signals bestimmt wird. Diese Phasenverschiebung ist abhängig von der Wellenlänge des Signals und somit ist der Empfangspegel an einem festen Ort auch abhängig von der Sendefrequenz. Ist die Bandbreite eines Mobilfunkkanals gering (Schmalbandsignal), so unterliegt der gesamte Frequenzbereich dieses Kanals annähernd den gleichen Ausbreitungsbedingungen (nichtfrequenzselektiver Mobilfunkkanal). Falls die Bandbreite des Kanals dagegen groß ist (Breitbandsignal), erfahren die einzelnen Frequenzen dieses Kanals unterschiedlichen Schwund (frequenzselektiver Kanal). Allerdings sind die Signaleinbrüche entlang einer Wegstrecke bei einem breitbandigen Signal aufgrund von frequenzselektivem Schwund deutlich geringer, da sich die Fadinglöcher nur innerhalb des Bandes verschieben und die empfangene Signalenergie im Band relativ konstant bleibt. Die Pegeleinbrüche sind also umso stärker, je geringer die Übertragungsbandbreite des Mobilfunksystems ist. Bei einer Bandbreite etwa von 200 kHz (GSM) ist dieser Effekt noch sehr deutlich zu beobachten.

Die Fadingeinbrüche werden außerdem flacher, je deutlicher und stärker eine der Mehrwegekomponenten ausgeprägt ist. Eine solche dominierende Signalkomponente entsteht beispielsweise bei direkter Sichtverbindung zwischen dem mobilen Teilnehmer und der Feststation, kann sich aber auch unter anderen Bedingungen ausbilden. Ist diese dominierende Signalkomponente vorhanden, spricht man von einem Rice-Kanal und entsprechend vom Riceschen Fading. Unter der Annahme, dass alle Teilwellen annähernd in einer Ebene einfallen und annähernd die gleichen Amplituden haben, ergibt sich eine Rayleigh-Verteilung für die Einhüllende des Signals [45]. Diese Annahme trifft vor allem dann zu, wenn der Empfänger keine Sichtlinienverbindung zum Sender hat, da dann keine Teilwelle dominiert.

Aufgrund der durch den schnellen Schwund verursachten Pegeleinbrüche können Fehler gebündelt auftreten (Bündelfehler, Burst Error). In einzelnen Zeitabschnitten (Zeitschlitzen, Time Slots) kann die Übertragung stark gestört oder sogar ganz unmöglich sein,

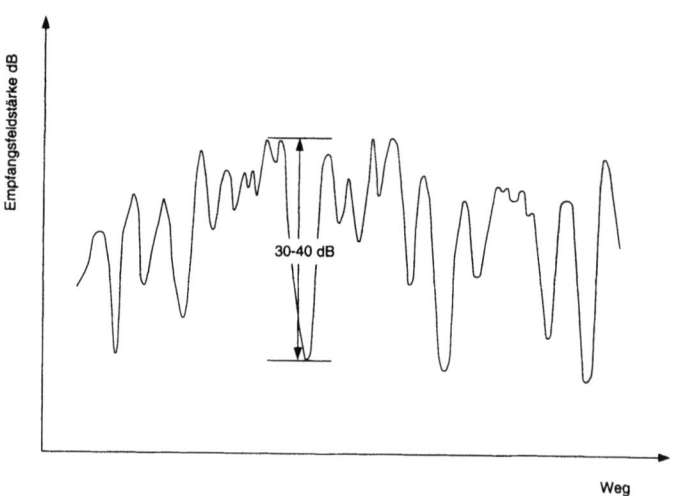

Abbildung 2.3: Typischer Signalverlauf eines Kanals mit Rayleigh-Fading

während andere Zeitschlitze hingegen wieder kaum gestört sind. Das führt im Nutzdatenstrom zu abwechselnden Phasen, die entweder eine hohe oder niedrige Bitfehlerhäufigkeit aufweisen.

2.5 Abschattung

Dem durch Mehrwegeausbreitung erzeugten schnellen Schwund *(Fast Fading)* steht der von Abschattungen verursachte langsame Schwund *(Slow Fading)* gegenüber. Abschattungen werden hervorgerufen durch großräumige Hindernisse in der Sichtlinie zwischen Sender und Empfänger. Aufgrund dieser Hindernisse, Berge und Gebäude im Freien beziehungsweise Wände innerhalb von Gebäuden, verschwinden direkte Übertragungswege und andere Übertragungswege kommen hinzu. Die auf diese Weise verursachte Beeinflussung des Mobilfunkkanals ergibt eine zusätzliche Dämpfung des Signalpegels.

Abschattungen werden zum Beispiel bei GSM (900 MHz) im Bereich von 10 bis 100 Metern wirksam, so dass solche Strecken bei einer Geschwindigkeit von zum Beispiel 35 km/h im Sekundenbereich zurückgelegt werden. Im Vergleich zur Periodendauer des schnellen Schwundes ist diese Zeit lang, und entsprechend wird der durch Abschattung hervorgerufene Schwund auch als langsamer Schwund bezeichnet, weil sich der mobile Teilnehmer längere Zeit im Funkschatten aufhält.

Messungen haben ergeben, dass sich das Empfangssignal als eine Zufallsvariable beschreiben lässt, deren Betrag durch eine Lognormal-Verteilungsdichte angenähert werden kann. Falls $m(t)$ den aktuellen Mittelwert des Signalpegels darstellt, so folgt $L_m = \log m(t)$ einer Gauß-Verteilung mit einer typischen Standardabweichung von ca 4 dB, siehe [43, 53, 64]. Man spricht auch daher von *Lognormal Fading*. Diese Näherung gilt für eine Statistik über große, bebaute Gebiete.

2.6 Reflexion und Beugung

Es hat sich als zweckmäßig erwiesen, Lang- und Kurzzeitstatistik getrennt voneinander zu betrachten. In der *Suzuki*-Verteilung werden beide kombiniert, wobei sich diese Verteilung nicht explizit darstellen lässt, siehe dazu [65, 66].

2.6 Reflexion und Beugung

Eine Welle, die auf ein Hindernis (Wand) trifft, wird zum Teil reflektiert und zum anderen Teil transmittiert. Bei glatten Oberflächen wird die Welle vollständig, sonst infolge partieller Absorption teilweise reflektiert. Auf diese Weise kommt es zu unerwünschten Phasensprüngen. In Abbildung 2.4 ist dieser Sachverhalt dargestellt.

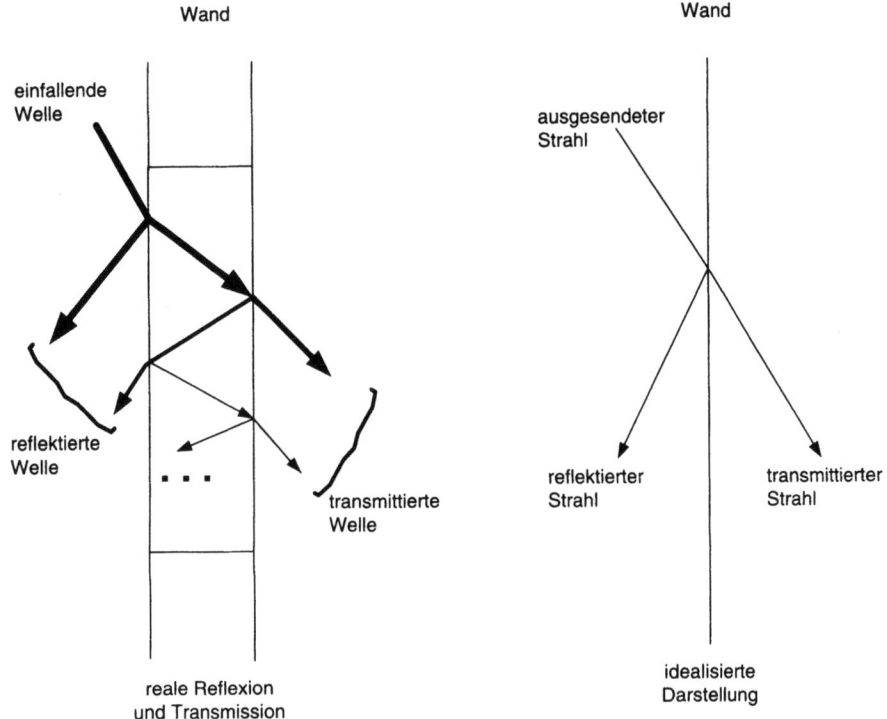

Abbildung 2.4: Reflexion an einer Wand

Der vollständig transmittierte Anteil der Welle ergibt sich aus einer direkt durchgehenden Welle und vielen in der Schicht reflektierten Teilwellen, siehe dazu auch [42]. Auf dieselbe Weise ergibt sich aus der direkten Reflexion und unendlich vielen Mehrfachreflexionen im Inneren der Wand der gesamte Reflexionsanteil. Da bei den Mehrfachreflexionen innerhalb der Wand Dämpfungsverluste auftreten, unterscheidet sich die Summe von reflektierter und transmittierter Welle von der eingefallenen Welle.

Die Modelle zur Prädiktion der tatsächlichen Funkausbreitung an einer Wand berücksichtigen aus Komplexitätsgründen die geometrischen Bedingungen von Reflexion und

Transmission meist nur in der idealisierten Darstellungsform aus Abbildung 2.4. Aus mehreren Gründen treten dabei geometrische Fehler auf. In [42] sind Reflexionseigenschaften verschiedener Materialien im Bereich von 1-20 GHz als Dämpfungskurven (Reflexionsverlust über dem Einfallswinkel) dargestellt.

Die Beeinflussung von Wellen an Hindernissen wird Beugung genannt. Auf diese Weise kann eine Welle in den Abschattungsraum eines Hindernisses hinein gebeugt werden, in den sie sonst nur auf direktem Wege durch Transmission gelangen könnte, siehe dazu auch Abbildung 2.2. Je größer das Verhältnis von Wellenlänge zu Abmessungen des Hindernisses ist, desto stärker ist der Einfluss der Beugung. Beugungseffekte können oberhalb einer Frequenz von 5 GHz vernachlässigt werden.

2.7 Zeitliche Dispersion

Die unterschiedliche Laufzeit der einzelnen Mehrwegekomponenten verursacht neben den frequenzselektiven Schwunderscheinungen auch zeitliche Dispersion. Es kann daher zu Überlappungen eines Symbols durch seine Nachbarsymbole (Intersymbolinterferenzen) kommen, so dass das empfangene Signal gestört wird. Diese Verzerrungen hängen einerseits von der Aufweitung ab, die ein gesendeter Impuls auf dem Mobilfunkkanal erfährt, und anderseits von der Symboldauer beziehungsweise dem Symbolabstand.

Im städtischen Gebiet liegen typische Verzögerungen aufgrund der Mehrwegeausbreitung im Bereich von etwa einer halben Mikrosekunde. In bergigen Gebieten liegen diese Werte im Bereich bis zu 20 Mikrosekunden, da ein gesendeter Impuls mehrere Echos erzeugt, die beim Empfänger mit langen Verzögerungen eintreffen können. In digitalen Mobilfunksystemen mit typischen Symboldauern von wenigen Mikrosekunden können diese zeitlichen Unterschiede nicht toleriert werden. Aufgrund der möglichen Überlappungen kann dies beim Empfänger zum Verschmieren einzelner Symbole über teilweise mehrere Symboldauern führen.

Aus diesen Gründen werden in zellularen Landmobilfunksystemen wie beispielsweise GSM, Entzerrer (Equalizer) eingesetzt. Entzerrer versuchen, die durch die Intersymbolinterferenzen hervorgerufenen Signalverzerrungen zu eliminieren. Das Prinzip eines solchen Entzerrers beruht auf der Schätzung der Kanalimpulsantwort anhand periodisch übertragener, bekannter Bitmuster, sogenannter Trainingssequenzen [64]. Damit kann dann die zeitliche Dispersion des Kanals ermittelt und ausgeglichen werden. Die Leistungsfähigkeit des Entzerrers entscheidet ganz erheblich über die Qualität des digitalen Empfangs. In Mobilfunksystemen, wie beispielsweise DECT, die aufgrund der geringen Ausdehnung keine so großen Signalverzögerungen zulassen, sind keine Entzerrer am Endgerät erforderlich, so dass diese Geräte zu erheblich günstigeren Preisen angeboten werden können.

2.8 Qualität des Mobilfunkkanals

Der Mobilfunkkanal ist also im Gegensatz zur drahtgebundenen Übertragung ein äußerst schlechtes Übertragungsmedium mit stark schwankender Qualität. In ungünstigen Situa-

2.8 Qualität des Mobilfunkkanals

tionen kann es sogar passieren, dass der Kanal über kurze Perioden immer wieder ausfällt (tiefe Fadinglöcher). In diesem Fall können einzelne Abschnitte im Datenstrom so stark gestört sein, dass eine ungeschützte Übertragung ohne zusätzliche Korrekturmaßnahmen nicht möglich ist. Die typische Bitfehlerhäufigkeit in Mobilfunksystemen liegt bei 10^{-2} bis 10^{-1}. Aus diesen Gründen sind zur Bekämpfung der Mehrwegeausbreitung für den mobilen Informationstransport zusätzliche Maßnahmen erforderlich.

Neben den im vorherigen Abschnitt 2.7 angesprochenen Entzerrern, die zum Ausgleich der Laufzeitverzögerungen der Signale verwendet werden, sind geeignete Kanalkodierungs- und Korrekturmaßnahmen unerlässlich, um die effektive Bitfehlerhäufigkeit auf ein zur effizienten Übertragung erträgliches Maß zu reduzieren. Mit Hilfe fehlerkorrigierender sogenannter Vorwärtsfehlerkorrektur-Codes wird die Bitfehlerrate auf die Größenordnung 10^{-6} bis 10^{-5} reduziert, siehe dazu auch Kapitel 3.3. Mit Hilfe von Algorithmen zum Ausgleich von Signalunterbrechungen in Fadinglöchern kann der Abbruch einer Verbindung vermieden werden, wenn die Fadinglöcher unter Umständen sehr kurzfristig sind. Häufig werden auch Maßnahmen zur Regelung der Sendeleistung eingesetzt, um die Störung auf andere mobile Teilnehmer einzuschränken. In den Kapiteln 4 und 5 werden die entsprechenden Ansätze vorgestellt.

3 Grundlagen der Kommunikation

3.1 Das OSI-Referenzmodell

Die ersten Kommunikationsnetze wurden mit Hinblick auf die Hardware ausgelegt, Software spielte nur eine untergeordnete Rolle. Da aber inzwischen der Informationsaustausch zwischen Kommunikationspartnern hochgradig komplex geworden ist, wurde der gesamte Kommunikationsvorgang ganz allgemein schematisiert und in einzelne, wohldefinierte, übereinandergelagerte Schichten *(Layer)* gegliedert.

In allen Kommunikationsnetzen haben Schichten (Diensterbringer: Schicht n) den Zweck, den jeweils höheren Schichten (Dienstbenutzer: Schicht $n+1$) bestimmte Dienste *(Services)* anzubieten, diese Schichten aber mit den Einzelheiten, wie die Dienste angeboten oder implementiert werden, zu verschonen. Um die Dienste erbringen zu können, erfolgt eine Informationsübertragung zwischen den Instanzen der jeweiligen Schicht der kommunizierenden Systeme mittels sogenannter Protokolle. In Wirklichkeit werden also keine Daten direkt von Schicht n eines Kommunikationspartner auf Schicht n eines anderen übertragen. Vielmehr leitet jede Schicht Daten und Steuerinformationen an die unmittelbar darunterliegende Schicht weiter, bis die unterste Schicht erreicht ist. Unter Schicht 1 liegt das physische Medium, über das die Kommunikation stattfindet. Auf der Empfängerseite erfolgt der Vorgang umgekehrt. Jede Schicht leitet die Daten und Steuerinformationen an die nächsthöhere Schicht weiter, bis die Daten die Schicht n des Kommunikationspartners erreichen.

Das auf der Schichtenbildung basierende hierarchische Modell macht die Implementierung von Protokollen übersichtlicher. Eine Änderung in einer der Schichten hat in der Regel keine Auswirkungen auf die übrigen Schichten. Die Schichtenbildung ermöglicht die Standardisierung und erleichtert auf diese Weise die Verständigung zwischen Entwickler, Anbieter und Anwender von Kommunikationssystemen. Eine Gruppe von Schichten und Protokollen nennt man *Netzarchitektur*. Das OSI-Referenzmodell von der ISO *(International Standardization Organization)* ist *das* wichtige Referenzmodell zur Beschreibung von Netzarchitekturen, welches praktisch alle heute realisierten Kommunikationssysteme betrifft. Dieses Modell trägt den Namen *OSI (Open Systems Interconnection)*, weil es die Verbindung offener, digitaler Systeme regelt.

Innerhalb des OSI-Modells realisiert jede Schicht eine genau definierte Menge von Funktionen. Damit die Anzahl der Schichten und dazwischen liegenden Schnittstellen klein bleibt, wurden zum Teil auch mehrere Funktionen in derselben Schicht realisiert. Um den Informationsfluss zwischen den einzelnen Schichten möglichst gering zu halten, wurden die Funktionen geeignet auf die Schichten aufgeteilt. Jede höhere Schicht stellt dabei eine Abstraktion der tiefer liegenden Schichten dar. In Abbildung 3.1 wird das Resultat dieser Überlegungen graphisch dargestellt.

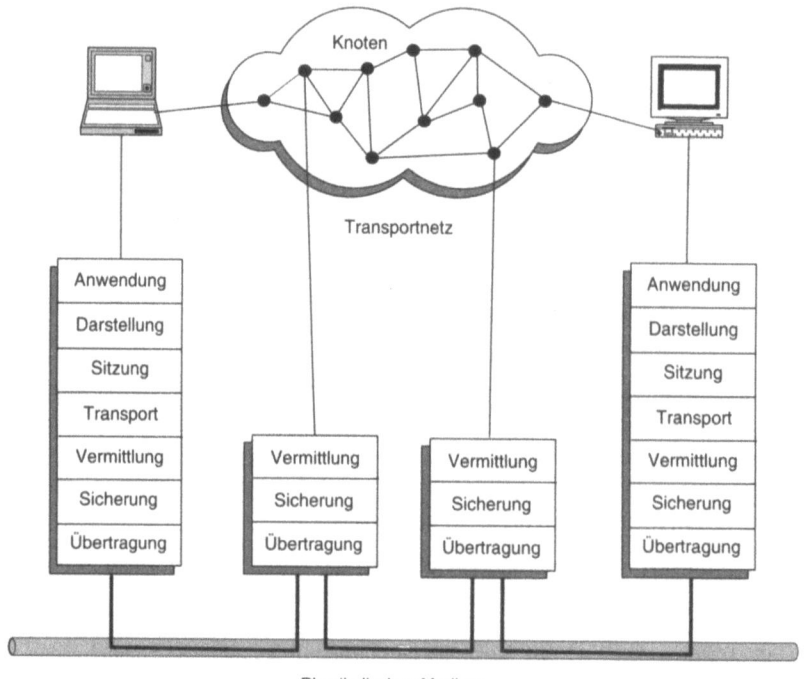

Abbildung 3.1: Das Sieben-Schichten-Referenzmodell von der ISO/OSI

Die untersten 3 Schichten in diesem Modell repräsentieren netzorientierte Funktionen. Die obersten 3 Schichten sind anwendungsorientiert und spezifizieren die höheren Kommunikationsprotokolle. Diese Protokolle, insbesondere innerhalb der Schicht 7, sind oft anwendungsspezifisch. Alle sieben Schichten werden nur innerhalb der Kommunikationsprozesse in den Endgeräten realisiert, die Netzknoten realisieren nur die untersten drei Schichten. Die Schicht 4 (Transportschicht) ermöglicht, dass die unterschiedlichen Transportnetze für den Verbund von Endsystemen eingesetzt werden können. Die Transportschicht hat die Hauptaufgabe, die anwendungsorientierten Schichten (Schichten 5,6 und 7) vom eingesetzten physikalischen Transportnetz (Schichten 1,2 und 3) unabhängig zu machen. Im Folgenden werden die Aufgaben der einzelnen Schichten kurz beschrieben, eine umfassende Beschreibung findet sich zum Beispiel in [5, 10, 62, 68].

Die Bitübertragungsschicht *(Physical Layer)* betrifft die Übertragung von rohen Bits über einen Kommunikationskanal. Ein Bit, das eine Seite mit der Wertigkeit 1 schickt, muss an der anderen Seite auch als Bit mit der Wertigkeit 1 empfangen und interpretiert werden. Typische Fragen, die von der Schicht 1 beantwortet werden, sind: Wieviel Volt entsprechen einer logischen 1 und wieviel einer 0, wie viele Mikrosekunden dauert ein Bit, erfolgt die Übertragung gleichzeitig in beide Richtungen, wie erfolgt die Synchronisation der Übertragung, wie viele Pins hat der Netzanschluss, und wofür werden diese verwendet? Die Fragen der Entwicklung betreffen hier weitgehend mechanische, elektrische und prozedurale Schnittstellen und das physische Übertragungsmedium, das sich innerhalb der Bitübertragungsschicht befindet.

Die Hauptaufgabe der Sicherungsschicht *(Data Link Layer)* ist es, eine rohe Übertragungseinrichtung in eine Leitung zu verwandeln, die sich der Vermittlungsschicht frei von unerkannten Übertragungsfehlern darstellt. Diese Aufgabe wird dadurch erfüllt, dass der Sender die Eingangsdaten in Datenrahmen *(Data Frames)* aufteilt und systematisch Redundanz hinzufügt, die auf der Empfängerseite zur Fehlererkennung benutzt wird. Diese Rahmen werden sequentiell zwischen Partnerinstanzen der Schicht 2 übertragen. Wird ein Übertragungsfehler erkannt, so wird die wiederholte Übertragung des Blocks durch einen Quittierungs-Mechanismus veranlasst, wobei die Reihenfolge garantiert wird. Falls in der Sicherungsschicht fehlerkorrigierende Codes verwendet werden, so ist die Empfängerinstanz in der Lage aufgrund der empfangenen Information die defekten Bits zu detektieren und das ursprüngliche Daten-Frame wiederherzustellen. Ein weiteres Problem, das auf der Sicherungsschicht (und auf den meisten höheren Schichten) auftaucht, ist die Datenüberschwemmung. Sie entsteht, wenn der Sender schneller ist als der Empfänger. Hierzu muss eine Art Verkehrsregelung installiert werden, mit deren Hilfe dem Sender das Ausmaß des beim Empfängers verfügbaren Pufferbereichs mitgeteilt wird. Häufig werden Flussregelung und Fehlerbehandlung integriert. Im Falle der lokalen Rechnernetze beinhaltet die Schicht 2 zusätzlich das Zugriffsprotokoll für das Medium *MAC (Medium Access Control)*.

Die Vermittlungsschicht *(Network Layer)* ist für die Einrichtung, den Betrieb und die Auflösung von Netzverbindungen zwischen offenen Systemen verantwortlich. Dazu gehören insbesondere die Auswahl der Paketrouten beziehungsweise das *Routing* vom Ursprungs- zum Bestimmungsort. Die Routen können auf statischen Tabellen beruhen, die im Netz fest verdrahtet sind und sich nur selten ändern. Sie können auch bei Beginn jeder Verbindung festgelegt werden. Das Interpretieren von Adressen und das Multiplexen von Verbindungen auf die Kanäle der einzelnen Teilstrecken zwischen den Netzknoten zählen ebenfalls zu den Aufgaben dieser Schicht.

Die Transportschicht *(Transport Layer)* regelt den Ende-zu-Ende Datentransfer. Dazu wird der Beginn und das Ende einer Datenübermittlung gesteuert. Zur Datenübertragung werden die Nachrichten auf der Senderseite segmentiert und auf der Empfängerseite wieder zusammengefasst und der Datenfluss kontrolliert. Weitere Aufgaben der Transportschicht sind Fehlerbehandlung und Datensicherung sowie die Zuordnung zwischen symbolischer und physikalischer Geräteadresse. Die Optimierung des Informations-Transportweges gehört ebenfalls zu den Aufgaben dieser Schicht. Die Transportschicht stellt das Bindeglied dar zwischen den netzabhängigen Schichten 1 bis 3 und den völlig netzunabhängigen überlagerten Schichten 5 bis 7. Somit stellt diese Schicht für die höheren Schichten eine netzunabhängige Schnittstelle bereit, um Anwendungen zu ermöglichen, die unabhängig vom jeweils verwendeten Netztyp eine bestimmte Dienstgüte *(Quality of Service)* garantieren.

Die Sitzungsschicht *(Session Layer)* steuert den Kommunikationsablauf zwischen den beteiligten Endeinrichtungen. Sie enthält Funktionen für den Austausch von Endgeräteerkennung, Festlegung der Form des Datenaustauschs, Dialogverwaltung oder Gebührenverrechnung. Zu den wichtigen Aufgaben dieser Schicht gehört die Synchronisation von Dialogen und die Erkennung und gegebenenfalls Rücksetzung nach Dialogfehlern auf vorbereitete logische Prüfpunkte.

Die Darstellungsschicht *(Presentation Layer)* realisiert eine Transformation der Anwender-Datenstrukturen in ein vereinbartes und allen Partnern bekanntes Standardformat für die Übertragung. Außerdem werden Dienste wie Datenkompression und Verschlüsselung zur Erhöhung der Vertraulichkeit und Authentizität der Daten erbracht.

Die Anwendungsschicht *(Application Layer)* stellt die Schnittstelle zum Anwendungsprogramm dar. Sie enthält eine Menge von Standard-Diensten, die bei der kooperativen Lösung von Prozessen häufig benötigt werden. Dazu gehört die Unterstützung der Datenübertragung zwischen Anwenderprogrammen (File Transfer), die Bereitstellung Verteilter Datenbanken, die Steuerung und Verwaltung Verteilter Systeme und vieles mehr.

3.2 Strukturierung der Funkübertragung

Die Aufgabe eines Mobilfunkübertragungssystems ist die Bereitstellung geeigneter Kanäle auf der Luftschnittstelle zur Übertragung der Nutz- und Signalisierungsinformation. Es übernimmt dabei im Wesentlichen Funktionen der Bitübertragungsschicht nach dem OSI-Referenzmodell. In Abbildung 3.2 ist der prinzipielle Aufbau eines Mobilfunkübertragungssystem skizziert. Die Nachrichtenquellen erzeugen die zu übertragenden Nachrich-

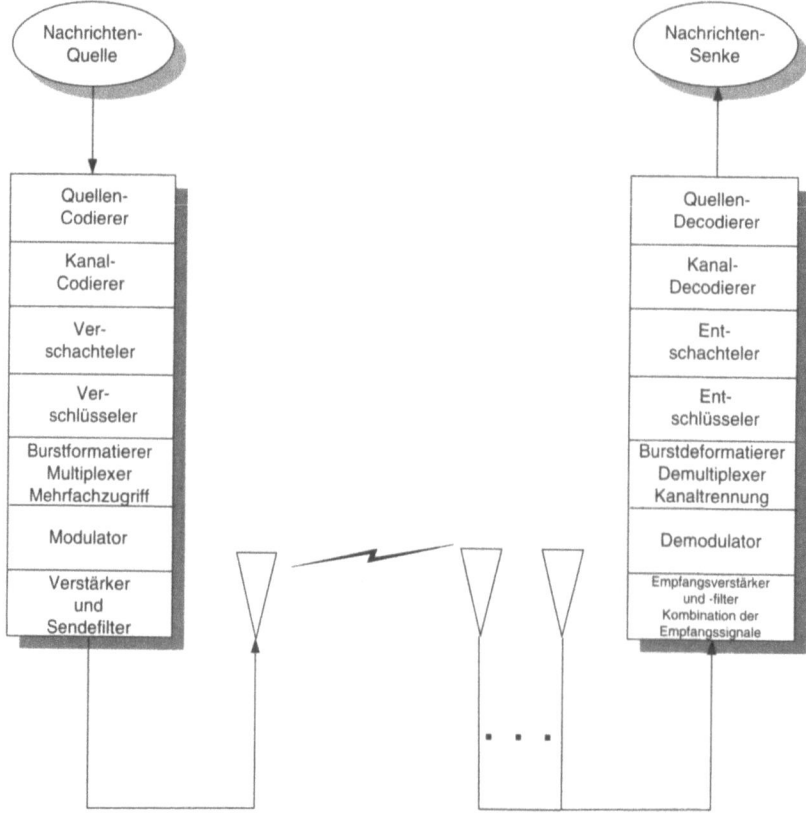

Abbildung 3.2: Prinzipieller Aufbau eines Mobilfunkübertragungssystems

3.2 Strukturierung der Funkübertragung

ten. Diese können in analoger Form wie Sprache, Audio oder Video oder bereits als Digitalsignal vorliegen. Die Ursprungssignale werden, falls erforderlich, digitalisiert, in Datenblöcke formatiert, und durch die Quellencodierer wird ihnen möglichst viel Redundanz entzogen, so dass sich ein informationsverdichtetes Ausgangssignal ergibt. Die Datensymbole des Ausgangssignals stellen allgemein quellencodierte Bits dar.

Bei der Datenübertragung kann das ursprüngliche Datensignal durch eventuell auftretende Interferenzen durch benachbarte Kanäle beziehungsweise durch Verwendung desselben Kanals an anderen, räumlich benachbarten Feststationen *(Gleichkanalinterferenz)* gestört werden. Um das Signal widerstandsfähig zu machen gegenüber den Ausbreitungseigenschaften des Mobilfunkkanals, wird bei der Kanalcodierung gezielt Redundanz hinzugefügt. Auf diese Weise können Fehler bei der Datenübertragung erkannt und behoben werden. Bei Verwendung von binären Codes für die Kanalcodierung ergeben sich am Ausgang kanalcodierte Bits.

Anschließend wird das Ausgangssignal des Kanalcodieres durch Bitverschachtelung *(Interleaving)* zeitlich gespreizt. Diese Spreizung soll den beim Mobilfunkkanal auftretenden statistisch abhängigen Übertragungs- und Detektionsfehlern entgegenwirken und Bündelfehler in einfache, möglichst statistisch unabhängige Einzelfehler auflösen. Dies erhöht die Wirksamkeit der angewendeten Kanalcodierung. Wenn die Vertraulichkeit der übertragenen Information bereits auf der Bitübertragungsschicht gewährleistet werden soll, können die kanalcodierten und zeitlich verschachtelten Bits zusätzlich nach einem geeigneten Verschlüsselungsverfahren codiert werden.

Die zu übertragenden Datenblöcke *(Bursts)* werden nach der optionalen Verschlüsselung im Burstformatierer gebildet. Da der Mobilfunkkanal im Allgemeinen zeitvariant und frequenzselektiv ist (siehe dazu auch Abschnitt 2.4), werden für die übertragenen Bursts Kanalschätzungen durchgeführt, um bei der Datendetektion den augenblicklichen Zustand des Mobilfunkkanals berücksichtigen zu können. Um den Zustand des wirksamen Übertragungskanals zum Beispiel in Form von zeitdiskreten Kanalimpulsantworten ermitteln zu können, werden Trainingssequenzen in die Bursts eingeblendet, die dann im Empfänger entsprechend ausgewertet werden können, siehe auch Abschnitte 2.7 und 2.8. Die Dauer eines Bursts ist dabei so begrenzt, dass der Mobilfunkkanal für diese Dauer als zeitinvariant betrachtet werden kann.

In Abhängigkeit von der jeweiligen Struktur des Mobilfunksystems ist ein Multiplexen von Nutz- und Signalisierungsinformation und der Mehrfachzugriff zum Medium zu realisieren, siehe dazu Abschnitt 3.4. Der Modulator erzeugt aus dem Basisbandsignal das für die Funkübertragung geeignete Bandpaßsignal. Ein Sendeverstärker verstärkt das modulierte Signal, bevor es über die Antenne abgestrahlt wird.

Auf der Empfängerseite kann das übertragene Signal von mehreren Antennen empfangen werden. Das Ziel ist es, dem Empfänger mehrere Versionen des Signals anzubieten, die auf unterschiedlichen und statistisch möglichst voneinander unabhängigen Übertragungspfaden zum Empfänger angelangt sind. Neben dieser Form der *Raumdiversität* gibt es weitere Arten der Kombination der Empfangssignale.

Im Demodulator erfolgt die Datendetektion, und am Demodulatorausgang liegen die detektierten kanalcodierten Datensymbole vor. Die detektierten Datensymbole werden dann den entsprechenden Strömen von Nutz- und Signalisierungsinformationen zugeordnet und, falls erforderlich, entschlüsselt. Das Entschachteln macht die Verschachtelung wieder rückgängig. Im Kanaldecodierer erfolgt eine Schätzung der vom Quellencodierer abgegebenen quellencodierten Nachricht, wobei die mitgelieferte Zuverlässigkeitsinformation mitbenutzt wird. Der Quellendecodierer auf der Empfängerseite schätzt daraus das abgegebene Ursprungssignal und gibt das Ergebnis an die Nachrichtensenke aus.

3.3 Grundlagen zur Fehlersicherung

Wie bereits in Abschnitt 2.4 motiviert wurde, kann beim Mobilfunk die Bitfehlerhäufigkeit aufgrund der charakteristischen Pegeleinbrüche sehr stark schwanken. Diese Pegeleinbrüche sind dabei abhängig von der Entfernung, der Geschwindigkeit und der Abschattung der miteinander kommunizierenden Mobil- und Feststationen. Aus den oben genannten Gründen sind die Verfahren zur Fehlersicherung in Mobilfunksystemen von besonderer Bedeutung. Sie verringern oder beseitigen den Einfluss der Pegeleinbrüche, die zu Störungen des Empfangssignals und damit zur fehlerbehafteten Übertragung führen können. Die bei der Datenübertragung gestellten Ansprüche an die Fehlersicherungsverfahren sind ungleich höher als bei reiner Sprachübertragung. Bei der Übertragung von Daten sollte die Restbitfehlerhäufigkeit möglichst kleiner als 10^{-7} sein. Dagegen gilt bei reiner Sprachübertragung eine Restbitfehlerhäufigkeit von 10^{-2} noch als tolerabel. Aus diesem Grund finden in digitalen Mobilfunknetzen unterschiedliche Fehlersicherungsverfahren für Sprach- und Datenübertragung ihren Einsatz.

Die Fehlersicherung erfolgt mit Hilfe spezieller (Kanal-) Codierungen, die zusammen mit der Bit-Verschachtelung und dem Frequenzsprungverfahren eingesetzt werden. Dabei sind kurzfristige Pegeleinbrüche *(short term fading)* wesentlich leichter zu beherrschen als längerfristige *(long term fading)*. In Abschnitt 3.4 wird das Frequenzsprungverfahren *(Frequency Hopping)* erläutert. Grundsätzlich existieren drei unterschiedliche Varianten zur Fehlersicherung: Die Fehlererkennung, die Fehlerkorrektur und die Fehlerbehandlung.

Fehlererkennung Mit Hilfe dieser Verfahren wird festgestellt, ob ein empfangenes Datenwort ein gültiges *Codewort* darstellt oder nicht. Alle falsch erkannten Datenworte werden nicht korrigiert. Stattdessen wird das Datenwort erneut vom Sender angefordert. Diese fehlerbehandelnden Verfahren setzen einen Rückkanal zwischen Sender und Empfänger voraus, über den die Ergebnisse der Fehlerauswertung durch eine Quittung *(Acknowledgement)* dem Sender mitgeteilt werden. Bei fehlerkorrigierender Codierung spricht man auch von Vorwärtsfehlerkorrektur *(Forward Error Correction*, FEC). Dabei fügt der Sender dem Datenwort soviel Redundanz hinzu, dass der Empfänger eine bestimmte Anzahl von Fehlern korrigieren kann. Im Unterschied zu den fehlerbehandelnden Verfahren wird kein Rückkanal vom Empfänger zum Sender benötigt.

In GSM zum Beispiel werden für die Fehlererkennung Prüfsummen zyklischer Codes eingesetzt *CRC (Cyclic Redundancy Check)*. Es handelt sich dabei meist um BCH-Codes *(Bose-Chaudhuri-Hocquenhem-Codes)*, die in [63] ausführlich erläutert werden.

Fehlerkorrektur Zur Vorwärtsfehlerkorrektur sind zwei Code-Familien geeignet: Lineare Blockcodes und Faltungscodes. Lineare Blockcodes sind systematische Codes, bei denen aus dem zu codierenden Datenwort eine bestimmte Anzahl von redundanten Bits berechnet werden. Im Gegensatz zu Blockcodes sind Faltungscodes gedächtnisbehaftet: Eine Codewortstelle ist nicht nur vom aktuellen Datenbit abhängig, sondern auch von mehreren vorangegangenen Datenwortstellen. In [46] werden Faltungscodes ausführlich beschrieben. Die Faltungscodierung erfolgt mit Hilfe des Viterbi-Algorithmus und der *Maximum Likelihood Decision*. Dabei wird im Trellisdiagramm [46, 63] derjenige Pfad herausgesucht, dessen erzeugte Bitsequenz die größte Übereinstimmung mit der Empfangssequenz hat. Dieser Pfad wird dann zur Decodierung der Eingangsbitfolge verwendet.

Die nach der Faltungscodierung verbleibende Restbitfehlerhäufigkeit $RBER$ nimmt mit der Anzahl der internen Schieberegister des Codieres ab. Der als GSM-96 bezeichnete Faltungscodierer hat beispielsweise vier Register und besitzt eine niedrige RBER. Dagegen steigt der Decodierungsaufwand mit der Anzahl der Speicher im Faltungscodierers überproportional an. Üblich sind heute bei Quasi-Echtzeitbetrieb mit Decodierung im Millisekundenbereich Faltungscodierer mit 2 bis zu 10 Schieberegistern.

Faltungscodierer eignen sich sehr gut für die Korrektur unkorrelierter Fehler, sie sind aber sehr empfindlich gegen Bündelfehler, die typischerweise bei einer Funkverbindung vorherrschen. Daher werden Faltungscodes bei Mobilfunksystemen fast ausschließlich in Kombination mit Interleavern verwendet, vergleiche dazu auch den vorhergehenden Abschnitt 3.2.

Fehlerbehandlung Diese Verfahren werden immer im Zusammenhang mit Fehlererkennung verwendet. Der Sender muss eine Kopie des übertragenen Paketes solange verwalten, bis es vom Empfänger als fehlerfrei empfangen gemeldet worden ist. Dazu werden alle übertragenen Datenworte mit einer Laufnummer n *(Sequence Number)* versehen. Für ein korrekt empfangenes Datenwort wird eine positive Quittung zusammen mit der empfangenen Laufnummer $ACK(n)$ gesendet. Ist das empfangene Datenwort fehlerhaft, so wird eine negative Quittung $NACK(n)$ gesendet und seine erneute Übertragung verlangt. Die im Mobilfunk eingesetzten Verfahren zur Fehlerbehandlung orientieren sich an dem aus der Telekommunikation bekannten Schicht 2 *HDLC*-Protokoll *(High Level Data Link Protocol)*. In [6, 68] findet der Leser eine kompakte Beschreibung zum HDLC-Protokoll.

3.4 Grundlagen zum Mehrfachzugriff

Beim Mobilfunk wird der Funkkanal von vielen Teilnehmern gemeinsam genutzt, und zwar in einer räumlich zusammenhängenden Funkzelle. Es handelt sich also um ein gemeinsam genutztes Übertragungsmedium, bei dem die Mobilstationen miteinander um das Betriebsmittel Frequenz konkurrieren. Falls also keine Regelung des gleichzeitigen Zugriffs vieler Benutzer getroffen wird, kann es zu Kollisionen und damit zu Datenverlusten kommen. Das Problem des Vielfachzugriffs korrespondiert in gewisser Weise mit dem Problem des Medienzugangs bei einem lokalen Rechnernetz. In einem LAN wird als typisches *MAC*-Verfahren *(Medium Access Control)* das Ethernet-Verfahren eingesetzt, siehe auch [61, 68].

Im Gegensatz zu den Daten-Diensten, die üblicherweise mit Hilfe eines lokalen Rechnernetzes realisiert werden, sind Kollisionen für eine verbindungsorientierte Kommunikation wie der mobilen Telefonie äußerst unerwünscht. Daher werden in diesem Zusammenhang den einzelnen Mobilstationen bei Bedarf (Gesprächswunsch) dedizierte Kanäle zur Verfügung gestellt. Im Folgenden werden die gängigen Vielfachzugriffsverfahren *(Multiple Access)* vorgestellt, die in der Praxis eingesetzt werden, um die verfügbaren physikalischen Ressourcen eines Mobilfunksystems (Frequenzbänder) in die gewünschten Gesprächskanäle für die Teilnehmer aufzuteilen. Bei heutigen zellularen Mobilfunksystemen unterscheidet man im Wesentlichen vier Verfahren beziehungsweise Kombinationen davon: Frequenz-, Zeit-, Code- und Raumvielfachzugriff. Die entsprechenden Zugriffsverfahren sind als Schicht 2 Protokolle gemäß dem OSI-Referenzmodell nur Bezeichner für die jeweilige Klasse von Protokollen und sind im Einzelfall in jedem Mobilfunksystem speziell festgelegt.

Es gibt weitere Vielfachzugriffsverfahren, die auf einen wahlfreien Zugriff und geeigneten Reservierungstechniken *PRMA (Packet Reservation Multiple Access)* beruhen. Diese Verfahren können allein für sich oder in Verbindung mit den bereits erwähnten vier Vielfachzugriffsverfahren benutzt werden. Ein Beispiel ist *GPRS (General Packet Radio Service)*, welches in Kapitel 7 erläutert wird. In Abschnitt 3.5 wird eine Familie von wahlfreien Zugriffsverfahren beschrieben, die üblicherweise beim Erstzugriff, also der ersten Kontaktaufnahme zwischen dem mobilen Teilnehmer und dem Mobilfunksystem, verwendet werden.

3.4.1 Frequenzvielfachzugriff

Beim Frequenzvielfachzugriff *FDMA (Frequency Division Multiple Access)* wird das für das Funksystem insgesamt zur Verfügung stehende Frequenzspektrum in mehrere (nicht unbedingt gleich große) Frequenzbänder unterteilt. Auf diese Weise können mehrere Gesprächsverbindungen gleichzeitig auf unterschiedlichen Frequenzen geführt werden, siehe dazu Abbildung 3.3.

Jedes Frequenzband kann als physikalischer Kanal interpretiert werden, der genau einer Verbindung zugeordnet ist. Die Einteilung des Frequenzspektrums in Frequenzbänder wird durch unterschiedliche Trägerfrequenzen realisiert. Die zu übertragenden Nachrichten einer Verbindung zwischen zwei Stationen werden auf der Senderseite auf die Trägerfrequenz aufmoduliert. Auf der Empfängerseite müssen dann die Signale durch entsprechende Filterung voneinander getrennt werden. Zur Vermeidung von Übersprechen *(Interferenzen)* sind Schutzbänder *(Guard Band)* vorgesehen, da reale Filter nur eine endliche Flankensteilheit aufweisen.

Reine FDMA-Verfahren sind hauptsächlich für den analogen Mobilfunk geeignet. Ein Beispiel ist das C-Netz in Deutschland: Zwei Frequenzbänder a 4.44 MHz werden in 222 einzelne Gesprächskanäle mit je 20 kHz Bandbreite aufgeteilt, wobei der Schutzabstand bereits in dieser Bandbreite berücksichtigt ist. Der Realisierungsaufwand in der Feststation ist beim reinen Frequenzvielfachzugriff sehr hoch. Die dazu benötigten Hardware-Komponenten sind zwar einfach, allerdings muss für jeden Kanal eine eigene

3.4 Grundlagen zum Mehrfachzugriff

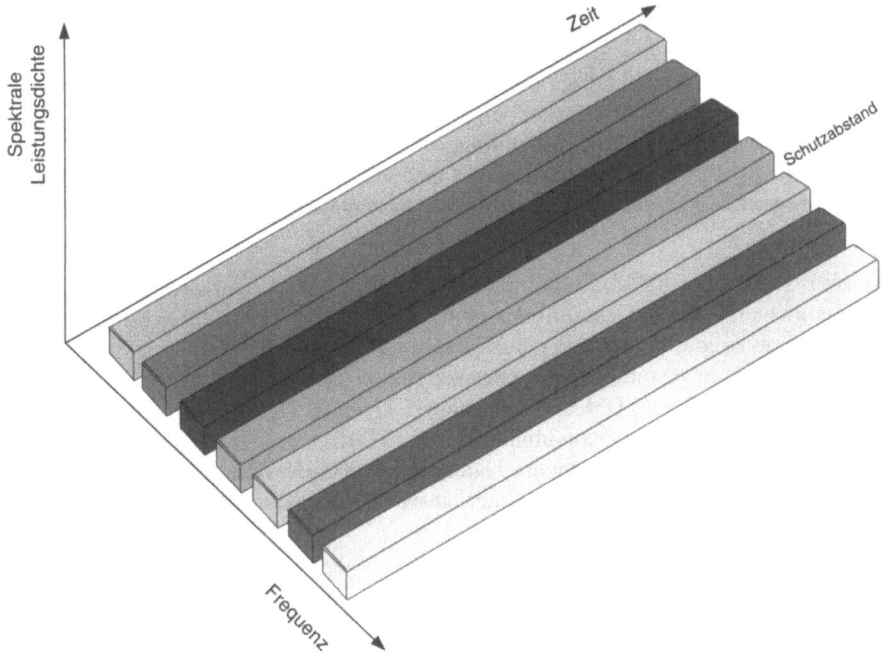

Abbildung 3.3: Kanäle in einem FDMA-System

Transceiving-Einheit zur Verfügung gestellt werden. Zur Realisierung eines Vollduplex-Betriebs, wie es in der Telefonie üblich ist, werden getrennte Filter zum Senden und Empfangen benötigt. Eine Feststation muss in der Regel eine größere Anzahl von Kanälen gemeinsam verstärken und übertragen. Daraus ergeben sich hohe Anforderungen an die HF-Netzwerke und die Verstärkerlinearität in der Sendestufe [47, 64]. Diese Gründe erschweren den Bau von kleinen, einfachen auf FDMA basierenden Mobilstationen. Die dazu notwendigen schmalbandigen Filter können nicht in hochintegrierten Schaltkreisen realisiert werden.

Das *OFDM*-Verfahren *(Orthogonal Frequency Division Multiplexing)* stellt eine Sondervariante von FDMA dar: Die Datensymbole werden parallel über mehrere Teilfrequenzbänder übertragen. Die Übertragung der Datensymbole erfolgt auf den einzelnen Trägern schmalbandig. Das breitbandige Quellsignal wird also in eine Vielzahl schmalbandiger Übertragungssignale zerlegt.

3.4.2 Zeitvielfachzugriff

Beim Zeitvielfachzugriff *TDMA (Time Division Multiple Access)* wird die Gesamtübertragungsdauer in disjunkte Zeitschlitze *(Time Slots)* unterteilt, die in Gruppen zu Zeitrahmen *(Frames)* zusammengefasst werden. Die Zeitschlitze eines Rahmens werden den einzelnen Übertragungskanälen zugeordnet. Auf diese Weise kann man den Frequenzkanal periodisch abwechselnd mehreren Kommunikationsbeziehungen zuteilen.

Beim reinen Zeitvielfachzugriff steht dem Sender der Funkkanal kurzzeitig für die Dauer eines Zeitslot in seiner Gesamtübertragungsbandbreite zur Verfügung. Die Unterscheidung der Übertragungskanäle beim Empfänger erfolgt durch die Zeitschlitzfolge innerhalb des Rahmens. In einem Zeitschlitz kann der Sender eine bestimmte Anzahl Datenbits unterbringen. Die Folge des durch eine Station genutzten Zeitschlitzes bildet einen Zeitkanal.

Üblicherweise wird das TDMA-Verfahren im digitalen Mobilfunk angewendet. Dabei wird meist nicht die gesamte Bandbreite eines Systems für einen Zeitschlitz exklusiv einer Mobilstation zugeteilt, sondern eine Kombination von Frequenz- und Zeitvielfachzugriff. Dazu wird das gesamte Frequenzspektrum in Teilbänder aufgeteilt und diese Teilbänder werden dann im TDMA-Vielfachzugriff genutzt. Das paneuropäische digitale GSM verwendet eine solche Kombination von FDMA und TDMA. In einem Band von 25 MHz Breite werden 124 einzelne Kanäle mit 200 kHz Bandbreite (124 einzelne Trägerfrequenzen) untergebracht, wobei jeder dieser Frequenzkanäle wiederum 8 TDMA-Gesprächskanäle enthält.

In Abbildung 3.4 wird exemplarisch die Funkressource einer GSM-Feststation gezeigt, der 3 Trägerfrequenzen zugeteilt sind. Da jede Trägerfrequenz im Zeitmultiplex Zeitrahmen mit insgesamt 8 Zeitschlitzen überträgt, verfügt die Feststation über insgesamt 24 Funkkanäle. Der aktuelle Zustand entspricht einer Belegung von drei (logischen) Kanälen. Die Anzahl von TDMA-Kanälen auf einer Trägerfrequenz bestimmt gleichzeitig die Periode, mit der ein Zeitschlitz einer Verbindung zu einer Mobilstation zugewiesen wird. Daher ergibt sich in GSM für jeden Kanal eine Periode von 8.

Das TDMA-Verfahren ist zwar frequenzökonomischer als das FDMA-Verfahren, erfordert aber eine sehr genaue Synchronisation der beteiligten Parteien, damit die übertragenen Nachrichten den richtigen Zeitkanälen zugeordnet werden können. Daher erfordert der Zeitvielfachzugriff einen höheren technischen Aufwand als der reine Frequenzvielfachzugriff. Zur Vermeidung von Synchronisationsfehlern, die aufgrund von Signallaufzeitunterschieden zu Interferenzen führen können, ist in TDMA-Systemen eine Schutzzeit *(Guard Time)* zwischen den einzelnen Zeitschlitzen vorgesehen. Diese Schutzzeit verhindert die Realisierung beliebig kurzer Zeitschlitze und reduziert damit die theoretisch mögliche Kapazitätsausnutzung. Die Schutzzeit kann mit dem Schutzabstand in einem FDMA-Verfahren verglichen werden.

Zur Lösung des Grundproblems, den genauen Sendezeitpunkt zu bestimmen, wird üblicherweise ein Zeitreferenz-Signal verwendet. In GSM wird von der Feststation im downlink ein solches Signal an die Mobilstation versendet. Mit dem Empfang eines TDMA-Rahmens von der Feststation kann sich die Mobilstation synchronisieren und mit einem gewissen zeitlichen Versatz (mehrere Zeitschlitze) dann zeitschlitzsynchron zum empfangenen Signal senden. Das Problem der Synchronisation erhält durch die Mobilität der Teilnehmer zusätzliche Komplexität, weil diese sich nun in unterschiedlichen Entfernungen von der Feststation aufhalten können und ihre Signale deshalb auch unterschiedliche Laufzeiten aufweisen können. Aus diesem Grund treffen die Signale im Uplink nicht unbedingt rahmensynchron an der Feststation ein. Um Kollisionen aufeinanderfol-

3.4 Grundlagen zum Mehrfachzugriff

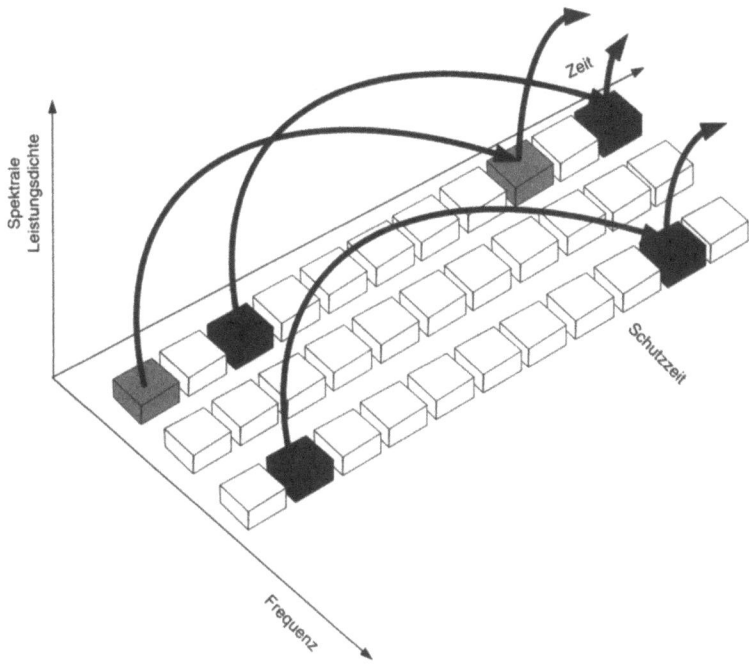

Abbildung 3.4: TDMA-Kanäle auf mehreren Trägerfrequenzen

gender Zeitschlitze zu vermeiden, muss die Mobilstation den Versand so manipulieren, dass diese möglichen Verzögerungen korrigiert werden. Dazu müssen die Mobilstationen prinzipiell den jeweiligen zeitlichen Versatz zwischen Empfangen und Senden verkürzen: Der Sendebeginn wird zeitlich so nach vorn gelegt, dass die Signale rahmensynchron an der Feststation ankommen.

Wegen der zeitlichen Mehrfachnutzung der Trägerfrequenzen ist das übertragene Signal im Allgemeinen breitbandiger als ein reines FDMA-Signal, da die Bruttodatenrate entsprechend höher sein muss. In GSM werden beispielsweise Teilbänder mit 200 kHz Bandbreite und einer Bruttodatenrate von 271 kbit/s verwendet, wobei bei acht Zeitschlitzen je TDMA-Rahmen auf den einzelnen TDMA-Kanal 33.9 kbit/s entfallen. Wie in Kapitel 2.4 bereits erwähnt, treten besonders bei breitbandigen Systemen frequenz- und zeitselektive Schwunderscheinungen auf. Da in einem zellularen Mobilfunknetz derselbe Kanal in der Regel in einer räumlich entfernten Funkzelle wieder verwendet wird, treten üblicherweise frequenzselektive Gleichkanalstörungen (Interferenzen) auf, die für eine zusätzliche Verschlechterung der Übertragungsqualität führen, siehe dazu Kapitel 4. Aus diesem Grund ist die Übertragungsqualität auf den einzelnen Zeitschlitzen in einem TDMA-System starken Schwankungen unterworfen. Einzelne Bursts werden stark gestört, derselbe Kanal kann in einem Zeitschlitz sehr gut, in dem darauf folgenden hingegen sehr schlecht sein.

Auf der anderen Seite gibt es in TDMA-Systemen sehr gute Möglichkeiten, diese frequenzselektiven Störungen zu reduzieren. Mit Hilfe von Frequenzsprungverfahren *(Frequency Hopping)* wird jeder Burst (Periode) eines TDMA-Kanals auf einer anderen Frequenz übertragen, siehe Abbildung 3.5. Die Sprungfolgen von verschiedenen Stationen müssen

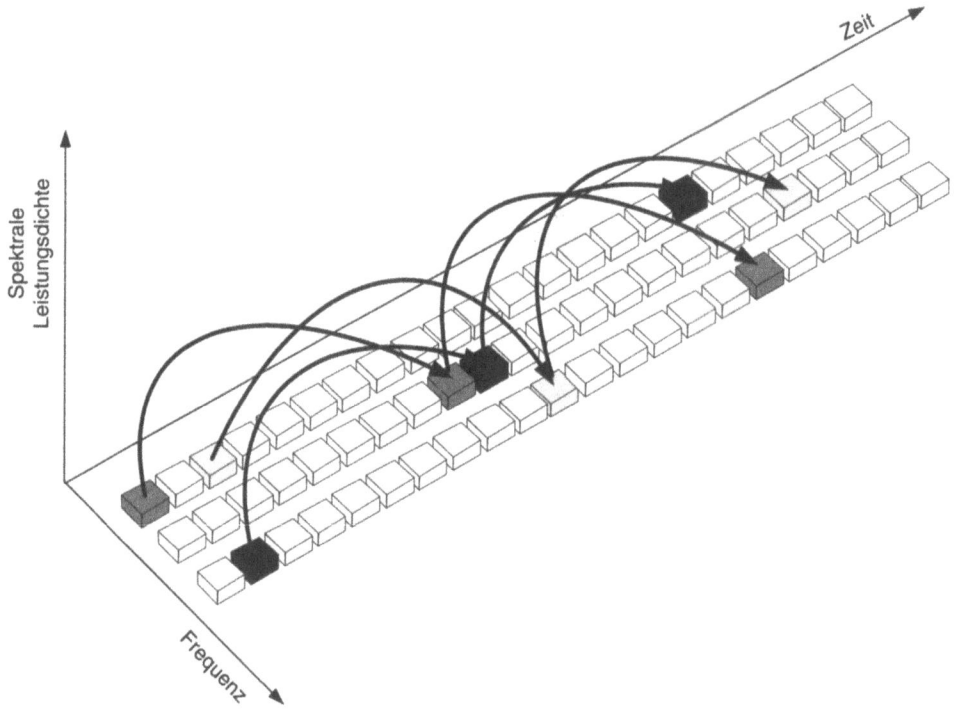

Abbildung 3.5: Frequenzsprungverfahren

natürlich zueinander orthogonal sein. Es muss also sichergestellt werden, dass zwei im gleichen Zeitschlitz sendende Mobilstationen niemals dieselbe Frequenz verwenden. Mit Hilfe dieser Frequenzsprünge wird also das Signal mit Frequenz-Diversität übertragen: Selektive Störungen auf einer Frequenz treffen dabei nur maximal jeden i-ten Zeitschlitz, wenn i die Anzahl der für das Springen zur Verfügung stehenden Frequenzen ist. Die Dauer einer Sprungperiode ist bei dieser Art des Frequenzsprungverfahrens lang gegenüber der Symboldauer. Daher spricht man in diesem Fall von langsamem Frequenzspringen *(Slow frequency Hopping)* im Gegensatz zum schnellen Frequenzspringen, bei dem die Frequenzsprungperiode unter der Dauer eines Zeitschlitzes in der Größenordnung einzelner Symbole oder darunter liegt.

3.4.3 Codevielfachzugriff

Systeme mit Codevielfachzugriff *CDMA (Code Division Multiple Access)* unterscheiden sich grundlegend von den bisher beschriebenen Vielfachzugriffsverfahren FDMA und TDMA. Grundlegend für diese Verfahren ist die Übertragung eines schmalbandigen Funksignals in einem breiten Frequenzspektrum. Jedem Teilnehmer wird die gesamte Bandbreite des Systems für die komplette Dauer einer Verbindung zur Verfügung gestellt. Diese Nutzung ist nicht ausschließlich, alle Teilnehmer einer Funkzelle verwenden gleichzeitig dasselbe komplette Frequenzband. Die Trennung der einzelnen Teilnehmersignale erfolgt mittels eines Codierschemas, welches in gewisser Weise einer Kombination von FDMA und TDMA ähnelt. Die im vorherigen Abschnitt vorgestellte Technik des Frequenzspringens zählt bereits zur Familie der Bandspreiztechniken *(Spread Spectrum)* der Codevielfachzugriffsfamilie.

Die beim Codevielfachzugriff verwendete Bandspreiztechnik *(spread spectrum)* verfolgt das Ziel, aus einem schmalbandigen Signal für die Übertragung ein breitbandiges Signal zu erzeugen, das deutlich unempfindlicher gegen frequenzselektive Störungen durch Interferenzen ist. Dabei wird das Signal eines Teilnehmers spektral auf ein Vielfaches seiner ursprünglichen Bandbreite gespreizt. Die üblicherweise verwendeten Spreizfaktoren liegen zwischen 10 und 1000. Als Nebeneffekt der Bandspreizung wird auch die spektrale Leistungsdichte reduziert.

Die *(Direct Sequence)*-Technik ist ein häufig eingesetztes Verfahren zur Bandspreizung *(DS-CDMA)*. Die zu übertragenden binären Signale werden dabei mit einer Spreizfolge multipliziert und anschließend erst zur (beispielsweise) Phasenmodulation des Trägersignals verwendet. In diesem Fall wird jede Bitzeit in m kurze Intervalle namens *Chips* aufgeteilt. Typischerweise gibt es 64 oder 128 Chips pro Bit. Die Bitrate des Spreizsignals, die sogenannte Chiprate, ist um den Spreizfaktor höher als die Bitrate der Datenfolge und sorgt so für die erwünschte Verbreiterung des Signalspektrums. Jeder Mobilstation i wird ein eindeutiger m-Bit-Code oder eine Chipfolge c_i (Spreizfolge) zugeordnet. Um das 1-Bit zu übertragen, sendet die Station ihre Chipfolge. Um das 0-Bit zu übertragen, sendet sie das Einserkomplement ihrer Chipfolge.

Bei den Chipfolgen c_i handelt es sich im Idealfall um vollständig orthogonale Bitsequenzen, deren Kreuzkorrelationsfunktion verschwindet. Da solche vollständig orthogonalen Sequenzen nicht realisierbar sind, werden in praktischen Systemen Chipfolgen aus *Pseudo Noise*-Generatoren *(PN-Generatoren)* zur Bandspreizung verwendet [13, 64]. Der Empfänger, der die Chipfolge c_j des Senders j kennen muss, multipliziert das empfangene Signal s mit dieser Chipfolge, womit die Datenfolge d_j im Idealfall wieder in ihrer ursprünglichen Form hergestellt ist. Falls eine orthogonale Familie von Chipfolgen c_i zur Verfügung steht, kann jedem Teilnehmer eine eindeutige Chipfolge zugewiesen werden. In diesem Fall können die einzelnen Teilnehmersignale beim Empfänger getrennt werden, obwohl sie gleichzeitig in demselben Frequenzband übertragen werden. Der Grund liegt in der verschwindenden Kreuzkorrelation der Chipfolgen. In einer vereinfachten Form kann das empfangene Summensignal s mit der jeweiligen Chipfolge multipliziert werden. Es gilt dann der folgende Sachverhalt:

$$s(t)c_j(t) = \sum_{i=1}^{n} d_i(t)c_i(t)c_j(t) = d_j(t), \quad \text{mit} \quad c_j(t)c_i(t) = \begin{cases} 0, & i \neq j \\ 1, & i = j \end{cases} \quad (3.1)$$

Die jeweiligen Signale der anderen Sender, deren Codes (Chipfolgen) mit der ausgewählten PN-Folge nicht übereinstimmen, werden nicht auf die Originalbreite zurücktransformiert und tragen daher nur zum Rauschpegel des empfangenen Signals bei, siehe Abbildung 3.6.

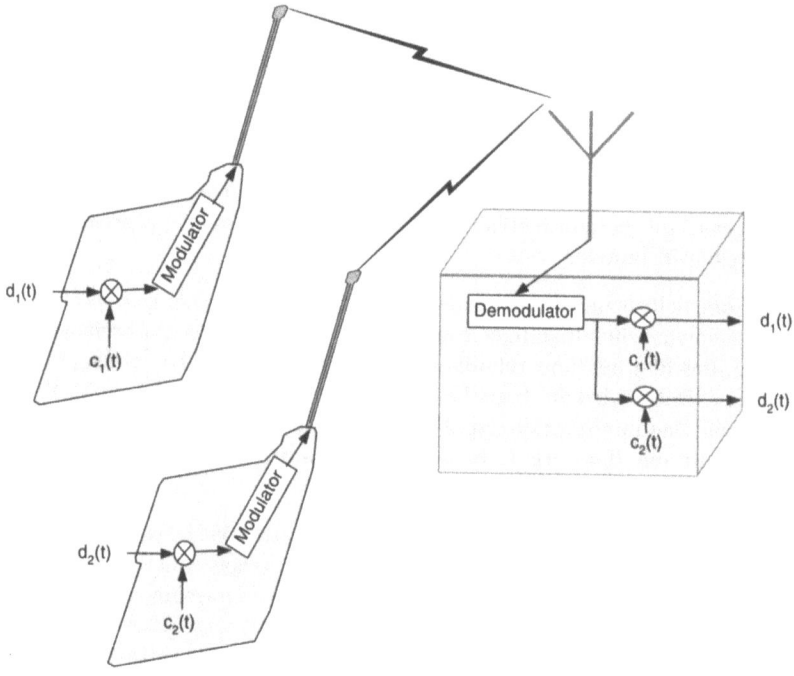

Abbildung 3.6: Idealisierte Darstellung des Codevielfachzugriffs im Uplink

Beim schnellen Frequenzsprungverfahren (Frequency Hopping CDMA *FH-CDMA*) wechseln Sender und Empfänger in schneller Folge synchron die Übertragungsfrequenz, das bedeutet mehrmals pro übertragenem Datensymbol. Im Gegensatz zum DS-CDMA wird nun das bereits modulierte Informationssignal mit einer orthogonalen Codefolge multipliziert. Auf diese Weise ergibt sich ein ähnlicher Spreizeffekt wie bei der Direct Sequence-Variante: Das ursprüngliche Signal wird auf ein Vielfaches der originalen Bandbreite ausgeweitet.

Ein Vorteil der Codevielfachzugriffsverfahren ergibt sich aufgrund der verwendeten Codierung der Teilnehmerdaten. Zur Gewährleistung der Vertraulichkeit der Daten wird daher kein kryptographisches Verfahren benötigt. Ein weiterer Vorteil gegenüber den Zeitvielfachzugriffsverfahren ist, dass in CDMA-Systemen keine Zeitsynchronisation der verschiedenen Sender erforderlich ist. Sie sind aufgrund des Codes selbstsynchronisierend.

Ein systembedingter Nachteil des CDMA-Verfahrens ergibt sich aufgrund des sogenannten *Near/Far*-Problems: Alle beim Empfänger einfallenden Signalfolgen müssen auf etwa 1 dB genau gleichstark vorliegen, da sonst das stärkere Signal das schwächere unterdrückt. Daher benötigt man eine komplexe adaptive (schnelle) Leistungssteuerung der Sender durch den Empfänger *(Power Control)*. Als gute Heuristik gilt hier, dass jede mobile Station an die Feststation in umgekehrter Richtung sendet, in der sie von der Feststation den Leistungspegel empfängt. Eine Mobilstation, die ein schwaches Signal von der Feststation empfängt, sendet mit mehr Leistung als eine, die ein starkes Signal empfängt.

3.4.4 Raumvielfachzugriff

Um trotz des in der Praxis begrenzten Frequenzspektrums theoretisch beliebig viel Verkehr tragen zu können, müssen die zur Übertragung verwendeten Frequenzen in geeigneten geometrischen Abständen wiederverwendet werden. Dieses Vorgehen wird durch den Umstand ermöglicht, dass die Feldstärke des Funksignals mit wachsendem Abstand vom Sender abnimmt. Bei einem genügend großen Abstand vom Sender ist das Signal so schwach, dass die Störungen durch Interferenz bei Wiederverwendung derselben Frequenz in einer anderen Funkzelle toleriert werden können. Die Kernaufgabe der Planung von Mobilfunknetzen lässt sich als Optimierungsproblem folgendermaßen definieren: Für einen vorgegebenen zu versorgenden Bereich (Menge von Funkzellen) und eine beschränkte Anzahl von zur Verfügung stehenden Frequenzen (Menge von Funkkanälen) soll die Anzahl der Teilnehmer maximiert werden, die von diesem System getragen werden können, siehe dazu Kapitel 4.

Sektorisierung des Versorgungsbereichs einer einzelnen Feststation (Funkzelle) ist eine weitere Maßnahme zur Erhöhung der Netzkapazität. Beim Raumvielfachzugriff *SDMA (Space Division Multiple Access)* wird *eine* Funkzelle in einzelne Raumsegmente aufgeteilt. Dieser Sachverhalt wird in Abbildung 3.7 illustriert. Diese Aufteilung kann statisch oder beim Einsatz adaptiver Antennen auch zeitlich veränderlich sein. Innerhalb der einzelnen Raumsegmente einer Zelle können die Frequenzen wiederverwendet werden. Die räumliche Trennung der physikalischen Kanäle wird mit Hilfe von Gruppenantennen realisiert.

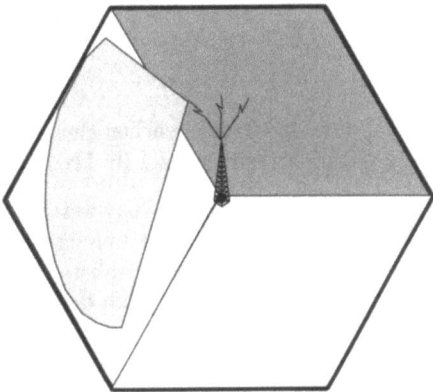

Abbildung 3.7: Raumsegmente innerhalb eines SDMA-Systems

Gruppenantennen nutzen die vorhandene Richtungsselektivität des Mobilfunkkanals aus. Insbesondere im Uplink von der Mobil- zur Feststation existiert meist eine Haupteinfallsrichtung, obwohl im Prinzip die Einfallsrichtungen der Mehrwegekomponenten durch unbestimmt viele Einzelpfade über Streuung, Beugung und Reflexionen beliebig verteilt sein können. Da die Feststationen bevorzugt freistehend installiert werden, liegen in ihrer unmittelbaren Nachbarschaft keine Störzentren. Daher trifft häufig der wesentliche Signalanteil am Empfänger nur über einen Winkel von wenigen zehn Grad verteilt ein.

Gruppenantennen bilden durch entsprechende phasenrichtige Ansteuerung der einzelnen Antennenelemente eine Richtcharakteristik aus. Damit kann der Empfänger seine Antenne selektiv auf die Haupteinfallsrichtung des Sendersignals ausrichten und sowohl richtungsselektiv empfangen als auch umgekehrt richtungsselektiv senden. Dabei kann die Richtcharakteristik der Gruppenantenne adaptiv so geregelt werden, dass ein Signal nur in genau einem Raumsegment empfangen und abgestrahlt wird, in dem sich eine bestimmte Mobilstation befindet. Die Antennenkeulen *(Spot Beam)* des Richtdiagramms werden bei Bewegung der Mobilstationen adaptiv nachgeführt. Mit Hilfe der adaptiven Regelung können Gleichkanalinterferenzen in anderen Zellen erheblich reduziert werden. Des Weiteren kann die Empfindlichkeit gegenüber Interferenzen in der aktuellen Zelle verringert werden. Schließlich ermöglicht die räumliche Trennung die Wiederverwendung physikalischer Kanäle in einer Zelle.

Besonders vorteilhaft erweist sich die Tatsache, dass SDMA-Verfahren mit jedem anderen Vielfachzugriffsverfahren (FDMA, TDMA,CDMA) kombiniert werden können. Ein SDMA-System kann allein durch Nachrüsten von Feststationen mit Gruppenantennen realisiert werden. Gründe zum Umrüsten auf SDMA-Systeme sind die erwarteten Zuwachse in der Netzkapazität aufgrund der möglichen intra-zellularen räumlichen Kanalwiederholung und vereinfachte (leistungsärmere) Entzerrer aufgrund der reduzierten Signalumwege.

3.4.5 Duplexverfahren

Die meisten Mobilkommunikationssysteme ermöglichen eine Vollduplexübertragung. Das Trennen der beiden Übertragungsrichtungen erfolgt im Frequenz- oder im Zeitbereich.

Beim *FDD*-Verfahren *(Frequency Division Duplexing)* werden für beide Übertragungsrichtungen zwei unterschiedliche Teilfrequenzbänder bereitgestellt, wobei beide Richtungen durch einen ausreichend großen Duplex-Frequenzabstand getrennt werden. Das paneuropäische GSM-System beispielsweise arbeitet nach dem FDD-Verfahren, siehe auch Kapitel 1.1.

Das *TDD (Time Division Duplexing)* führt die Trennung der beiden Informationsrichtungen im Zeitbereich durch. Die beiden Übertragungsrichtungen müssen aufgrund der auftretenden Signallaufzeiten zeitlich durch ein ausreichend großes Duplex-Zeitintervall getrennt werden. Der aktuelle digitale europäische Standard für Schnurlose Telefone DECT ist ein TDD-Verfahren, siehe dazu auch Abschnitt 1.2.

3.5 Grundlagen zum Zufallszugriff

Alle im vorherigen Abschnitt 3.4 beschriebenen Vielfachzugriffsverfahren sind deterministisch und sind gut geeignet, um Daten über bereits aufgebaute Verbindungen zu transportieren. Das Problem des Erstzugriffs, also der ersten Kontaktaufnahme zwischen Mobilstation und Funknetz, kann nur mit Hilfe zufälliger Zugriffsverfahren gelöst werden. Das Mobilfunknetz hat in diesem Fall keine andere Möglichkeit herauszufinden, dass ein mobiler Teilnehmer den Wunsch nach einer Kommunikation äußert. Der Erstzugriff umfasst sowohl die initiale Anmeldung des mobilen Teilnehmers im Netz (Einbuchung) als auch den Gesprächswunsch eines bereits eingebuchten Teilnehmers. In der anderen Richtung, also vom Mobilfunknetz hin zum mobilen Teilnehmer, ergibt sich dasselbe Problem. Für den Fall, dass ein bereits eingebuchter Teilnehmer von einem anderen (mobilen oder festen) Teilnehmer aus angerufen wird, muss das Netz den initialen Kontakt suchen, um mit dem mobilen Teilnehmer eine Verbindung aufzubauen.

Alle in diesem Zusammenhang verwendeten Zugriffsverfahren arbeiten zufällig und tragen das Risiko einer Kollision, da in der Regel die mobilen Teilnehmer unabhängig voneinander den Erstzugriff zum Netz suchen können. Daher sind insbesondere auch gleichzeitige initiale Zugriffswünsche möglich. In diesem Fall würden sich beide Pakete gegenseitig überlagern und damit verfälschen beziehungsweise gegenseitig zerstören. Im Gegensatz zu den festverdrahteten Lokalen Rechnernetzen, können in einem mobilen Funknetz die Kollisionen von den mobilen Teilnehmern an der Luftschnittstelle nicht erkannt werden. Stattdessen müssen zur Erkennung Bestätigungspakete verwendet werden. Die sendende mobile Station erkennt am Ausbleiben der Bestätigung (indirekt) die Kollision, und kann nach einer bestimmten Wartezeit einen erneuten Zugriffsversuch starten.

Man kann leicht einsehen, dass diese Art der zufälligen Zugriffsverfahren auf keinen Fall unter hochlastigem Verkehr funktionieren können. Aufgrund der entstehenden Kollisionen würde kein Zugriffswunsch zum Netz mehr durchkommen. Um genügend Kanalkapazität zur Verfügung zu stellen, muss insbesondere der maximale Durchsatz ermittelt werden. Dazu muss auch die Frage der Wiederholungen kritisch untersucht werden. Werden die Wartezeiten zu klein gewählt, so wird auf diese Weise sehr viel zusätzlicher Verkehr produziert und die Wahrscheinlichkeit erneuter Kollisionen erhöht. Falls die Wartezeiten zu groß gewählt werden, bleibt der Kanal unnötig lange unbenutzt. Die meisten dieser Zugriffsmethoden basieren auf dem ALOHA-Protokoll.

Das grundlegende Konzept eines ALOHA-Systems ist einfach: Ein Benutzer, der Daten übertragen will, kann dies jederzeit tun. Selbstverständlich können dabei Kollisionen auftreten, wobei die kollidierenden Pakete zerstört werden. Aber durch die Bestätigungsmöglichkeit der Broadcast-Technik kann der Absender immer herausfinden, ob sein Paket zerstört wurde, indem er einfach die Meldungen des Kanals abhört. Falls das Paket zerstört wurde, wartet der Absender eine zufällig gewählte Zeitspanne und sendet es danach nochmals. Die Wartezeit muss zufällig gewählt werden. Falls zwei mobile Stationen nach einer erkannten Kollision dieselbe Wartezeit verwenden würden, dann würden die gleichen Pakete immer wieder kollidieren. Solche Systeme werden allgemein auch als Konkurrenzsysteme *(Contention Systems)* bezeichnet.

Jedesmal, wenn zwei Pakete zur gleichen Zeit versuchen, den Kanal zu belegen, entsteht eine Kollision, und beide werden verstümmelt. Falls nur das erste Bit eines neuen

Pakets das letzte Bit eines fast beendeten Pakets überschneidet, werden beide Pakete völlig zerstört, und beide müssen später erneut übertragen werden. Eine Prüfsumme kann nicht, und sollte auch nicht, zwischen einem totalen und einem knapp verfehlten Verlust unterscheiden.

In diesem Zusammenhang stellt sich die wichtige Frage nach der Effizienz: Welcher Bruchteil aller übermittelten Pakete entgeht einer Kollision und kommt beim Empfänger korrekt an? In unserem Fall entspricht dies der Frage: Wieviele Teilnehmer, die sich gleichzeitig im Funknetz anmelden wollen, schaffen das auch tatsächlich? Zur Lösung dieser Frage werden einige vereinfachende Annahmen getroffen. Es wird angenommen, dass die Paketzeit für alle Stationen identisch ist: Die Paketzeit T ist die Zeit, die benötigt wird, um das Standardpaket mit fester Länge zu übermitteln. Neue Pakete werden dabei mit einer Poisson-verteilten Ankunftsrate λ gesendet. Abgesehen von den neuen Paketen generieren die Stationen auch Neuübertragungen aufgrund von vorhergehenden Kollisionen. Werden kollidierte Pakete nach unabhängigen, zufälligen Verzögerungsdauern erneut übertragen, dann ist die Verkehrsbelastung, die sich zusammen aus kollidierten und erfolgreichen Paketen ergibt, ebenfalls eine Poisson-Verteilung mit einer Ankunftsrate G. Bei niedriger Belastung ($\lambda \approx 0$) gibt es wenige Kollisionen, also auch wenige Neuübertragungen, so dass $G \approx \lambda$ gilt. Für jede beliebige Belastung ist der Datendurchsatz S die gegebene Belastung G, multipliziert mit der Wahrscheinlichkeit, dass eine Übertragung erfolgreich ist: $S = GP_K$, wobei P_K die Wahrscheinlichkeit ist, dass ein Paket keine Kollision erleidet.

Ein Paket kollidiert nicht, wenn keine anderen Pakete innerhalb einer Paketzeit nach seinem Start gesendet werden. Eine Station ist nicht in der Lage, den Funkkanal vor dem Übertragen abzufragen. Eine Kollision kann daher auch durch ein älteres Paket verursacht werden, das beim Start schon unterwegs war. Auf diese Weise ergibt sich für jedes neu zu versendende Paket eine gefährliche Zeitspanne von zwei Paketzeiten $2T$. Kollisionen sind ausgeschlossen, falls innerhalb des Zeitraums $2T$ kein zweites Paket versendet wird. Die Wahrscheinlichkeit, dass k Pakete innerhalb einer gegebenen Paketzeit T produziert werden, ergibt sich durch die Poisson-Verteilung wie folgt:

$$P(k) = \frac{G^k e^{-G}}{k!} \qquad (3.2)$$

Die Wahrscheinlichkeit, dass kein Paket verschickt wird, ist genau e^{-G}. Innerhalb einer Zeitspanne, die zwei Paketzeiten lang ist, werden im Durchschnitt $2G$ Pakete erzeugt. Die Wahrscheinlichkeit, dass innerhalb der gefährlichen Zeitspanne kein anderer Datenverkehr begonnen wird, ergibt sich durch $P_K = e^{-2G}$. Aufgrund der Definition des Datendurchsatz ($S = GP_K$), erhalten wir insgesamt:

$$S = G\,e^{-2G} \qquad (3.3)$$

In Abbildung 3.8 wird der Zusammenhang zwischen dem angebotenen Datenverkehr und dem Datendurchsatz deutlich. Der maximale Durchsatz erfolgt bei $G = 0,5$ mit $S = 1/2e$. Daraus folgt, dass die maximale Kanalbelegung 18% beträgt, siehe auch [1].

In [57] wird eine Methode zur Verdopplung der Kapazität eines ALOHA-Systems vorgeschlagen, wobei die Zeit in einzelne Intervalle eingeteilt wird, und jedes Intervall einem Paket entspricht. Beim unterteilten *(Slotted)* ALOHA darf im Gegensatz zum reinen

3.5 Grundlagen zum Zufallszugriff

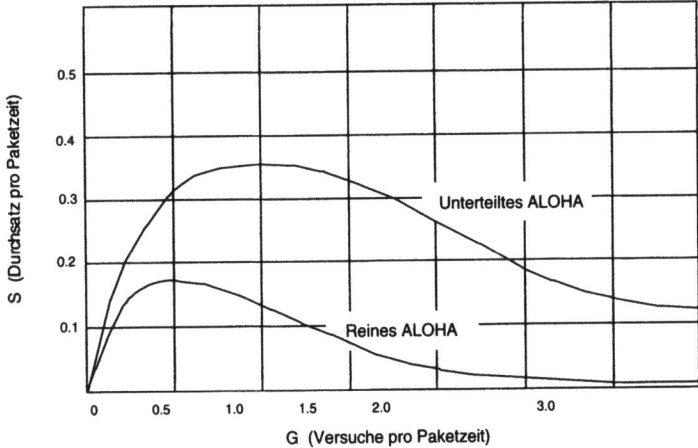

Abbildung 3.8: Durchsatz gegenüber Verkehrsangebot bei ALOHA-Systemen

ALOHA ein Teilnehmer nicht sofort senden, sobald Daten anliegen. Stattdessen muss auf den nächsten Zeitschlitz gewartet werden. So wird das stetige reine ALOHA in eine diskrete Variante abgewandelt. Da die gefährliche Zeitspanne um die Hälfte gekürzt wird, ist die Wahrscheinlichkeit, dass kein anderer Datenverkehr im gleichen Zeitschlitz stattfindet, e^{-G}. Daraus ergibt sich der folgende Durchsatz:

$$S = G\,e^{-G} \tag{3.4}$$

Aus Abbildung 3.8 wird ersichtlich, dass das unterteilte ALOHA seine Spitze bei $G = 1$ hat. Dies ergibt einen Durchsatz von $S = 1/e$ beziehungsweise 36,8%, was im Vergleich gegenüber dem reinen ALOHA einer Verdopplung entspricht. Aus Abbildung 3.8 wird ebenfalls deutlich, dass kleine Erhöhungen des angebotenen Verkehrs über den optimalen Wert schnell zu einer drastischen Reduktion des Durchsatzes führen.

In den meisten Mobilfunksystemen, die sich als Kombination von FDMA und TDMA ergeben, steht der Zufallszugriffskanal nicht ständig, sondern nur für die Dauer eines Rahmens der Länge L zur Verfügung. Die einzelnen Mobilstationen können über ein Intervall der Länge L Slots spontan auf dem Zugriffskanal belegen. In GSM wird beispielsweise eine modifizierte Version des unterteilten ALOHA-Protokolls verwendet. Die Modifikationen beziehen sich dabei auf das Prinzip, wie Wiederholungen kontrolliert werden, mit dem Ziel, den insgesamt entstandenen Verkehr bestehend aus Zugriffsversuchen und Wiederholungen unter einem vorgegeben kritischen Schwellwert zu halten. In GSM gibt es dazu Parameter, welche die Anzahl der Wiederholungen *(MAX_RETRANS)* und den Zeitraum zwischen erlaubten Wiederholungen *(TX_INTEGER)* kontrollieren. Diese beiden Parameter werden vom Mobilfunknetz in Abhängigkeit des aktuellen Zugangsverkehrs verändert und an alle mobilen Stationen per Broadcast weitergeleitet. Des Weiteren gibt es auch die Möglichkeit einzelne Mobilstationen am Zugang zu hindern. Mit Hilfe der Nachricht *IMMEDIATE_ASSIGNMENT_REJECT* teilt das Mobilfunknetz den entsprechenden Stationen mit, dass sie für einen bestimmten Zeitraum keinen Zugriff haben. Die dritte Variante in GSM wird mit Hilfe von Zugangsklassen realisiert. Dazu werden alle mobilen Teilnehmer fest in eine (von maximal zehn) Klasse eingeteilt. In Situation mit normaler Netzbelastung sind alle Teilnehmer gleichberechtigt. In Hochlastsituationen wird nur noch den höher privilegierten Klassen der Netzzugriff gestattet. Eine genaue Beschreibung dieser erweiterten ALOHA-Verfahren findet der Leser in [22, 23, 24, 49].

4 Planung von Mobilfunknetzen

4.1 Zellularkonzept

In Mobilfunksystemen ist das zur Verfügung stehende Frequenzspektrum absolut beschränkt. Die *WARC (World Administrative Radio Conference)* weist einzelnen Systemen begrenzte Bereiche des Funkspektrums zu. Netzbetreiber können sich dann national um entsprechende Nutzungsrechte bewerben. Aufgrund der sehr begrenzten Frequenzbänder steht also einem Mobilfunknetzbetreiber nur eine relativ kleine Anzahl von Gesprächskanälen zur Verfügung. Diese lizenzierten Frequenzbereiche müssen effizient genutzt werden, um die stetig steigende Nachfrage nach Mobilkommunikation bedienen zu können.

Beispielsweise sind dem GSM-System 25 MHz Bandbreite im Frequenzbereich um 900 MHz zugeteilt, mit der bei einer Trägerbandbreite von 200 kHz maximal 125 Frequenzkanäle bereit gestellt werden können, so dass bei der Nutzung eines Trägers im achtfachen Zeitmultiplex maximal 1000 Kanäle realisiert werden können. Diese Zahl wird durch Schutzbänder im Frequenzspektrum und den für die Signalisierung notwendigen Overhead zusätzlich deutlich reduziert, siehe Kapitel 5.4.

Um trotzdem mehrere Millionen Teilnehmer bedienen zu können, müssen die Frequenzen räumlich (geographisch) mehrfach genutzt werden. Diese räumliche Frequenzwiederholung *(spatial frequency Reuse)* führte zur Entwicklung der Zellulartechnik, mit der eine deutliche Verbesserung in der Frequenzökonomie erzielt werden kann. Auf diese Weise können Dienste mit rentablen Benutzerdichten und akzeptablen Gesprächs- beziehungsweise Blockierungswahrscheinlichkeiten angeboten werden.

4.1.1 Grundbegriffe

In klassischen Funknetzen der 1. Generation wird versucht, durch eine hohe Sendeleistung der einzelnen Feststationen einen möglichst großen Bereich funktechnisch zu versorgen. In solchen Funknetzen wird solange wie möglich ein zugewiesener Funkkanal beibehalten, auch wenn ein anderer Versorgungsbereich bereits erreicht wurde.

Zellulare Funknetze basieren auf der Einteilung der Gesamtfläche des Netzes in sogenannte Funkzellen, die jeweils von einer Feststation versorgt werden. Jeder Feststation wird eine Teilmenge K_i der insgesamt verfügbaren Frequenzkanäle oder allgemeiner Funkkanäle zugewiesen. Keine zwei direkt benachbarten Funkzellen (Feststationen) dürfen dieselben Kanäle verwenden. Sonst wären starke Gleichkanalstörungen aus den unmittelbaren Nachbarzellen zu erwarten, welche die (Sprach-) Qualität zu stark beeinträchtigen würden. Da die Gesamtmenge der Funkkanäle beschränkt ist, dürfen die in einer Zelle zugewiesenen Funkkanäle erst in ausreichend entfernt liegenden Funkzellen wiederholt werden. Die verfügbaren Funkkanäle werden dabei so oft wiederholt, wie zur Überdeckung eines großen geographischen Gebiets erforderlich ist. Aus diesem Grund werden bei der Planung von Funknetzen konkrete Berechnungen zur Funkfeldausbreitung durchgeführt. Als Ergebnis erhält man eine sogenannte Verträglichkeitsmatrix, die besagt, ob zwei Funkzellen denselben Funkkanal verwenden dürfen. Im negativen Fall enthält die Verträglichkeitsmatrix den notwendigen Kanalabstand zwischen den beiden Funkzellen.

Bei zellularen Netzen wird also versucht, durch eine geringe Sendeleistung der Feststationen die zugeordneten Frequenzen möglichst nur in dem fest definierten Bereich der Funkzelle zu verwenden, wodurch diese Frequenzen nach planbar kleinen geometrischen Schutzabständen wieder benutzt werden können. Um eine aktive Gesprächsverbindung auch über Zellgrenzen hinweg aufrecht zu erhalten, erfolgt bei laufendem Gespräch ein automatischer Funkkanalwechsel *(Handover)* beim Übergang von einer Zelle zur nächsten. Dazu muss eine kommunizierende Mobilstation ständig Messungen der Feldstärke des Empfangssignals vornehmen. Verlässt eine Mobilstation ihre Zelle, so wird dies vom Netz festgestellt und die Verbindung automatisch von der benachbarten Feststation übernommen.

Wird eine Mobilstation der Feststation zugeordnet, von der sie das stärkste Signal empfängt, so werden auf diese Weise *feste* Zellgrenzen definiert. Häufig erfolgt die Zuordnung zu irgendeiner Feststation, von der sie ein ausreichend starkes Signal misst. Auf diese Weise werden *weiche* Zellgrenzen definiert, da für jeden Mobilort nur noch eine Wahrscheinlichkeit angegeben werden kann, mit der dieser einer Zelle zugeordnet wird.

Ein weiterer Parameter bei der Funknetzplanung ist die Größe der Zellradien. Je mehr Teilnehmer bei insgesamt verfügbarem Frequenzspektrum zu versorgen sind, desto kleiner müssen die Funkzellen gewählt werden. Durch Zellverkleinerung lässt sich ein zellulares System an eine höhere Teilnehmerdichte adaptieren. Allerdings haben die Zellen eine minimale systembedingte Größe, die sich durch eine Kosten-Nutzen-Betrachtung ergibt. In der Praxis errichtet man anfänglich ein Netz mit relativ großen Zellradien. Kann diese Struktur den Verkehr nicht mehr tragen, so werden die Zellen mit hohem Verkehrsaufkommen durch Aufsplitten verkleinert und mit zusätzlichen Feststationen ausgestattet. Aufgrund der örtlichen Wiederverwendung der gleichen Funkkanäle können im Prinzip beliebig große Gebiete funktechnisch versorgt werden. Die Größe der Funkzellen wird durch die Sendeleistung der Feststationen reguliert. Zur Detektion des Empfangssignals darf das von einer Mobilstation am Rand einer Zelle empfangene Nutzsignal eine bestimmte Leistungsschwelle nicht unterschreiten.

Im Allgemeinen werden die Zellen idealisiert als regelmäßige Sechsecke *(Hexagons)* dargestellt, was aber durch topographische und umgebungsbedingte Umstände nur annähernd den wirklichen Bedingungen entspricht. In der Praxis sind die Funkzellen in ihrer äußeren Form sehr unregelmäßig und überlappen sich außerdem planungsbedingt um circa 10 – 15%, damit mobile Stationen im Randbereich einer Zelle die Wahlmöglichkeit zwischen Feststationen haben. Aufgrund dieser Überlappung ergibt sich eine weitere Schwierigkeit bei der Funknetzplanung. Zur Vermeidung von unnötig häufigem Zellwechsel bei Fahrten an der Grenze zwischen zwei Zellen müssen Parameter zur Steuerung der Hysterese beim Handover korrekt eingestellt werden.

4.1 Zellularkonzept

Bei der Planung von Mobilfunknetzen muss des Weiteren die Verfügbarkeit von Funkkanälen berücksichtigt werden. Gesprächswünsche sollten so selten wie möglich abgewiesen werden. Üblicherweise wird gefordert, dass die Rate mit der Gespräche nicht angenommen werden *(Blockierungsrate)*, einen bestimmten Prozentsatz nicht überschreiten darf. Falls die durchschnittliche Anzahl der Gespräche, die maximal zeitgleich im Netz bedient werden müssen, bekannt ist, kann mit Hilfe der zulässigen Blockierungsrate die Anzahl der Funkkanäle für jede Feststation ermittelt werden.

4.1.2 Modellnetze mit hexagonalen Zellen

Dieses Modell mit idealisierter Zellularstruktur wird häufig zu Analysezwecken herangezogen. In Abbildung 4.1 ist der Fall gezeigt, bei dem sich die Feststationen jeweils in der Zellmitte befinden. Es wird angenommen, dass die Gesamtübertragungsbandbreite in n

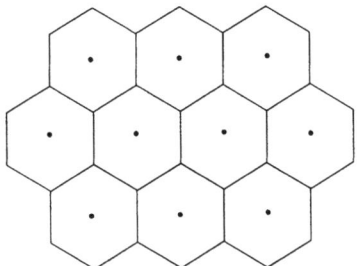

Abbildung 4.1: Modellnetz mit hexagonalen Zellen

Frequenzkanäle unterteilt ist. Diese Frequenzkanäle werden in disjunkten Gruppen zusammengefasst und auf k benachbarte Zellen aufgeteilt: $n = m \cdot k$, wobei ein gleichmäßiger Kanalbedarf m pro Funkzelle angenommen wird. Die k Zellen, die zusammen die Gesamtmenge der Frequenzkanäle verwenden, werden als *Cluster* bezeichnet. Wird ein Cluster l-mal in einer gegebenen Fläche wiederholt, so ergibt sich die folgende Systemkapazität: $l \cdot n$, wobei als Maß ein elementarer Frequenzkanal angenommen wird.

Der Faktor k wird auch Clustergröße oder Wiederholungsfaktor genannt. Aufgrund der gewählten hexagonalen Geometrie sind nur bestimmte Clustergrößen möglich. Jede Sechseck-Zelle (Hexagon) hat genau sechs gleichweit entfernte Nachbarzellen, deren Mittelpunkte sich jeweils auf um Vielfache von 60 Grad gedrehten Achsen befinden. Die Clustergröße erfüllt dann die folgende Beziehung:

$$k = i^2 + i \cdot j + j^2 \tag{4.1}$$

Daraus ergeben sich nur bestimmte Clustergrößen aus beispielsweise 1, 3, 4, 7, 9, 12, 13, 16, 19 oder 21 Zellen. In den Abbildungen 4.2, 4.3 und 4.4 werden einige Beispiele von Clustern gezeigt, wobei für jede Zelle ein gleichmäßiger Kanalbedarf 1 angenommen wird.

Man gelangt zur nächsten Gleichkanalzelle, indem man i Zellen in einer Richtung durchläuft, sich dann um 60 Grad gegen den Uhrzeigersinn dreht und weitere j Zellen in gleichbleibender Richtung durchläuft [15, 48]. Es existieren also stets genau sechs solcher

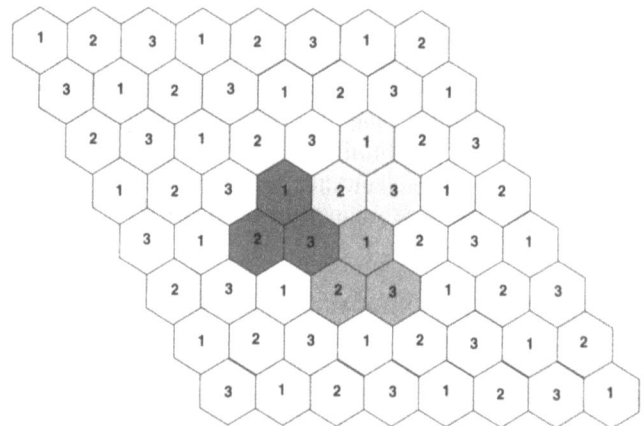

Abbildung 4.2: Frequenzwiederholung und Clusterbildung für $k = 3$

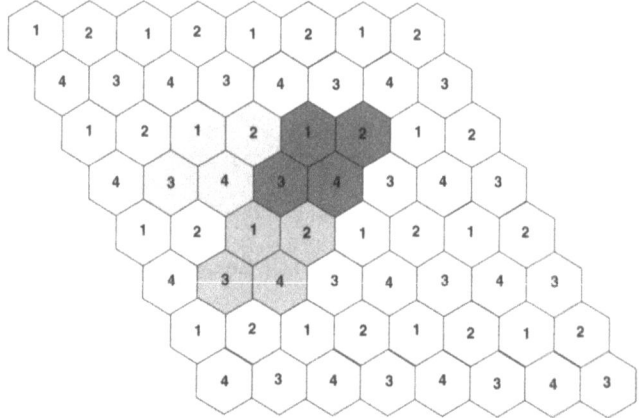

Abbildung 4.3: Frequenzwiederholung und Clusterbildung für $k = 4$

nächster Nachbarn. Unabhängig von Form und Größe der Zellen (und nicht nur im Hexagonmodell) besitzt der erste Ring, in dem eine Funkfrequenz wiederholt wird, sechs Gleichkanalzellen, siehe dazu auch die Abbildungen 4.2 bis 4.4 und 4.7 bis 4.9.

Aus der Geometrie der Sechseck-Zellen mit dem Radius R lässt sich einfach der euklidische Abstand D zwischen den Mittelpunkten zweier Gleichkanalzellen wie folgt berechnen:

$$D = \sqrt{3 \cdot k} \cdot R \qquad (4.2)$$

Der euklidische Abstand D kann auf den Zellradius R normiert werden. In diesem Fall sprechen wir vom normierten Wiederholungsabstand (Verminderungsfaktor) Q:

$$Q = \frac{D}{R} = \sqrt{3 \cdot k} \qquad (4.3)$$

Mit kleiner werdendem Wiederholungsabstand Q nimmt die Kapazität zu und gleichzeitig die Übertragungsqualität aufgrund zunehmender Gleichkanalstörung ab.

4.1 Zellularkonzept   47

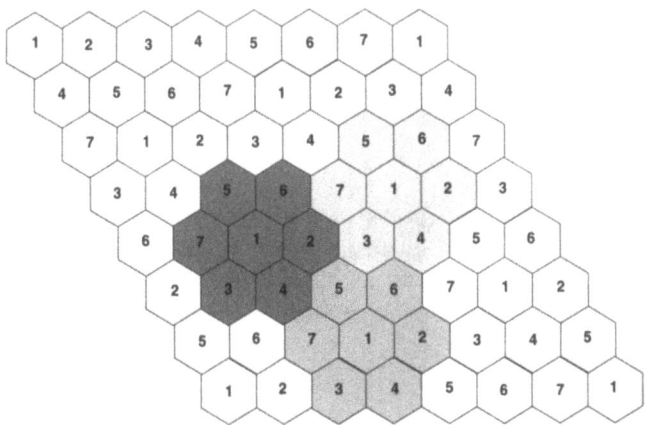

Abbildung 4.4: Frequenzwiederholung und Clusterbildung für $k = 7$

Praktische Funknetze sind aufgrund ortsveränderlicher Verkehrsdichten und der zur Verfügung stehenden Standorte für die Feststationen nicht homogen. Aufgrund inhomogener Ausbreitungsbedingungen weichen die Funkzellen stark von der Kreisform und damit von der Sechseck-Annäherung ab.

4.1.3 Interferenz und Signalstörabstand

Die Leistungsfähigkeit von Mobilkommunikationsnetzen, die auf dem Zellularprinzip aufbauen, wird durch Interferenz beschränkt. Man unterscheidet dabei zwischen *Nachbarkanal-* und *Gleichkanalstörungen*. Nachbarkanalstörungen können innerhalb einer Zelle durch unzureichende Filter oder durch einen zu geringen Kanalabstand auftreten. In diesem Fall reichen also Frequenzanteile des Nachbarkanals in den eigenen Kanal hinein. Aufgrund der Wiederholung von Frequenzkanälen in einem gegebenen Versorgungsbereich enstehen *Gleichkanalzellen*, welche die gleiche Teilmenge von Frequenzkanälen verwenden und sich daher gegenseitig beeinflussen können.

Die Abbildungen 4.5 und 4.6 zeigen eine Frequenzplanung mit einem 3er-Cluster. Bei einer derartig regelmäßigen Clusterstruktur existieren jeweils 6 Gleichkanalzellen, die der gestörten Feststation am nächsten liegen. Störungen stammen überwiegend aus diesen Zellen, weiter entfernte Gleichkanalzellen tragen kaum noch dazu bei. Wie in Abschnitt 4.1.2 erläutert wurde, beträgt die Anzahl der relevanten störenden Gleichkanalzellen immer 6, und zwar unabhängig von der jeweiligen Clustergröße.

Gleichkanalinterferenz kann nur mit Hilfe der Ausbreitungsdämpfung, also durch die Vergrößerung des normierten Wiederholungsabstandes, reduziert werden. Mit Hilfe der Abbildungen 4.7, 4.8 und 4.9 wird am Beispiel der Clustergrößen 3, 4 und 7 die Auswirkung von Gleichkanalinterferenz veranschaulicht.

Zur Lösung der Frage, ob ein Kanal in einer anderen Zelle wiederverwendet werden kann oder nicht, muss der Signalstörabstand ermittelt werden. Dieser wird definiert als Verhältnis des empfangenen Nutzsignals *C (Carrier)* bezogen auf die Interferenzleistung

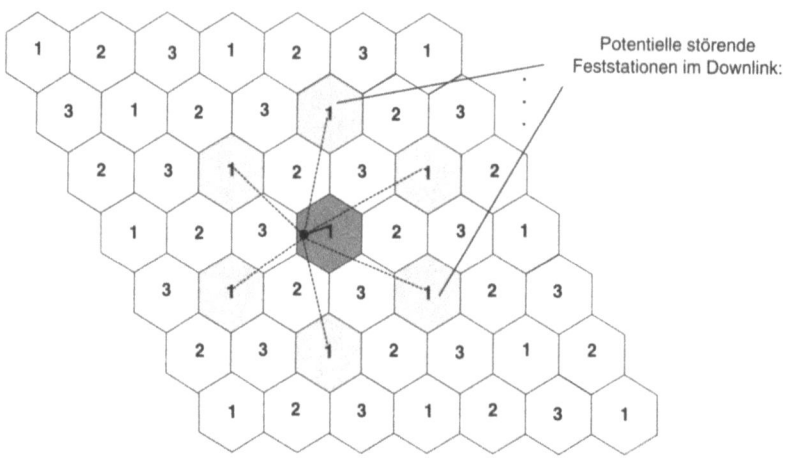

Abbildung 4.5: Downlink Störungen durch Gleichkanalzellen im 3er Cluster

I (Interference). Die Verteilung von I ergibt sich als Überlagerung vieler unabhängiger Störer und kann damit in guter Näherung als normalverteilt angenommen werden. Auf dem Downlink sind die Störer die Feststationen, auf dem Uplink die Mobilstationen der Gleichkanalzellen.

Um eine frequenzeffiziente Planung zu erreichen, wird das kleinste akzeptable Verhältnis C/I für ein Netz gesucht. Das kleinste C/I-Verhältnis hängt ab von der Anzahl der benachbarten Gleichkanalzellen, dem Abstand der Zellen untereinander, der Sendeleistung sowie den Ausbreitungsbedingungen, die sich im Wesentlichen aus den Geländeeigenschaften ergeben.

Für eine Mobilstation am Rand ihres aktuellen Versorgungsgebietes im Abstand R zur Feststation kann unter der Annahme, dass alle sechs benachbarten „Störsender" mit der gleichen Sendeleistung betrieben werden und näherungsweise alle gleich weit entfernt sind (bei großen Abstand D gegenüber kleinen Zellradius R), eine worst-case Abschätzung für den Signalstörabstand C/I unter Berücksichtigung des Ausbreitungsverlustes vorgenommen werden. Mit Hilfe der Ausbreitungseigenschaft 2.7 ergibt sich der folgende Sachverhalt:

$$\frac{C}{I} = \frac{P_0 \cdot R^{-\gamma}}{\sum_{i=1}^{6} P_0 \cdot D^{-\gamma} + N} \quad (4.4)$$

In erster Näherung, falls das Rauschen N nicht berücksichtigt wird, erhalten wird für das C/I-Verhältnis:

$$\frac{C}{I} \approx \frac{P_0 \cdot R^{-\gamma}}{6 \cdot P_0 \cdot D^{-\gamma}} = \frac{1}{6} \cdot \left(\frac{R}{D}\right)^{-\gamma} \quad (4.5)$$

Im Wesentlichen hängt der Signalstörabstand ab vom Verhältnis des Zellradius R zum Frequenzwiederholabstand D. Falls bei der Frequenzplanung feste Zellradien verwendet werden, ergibt sich bei einem vorgegebenen C/I-Verhältnis ein Mindestabstand für die Frequenzwiederholung. Wird der Mindestabstand eingehalten, kann davon ausgegangen werden, dass die Gleichkanalinterferenzen unter die für den gewünschten Wert

4.1 Zellularkonzept

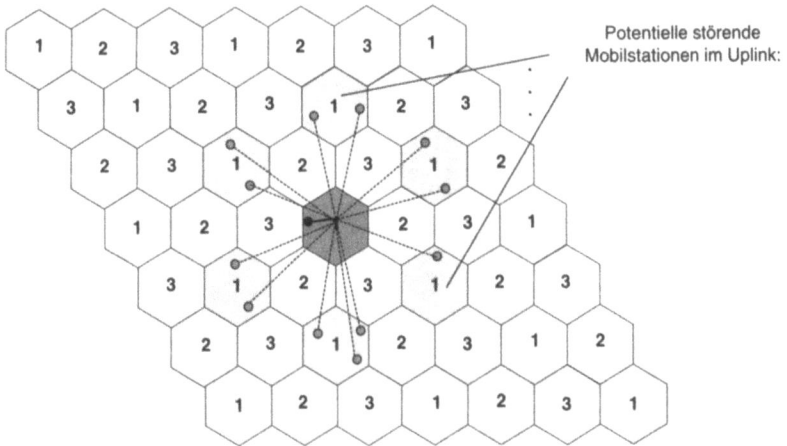

Abbildung 4.6: Uplink Störungen durch Gleichkanalzellen im 3er Cluster

notwendige Schwelle sinken [15, 45]. Aufgrund geometrischer Überlegungen kann der Frequenzwiederholabstand als euklidischer Abstand im Hexagonmodell in Abhängigkeit der Clustergröße k und des Zellradius R angegeben werden, siehe dazu Gleichung 4.3. Für den Signalstörabstand ergibt sich damit insgesamt der folgende Zusammenhang:

$$\frac{C}{I} \approx \frac{1}{6} \cdot \left(\frac{R}{D}\right)^{-\gamma} = \frac{1}{6} \cdot \left(\frac{R}{R \cdot \sqrt{3k}}\right)^{-\gamma} = \frac{1}{6} \cdot (3k)^{\frac{\gamma}{2}} \qquad (4.6)$$

Ein Signalstörabstand von 15 dB gilt in GSM-Netzen als vorsichtiger Wert für die Netzdimensionierung [15]. Daher können 18 dB für eine gute Sprachverständlickeit als ausreichendes C/I-Verhältnis angenommen werden. In diesem Fall kann jetzt auch eine Cluster-Mindestgröße angegeben werden, wobei gemäß Kapitel 2.3 für den Ausbreitungskoeffizieten γ ein Wert von 4 angenommen werden kann:

$$(10 \cdot \log C/I \geq 18 dB \iff C/I \geq 63,1) \implies D \approx 4,4\, R \qquad (4.7)$$

$$\frac{1}{6} \cdot (3k)^{\frac{\gamma}{2}} = C/I \geq 63,1 \implies k \geq 6,5 \implies k = 7 \qquad (4.8)$$

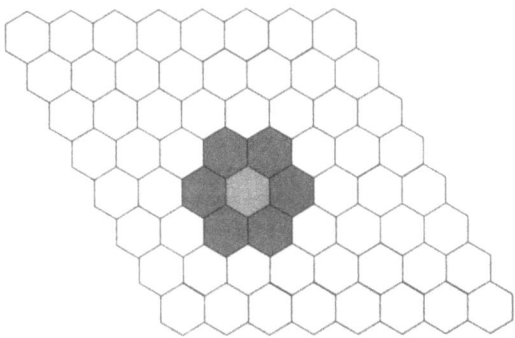

Abbildung 4.7: Interferenzpartner beim 3er Cluster

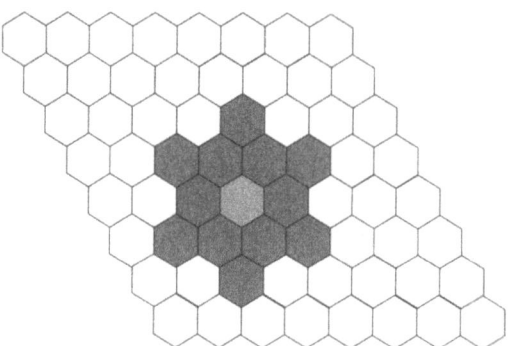

Abbildung 4.8: Interferenzpartner beim 4er Cluster

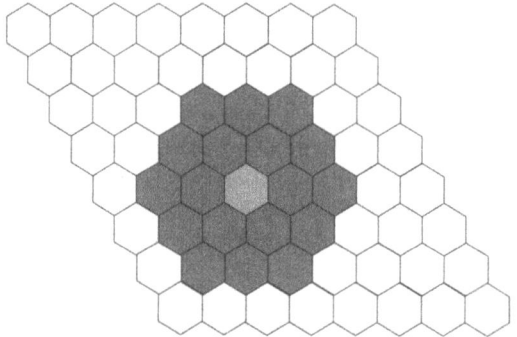

Abbildung 4.9: Interferenzpartner beim 7er Cluster

Diese Werte werden auch durch Computersimulationen bestätigt, die gezeigt haben, dass für C/I von 18 dB ein Wiederholungsabstand von $D \approx 4.6R$ notwendig ist [45]. In praktischen Netzen finden sich auch andere Clustergrößen, z.B. $k = 9$ und $k = 12$.

Im Gegensatz zu den bisher betrachteten Modellen erfüllen die Funknetze in der Realität nicht diese idealisierten Annahmen. In der praktischen Anwendung sind die Zellen keineswegs kreisförmig oder gar hexagonal, sie besitzen vielmehr aufgrund variierender Ausbreitungsbedingungen sehr unregelmäßige Formen und verschiedene Größen. Ein Beispiel eines realen Funkzellennetzes zeigt Abbildung 4.10. Besonders deutlich werden die unterschiedlichen Größen der Zellen, abhängig davon, ob es sich um innerstädtisches, vorstädtisches oder ländliches Gebiet handelt.

4.2 Verträglichkeitsmatrix

Zur Lösung des Kanalzuordnungsproblems wird die Verträglichkeitsmatrix C und der Kanalbedarfsvektor D benötigt. Der Kanalbedarfsvektor D_j gibt an, wieviele Funkkanäle von Funkzelle j zur Bedienung des angebotenen Verkehrs verlangt werden. Die Verträglichkeitsmatrix $C_{jj'}$ gibt an, ob zwei Funkzellen j und j' denselben Kanal verwenden dürfen, ohne sich gegenseitig zu stören.

4.2 Verträglichkeitsmatrix

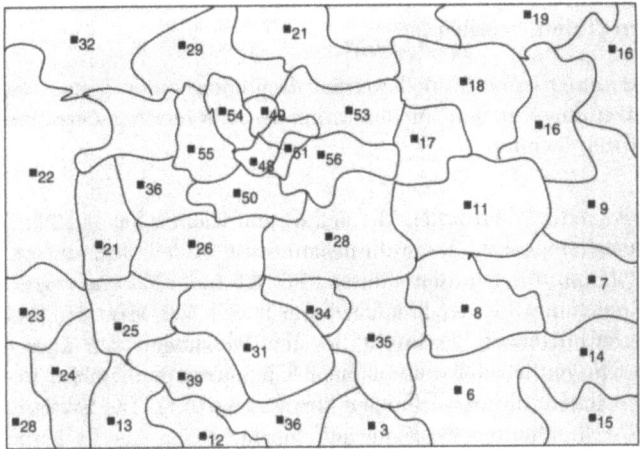

Abbildung 4.10: Funkzellen in realen Mobilfunknetz

Die Verträglichkeitsmatrix C wird üblicherweise mit Hilfe empirischer Ausbreitungsmodelle geschätzt. Um festzustellen, ob die Zelle j von der Zelle j' gestört wird, wird im gesamten Zellgebiet von j die von der eigenen Feststation j empfangene Signalstärke mit der von der benachbarten Feststation j' verglichen. Zur Schätzung der Abnahme der Signalstärken, des sogenannten Pfadverlustes, bedient man sich in der praktischen Anwendung empirischer Formeln [27, 32, 51, 72].

4.2.1 Modelle zur Vorhersage der Funkausbreitung

Modelle für die Vorhersage der Funkausbreitung dienen der Funknetzplanung, mit deren Hilfe für gegebene Standorte von Feststationen die Funkversorgung der Zellen und mögliche Interferenzen zwischen den Zellen ermittelt werden können. Die Funkausbreitung kann durch drei voneinander unabhängige Komponenten beschrieben werden, dem Langzeitmittelwert, der Abschattung und dem Kurzzeitschwund. Die Summe dieser Komponenten $L = L_L + L_A + L_K$ beschreibt den resultierenden Gesamtpfadverlust zwischen Sender und Empfänger.

Diese Modelle benötigen als Eingabe Daten über die Platzierung der Feststationen, der Geländestruktur (Topographie) und Bebauung (Morphologie). In der Literatur existiert eine Vielzahl von entwickelten Modellen, die sich im Wesentlichen in vier Gruppen einteilen lassen:

- Beim *empirische Ansatz* werden Modellparameter durch Regression aus umfangreichen Messergebnissen gewonnen.

- Beim *abstrakten empirischen Modell* werden mögliche Ausbreitungspfade und Dämpfung entlang dieser Pfade durch eine vereinfachte Nachbildung der realen Gebäudestruktur analytisch bestimmt.

- Beim *semi-empirischen Modell* werden abstrakte analytische Modelle mit empirischen Korrekturen versehen.

- Beim *deterministischen* Modell werden dreidimensionale Umgebungstrukturen in Datenbanken abgelegt und für deterministische Näherungsberechnungen der Wellenausbreitung benutzt.

In der Praxis werden für Makrozellen (3 - 35 km) und Kleinzellen (1 - 3 km) üblicherweise empirische Modelle eingesetzt. Das wohl bekannteste Modell stammt von Okumura [51] und Hata [27]. Okumura hat in den Jahren 1962/63 und 1965 umfangreiche Messungen in Tokio und Umgebung für den Frequenzbereich von 500 MHz bis 2 GHz vorgenommen. Der Langzeitmittelwert beschreibt bei den Messungen den über einen größeren räumlichen Bereich von beispielsweise einigen Kilometern gemittelten Pegelwert. Durch Mittelung verschwinden die Auswirkungen der Abschattung. Die Statistik des Kurzzeitschwundes wirkt sich näherungsweise nur auf einzelne Zellen aus. In den Fällen, in denen der Mindest-Signalpegel unterschritten wird, müssen mögliche Fehler durch geeignete Kanalcodierung beziehungsweise Protokollmechanismen behoben werden, siehe dazu auch Kapitel 3.3.

Die Ergebnisse wurden als Regressionskurven veröffentlicht [51]. Das Modell von Hata [27] setzt die Ergebnisse von Okumura in empirische Formeln um. Zur Vereinfachung der Funkfeldprädiktion hat Hata diese Kurven teilweise linearisiert und über analytische Gleichungen angenähert. Dies erlaubt den Einsatz rechnergestützter Werkzeuge zur Funkfeldberechnung. Bei der Berechnung bildet eine Gleichung für den Pfadverlust in einem quasi ebenen Gebiet mit städtischer Bebauung und isotropen Antennen die Grundlage:

$$L[dB] = 69.55 + 26.16 \log f[MHz] - 13.82 \log h_F[m] \\ - h_M + (44.9 - 6.55 \log h_F[m]) \cdot \log d[km] \qquad (4.9)$$

Diese Gleichung gilt für Frequenzen f von 150 bis 1500 MHz, (effektive) Antennenhöhe der Feststation h_F von 30 bis 200 m und Entfernungen d von 1 bis 20 km. Mit h_M wird ein Korrekturfaktor für die Antennenhöhe der Mobilstation bezeichnet.

Falls beispielsweise eine Frequenz von 900 MHz, eine Antennenhöhe der Feststation von 30 m und eine Antennenhöhe der Mobilstation von 1.5 m in einer mittleren Stadt ($h_M \approx 0$) angesetzt wird, ergibt sich der folgende Sachverhalt:

$$L[dB] = 126.42 + 35.22 \log d[km] \qquad (4.10)$$

Im Vergleich dazu ergibt sich bei der Ausbreitung über einer Ebene ein etwas höherer Ausbreitungskoeffizient von 4. In Abhängigkeit der konkreten Antennengewinne erhalten wir hier allerdings eine deutlich höhere Grunddämpfung, siehe dazu auch Kapitel 2.3.

Okumura unterscheidet die Geländetypen *Ebenes Gebiet (Quasi-smooth Terrain)* und *Unregelmäßige Geländeform (Irregular Terrain)*. Die unregelmäßige Geländeform unterscheidet *hügelige Gebiete* (ohne große einzelne Berge), *einzelne Berge, ansteigendes oder abfallendes Gelände* und eine *Mischung aus Land- und Wasserflächen*. Für diese Fälle sind jeweils Diagramme mit Korrekturfaktoren für die Berechnung der Funkausbreitung angegeben.

4.2 Verträglichkeitsmatrix

Des Weiteren verwendet das Modell von Okumura drei *Morphologietypen: Offenes Gebiet (Open Area)* ohne größere Hindernisse wie beispielsweise Ackerflächen, *Aufgelockerte Bebauung (Suburban Area)* wie beispielsweise ein Dorf mit Häusern und Bäumen, und *Großstadt (Urban)* mit Hochhäusern und mindestens zweistöckigen Gebäuden. Die Modelle von Okumura sind Basis einer Vielzahl weiterer Modelle für Planungswerkzeuge für Funknetze. Hata hat die in Okumuras Arbeit angegebenen Diagramme mit Korrekturfaktoren für die Morphologie *open* und *suburban* formelmäßig approximiert. Die Korrekturfaktoren müssen jeweils zum Basis-Pfadverlust (Gleichung 4.9) addiert werden:

$$K_{suburban}[dB] = -2 \cdot \left(\log \frac{f}{28 \cdot MHz}\right)^2 - 5.4 \qquad (4.11)$$

$$K_{open}[dB] = -4.78 \cdot \left(\log \frac{f}{MHz}\right)^2 + 18.33 \cdot \log \frac{f}{MHz} - 40.94 \qquad (4.12)$$

Für eine Frequenz von 900 MHz ergeben sich die Werte $K_{suburban} = -10$ dB und $K_{open} = -28.5$ dB, für eine Frequenz von 1800 MHz $K_{suburban} = -12$ dB und $K_{open} = -32$ dB.

Um die Kapazität des Netzes speziell in Bereichen mit hohem Verkehrsaufkommen zu steigern, werden in heutigen Mobilfunknetzen hierarchische Zellstrukturen mit kleinen Mikrozellen beziehungsweise Picozellen unterhalb der Ebene der herkömmlichen Makrozellen benutzt, siehe auch Abschnitt 4.5.1. Modelle solcher Funknetze (Innenstadt, Innenbereich von Gebäuden) benutzen als Eingabeparameter den Zelldurchmesser sowie zusätzliche Parameter einer Umgebungsbeschreibung, wie beispielsweise die Anzahl durchlässiger Wände und Decken und die Möblierung des Raumes [52, 75].

4.2.2 Ermittlung der Interferenz-Beziehungen

Mit Hilfe der in Abschnitt 4.2.1 vorgestellten Modelle können nun die nötigen Berechnungen durchgeführt werden. Zur Bestimmung der paarweisen Interferenz-Beziehungen werden die Zellen in eine Anzahl von diskreten Mobilorten aufgeteilt, die möglichst die gesamte Zelle überdecken.

Zur Berechnung der Interferenz im Down-Link, also von der Feststation zur Mobilstation hin, wird der Pfadverlust von der Feststation der Zelle j zu jedem Mobilort der Zelle j' ermittelt. Falls das C/I-Verhältnis der geschätzten Signalstärken einen bestimmten Mindestabstand (z.B. 18 dB) unterschreitet, liegt eine Störung vor. Die anschließende Integration über alle Mobilorte liefert eine Aussage über die Häufigkeit (Wahrscheinlichkeit) mit der Zelle j' von der Zelle j gestört wird. Üblicherweise wird bei der Integration der Verkehr der Mobilorte berücksichtigt, da eine potentielle Interferenz ohne signifikanten Verkehr vernachlässigt werden kann.

In der anderen Richtung (Uplink) wird ähnlich verfahren, wobei nun bei der Integration sowohl der Verkehr in der potentiellen Störzelle j' als auch in der Zelle j berücksichtigt werden muss. Zur Ermittlung der Verträglichkeit genügt es, wenn bereits in einer der beiden Richtungen gestört wird. Daher wird das Maximum der beiden Wahrscheinlichkeiten im Downlink und Uplink verwendet. Üblicherweise wird ein maximaler Wahrscheinlichkeitswert vorgegeben, mit dem Interferenz auftreten darf. Auf diese Weise kann eine binäre Entscheidung zur Interferenz-Situation getroffen werden. Die Einträge $c_{jj'}$ bilden die sogenannte Verträglichkeitsmatrix und haben die folgende Bedeutung:

$$c_{jj'} = \begin{cases} 0 & \text{Beide Zellen dürfen denselben Kanal verwenden} \\ 1 & \text{Beide Zellen müssen unterschiedliche Kanäle verwenden} \end{cases}$$

In FDMA-Systemen spielt neben der Gleichkanalinterferenz auch die Nachbarkanalinterferenz eine Rolle, die Verträglichkeitsmatrix kann dann Einträge größer als 1 enthalten. Die entsprechenden Zellen j und j' dürfen in diesem Fall nur Funkkanäle verwenden, die sich mindestens um den Nachbarkanalabstand $c_{jj'}$ unterscheiden.

Bisher wurde nur paarweise Interferenz betrachtet. Tatsächlich treten jedoch kumulative Störwirkungen auf. Feststationen, deren Störwirkung jeweils zu klein ist, können zusammen eine ausreichende Störung verursachen. Um den notwendigen Planungsaufwand klein zu halten, wird in der Praxis der Fall der kumulativen Störung häufig auf den Fall der paarweisen Störung zurückgeführt. Dazu wird der Schutzabstand, der notwendigerweise eingehalten werden muss, um paarweise Störung auszuschließen, um einen empirischen Sicherheitsabstand erhöht.

4.3 Kanalbedarf

Zur Lösung des Kanalvergabeproblems muss insbesondere die Anzahl der benötigten Funkkanäle pro Funkzelle bekannt sein. Zur Ermittlung dieser Anzahl kann eine Zelle näherungsweise als verkehrstheoretisches Verlustsystem mit n Bedieneinheiten (Kanälen) modelliert werden. Die Struktur des M/M/n-Verlustsystems wird in Abbildung 4.11 gezeigt. Nach der Kendall-Notation ist der Ankunftsprozess A ein Poisson-Prozess, das

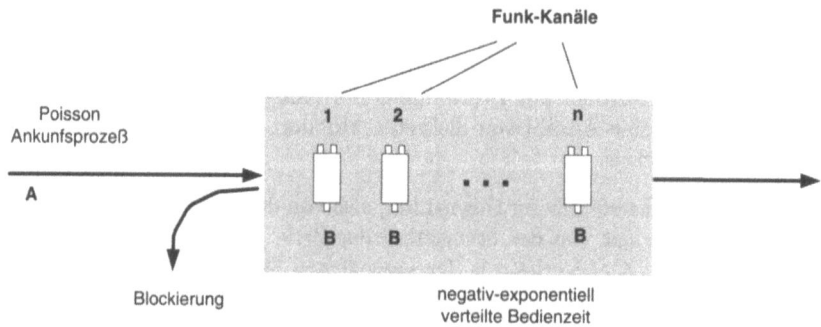

Abbildung 4.11: Das Verlustsystem M/M/n

bedeutet, dass die Zwischenankunftszeit A negativ-exponentiell verteilt ist. Die Bedienzeit B wird ebenfalls mit einer negativ-exponentiellen Verteilungsfunktion beschrieben:

$$A(t) = P\{A \leq t\} = 1 - e^{-\lambda t}, \quad E[A] = \frac{1}{\lambda} \tag{4.13}$$

$$B(t) = P\{B \leq t\} = 1 - e^{-\mu t}, \quad E[B] = \frac{1}{\mu} \tag{4.14}$$

4.3 Kanalbedarf

Der Parameter λ wird Ankunftsrate genannt. Mit λ wird die mittlere Anzahl ankommender Anforderungen pro Zeiteinheit angegeben. Analog wird der Parameter μ als Bedienrate bezeichnet. In unserem Fall gibt λ die mittlere Anzahl eingehender Anrufe unter Hochlast *(Busy Hour Call Attempts, BCHA)* an. Mit $\frac{1}{\mu}$ wird die mittlere Verbindungsdauer beschrieben. Insgesamt wird der Zelle der maximale Verkehr $a = \frac{\lambda}{\mu}$ in der Hauptverkehrsstunde *(busy hour)* angeboten. Dieser Verkehrsbedarf wird in *Erlang* (Kurzform: *Erl*) gemessen und entspricht der Anzahl der Gespräche, die gleichzeitig in der Zelle geführt werden können.

Bei vorgegebenem Verkehrsbedarf a wird nun die Gesamtzahl der Kanäle n gesucht, die eine gewünschte Blockierungswahrscheinlichkeit W erfüllt. Dieser Zusammenhang wird durch die Erlang-Blockierungsformel beschrieben. Falls n Funkkanäle zur Verfügung stehen, um einen Verkehr von a Erlang zu bedienen, ergibt sich die folgende Blockierungswahrscheinlichkeit:

$$W = \frac{\frac{a^n}{n!}}{\sum_{i=0}^{n} \frac{a^i}{i!}} \tag{4.15}$$

Mit Hilfe dieser Formel wird der reine Verlustbetrieb betrachtet: Anrufe, die zum Zeitpunkt der Ankunft alle Funkkanäle belegt vorfinden, werden abgewiesen. Abgewiesene beziehungsweise blockierte Gesprächswünsche verlassen das System und beeinflussen nicht die weitere Entwicklung.

Beim Planungsprozess werden Verkehrswert-Tabellen verwendet, um aus a und W die Anzahl der benötigten Kanäle n zu bestimmen [41]. Bei einer konkreten Planung wird für die mittlere Verbindungsdauer ein Standardwert verwendet, da diese näherungsweise als unabhängig vom konkreten Funknetz betrachtet werden kann. Die Blockierungsrate wird üblicherweise vom Netzbetreiber als Dienstgüte gefordert. Die mittlere Ankunftsrate λ von Gesprächswünschen stellt die eigentliche problemabhängige Größe dar. Zur Bestimmung von λ in einem Planungsgebiet wird die Anzahl der Mobilfunkteilnehmer in diesem Gebiet auf der Basis der Bebauung (Morphostruktur) geschätzt.

Diese Näherungen gelten jedoch nur für makrozellulare Umgebungen, in denen die Benutzerzahlen einer Zelle hinreichend groß gegenüber der Zahl der verfügbaren Kanäle n je Zelle sind, so dass die Rufankunftsrate als annähernd konstant angesehen werden darf. Für mikro- und pikozellulare Systeme können diese Annahmen im Allgemeinen nicht mehr gelten. Die verkehrstheoretische Dimensionierung muss in diesem Fall mit einem Engset-Modell berechnet werden, da die Anzahl von Teilnehmern sich nicht mehr stark von der Anzahl verfügbarer Kanäle unterscheidet. Dies hat eine nicht mehr konstante Ankunftsrate zur Folge. Die Blockierungswahrscheinlichkeit W', dass ein Ruf eintrifft, wenn keine freien Kanäle zur Verfügung stehen, ergibt sich bei einer Benutzerzahl m je Zelle, einem Angebot a und der Anzahl der zugewiesenen Kanäle n wie folgt:

$$W' = \frac{\binom{m-1}{n} \cdot a^n}{\sum_{i=0}^{n} \binom{m-1}{i} \cdot a^i} \tag{4.16}$$

Für $m \to \infty$ geht die Engset-Blockierungsformel über in die Erlang-Blockierungsformel [69].

4.4 Verfahren zur Kanalvergabe

Kanalvergabestrategien sind für die Leistungsfähigkeit eines Mobilfunknetzes von großer Bedeutung. Das Ziel ist es, die vorhandenen Funkressourcen so zu vergeben, dass eine maximale Kapazität des Systems bei geforderter Dienstgüte erreicht wird.

4.4.1 Definition

Falls unabhängig vom verwendeten Multiplexverfahren die resultierende Funkressource abstrakt als Funkkanal bezeichnet wird, kann ein Kanalvergabeproblem P formal als Quadruple (J, I, D, C) beschrieben werden. Dabei bezeichnet $J = \{1, \ldots, n\}$ die Menge aller Zellen, $I = \{1, \ldots, m\}$ die Menge aller im System verfügbaren Funkkanäle, $D : J \Rightarrow \{0, 1, 2, 3, \ldots\}$ den Kanalbedarf pro Zelle und $C : J \times J \Rightarrow \{0, 1, \ldots, m\}$ die Verträglichkeitsmatrix. Die Familie der Kanallisten (K_j) stellt eine korrekte Kanalzuordnung dar, falls jede Kanalliste $K_j \subset I$ den Kanalbedarf erfüllt und die Interferenzrelation respektiert. Eine Kanalliste erfüllt den Kanalbedarf, falls $|K_j| = D_j$ gilt. Die Interferenzrelation wird respektiert, falls zwei beliebige Kanallisten K_j und $K_{j'}$ den Abstand aus der Verträglichkeitsmatrix C berücksichtigen: $|i - i'| \geq c_{jj'}$, für alle Kanäle i aus K_j beziehungsweise i' aus $K_{j'}$.

Das auf diese Weise formulierte Kanalvergabeproblem kann auf ein bekanntes Problem aus der Graphentheorie zurückgeführt werden, dem Knotenfärbungsproblem, welches eines der schwierigsten kombinatorischen Optimierungsprobleme darstellt. Bei der praktischen Lösung des Kanalvergabeproblems können unterschiedliche Optimierungsziele verfolgt werden. Die klassische Variante versucht die Anzahl der benötigten Kanäle zu minimieren. Andere Varianten versuchen den möglichen Verkehr (Kapazität) zu maximieren. Für den Fall, dass die Verträglichkeitsmatrix nicht nur in diskreter Form vorliegt, stellt die Minimierung der Gesamtinterferenz ein weiteres Zielkriterium dar. Des Weiteren können zusätzliche Randbedingungen mit in die Kostenfunktion aufgenommen werden. Beispielsweise kann es sinnvoll sein, beim Ausbau bereits in Betrieb stehender Netze, die alten Kanalzuordnungen beizubehalten, um den Umstellungsaufwand möglichst gering zu halten. In [15] wird ein ausführlicher Überblick dieser Varianten zusammen mit den entsprechenden Kostenfunktion präsentiert.

Die im praktischen Einsatz verwendeten Kanalvergabeverfahren können anhand ihrer zeitlichen Stabilität klassifiziert werden.

4.4.2 Statische Kanalvergabe

In terrestrischen Netzen der zweiten Generation, wie beispielsweise GSM, werden in der Regel *statische* Kanalvergabeverfahren *(Fixed Channel Allocation, FCA)* verwendet. Im Rahmen der Frequenzplanung werden als Lösung des Kanalvergabeproblems den Zellen disjunkte Untermengen von Funkkanälen zugeordnet, deren Zahl vom geschätzten Verkehrsaufkommen abhängt. Diese Zuordnung kann kurzfristig nicht verändert werden. In der Regel können nur (ganze) Frequenzkanäle mit ihren zugehörigen Zeitkanälen gemeinsam den Funkzellen zugeordnet werden.

4.4.3 Dynamische Kanalvergabe

Dynamische Kanalvergabeverfahren *(Dynamic Channel Allocation, DCA)* werden bei sich zeitlich und örtlich änderndem Gesprächsaufkommen verwendet, um den maximal tragbaren Verkehr gegenüber FCA deutlich zu erhöhen [15]. Bei DCA können prinzipiell alle Kanäle allen Funkzellen zugeordnet werden, siehe dazu auch Abbildung 4.12. Beispielsweise wird im DECT-System eine dynamische Kanalvergabestrategie angewen-

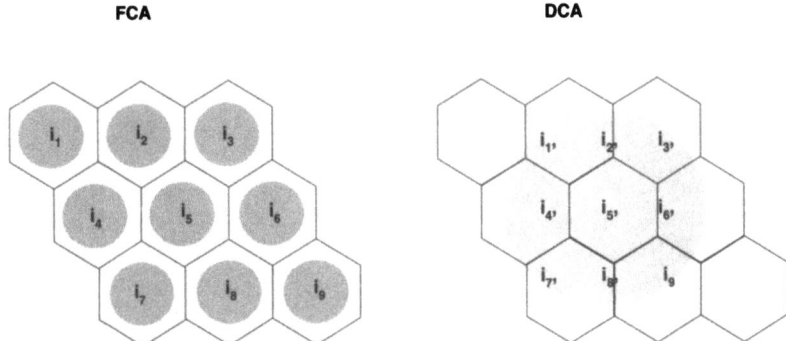

Abbildung 4.12: Prinzip der Kanalvergabe bei DCA und FCA

det. Im Gegensatz zu FCA-Verfahren sind DCA-Verfahren deutlich flexibler und können sich veränderten Verkehrssituation besser anpassen. Für den Fall, dass dem Funknetz ein maximaler homogener Verkehr angeboten wird, bieten allerdings FCA-Varianten höhere Kapazitäten.

Bei den DCA-Varianten unterscheidet man zwischen verkehrs- und interferenzadaptiven Verfahren. Verkehrsadaptive Verfahren erlauben nur die Anpassung an lokale Verkehrsspitzen [11, 60]. Die Kenntnis einer während der Funknetzplanung geschätzten Verträglichkeitsmatrix wird allerdings immer noch vorausgesetzt. Dagegen braucht bei den interferenzadaptiven Verfahren [20] eine Planungsphase nicht mehr vorausgesetzt zu werden. Solche Algorithmen basieren auf einer permanenten Bewertung der gemessenen Qualität und des empfangenen Signalpegels aller aktuell im System verwendeten Kanäle. Im Gegensatz zu den verkehrsadaptiven DCA-Verfahren ist der minimal einzuhaltende Wiederholungsabstand der Kanäle nicht mehr a-priori vorgegeben. Stattdessen muss der Algorithmus selbst Sorge dafür tragen, dass beispielsweise durch die Hinzunahme eines neuen Gesprächs nicht zuviel Interferenz bei den bereits existierenden Gesprächen verursacht wird.

4.4.4 Hybride Kanalvergabe

In der praktischen Anwendung wird häufig auch eine Kombination der beiden Verfahren FCA und DCA verwendet. Das Spektrum der Verfahren in diesem Bereich reicht von verleihenden Kanalvergabeverfahren *(Channel Borrowing)*, die genau wie FCA die Kanalvergabe auf der Basis geschätzter Planungsdaten vornehmen, über Ad-Hoc-Verfahren bis hin zu selbstorganisierenden Verfahren, welche prinzipiell ohne Planung auskommen.

Bei der festen Kanalvergabe mit Verleihen von Kanälen *(Channel Borrowing)* werden genau wie bei FCA Kanallisten den Zellen fest zugeordnet. Erfolgt während des Funknetzbetriebs ein Gesprächswunsch in einer Zelle und sind zu diesem Zeitpunkt alle zugeordneten Kanäle belegt, borgt sich diese Zelle einen Kanal von der Nachbarzelle, sofern verfügbar. Dabei können nur solche Kanäle geborgt werden, die bestehende Verbindungen nicht stören. Daher muss unter Umständen der geborgte Kanal für die Dauer seiner Verwendung in manchen Gleichkanalzellen gesperrt werden. Um die Blockierwahrscheinlichkeit neuer Verbindungen zu minimieren, sollten Kanäle bevorzugt von Zellnachbarn mit den meisten freien Kanälen geborgt werden. Bei einer einfachen Channel Borrowing Strategie stehen grundsätzlich alle Kanäle der Nachbarzelle für das Borgen zur Verfügung. In Abbildung 4.13 wird ein solches Verfahren gezeigt. Eine andere Variante ordnet einen

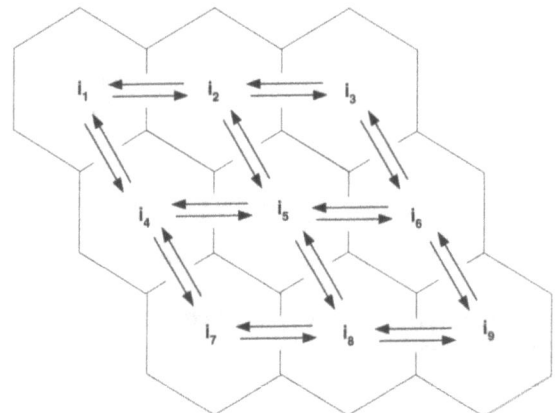

Abbildung 4.13: Kanalzuordnung bei Channel Borrowing

Teil der Kanäle einer Zelle fest zu. Nur die restlichen nominellen Kanäle können an die Nachbarzellen verliehen werden. Die maximal erreichbare Kapazität solcher Verfahren kann durch komplexe Verleihstrategien verbessert werden. Hier haben sich insbesondere Strategien als sehr leistungsfähig erwiesen, die nur ein richtungsabhängiges Borgen erlauben [77].

Bei den Ad-hoc Verfahren werden alle zur Verfügung stehenden Kanäle in zwei Gruppen unterteilt. Kanäle der ersten Gruppe werden genau wie bei FCA nach einer Planungsphase verschiedenen Zellen zugeordnet, so dass Interferenzen ausgeschlossen sind. Die Kanäle der anderen Gruppe stehen wie bei DCA generell jeder Zelle zur Verfügung und können eingesetzt werden, wenn die Signalqualität ein erforderliches Niveau nicht unterschreitet.

Channel Reuse Partitioning Verfahren ordnen einen Kanal in Abhängigkeit der aktuellen Position der Mobilstation einem Gesprächswunsch zu. Aufgrund der empfangenen Signalstärke und der gemessenen Qualität an der Mobilstation kann entschieden werden, ob sich die Mobilstation eher am Rand oder in der Mitte der Funkzelle befindet [26], siehe auch Abschnitt 4.5.2. Auf diese Weise ergibt sich eine Steigerung der Kapazität, da die Kanäle im Zentrum der Zelle mit einem engeren Wiederholabstand wiederverwendet werden können. Auf der anderen Seite führt diese Steigerung zu einem größeren Overhead. Zusätzlich zu den üblichen Handover zwischen zwei benachbarten Zellen sind nun auch (Kanal-) Wechsel innerhalb einer Zelle möglich.

Selbstorganisierende Verfahren sind in der Lage, während des Netzbetriebes aufgrund der empfangenen Messungen ein Kanalwiederholmuster zu erlernen. Das Channel-Segregation Verfahren [21] stellt in jeder Zelle eine Prioritätenliste für die Auswahl der Kanäle zur Verfügung. In [16] wird ein Verfahren aus der Neuroinformatik vorgestellt. Mit Hilfe motorischer Karten wird eine Klassifikation ähnlicher Mobilfunkorte vorgenommen. Gleichzeitig wird eine stetige Abbildung der Mobilfunkorte auf die zugeordneten Kanäle gelernt, die zu einer drastischen Erhöhung der Systemkapazität führt. Aufgrund der stetigen Abbildung wird insbesondere die Anzahl der internen Wechsel minimiert, da benachbarte Mobilfunkorte auf benachbarte Funkanallisten abgebildet werden.

Normalerweise schwankt der angebotene Verkehr eines Mobilfunknetzes im Verlauf eines Tages. Durch die Analyse oder Messung des Verkehrs und Adaption der Kanalvergabestrategien an das Verkehrsaufkommen kann die Leistungsfähigkeit der hybriden Verfahren weiter erhöht werden, indem das Verhältnis der statischen zu den dynamischen Kanälen ständig dem Verkehr angepasst wird.

4.5 Systemkapazität

In dichtbesiedelten Gebieten mit Zellen mit hoher Benutzer- beziehungsweise Verkehrsdichte kann es zu Kapazitätsengpässen kommen. In diesem Fall kann der Zellradius nicht beliebig verkleinert werden. Zur Erhöhung der Systemkapazität werden in der Praxis verschiedene Maßnahmen verwendet.

4.5.1 Hierarchische Funkzellennetze

Für den Betrieb extrem kleiner Funkzellen wurden *hierarchische Funkzellennetze* eingeführt. Die Idee hierarchischer Netze basiert auf einer geschichteten Struktur unterschiedlicher Zellentypen. Die unterste Zellschicht besteht aus sehr kleinen Zellen, die entsprechend ihrer Ausdehnung nur relativ langsame Mobilstationen bedienen sollen. Die nächsthöhere Schicht besteht aus größeren Zellen, die entsprechend schnellere Mobilstationen aufnehmen können. Die oberste Schicht wird aus großen Zellen gebildet, die einerseits die flächendeckende Versorgung sicherstellen und anderseits sehr schnelle Stationen bedienen sollen. Es sind Mechanismen definiert, die einen geschwindigkeitsabhängigen Übergang der Mobilstationen zwischen den einzelnen Zellebenen ermöglichen.

Ein einfaches Beispiel für hierarchische Netze ist die Einführung von Subzellen. Dabei wird eine Schicht von Normalzellen mit einer Schicht Kleinzellen unterlegt, welche die gleichen Standorte für die Feststationen benutzen wie die Normalzellen. Die Kleinzellenschicht erhält einen Teil der verfügbaren Frequenzkanäle. Die Kanäle dieser Teilmenge können aufgrund der begrenzten Kleinzellenradien in einem kleineren Cluster wiederholt werden als in der Normalzellenschicht. Damit kann ein engerer normierter Wiederholungsabstand erreicht werden, ohne dass dies zu größeren Gleich- und Nachbarkanalstörungen führt, vergleiche dazu auch Channel Reuse in dem vorherigen Abschnitt 4.4.4.

4.5.2 Verkleinerung der Clustergröße

Durch die Verwendung von *Sektorzellen* kann die Clustergröße ebenfalls verkleinert werden. In Kapitel 3.4.4 wurde der Raumvielfachzugriff beschrieben. Durch die Ersetzung der omni-direktionalen Antenne einer Feststation durch mehrere gerichtete Antennen, die jede in einen bestimmten Sektor abstrahlt, kann die Gleichkanalinterferenz verringert werden. Dadurch wird eine gegebene Zelle nur durch einen Teil der Gleichkanalzellen gestört. Durch Verringerung der Gesamtgleichkanalstörungen kann auch der Wiederholungsabstand verringert werden.

Wie in Abschnitt 4.1.2 erläutert wurde, ist die Anzahl der relevanten störenden Gleichkanalzellen immer 6, und zwar unabhängig von der jeweiligen Clustergröße. In Abbildung 4.14 wird die Abhängigkeit zwischen der Anzahl der Sektoren und der Anzahl der relevanten Störzellen exemplarisch am Beispiel für das 7er-Cluster gezeigt. Die Anzahl

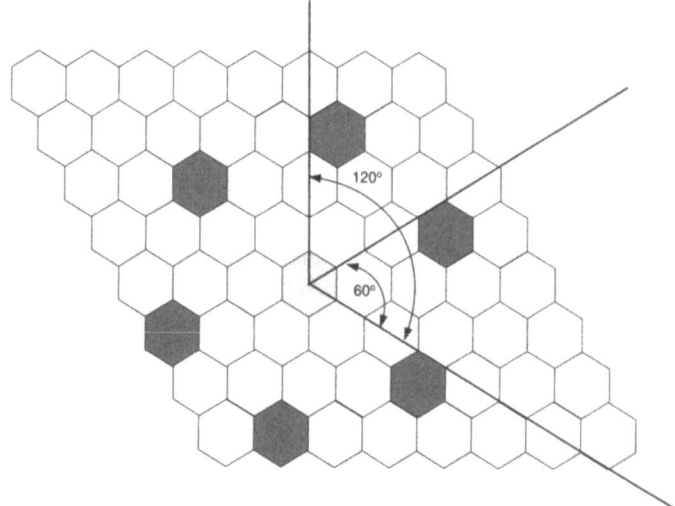

Abbildung 4.14: Verteilung der Gleichkanalstörer

der Sektoren dividiert die Anzahl der Gleichkanalzellen. Im omni-direktionalen Fall gibt es genau einen Sektor und daher 6 Gleichkanalzellen. Für den Fall, dass 3 Sektoren implementiert werden, bleiben nur noch 2 Gleichkanalzellen übrig. Im Extremfall, falls 6 Sektoren eingerichtet werden, gibt es nur noch eine Gleichkanalzelle. Analog zu Gleichung 4.6 folgt für das C/I-Verhältnis bei einem beliebigem Cluster, wobei m die Anzahl der eingerichteten Sektoren angibt:

$$\frac{C}{I} = \frac{m}{6} \cdot (3k)^{\frac{\gamma}{2}} \qquad (4.17)$$

Falls weiterhin das 7er-Cluster betrachtet wird, und für den Ausbreitungskoeffizienten wieder $\gamma = 4$ angesetzt wird, ergibt sich für die 6-Sektor-Variante ein C/I-Verhältnis von 29 dB im Gegensatz zu 17 dB im omni-direktionalen Fall. Bei der Berechnung der Verkehrskapazität muss jedoch berücksichtigt werden, dass die Aufteilung der Kanäle einer Feststation auf mehrere Sektoren zu einer Verringerung des Bündelgewinns innerhalb der Feststation führt [73]. Der Haupteffekt der Sektorisierung ist das verbesserte C/I-Verhältnis.

4.5.3 Systembetrieb

Mit Hilfe von Maßnahmen im *Systembetrieb* zum Minimieren von Gleichkanalinterferenzen kann ebenfalls die Systemkapazität gesteigert werden. Beispiele sind die *adaptive Leistungsregelung*, mit der die Sendeleistung von Mobilstation und Feststation auf den für eine definierte Dienstgüte minimalen Wert begrenzt wird, die *diskontinuierliche Übertragung DTX* (Discontinues Transceiving), die den Sender während auftretender Informationspausen abschaltet, und ein wirksamer Algorithmus, der bestehende Funkverbindungen beim Wechsel in eine neue Zelle an der Zellgrenze umschaltet und das Verschleppen von Frequenzkanälen in den Bereich fremder Zellen vermeidet. Eine weitere Möglichkeit ist die *Interferenzdiversität*, beispielsweise durch Anwendung eines Frequenzsprungverfahrens, siehe auch Kapitel 3.4.2.

Die Verfahren werden in der Praxis häufig auch in einer geeigneten Kombination verwendet. Um verschiedene Systemkonfigurationen vergleichen zu können, wurde der Begriff der spektralen Effizienz *(Spectrum Efficiency)* definiert:

$$\eta_{Zelle} = \frac{\text{Verkehr je Zelle}}{\text{Verfügbare Systembandbreite}} \qquad (4.18)$$

Der Verkehr ist dabei entweder durch (harte) Blockierung aufgrund der begrenzten Anzahl von Kanälen oder durch (weiche) Blockierung aufgrund von Interferenzen begrenzt.

5 Das GSM-Mobilfunknetz

Die Funknetzsysteme der ersten Generation waren weitgehend nationale Systeme mit analoger Übertragungstechnik. Zu Beginn der Achtziger gab es in Europa eine Vielzahl mobiler Funknetzsysteme. Die hohen Tarife beziehungsweise Preise der mobilen Endgeräte machten den Mobilfunk für den Massenmarkt unattraktiv. Aus diesem Grund beschlossen die europäischen Fernmeldeämter und die öffentlichen Telefonnetzbetreiber im Juni 1982, ein paneuropäisches, zellulares Mobilfunknetz zu entwickeln.

Das *GSM 900 / DCS 1800* - System wurde in der Arbeitsgruppe GSM (Group Speciale Mobile) und später *SMG* (Special Mobile Group) der ETSI (European Telecommunications Standards Institute) spezifiziert. Die Standardisierung führte zunächst zu einem Basisstandard (GSM-Phase-1) im 900 MHz-Bereich, der 1991 in den ersten GSM 900-Netzen realisiert wurde. Zusätzliches Funkspektrum im 1800 MHz-Band ermöglichte die Spezifikation der Systemvariante DCS 1800 (Digital Cellular System), die technisch bis auf den höheren Frequenzbereich weitgehend mit dem GSM 900-Standard übereinstimmt und speziell handportable Mobilstationen unterstützt. Die ersten DCS 1800-Netze wurden 1994 in Betrieb genommen. Heute steht das Kürzel GSM für *Global System for Mobile Communications*, um den Anspruch eines weltweiten Standards zu unterstreichen.

Das GSM-Netz gehört zur Kategorie der öffentlichen Mobilkommunikationsnetze *(Public Land Mobile Network PLMN)*, welche landesweit von verschiedenen europäischen Betreibern eingerichtet und bereitgestellt werden. Im Gegensatz dazu wird das herkömmliche öffentliche Telefonnetz als PSTN *(Public Switched Telephone Network)* bezeichnet. Die mobilen Netze werden von Konsortien betrieben, die sich aus ehemaligen Postverwaltungen und privaten Unternehmen zusammensetzen. Die PLMN's können national unterschiedliche Charakteristika aufweisen. In Deutschland existieren seit Anfang der 90er zwei weitgehend überlappende GSM-Netze mit vergleichbarem Versorgungsgrad D1 (T-Mobil) und D2 (Vodafone). Die erste Lizenz E1 (E-plus) für das DCS 1800 System wurde in Deutschland im Januar 1993 vergeben, im Jahre 1997 folgte E2 (VIAG-Interkom). Seit Anfang 2000 gibt es in Deutschland über 50 Millionen Mobilfunkteilnehmer.

Der GSM-Standard unterliegt einer stetigen Weiterentwicklung, ausgehend von der Phase 1 wurden die Folgephasen 2 und 2+ entsprechend spezifiziert. Die wichtigsten Ziele der Phase 1 sind ein breites Sprach- und Datendienstangebot, welches verträglich ist mit den leitungsgebundenen Netzen (ISDN, Telefonnetz, Datennetz) mit Hilfe standardisierter Schnittstellen. Daneben wird ein länderunabhängiger Systemzugang für alle Mobilfunkteilnehmer gefordert zusammen mit einem automatischen europaweiten Roaming und Handover. Des Weiteren müssen verschiedene Typen mobiler Endgeräte (Fahrzeug- und Handmobiltelefone) unterstützt werden, auf der Basis digitaler Übertragung sowohl von Signalisier- und Nutzinformation. Schließlich wird die Unabhängigkeit von Herstellerfirmen verlangt, um geringe Kosten für die Infrastruktur und die Endgeräte zu erreichen. In der Phase 2 wird größtenteils die Funktionalität des ISDN wiedergegeben. Darüberhinaus sind auch eigenständige Erweiterungen wie beispielsweise der Kurzmittelungsdienst *(SMS Short Message System)* hinzugekommen. Die enorm angestiegene Bedeutung des Internet, insbesondere die Entwicklung *Intelligenter Netze (IN)*, wird bislang in der Phase 2+ berücksichtigt. In Kapitel 7 wird die in der Phase 2+ neu entwickelte Netzarchitektur (GPRS) kurz erläutert.

Mittlerweile haben alle europäischen Staaten sowie viele Staaten weltweit den GSM-MoU-Vertrag *(Memorandum of Understanding on the Introduction of the Pan-European Digital Mobile Communication Service)* unterzeichnet. GSM wird als wesentlicher Fortschritt gegenüber allen Vorläufersystemen angesehen, und gilt als repräsentativ für sogenannte Systeme der 2. Generation.

5.1 Dienste

Die Dienste, die den Benutzern von GSM angeboten werden, orientieren sich an denen von ISDN. Bei der Auswahl der Dienste wurde berücksichtigt, dass ein mobiler Benutzer Zugang haben soll zu typischen Telekommunikationsdiensten eines Büroarbeitsplatzes und international üblichen Diensten. GSM ermöglicht daher die Integration verschiedener Sprach- und Datendienste und bietet auch Übergangsfunktionen für die Zusammenarbeit mit anderen Telekommunikationsnetzen für Sprach- und Datenübertragung. Die GSM-Empfehlungen sehen neben dem Sprachdienst eine stufenweise Einführung von Daten- und Telekommunikationsdiensten vor.

Die GSM-Dienste sind deshalb wie im ISDN aufgeteilt in drei Hauptkategorien: Trägerdienste *(Bearer Services)*, Telematikdienste *(Teleservices)* und Zusatzdienste *(Supplementary Services)*. Ein Trägerdienst stellt die grundlegenden technischen Möglichkeiten zur Übertragung von binär vorliegenden Daten zur Verfügung. Der Trägerdienst besitzt die Fähigkeit, Informationen codetransparent und anwendungsunabhängig im Bereich zwischen den Benutzer-Netz-Schnittstellen zu übermitteln. Alle Trägerdienste werden in Übereinstimmung mit den einschlägigen ITU-T-Empfehlungen der V-, X- oder I-Serie angeboten [37, 39, 40]. Die Telematikdienste umfassen mehrere unterliegende Trägerdienste zur Übertragung von Daten mit höherschichtigen Protokollen mit dem Ziel der Benutzer-Benutzer-Kommunikation. Die Zusatzdienste modifizieren oder erweitern die Basismerkmale der Träger- und Telematikdienste. Die Träger- und Telematikdienste werden unter dem Oberbegriff Telekommunikationsdienste zusammengefasst. Bis auf den Fall der Kurznachrichtendienste *(Short Message Service SMS)* ist die gleichzeitige Nutzung von zwei Telekommunikationsdiensten an einem Endgerät ausgeschlossen.

Abbildung 5.1 zeigt die Dienst-Zugangspunkte im GSM-System und den Zusammenhang zwischen den Träger- und Telematikdiensten. Ähnlich wie eine Benutzerstation im ISDN lässt sich eine Mobilstation funktional in den Mobilnetzanschluß MT *(Mobile Termination)* und eine oder mehrere Endeinrichtungen TE *(Terminal Equipment)* einschließlich Anpassungseinheiten TA *(Terminal Adapter)* gliedern. Um die Zusammenarbeit mit entsprechenden Diensten der festen Partnernetze zu vereinfachen, stellt der MT Benutzer-Netz-Schnittstellen gemäß den Referenzpunkten R und S im ISDN zur Verfügung [8]. Bei einfachen Mobilstationen (Handhelds) sind MT, TE und TA in einem Gerät integriert.

5.1 Dienste

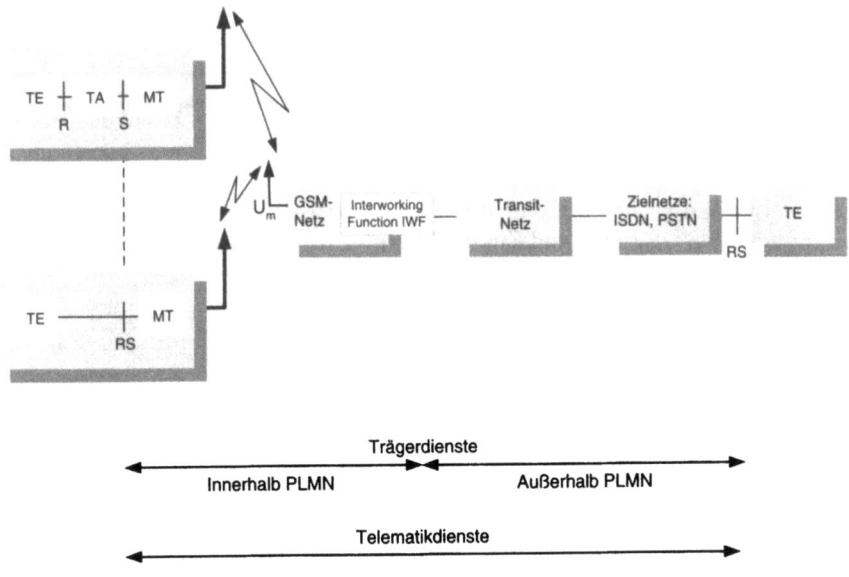

Abbildung 5.1: Referenzmodell für GSM-Dienste

Zur Anbindung der Telekommunikationsdienste im GSM-Netz an mögliche Festnetzanschlüsse muss die entsprechende Festnetz-Infrastruktur beziehungsweise geeignete Netzübergangsvermittlungsfunktionen *(Interworking Function IWF)* zur Verfügung gestellt werden. Insbesondere auf der Ebene der Trägerdienste muss in der IWF eine Abbildung von der Dienstrealisierung innerhalb des GSM-Systems auf entsprechende Trägerdienste der übrigen Netze (PSTN, ISDN) vorgenommen werden. Telematikdienste sind Ende-zu-Ende-Dienste, für die in der Regel keine Umsetzung in der IWF nötig ist. Allerdings nutzen sie Trägerdienste, die wiederum Funktionen in der IWF anfordern.

5.1.1 Einführungsphasen der Dienste

In der GSM-Empfehlung Serie 01.06 sind klare zeitliche Ziele bezüglich der Einführung der einzelnen Telekommunikationsdienste vereinbart. Da GSM ein internationaler Standard ist, der die Verträglichkeit von Mobilstationen und Netzen weltweit sicherstellen soll, kann und soll den Teilnehmern die Gesamtheit der Dienste nicht gleichzeitig mit der Inbetriebnahme des Netzes angeboten werden. Entsprechend wurde jeweils ein Minimum an Diensten definiert, die von den Betreibern in verschiedenen zeitlichen Phasen zur Verfügung gestellt werden müssen. Demnach werden die Dienste als wesentlich *(Essential E)* oder zusätzlich *(Additional A)* eingestuft. Die Gruppe E muss von allen Netzbetreibern spätestens zum angegebenen Zeitpunkt angeboten werden. In der Gruppe A sind zusätzliche Dienste, die vom Netzbetreiber wahlweise implementiert werden können. In Tabelle 5.1 werden die E-Dienste einer von drei Einführungsphasen zugeordnet.

Tabelle 5.1: Einführungsphasen der GSM-Dienste in Europa

Phase	Zeitpunkt	Dienste
E1	1991	Basisbetrieb mit Telefondienst und einige Zusatzdienste
E2	1994	Erweiterter Betrieb und begrenzte Anzahl von Daten- und Zusatzdiensten
E3	1996	Erweiterung der Dienstpalette um weitere Telekommunikations- und Zusatzdienste

5.1.2 Trägerdienste

Die Trägerdienste eines GSM-Netzes bilden die Grundlagen für die Datenübertragung, sie bieten asynchrone und synchrone Möglichkeiten zur Datenübertragung mit leitungs- oder paketorientierter Vermittlung und Datenraten von 300 bit/s bis zu 9,6 kbit/s beziehungsweise 13 kbit/s. Der Trägerdienst mit einer Bitrate von 13 kbit/s ist nur zur Sprachübertragung vorgesehen. GSM ermöglicht prinzipiell eine Vollduplexübertragung durch Bereitstellung zweier unterschiedlicher Teilfrequenzbänder, siehe dazu auch Kapitel 3.4.5.

In GSM-Netzen kann der Funkweg kurzzeitig wegen Abschattung oder Fadinglöchern unterbrochen werden. Für die Sprachübertragung ist dies aufgrund der vorhandenen Redundanz eher unkritisch. Um Störungen bei den Datendiensten zu vermeiden, müssen entsprechende Maßnahmen der Fehlerbehandlung in den Übertragungsprotokollen vorgesehen werden, siehe dazu auch Kapitel 3.3.

Wenn lediglich Funktionen der Schicht 1 im OSI-Modell und keine höheren Schichten beteiligt sind, wird von einem *transparenten Trägerdienst* (T) gesprochen. In diesem Fall besteht zur Datenübertragung eine durchgeschaltete Verbindung (Leitung) zwischen dem mobilen Terminal und dem Interworking-Modul im GSM-Netz. Von dort aus kann die Verbindung dann in andere Netze weitervermittelt werden. Diese Verbindung ist durch Kanalcodierungsverfahren mit Vorwärtskorrektur (FEC) gesichert. Typischerweise werden die Daten im transparenten Fall mit konstantem Durchsatz und konstanter Verzögerungszeit übertragen. Durch die Anwendung unterschiedlich leistungsfähiger Fehlerkorrekturverfahren ergeben sich unterschiedliche Datenraten: 9,6/4,8/2,4 kbit/s beim Vollratenkanal beziehungsweise 4,8/2,4 kbit/s beim Halbratenkanal. Die Qualität der Verbindung (Restbitfehlerhäufigkeit) schwankt entsprechend der Güte des Funkkanals.

Nichttransparente Trägerdienste (NT) benutzen Protokolle, deren Funktionen den Schichten 2 und 3 des OSI-Modells entsprechen, um unter anderem die Kommunikation durch Fehlererkennung abzusichern beziehungsweise durch Flusskontrolle zu optimieren, siehe dazu auch Kapitel 3.3. Das auf den GSM-Funkkanal angepasste *Radio Link Protocol (RLP)* arbeitet auf dem transparenten Trägerdienst. Es erkennt Datenblöcke mit Restbitfehlern, die nach der Vorwärtskorrektur eventuell noch im Datenstrom enthalten sind, und fordert sie zur Wiederübertragung an. Das RLP-Protokoll basiert auf dem bekannten HDLC-Protokoll und erlaubt insbesondere die selektive Anforderung, bei dem nur der gestörte Rahmen wiederholt werden muss und nicht alle ab einer bestimmten Rahmennummer. Dadurch wird die Restbitfehlerhäufigkeit noch einmal deutlich reduziert (weniger als 10^{-7}), und somit annähernd unabhängig vom aktuellen Kanalzustand ein fehlerfreier Informationstransport erreicht. Aufgrund der möglichen Wiederholungen kann der Durchsatz und die Verzögerungszeit der Übertragung in Abhängigkeit der aktuellen Funkbedingungen stark schwanken, und damit auch die Nettobitrate.

Da die GSM-Sprachcodecs für Modemsignale nicht durchlässig sind, müssen Daten auf der Luftschnittstelle in jedem Fall digital übertragen werden. Die Daten können zwischen den Benutzer-Netz-Schnittstellen vollständig digital übertragen werden *(Unrestricted Digital Information, UDI)*, oder sie können außerhalb des Mobilfunknetzes mit Hilfe eines Modems als Audiosignal weiterübertragen werden (3.1 kHz Audio). Die Dienste unterscheiden sich hauptsächlich in der Art, wie sie außerhalb des GSM-Netzes weiterübertragen werden. Auf diese Weise bestimmen sie die Art von Interworking-Funktionalität, die beim Netzübergang für den jeweiligen Dienst aktiviert werden muss. Genau wie in der Kategorie der UDI-Dienste in ISDN wird eine uneingeschränkte Übertragung digitaler Information realisiert, in dem Sinne uneingeschränkt, als keine Bitmuster reserviert oder explizit von der Übertragung ausgeschlossen sind. Die Bezeichnung 3.1 kHZ Audio bezieht sich darauf, dass die weitere Übertragung der Daten außerhalb von GSM mit einem Dienst „3.1 kHz Audio" erfolgt. Innerhalb des GSM-Netzes werden diese Daten nach wie vor als *Unrestricted Digital Information* übertragen. Den Dienst 3.1 kHz Audio stellen sowohl herkömmliche Telefonnetze (PSTN) als auch ISDN-Netze zur Verfügung. Zur Übertragung mit diesem Dienst müssen die Daten in der IWF des GSM-Netzes mit einem Modem in ein Audiosignal mit 3.1 kHz Bandbreite gewandelt werden.

Eine Übersicht der wichtigsten Trägerdienste ist in Tabelle 5.2 zusammengestellt. Jeder der Trägerdienste (Bearer Services) besitzt eine eigene Nummer. BS33 stellt beispielsweise den Trägerdienst zur leitungsvermittelten, synchronen Datenübertragung mit 4800 bit/s dar. Neben den asynchronen und synchronen, leitungsvermittelten Datendiensten (BS21 - BS34) sind auch paketvermittelte Dienste vorgesehen. Diese Paketdienste werden entweder als asynchroner Zugang zu einem *Packet Assembler/Disassembler (PAD Access*, BS41 - BS46) oder als direkter, synchroner Paketdatennetz-Zugang *(Packet Access*, BS51 - BS53) realisiert.

Der Sprachdienst, der sich auf Teilnehmerwunsch während eines Gesprächs mit einem Datendienst mehrmals abwechseln kann *(Alternate Speech/Data)*, stellt eine weitere wichtige Kategorie von Trägerdiensten in GSM (BS61) dar. Eine Alternative (BS 81) besteht darin, dass der Teilnehmer zunächst eine Sprachverbindung etabliert und während dieser Verbindung auf einen Datendienst wechseln kann, dann aber nicht mehr zum Sprachdienst zurück wechseln darf *(Speech followed by Data)*. Die Bitrate beider Dienste BS61 und BS81 beträgt 13000 oder 9600 bit/s.

5.1.2.1 Daten leitungsvermittelt, duplex-asynchron

Dieser Dienst arbeitet zusammen mit ISDN oder dem herkömmlichen Telefonnetz und ist der in der Praxis am häufigsten genutzte Datendienst. In den Netzen, in welchen europaweit eine Vollduplexübertragungsrate von 300 bit/s sowie mit örtlichen Einschränkungen 1200 bit/s möglich ist, sind GSM-Trägerdienste mit einer Übertragungsrate zwischen 300 bit/s und 9600 bit/s vorgesehen. Anfangs wurden von GSM, durch einen geeigneten Übergang ins Telefonnetz (PSTN), zwei Dienste mit 300 bit/s und 1200 bit/s unterstützt.

Tabelle 5.2: Die Trägerdienste im GSM-Netz

Dienst	Struktur	BS-Nr.	Bitrate bps	Modus	Übertragung
Daten	Asynchron	21	300	T oder NT	UDI oder 3.1 kHz
		22	1200	T oder NT	UDI oder 3.1 kHz
		23	1200/75	T oder NT	UDI oder 3.1 kHz
		24	2400	T oder NT	UDI oder 3.1 kHz
		25	4800	T oder NT	UDI oder 3.1 kHz
		26	9600	T oder NT	UDI oder 3.1 kHz
Daten	Synchron	31	1200	T	UDI oder 3.1 kHz
		32	2400	T oder NT	UDI oder 3.1 kHz
		33	4800	T oder NT	UDI oder 3.1 kHz
		34	9600	T oder NT	UDI oder 3.1 kHz
PAD	Asynchron	41	300	T oder NT	UDI
		42	1200	T oder NT	UDI
		43	1200/75	T oder NT	UDI
		44	2400	T oder NT	UDI
		41	4800	T oder NT	UDI
		41	9600	T oder NT	UDI
Packet	Synchron	51	2400	NT	UDI
		52	4800	NT	UDI
		53	9600	NT	UDI

Diese Trägerdienste wurden aufgrund der erwarteten großen Nachfrage und der relativ einfachen Implementierung mit E2 eingestuft, die restlichen Trägerdienste wurden mit A eingestuft.

5.1.2.2 Daten leitungsvermittelt, duplex-synchron

Im analogen Fernsprechnetz (PSTN) und im leitungsvermittelten Datennetz sind 4 synchrone Datenübertragungsraten mit 1200, 2400, 4800 und 9600 bit/s vorgesehen. Die entsprechenden 4 Trägerdienste in GSM haben praktisch nur als Zubringerdienst zu paketvermittelten Datendiensten Bedeutung und wurden daher mit A eingestuft.

5.1.2.3 Leitungsvermittelter Zugang zum PAD, asynchron

Dieser Dienst realisiert den Zugangsdienst zu einer *Packet/Disassembly*-Einrichtung über das öffentliche Telefonnetz als Übergang in ein paketvermitteltes Datennetz (X.25). Als attraktiv und leicht implementierbar wurde dieser Dienst in E2 eingestuft. Weiterhin wurde ein Dienst mit 1200/75 bit/s (Videotex) spezifiziert, der in einigen Ländern im Fest- und Mobilfunknetz von Bedeutung, aber als A eingestuft ist.

5.1.2.4 Daten paketvermittelt, duplex-synchron

Dieser Dienst realisiert den Zugangsdienst zum paketvermittelten Datennetz (X.25). Aufgrund der geforderten niedrigen Bitfehlerrate werden nur noch nicht-transparente Trägerdienste angeboten. Zur Kompensation des störanfälligen Funkweges wurde dieser Trägerdienst mit einem komplexen Fehlersicherungsverfahren mit Flußsteuerung ausgestattet. Wegen des hohen Implementierungsaufwandes wurde dieser Trägerdienst mit E3 eingestuft. Auf Wunsch einzelner Verwaltungen wurde zusätzlich ein Dienst (A) mit 1200 bit/s eingestuft.

5.1.3 Telematikdienste

Auf den Trägerdiensten, die auch allein nutzbar sind, sind in GSM eine Reihe von Telematikdiensten definiert. Die wichtigste Kategorie ist nach wie vor die Sprachübertragung, die erwartungsgemäß zusammen mit dem Notrufdienst mit E1 eingestuft ist. Die Fax-Übertragung wurde mit E2 eingestuft. Aus der Sicht der herkömmlichen Telefonnetze neu hinzugekommen sind Kurznachrichtendienste *(Short Message Service SMS)*, Zugang zur elektronischen Post und verschiedene Videotext-Zugriffsprotokolle. Bis auf den Kurznachrichtendienst (E3) wurden alle neuen Dienste mit A eingestuft.

5.1.3.1 Sprache

Der (mobile) Sprachdienst ist der wichtigste Dienst in GSM. Er wird benutzt, um eine Sprachverbindung zwischen dem Mobilteilnehmer und einem zweiten (oder mehreren) Teilnehmer(n) im ISDN/PSTN oder PLMN herzustellen. In dieser Kategorie werden zwei Telematikdienste unterschieden: der reine Telefondienst (TS11) und der Notrufdienst (TS12). Beide Telefondienste bieten zusätzliche Leistungsmerkmale wie Anrufumleitung, Anrufsperre und geschlossene Benutzergruppe. Beide Dienste nutzen für die Übertragung digital codierter Sprachsignale eine bidirektionale, symmetrische, vollduplex Punkt-zu-Punkt-Verbindung, die aufgrund eines Gesprächswunsches aufgebaut wird. Das GSM-System wurde vorrangig auf das mobile Telefonieren ausgelegt. Der wichtigste Gesichtspunkt dieser Optimierung ist die wirtschaftliche Nutzung des Frequenzspektrums. In der Anfangsphase ab 1991 wurden bei der Sprachübertragung (Sprachcodec) Fullrate-Kanäle (13 kbit/s) verwendet, später wurden auch Halfrate-Kanäle (4.97 kbit/s) verwendet.

Der Notrufdienst stellt durch Wahl der europaweit einheitlichen Rufnummer 112 automatisch eine Verbindung zur lokal, für den Standort der Mobilstation zuständigen Rettungsleitstelle her.

5.1.3.2 Fax-Übertragung

In GSM-Systemen ist der Anschluß von Faxgeräten der Gruppe 3 vorgesehen. Neben dem Faxdienst TS61 mit Umschaltmöglichkeit zwischen Sprache und Daten, ist alternativ der Faxdienst TS62 mit automatischem Verbindungsaufbau vorgesehen. Falls einem Teilnehmer mehrere GSM-Adressen zugeordnet sind *(Multinumbering)*, wird für jede Adresse jeweils ein Interworking-Profil abgespeichert. Auf diese Weise kann mit jeder

GSM-Adresse ein entsprechender Telematikdienst assoziiert werden. Falls ein Mobilfunkteilnehmer dann mit seiner GSM-Faxadresse gerufen wird, können automatisch sowohl die entsprechenden Ressourcen in der IWF des GSM-Netzes als auch auf der Seite der Mobilstation aktiviert werden.

Die GSM-Spezifikationen beziehen sich im Wesentlichen auf die ITU-T-Empfehlungen T.30 und T.4, wobei in T.30 die Faksimiliesignalisierung beschrieben wird und in T.4 die Bildübertragung zwischen Telefaxgeräten. Die Anpassung der Telefaxgeräte an das öffentliche Mobilkommunikationsnetz wird sowohl auf der Seite der Mobilstation als auch auf Seiten der IWF durch je einen Faxadapter realisiert, siehe Abbildung 5.2.

Abbildung 5.2: Fax-Adapter-Funktion und Interworking in GSM

Bei beiden Faxdiensten TS61 und TS62 kann ein transparentes oder ein nicht-transparentes Verfahren gewählt werden. Die Hauptaufgaben der Faxadapter bestehen in der Überwachung und Behandlung des Protokolls T.30 und bei nicht-transparentem Betrieb auch des T.4 Protokolls, damit auf die Aktivitäten der Faxgeräte in geeigneter Weise reagiert werden kann. Für die Signalisierung und die Übertragung von Nachrichten sind unterschiedliche Modemverfahren aus der V-Serie erforderlich.

5.1.3.3 Kurznachrichtendienst

Bei der Implementierungsstrategie der Telematikdienste in GSM wurde der Möglichkeit, an der Mobilstation Kurznachrichten zu empfangen *(Short Message Service SMS, TS21)*, eine hohe Priorität eingeräumt. Dieser Dienst stand im Prinzip ab der dritten Phase E3 spätestens ab 1996 in allen GSM-Netzen zur Verfügung. Beim TS21 handelt es sich um die Punkt-zu-Punkt-Version des Kurznachrichtendienstes, bei dem gezielt einzelnen Mobilstationen eine bis zu 160 alphanumerische Zeichen lange Nachricht gesendet werden kann. Umgekehrt ist zur optionalen Implementierung auch der TS22 (A) definiert, der es Mobilstationen erlaubt, auch Kurznachrichten zu versenden.

Zur Implementierung des Kurznachrichtendienstes muss ein Netzbetreiber ein Dienstzentrum *(Service Center SMS-SC)* einrichten, welches im Store-and-Forward-Betrieb Kurznachrichten aus dem Festnetz entgegennimmt und diese dann (gegebenenfalls zeitversetzt) an den Empfänger weiterleitet, und zwar unabhängig von seinem aktuellen Aufenthaltsort. Umgekehrt kann das SMS-SC auch Kurznachrichten von Mobilstationen entgegennehmen, und an Mobil- oder Festnetzkunden weiterleiten. Die Art und Weise, wie Kurznachrichten aus dem Festnetz entgegenzunehmen sind, ist nicht näher spezifiziert. Unter anderem bieten sich die folgenden Möglichkeiten: E-Mail, Fax, Auftragsdienst oder auch per DTMF-Signalisierung.

Die Übertragung der Kurznachrichten erfolgt mit einem verbindungslosen, paketvermittelten Protokoll. Der Empfang einer Nachricht muss vom Empfänger, der Mobilstation beziehungsweise dem Dienstzentrum, bestätigt werden. Die Übertragung von Kurznachrichten ist gesichert. Mögliche gestörte Nachrichten werden wiederholt übertragen. Die Telematikdienste TS21 und TS22 sind die einzigen Dienste, die gleichzeitig mit anderen Telematikdiensten zusammen genutzt werden können. Kurznachrichten können daher auch während eines aktiven Gesprächs empfangen beziehungsweise gesendet werden. In der Mobilstation ankommende Nachrichten werden auf dem vorhandenen Anzeigefeld angezeigt. Ist eine Mobilstation für eine ankommende Kurznachricht nicht erreichbar, so wird die Nachricht in dem Dienstzentrum zwischengespeichert, und später innerhalb einer festgelegten Zeitspanne erneut übertragen.

Der Kurznachrichtendienst Punkt-zu-Mehrpunkt wird auch Zellenrundfunk *(Cell Broadcast)* genannt und ist als dritte Variante zur weiteren Untersuchung in GSM vorgesehen (TS23). Mit Hilfe des Zellenrundfunks werden Nachrichten an alle Mobilstationen übermittelt, die sich in einem regionalen Teil des Netzes befinden. Sie können von Mobilstationen nur im Ruhezustand (kein Gespräch) empfangen werden und der Empfang wird wegen der Broadcast-Problematik nicht quittiert. Mobilstationen sind nicht in der Lage, solche Nachrichten zu versenden. Mit Hilfe des Zellenrundfunks können Nachrichten mit engem lokalen Bezug ausgesendet werden. Bei diesem Dienst enthalten die Kurznachrichten geordnet nach Kategorien eine eindeutige Kennzeichnung, so dass eine Mobilstation gezielt nur die für sie interessanten Kategorien von Kurznachrichten empfangen kann. Die maximale Länge einer Zellenrundfunknachricht beträgt 93 Zeichen. Darüber hinaus gibt es noch die Möglichkeit, längere Nachrichten zu versenden, die aus der Verkettung von bis zu 15 aufeinanderfolgenden Nachrichten gebildet werden können.

Aufgrund der Kurznachrichtendienste geht das Dienstangebot der GSM-Netze teilweise deutlich über den Umfang der Dienste in herkömmlichen Festnetzen hinaus. Als Beispiel kann der automatische Versand einer Kurznachricht bei gespeicherten Anrufen in Mailboxsystemen erwähnt werden. Insgesamt ergibt sich damit eine Optimierung der Dienstakzeptanz.

5.1.3.4 Zugang zu Videotextdiensten

Der Zugang mobiler Teilnehmer zu Datenbanken der interaktiven Videotextdienste wurde als attraktiv angesehen und deshalb standardisiert. Da in diesem Bereich drei nicht kompatible Profile der Kommunikationsprotokolle von Videotexeinrichtungen vorherrschen, wurden insgesamt drei Zugangsdienste spezifiziert. Auf diese Weise kann eine entsprechend ausgerüstete Mobilstation den Videotext- beziehungsweise Bildschirmtextdienst des aktuell besuchten Landes benutzen.

5.1.3.5 Zugang zu Elektronischer Post

In GSM gibt es kein eigentliches System zur Übermittlung von Elektronischer Post *(Electronic Mail)*, stattdessen existiert der Zugangsdienst zu Systemen in Festnetzen, die in vielen europäischen Ländern gemäß ITU-T Serie X.400 bestehen.

5.1.4 Zusatzdienste

In Analogie zum ISDN wurde für das GSM-System eine Vielzahl ergänzender Dienstmerkmale definiert. Diese Dienste können alleine nicht angeboten werden, sie sind stets nur zusammen mit einem Telekommunikationsdienst nutzbar. Zusatzdienste sind eine Modifikation oder eine Ergänzung der Funktionalität eines GSM-Telekommunikationsdienstes (Träger- oder Telematikdienst).

Tabelle 5.3: Übersicht der Zusatzdienste in GSM

Kategorie	Kürzel	Dienst	Klasse
Number Identification	CLIP	Calling Line Identification Presentation	A
	CLIR	Calling Line Identification Restriction	A
	COLP	Connected Line Identification Presentation	A
	COLR	Connected Line Identification Restriction	A
	MCI	Malicious Call Identification	A
Call Offering	CFU	Call Forwarding Unconditional	E1
	CFB	Call Forwarding on Mobile Subscriber Busy	E1
	CFNRy	Call Forwarding on No Reply	E1
	CFNc	Call Forwarding on Mobile Not Reachable	E1
	CT	Call Transfer	A
	MAH	Mobile Access Hunting	A
Call Completion	CW	Call Waiting	E3
	HOLD	Call Hold	E2
	CCBS	Completion of Call to Busy Subscriber	A
Multi Party	3PTY	Three Party Service	E2
	CONF	Conference Calling	E3
Community	CUG	Closed User Group	A
Charging	AoC	Advice of Charge	E2
	FPH	Freephone Service	A
	REVC	Reverse Charging	A
Additional	UUS	User-to-User Signaling	A
Call Restriction	BAOC	Barring of All Outgoing Calls	E1
	BOIC	Barring of Outgoing International Calls	E1
	BAIC	Barring of All Incoming Calls	E1
	BOIC-exHC	Barring of Outgoing International Calls except those to Home PLMN	A
	BIC-Roam	Barring of Incoming Calls when Roaming Outside the Home PLMN	A

Für die Phase 1 von GSM wurde nur ein kleiner Satz von Zusatzdiensten spezifiziert. Die Einführung von umfangreichen ISDN-ähnlichen Zusatzdiensten ist neben der verbesserten Netzorganisation der Mobiltelefone das wesentliche Merkmal der Phase 2 der GSM-Evolution. Obwohl einige der zusätzlichen Dienste in GSM identisch oder ähnlich den ISDN-Leistungsmerkmalen sind, ist deren Implementierung aufgrund der Mobilität der Teilnehmer teilweise deutlich komplexer. Darüber hinaus bietet GSM auch neue Leistungsmerkmale.

5.1.4.1 GSM Phase 1 und 2

In GSM werden acht Gruppen von Zusatzdiensten unterschieden. In Tabelle 5.3 sind die wichtigsten Zusatzdienste der verschiedenen Gruppen aufgeführt. Obwohl ihre Bedeutung anhand der selbsterklärenden Bezeichnung verständlich ist, werden im Folgenden einige Dienste kurz erläutert.

In der Funktionsgruppe der Teilnehmeridentifikation *(Number Identification)* sind Dienste spezifiziert, welche die Identifikation des anderen Teilnehmers ermöglichen oder einschränken. Das Leistungsmerkmal CLIP sorgt dafür, dass die GSM-Nummer des Anrufers beim gerufenen Teilnehmer angezeigt wird. Das kann der Anrufer seinerseits durch Aktivierung des Zusatzdienstes CLIR verhindern, falls er seine Rufnummer dem Angerufenen nicht bekanntgeben möchte. Darüber hinaus besteht die Möglichkeit, Anrufe registrieren zu lassen, auch wenn der Anrufer seine Identität nicht preisgeben will. Die gerufene Nummer muss nicht immer mit der GSM-Nummer übereinstimmen, mit der ein Teilnehmer tatsächlich verbunden ist, wie beispielsweise nach einem *Call Transfer*. Mit dem Dienstmerkmal COLP kann sich der rufende Teilnehmer die Nummer anzeigen lassen, mit der er tatsächlich verbunden ist, während der gerufene Teilnehmer mit dem Zusatzdienst COLR genau diese Anzeige verhindern kann.

Zu den ersten Diensten, die eingeführt wurden, gehört die Anrufumleitung *(Call Forwarding)*. Falls eine Mobilstation die Rufumleitung aktiviert, werden Anrufe nicht mehr zu dieser Mobilstation durchgestellt, sondern zu einer beliebig konfigurierbaren Rufnummer umgeleitet. Dabei wird zwischen unbedingter und bedingter Umleitung von Verbindungswünschen unterschieden. Bei der unbedingten Rufumleitung (CFU) wird jeder Anruf umgeleitet, bei der bedingten Rufumleitung werden Anrufe nur unter bestimmten Bedingungen weitergeleitet, typischerweise, wenn die Mobilstation nicht erreichbar ist (CFNc) oder wenn die Mobilstation belegt ist (CFB). Bei der Gesprächsweitergabe (CT) wird im Unterschied zur Rufumleitung die Weitergabe einer bereits bestehenden Verbindung an einen dritten Teilnehmer unterstützt.

Die Zusatzdienste der Funktionsgruppe *Call Completion* können zusammen mit denen der ersten Funktionsgruppe verwendet werden. Beim Anklopfen *(Call Waiting* CW) wird während eines laufenden Gesprächs die GSM-Nummer des eingehenden Anrufs angezeigt, mit der Möglichkeit einer späteren Gesprächsübernahme. Für die Dauer der Wartezeit wird dem wartenden Teilnehmer kein Sprechkanal zugeordnet. Beim Dienst Anruf Halten *(Call Hold* HOLD) besteht die Möglichkeit, ein laufendes Gespräch zu stoppen und erst ein anderes fortzusetzen. Der Mobilfunkteilnehmer kann ein eingehendes Gespräch auch ablehnen oder auf eine Warteliste setzen. Es können auch mehrere Gesprächswünsche in den Wartezustand versetzt werden. Dieser Zusatzdienst bildet die Grundlage für den sukzessiven Aufbau einer Konferenzschaltung. Beim automatischen Rückruf *(Completion to Call to Busy Subscriber* CCBS) kann der Anrufende einen automatischen Verbindungsaufbau nutzen, falls aktuell die Verbindung zum gewünschten Teilnehmer belegt ist.

Die vierte beziehungsweise fünfte Funktionsgruppe bietet sehr leistungsfähige Zusatzdienste. Mit Hilfe der Konferenzschaltung (CONF) können beispielsweise mehrere Teilnehmer gleichzeitig miteinander verbunden werden. Der Zusatzdienst Geschlossene Benutzergruppe *(Closed User Group* CUG) unterstützt die Bildung von logischen Teilnetzen innerhalb des gesamten GSM-Netzes. Die Kommunikation ist hierbei nur zwischen den registrierten Teilnehmern eines Teilnetzes oder einer Teilnehmergruppe möglich. Mit Hilfe dieses Dienstes lässt sich beispielsweise ein firmenspezifisches GSM-Teilnetz verwirklichen, zu dem nur die Mitarbeiter eines Unternehmens Zugang haben.

Die Gebührenanzeige *(Advice of Charge* AoC) der laufenden Gesprächseinheiten kann auch außerhalb des Heimatlandes erfolgen, und kann im Ausland sehr nützlich sein, da in der Regel dem mobilen Teilnehmer die Entgelte der entsprechenden fremden Mobilfunknetzbetreiber nicht bekannt sind.

Der Zusatzdienst *(User-to-User Signaling* UUS) aus der Funktionsgruppe *Additional Information Transfer* erlaubt dem mobilen Teilnehmer, parallel zu existierenden Verbindungen, eine begrenzte Anzahl an Informationen zu schicken beziehungsweise zu empfangen.

Zum Sperren *(Barring)* von sowohl abgehenden *(outgoing)* als auch kommenden *(incoming)* Anrufen sind verschiedene Varianten vorgesehen. Möglich ist entweder eine totale Sperre, bei der alle Rufe gesperrt werden (BAOC, BACI) oder eine eingeschränkte Sperre. Bei der eingeschränkten Sperre können beispielsweise nur abgehende internationale Rufe (BOICexHC) gesperrt werden oder ankommende Rufe, wenn sich die Mobilstation außerhalb ihres Heimatlandes befindet und zusätzliche Entgelte (anderer nationaler Mobilfunknetzbetreiber) anfallen würden (BIC-Roam). Zum Sperren kann zusätzlich eine Passwortabfrage eingeführt werden.

5.1.4.2 GSM Phase 2+

Die in der Phase 1 und 2 eingeführten Datendienste basieren auf einer leitungsvermittelten Übertragung. Dabei wird jedem Teilnehmer genau wie bei der Sprachübertragung eine exklusive Verbindung über einen Verkehrskanal zur Verfügung gestellt. Im Gegensatz zu Sprachquellen haben Datenquellen of ein schwankendes Verkehrsaufkommen. In diesem Fall führt daher Leitungsvermittlung zu einer ineffizienten Ausnutzung der Funkressourcen und entsprechend hohen Gebühren.

Ein wichtiges Thema in dieser Phase ist die Entwicklung neuer Trägerdienste mit höheren Bitraten gewesen. Die Datendienste aus den Phasen 1 und 2 bieten eine maximale Datenübertragungsrate von 9.6 kbit/s und können die Anforderungen multimedialer Anwendungen nicht erfüllen. Hinzu kommt die aus der Sicht der Mobilfunkteilnehmer ungünstige Gebührenabrechnung, sie erfolgt für die Dauer der Übertragung und nicht für die Menge der übermittelten Daten.

In GSM wurden zur Einführung neuer Datendienste prinzipiell zwei Ansätze verfolgt. Durch die parallele Nutzung mehrerer Verkehrskanäle *High Speed Circuit Switched Data* (HSCSD) kann eine höhere Übertragungsrate als 9.6 kbit/s erzielt werden. Dienste mit variabler Bitrate werden mit Hilfe paketorientierter Datendienste *General Packet Radio Service* (GPRS) realisiert.

5.2 System-Architektur

Die beiden relevanten Bestandteile eines GSM-Systems sind die Mobilteilnehmer und die fest installierte Infrastruktur. Die Infrastruktur, die von den Netzbetreibern aufgebaut und betrieben wird, stellt das Netz im eigentlichen Sinne dar. Die Mobilfunkteilnehmer kommunizieren über das Funk- beziehungsweise auch Luftschnittstelle genannte *Air Interface* (U_m) und nutzen auf diese Weise die Dienste des Netzes.

In der GSM-Empfehlung 1.02 wird das fest installierte GSM-Netz wiederum in drei Teilsysteme untergliedert: Das Funkteilsystem *(Base Station Subsystem* BSS), das Mobilvermittlungsteilsystem *(Network and Switching Subsystem* NSS) und das Betreiberteilsystem *(Operation and Management Subsystem* OMS). Abbildung 5.3 zeigt die Systemarchitektur eins GSM-Netzes, aus dem der hierarchische Aufbau besonders deutlich wird. Eine Funkzelle wird aus dem Funkversorgunsbereich einer Feststation *(Base Transceiving Station* BTS) gebildet. Mehrere Feststationen werden gemeinsam von einem *Base Station Controller* (BSC) gesteuert. Die Gespräche der Mobilstationen in den Zellen werden gebündelt von einem Vermittlungsknoten *Mobile Switching Center* (MSC) weitervermittelt. Gespräche in, beziehungsweise aus dem Festnetz werden von einer bestimmten Vermittlungsstelle *Gateway MSC* (GMSC) bearbeitet. Betrieb und Wartung werden von einer zentralen Stelle aus organisiert, dem *Operation and Maintenance Center* (OMC).

Zur Vermittlung und zum Management des Netzes stehen mehrere Datenbanken zur Verfügung. Das *Home Location Register* (HLR) und das *Visitor Location Register* (VLR) werden zum Auffinden mobiler Teilnehmer und der Vermittlung verwendet. Sie gehören funktional dem *Network Switching System* an. Im *Authentification Center* (AuC) werden sicherheitsrelevante Daten (Schlüssel zur Authentifikation und Nutzdatenverschlüsselung) generiert und niedergelegt, während im *Equipment Identity Register* (EIR) nicht die Teilnehmer, sondern deren Geräte registriert werden. Beide, AuC und EIR gehören funktional zum OMS.

Aus Abbildung 5.3 sind insbesondere auch die relevanten Schnittstellen des GSM-Systems ersichtlich. Die *O-Schnittstelle* basiert auf der ITU-T Empfehlung X.25 [39], die zum Anschluss von Datenendeinrichtungen an Paketvermittlungsnetze festgelegt wurde. Physikalisch kann diese Schnittstelle durch einen 64 kbit/s Kanal realisiert werden. Optional können Schnittstellen leitungsvermittelter Netze eingesetzt werden, wie beispielsweise V.24 oder auch X.21. Sprache und Daten werden über die *A-Schnittstelle* übertragen, und zwar digital mittels PCM-30 Systeme nach dem ISDN-Standard G.732 [36]. Ein PCM-30 System umfasst 30 Vollduplex Kanäle zu 64 kbit/s mit einer Übertragungsrate von 2,048 Mbit/s vollduplex. Zwei zusätzliche Kanäle zu je 64 kbit/s werden für die Synchronisation und Signalisierung (D_m-Kanal) benötigt. Die Übertragung über die A_{bis}- Schnittstelle basiert ebenfalls auf PCM-30 beziehungsweise auf einzelnen 64 kbit/s Schnittstellen. Da die (neuen) Mobilfunknetzbetreiber häufig nicht gleichzeitig Betreiber von Festnetzen sind, wurde aus Kostengründen auch eine Submultiplex genannte Technik standardisiert, bei der vier 16 kbit/s Kanäle über einen 64 kbit/ Kanal übertragen werden. Die Luftschnittstelle U_m spielt eine wichtige Rolle im GSM-System und wird deshalb in Abschnitt 5.4 ausführlich behandelt.

5.2.1 Versorgungsgebiete

In Abbildung 5.4 wird der Aufbau eines GSM-Netzes erläutert, der in Anlehnung an die Systemarchitektur hierarchisch gegliedert ist. Ein GSM-Netz besteht im Wesentlichen aus (mindestens) einer Verwaltungsregion, die von einem MSC verwaltet wird. Eine Verwaltungsregion wird aus mehreren Lokalisierungszonen *(Location Area* LA) gebildet.

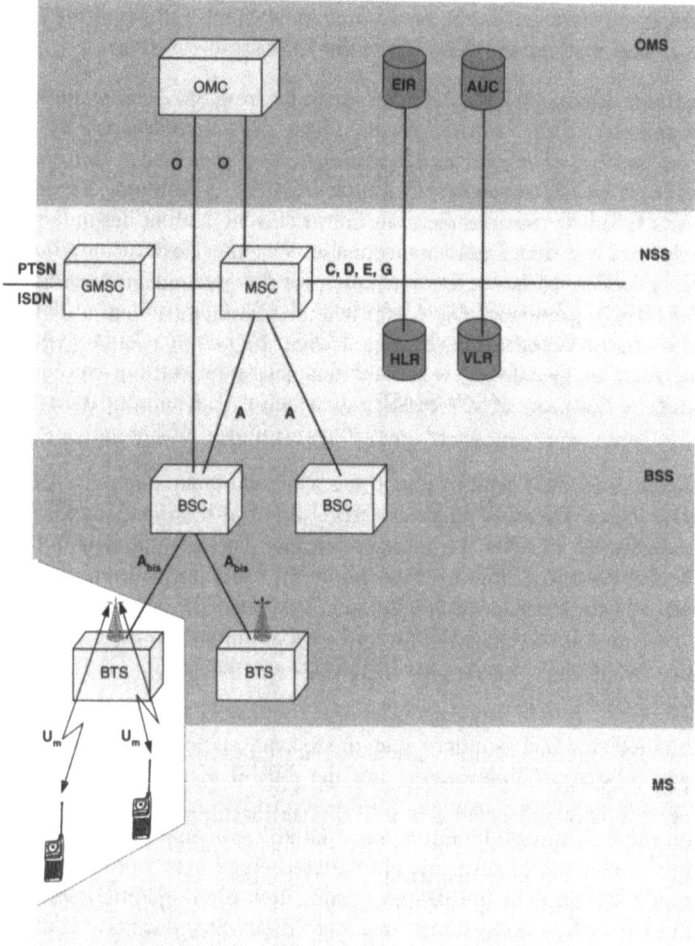

Abbildung 5.3: Systemarchitektur von GSM

Eine LA, die häufig auch als Aufenthaltsbereich bezeichnet wird, setzt sich in der Regel aus mehreren Gruppen von Funkzellen zusammen, wobei jeweils eine dieser Zellgruppen von einem BSC gesteuert wird. Für jede LA existiert also mindestens ein BSC. Die Zellen eines BSC können dabei auch verschiedenen LAs zugeordnet sein.

Innerhalb einer Lokalisierungszone kann sich eine Mobilstation frei bewegen, ohne ein *Location Update* initialisieren zu müssen. Dieser Bereich, der in der Regel aus mehreren BSC-Zonen bestehen kann, wird von den Aufenthaltsregistern beaufsichtigt. Im HLR sind alle bei einem Netzbetreiber registrierten Teilnehmer mit permanenten und auch temporären Daten gespeichert. Ein typisches permanentes Datum ist das Dienstprofil, der Verweis auf den aktuellen Aufenthaltsort ist ein typisches temporäres Datum. Bei einem eingehenden Anruf für einen mobilen Teilnehmer wird also immer zuerst das HLR abgefragt, um seinen aktuellen Aufenthaltsort zu ermitteln. Ein VLR ist für eine Gruppe von

5.2 System-Architektur

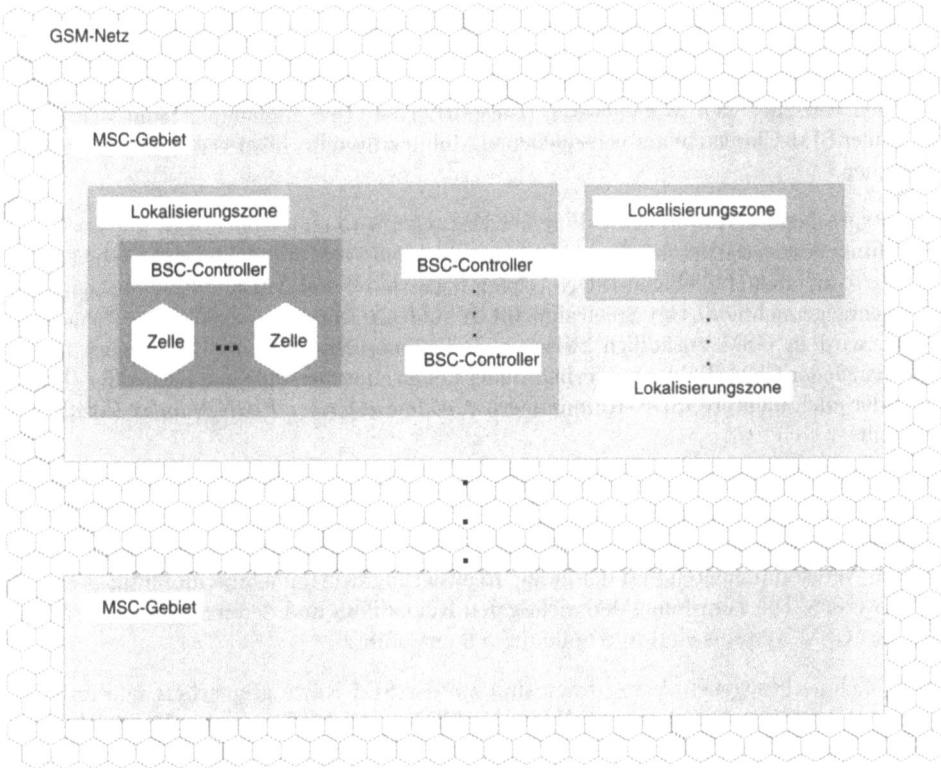

Abbildung 5.4: Systemhierarchie von GSM

Lokalisierungszonen zuständig und speichert die Daten derjenigen mobilen Teilnehmer, die sich momentan in seinem Zuständigkeitsbereich aufhalten.

Für die Größe der Lokalisierungszonen sind die in der Planungsphase geschätzten Verkehrswerte und die Kapazität des VLR ausschlaggebend. Ein LA sollte so gewählt werden, dass ein häufiges Aktualisieren der Teilnehmerdaten durch eine lokale Bewegung der Mobilteilnehmer weitgehend vermieden wird.

Die genaue Aufteilung des Dienstgebietes in Zellen und ihre Organisation beziehungsweise Verwaltung in Lokalisierungszonen mit BSC und MSC ist nicht eindeutig im GSM-Standard festgelegt, sondern vielmehr dem jeweiligen Netzbetreiber überlassen, welcher somit eine Vielzahl an Optimierungsmöglichkeiten besitzt. Zur Versorgung der Bundesrepublik Deutschland benötigt jeder der beiden D-Netzbetreiber nicht mehr als 10.000 Funkzellen und weniger als 50 BSC beziehungsweise 50 MSC.

5.2.2 Adressierung

Zur Trennung der Gerätemobilität von der Teilnehmermobilität wird in GSM explizit zwischen Teilnehmer und Gerät unterschieden und beides voneinander unterschieden. Entsprechend erhalten Mobilgeräte und Teilnehmer jeweils eigene, international eindeutige Kennziffern. Die Teilnehmeridentität *International Mobile Subscriber Identity* (IMSI) wird mit einer persönlichen Chipkarte *(Subscriber Identity Module* SIM) einem Mobilgerät explizit zugeordnet. Die SIM in Form einer Chipkarte ist portabel und daher zwischen verschiedenen Mobilgeräten transportierbar. Der Teilnehmer kann sich daher mit seiner SIM-Chipkarte auf verschiedenen Mobilgeräten ins lokal verfügbare Mobilnetz einbuchen.

Bei entsprechender Weiterentwicklung der Festnetze wird eine Konvergenz der Fest- und Mobilfunknetze erwartet. In diesem Fall kann sich ein GSM-Teilnehmer mit seiner SIM-Chipkarte an einem beliebigen ISDN-Telefon registrieren und Anrufe tätigen beziehungsweise entgegennehmen. Um Spielraum für zukünftige Entwicklungen neuer Dienste zu lassen, wird in GSM zusätzlich zwischen Teilnehmeridentität und Rufnummer unterschieden. Jeder GSM-Teilnehmer erhält daher neben einer persönlichen Kennziffer (IMSI) eine oder auch mehrere ISDN-Rufnummern *Mobile Subscriber ISDN Number* (MSISDN) zugeteilt.

Neben den permanenten Adressen IMSI und MSISDN und der permanenten Gerätekennung *International Mobile Station Equipment Identity* (IMEI) werden in GSM eine Reihe von temporären Kennziffern zur Verfügung gestellt, die zur Adressierung der übrigen Netzkomponenten und damit zur Realisierung der Teilnehmermobilität herangezogen werden. Die Zuordnung der wichtigsten Kennziffern und deren Speicherorte innerhalb des GSM-Systems sind in Abbildung 5.6 aufgeführt.

Die teilnehmerbezogenen Adressdaten sind auf der SIM-Karte gespeichert und im HLR und VLR abgelegt. Die Adressen IMSI, MSISDN, TMSI *(Temporary Mobile Subscriber Identity)* und MSRN *(Mobile Station Roaming Number)* dienen der Adressierung, Identifikation und Lokalisierung eines Teilnehmers beziehungsweise seiner Mobilstation. Während es sich bei IMSI und MSISDN um permanente Daten handelt, sind TMSI und MSRN temporäre Daten, die sich in Abhängigkeit vom aktuellen Mobilort des Teilnehmers ändern können. Die Daten IMEI *(International Mobile Station Equipment Identity)*, BSIC *(Base Transceiver Station Identity Code)* und CI *(Cell Identifier)* dienen nur der Identifikation des Endgerätes beziehungsweise der Netzelemente (Feststation, Funkzelle). Die netzelementbezogenen Daten wie LAI *(Location Area Identity)* und SPC *(Signaling Point Codes)* werden nur teilweise zu Lokalisierung und Verbindungsaufbau beziehungsweise -Routing verwendet.

Des Weiteren existieren Daten über das Vertragsverhältnis des Teilnehmers mit dem Netzanbieter. Damit sind Informationen gemeint über abonnierte Träger- und Telematikdienste (Daten, Fax, und ähnliches), Dienstrestriktionen und Parameter für Zusatzdienste. Mit Hilfe dieser Daten können Zusatzdienste parametrisiert und damit auch personalisiert werden.

Im *Authentication Center* AuC werden die sicherheitsrelevanten Daten eines Teilnehmers gespeichert und die zur Abwicklung kryptographischer Funktionen notwendigen Kennziffern und Schlüssel vorausberechnet. Die Werte RAND *(Random Number)*, SRES *(Signed Response)*, K_i *(Cipher Key)* und K_c *(Individual Subscriber Authentication Key)* werden sowohl zur Teilnehmerauthentikation als auch zur Garantie der Vertraulichkeit verwendet. Um den Netzbetreiber vor unberechtigter Nutzung des Netzes und den Teilnehmer vor Missbrauch seiner Zugangsberechtigung zu schützen, muss bei einem Kommunikationswunsch (Registrierung, Gesprächsaufbau, Änderung von ergänzenden Dienstmerk-

5.2 System-Architektur

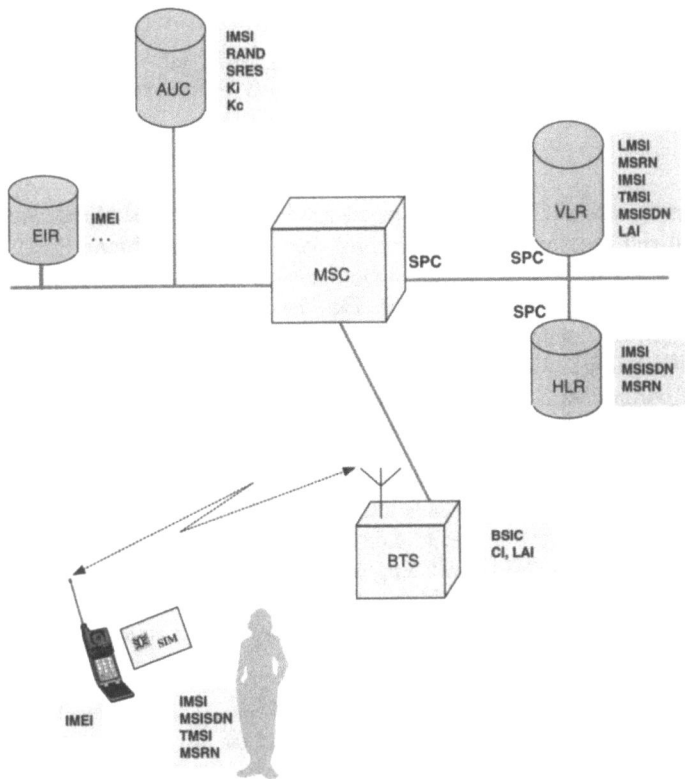

Abbildung 5.5: Adressen und Datenbanken in GSM

malen) eine sichere Identifikation des Teilnehmers erfolgen. Um die Vertraulichkeit der übertragenen Nutz- und Signalisierungsinformation zu garantieren, müssen die Daten geeignet unleserlich gemacht (verschlüsselt) und später wieder korrekt entschlüsselt werden.

5.2.2.1 Permanente Daten

IMEI Die *International Mobile Station Equipment Identity* IMEI ist eine internationale Kennzeichnung der Mobilgeräte. Die IMEI wird vom Hersteller des Geräts vergeben (Seriennummer) und den Netzbetreibern zur Verfügung gestellt, die sie im Equipment Identity Register (EIR) speichern.

Die Mobilgerätenummer ist eine hierarchische Adresse und besteht im Wesentlichen aus dem Typzulassungscode *(Type Approval Code* TAC und *Final Assembly Code* FAC), der zentral beziehungsweise vom Hersteller vergeben wird, und einer Fertigungsnummer *(Serial Number* SNR), die ebenfalls vom Hersteller vergeben wird. Eine IMEI = TAC + FAC + SNR + SP besteht aus 6 + 2 + 6 + 1 Dezimalstellen und lässt eindeutige Rückschlüsse auf Hersteller und Produktionsdaten zu. Dabei steht SP *(Spare)* für nicht belegt und erlaubt eine weitere Kennzeichnung.

Die IMEI wird vom Netz üblicherweise beim Einbuchen verlangt, kann aber jederzeit danach nochmals abgefragt werden. Mit Hilfe der IMEI können gestohlene, veraltete oder nicht mehr funktionsfähige Geräte erkannt und beispielsweise vom Dienstzugang gesperrt werden.

IMSI Die internationale Mobilteilnehmeridentität *International Mobile Subscriber Identity* IMSI wird vom Netzbetreiber im Rahmen der ITU-T Empfehlung E.212 *(Numbering Plan 6)* vergeben [34]. Es handelt sich dabei um eine GSM-spezifische Adressierung abweichend vom ISDN-Nummerierungsplan. Bei der Anmeldung erhält jeder Teilnehmer eine eindeutige IMSI zugewiesen, die in der SIM-Karte gespeichert wird. Eine Mobilstation kann nur betrieben werden, wenn ein SIM mit gültiger IMSI in einem Gerät mit gültiger IMEI vorhanden ist, da nur so die Gebührenabrechnung den korrekten Teilnehmer erreicht. Zusätzlich kann mit Hilfe der IMSI sowohl die Adressierung des Teilnehmers als auch des HLRs vorgenommen werden.

Die IMSI ist dem Mobilfunkteilnehmer nicht bekannt, sie besteht aus mehreren Teilen: IMSI = $MCC + MNC + MSIN$. Der *Mobile Country Code* (MCC) besteht aus 3 Dezimalstellen und bezeichnet ein GSM-Land. In jedem Land wird mit Hilfe von 2 Dezimalstellen eindeutig ein Mobilnetz bezeichnet *Mobile Network Code* (MNC). Die *Mobile Subscriber Identification Number* (MSIN) bezeichnet den Teilnehmer in seinem Mobilnetz und besteht maximal aus 10 Dezimalstellen.

Die IMSI wird nur beim Einbuchen *(Location Registration)* oder einem Wechsel des Aufenthaltsorts *(Location Update)* verwendet. Sonst wird sie durch die temporären Kennziffern TMSI, LMSI und MSRN ersetzt, siehe auch Abschnitt 5.2.2.3.

MSISDN Die *Mobile Subscriber ISDN Number* MSISDN ist die eigentliche Mobilfunk-Telefonnummer, die entsprechend der ITU-T-Empfehlung E.164 *(Numbering Plan 2)* zugewiesen wird [34]. Diese Nummer kann ins Telefonbuch eingetragen werden, und ermöglicht allen Teilnehmern (PSTN, ISDN oder auch PLMN) eine Verbindung zum mobilen Teilnehmer zu initiieren. Die MSISDN wird zentral im HLR gespeichert, und wird benutzt, um zugehörige Teilnehmerdaten aus dem HLR zu holen.

Die MSISDN ist dem Teilnehmer zugeordnet, so dass ein Mobilgerät je nach SIM verschiedene MSISDN besitzen kann. Auf diese Weise wird in GSM erstmals in einem Netz zwischen Teilnehmeridentität und Rufnummer unterschieden. Die Trennung zwischen Rufnummer MSISDN und Teilnehmeridentität IMSI erfolgt vor allem zum Schutz der Vertraulichkeit der IMSI. Im Gegensatz zur MSISDN muss die IMSI nicht öffentlich gemacht werden. Stattdessen ist im HLR eine in der Regel nicht öffentliche Zuordnung der IMSI zur MSISDN gespeichert. Im typischen Fall ist daher die zur Identifikation des Teilnehmers verwendete IMSI unbekannt, das Vortäuschen einer falschen Identität wird dadurch deutlich erschwert.

Die Struktur der MSISDN erfolgt auf der Basis des bekannten, internationalen ISDN-Nummerierungsplans: MSISDN = $CC + NDC + SN$. Für die Länderkennziffern *(Country Code* CC) sind bis zu 3 Dezimalstellen vorgesehen. Der CC beträgt für Deutschland beispielsweise 49. Der *National Destination Code* (NDC) besteht typischerweise aus 2 bis 3 Dezimalstellen. Dieser wird genau wie die Rufnummer *Subscriber Number* (SN) vom jeweiligen Betreiber beziehungsweise von der Regulierungsbehörde vergeben. Die NDC der Mobilfunknetze in Deutschland sind dreistellig (Beispielsweise 170 und 171 für T-Mobil). Da die SN maximal 10 Dezimalstellen besitzen kann, ergeben sich insgesamt maximal 15 Dezimalstellen.

In GSM können einem Teilnehmer mehrere MSISDN zugeordnet werden, die dann zur Selektion eines Dienstes herangezogen werden. In diesem Fall ist jede MSISDN eines Teilnehmers für genau einem Dienst reserviert, wie beispielsweise Sprache, Daten oder Faxübertragung. Anhand der gewählten MSISDN kann dann erkannt werden, welcher Dienst gewünscht und damit welche dienstspezifischen Ressourcen aktiviert werden müssen. Dies ermöglicht eine automatische Aktivierung der dienstspezifischen Ressourcen bereits während des Verbindungsaufbaus.

5.2.2.2 Netzbezogene Daten

LAI In GSM besitzt jede Lokalisierungszone LA eine eigene Kennziffer (Gebietskennung). Die *Location Area ID* LAI ist genau wie die anderen GSM-Adressen hierarchisch organisiert und international eindeutig definiert, wobei die LAI aus einem international genormten und einem betreiberabhängigen Teil besteht: LAI = CC + MNC + LAC.

Der *Country Code* (CC) beschreibt genau wie bei der MSISDN das Land und enthält bis zu 3 Dezimalstellen. Der *Mobile Network code* (MNC) kennzeichnet das Mobilnetz und besteht aus 2 Dezimalstellen. Der *Location Area Code* (LAC) besteht aus maximal 5 Dezimalstellen.

Um den Mobilstationen ihren Aufenthaltsort anzuzeigen, wird der LAI regelmäßig von der Feststation auf dem *Broadcast Control Channel* (BCCH) ausgesendet. Falls der LAI wechselt, den die Mobilstation von der Feststation beziehungsweise von dem BSS empfängt, dann kann die Mobilstation die Aktualisierung ihrer Aufenthaltsinformation anfordern *(Location Update)*. Der Wechsel der Lokalisierungszone wird in den Registern HLR und VLR realisiert.

Bei einem eingehenden Ruf muss die Verbindung zur Mobilstation durchgeschaltet werden. Auf der Basis der aktuellen MSRN kann bis zum zuständigen Vermittlungsknoten MSC geroutet, und die LAI vom aktuellen VLR erfragt werden. Damit kann der genaue Aufenthaltsbereich der Mobilstation bestimmt werden. Dazu wird anschließend per Funkrundruf *(Paging)* die Mobilstation gesucht. Aus der Antwort der Mobilstation kann die genaue Funkzelle und damit die Feststation festgestellt werden.

CI Innerhalb einer Lokalisierungszone LA werden die einzelnen Zellen mit einem *Cell Identifier* CI eindeutig gekennzeichnet, welcher maximal 2 Byte lang ist. Beide Werte zusammen, aktuelle Lokalisierungszone und Funkzelle, liefern die international eindeutig referenzierbare globale Funkzellenkennung *Global Cell Identity* (LAI + CI). Die globale Funkzellenkennung kann zur Wegewahl beziehungsweise beim Paging eingesetzt werden, um den aktuellen Mobilort einer Mobilstation zu adressieren.

BSIC Der *Base Transceiver Station Identity Code* BSIC (lokaler Farbcode) wird ebenfalls von der Feststation auf einem *Broadcast Channel*, dem *Synchronisation Channel*, regelmäßig ausgesendet und ermöglicht einer Mobilstation, zwischen benachbarten Feststationen beziehungsweise deren Synchronisationskanälen zu unterscheiden.

Der BSIC besteht aus zwei Komponenten: NCC + BCC. Der *Network Colour Code* beschreibt den Farbcode eines PLMN mit Hilfe von 3 Bit. Der *Base Station Colour Code* (BCC) stellt den lokalen Farbcode der Feststationen dar, ebenfalls mit 3 Bit. Direkt benachbarten PLMNs beziehungsweise Feststationen müssen unterschiedliche Farbcodes zugeordnet werden.

SPC Die Adressierung und Wegewahl erfolgen in *Intelligenten Netzen (IN)* durch Vergabe von SPCs *(Signaling Point Code)* und bilden einen bedeutenden Anteil der Gestaltung der angeschlossenen Datenbanken. Auf diese Weise werden einzelne Systemkomponenten (Netzknoten) für die Signalisierung als unabhängige Netzwerkelemente identifiziert.

In GSM besitzen die Vermittlungsknoten MSCs und die Register HLR und VLR internationale ISDN-Nummern. Zusätzlich können sie innerhalb eines PLMN's SPCs besitzen, mit denen sie innerhalb des für die digitale Übertragung entwickelten Zeichengabesystems *Signaling System Number 7* (SS#7) eindeutig adressiert werden können.

5.2.2.3 Aufenthaltsbezogene temporäre Daten

MSRN Die *Mobile Station Roaming Number* MSRN ist eine temporäre, vom aktuellen Aufenthaltsort abhängige ISDN-Nummer. Die MSRN wird vom lokal zuständigen VLR jeder eingebuchten Mobilstation zugewiesen. In diesem Sinne kann die MSRN als eine Umbuchungsnummer interpretiert werden, mit deren Hilfe Rufe zu einer Mobilstation geroutet werden können. Bei Bedarf (Anfragen) wird die MSRN vom HLR an das GMSC weitergeleitet.

Die MSRN kann vom VLR auf zwei Arten vergeben werden. Entweder nach Anforderung des HLR, wenn der Wunsch eine Verbindung zur Mobilstation aufzubauen, erfolgt ist, oder durch einen Registrierungswunsch, wenn beim Roaming die Mobilstation eine neue Lokalisierungszone betritt.

Im ersten Fall wird die in den Tabellen des HLR gespeicherte Adresse des aktuellen VLR herangezogen. Wird nun die Routinginformation beim HLR angefragt, fordert dieses vom zuständigen VLR mit Hilfe der den Teilnehmer eindeutig identifizierenden Kennziffern IMSI und MSISDN eine gültige Roaming-Nummer MSRN an. Mit dieser kann dann der Ruf korrekt geroutet werden.

Im zweiten Fall existiert ja bereits eine Netzverbindung mit zugehöriger aktueller MSRN. Diese MSRN wird vom VLR auch an das HLR weitergereicht und dort für die Wegesuche gespeichert. Bei einem späteren kommenden Gesprächswunsch wird dann zunächst die aktuelle MSRN aus dem HLR dieser Mobilstation abgefragt. Aus der aktuellen MSRN kann insbesondere auch das aktuell zuständige MSC ermittelt werden, und der Ruf kann bis zu diesem Vermittlungsknoten geroutet werden.

Die MSRN ist nur in einer Lokalisierungszone definiert und kann nach dem Verlassen dieses Gebiets weiter transient vergeben werden. Davor muss sie jedoch sowohl im VLR als auch im HLR gelöscht werden. Daher kann kurzzeitig mehr als nur eine MSRN-IMSI-Korrelation existieren. Die MSRN hat die gleiche Struktur und Länge wie die MSISDN. Sie enthält das Land CC, den Netzbetreiber NDC und die aktuelle Rufnummer SN. Die aktuelle SN wird vom aktuellen VLR so vergeben, dass sie innerhalb eines Mobilnetzes eindeutig ist. Die Zuweisung einer MSRN erfolgt dabei so, dass aus der aktuellen Rufnummer SN der aktuell zuständige Vermittlungsknoten MSC im besuchten Netz (CC + NDC) ermittelt werden kann und somit eine Routingentscheidung getroffen werden kann.

TMSI Aus Sicherheitsgründen kann das für den augenblicklichen Aufenthaltsort zuständige VLR einer Mobilstation eine *Temporary Mobile Subscriber Identity* TMSI zuweisen, die nur lokale Bedeutung im Gebiet des VLR besitzt und statt der permanenten IMSI zur eindeutigen Identifikation und Adressierung des Teilnehmers verwendet wird. Da die TMSI nur für die Dauer des Aufenthaltes in einem VLR-Gebiet zugewiesen wird, kann durch Abhören des Funkkanals kein Rückschluss auf die Identität des Teilnehmers gezogen werden.

Die Mobilstation speichert die TMSI in ihrer SIM-Karte. Die TMSI wird netzseitig nur im VLR gespeichert und nicht an das HLR weitergegeben. Ein Teilnehmer (IMSI) wird eindeutig durch die momentane Lokalisierungszone LAI und seine aktuelle TMSI identifiziert. Daher kann wahlweise die IMSI für eine laufende Kommunikation durch das Tupel (TMSI, LAI) ersetzt werden.

LMSI Zur Beschleunigung seiner Datenbankzugriffe kann das VLR als zusätzlichen Suchschlüssel eine *Local Mobile Station Identity* LMSI für Mobilstationen in seinem Verwaltungsbereich vergeben. Dazu kann die LMSI beim Registrieren der Mobilstation, als Folge eines Location Updates, im VLR zugeteilt und an das HLR gesendet werden. Im Folgenden wird die LMSI vom HLR nicht weiter verwendet, aber jeweils bei allen Nachrichten an das VLR mitgeschickt. Auf diese Weise kann das VLR den kurzen Suchschlüssel bei allen, die Mobilstationen betreffenden, Datenbanktransaktionen heranziehen.

Genau wie die TMSI wird eine LMSI vom Betreiber vergeben und ist nur innerhalb des Bereichs eines VLR eindeutig. Eine LMSI besteht aus 4 Byte.

5.2.3 Mobilstation

Die mobile Funkstation *(Mobile Station* MS) ist das (End-) Gerät, von dem aus ein (auch sich in Bewegung befindlicher) Mobilteilnehmer die angebotenen Telekommunikationsdienste nutzen kann, und zwar von einem beliebigen Ort im GSM-Netz. Mobilstationen bestehen aus zwei wesentlichen Komponenten. Der erste Teil, das Gerät selbst *(Mobile Equipment)*, enthält alle für die Funkkommunikation spezifischen Hardware- und Softwarekomponenten. Der zweite Teil, bekannt unter *Subscriber Identity Module* (SIM) enthält alle teilnehmerspezifischen Informationen. Das SIM ist entweder fest eingebaut oder als *Smart Card* realisiert, die entweder klein oder so groß wie eine Kreditkarte ist und die Funktion eines Schlüssels hat. Falls das SIM aus dem Gerät entfernt wird, kann das Gerät gar nicht oder, soweit das Netz es erlaubt, beispielsweise für Notrufe verwendet werden.

Die teilnehmerbezogenen Daten werden im nichtflüchtigen Speicher des SIM gehalten. Es gibt sowohl statische als auch temporär veränderliche Daten, siehe dazu auch Unterabschnitt 5.2.2. Zum unveränderlichen Datenbestand gehören: der SIM-Kartentyp, der IC-Kartenidentifikator (Seriennummer der SIM), die SIM Service Table (Liste der zusätzlich abonnierten Dienste), die IMSI, die PIN *(Personal Identity Number)*, die PUK *(PIN Unblocking Key)* und der Authentifikationsschlüssel K_i. Vor der Aushändigung der SIM-Karte wird sie mit diesen Daten initialisiert. Zu den temporären Daten gehören unter anderem die Aufenthaltsinformationen TMSI und LAI, der Übertragungsschlüssel K_c zur Verschlüsselung der Daten, eine Liste gesperrter PLMNs, eine Liste der Trägerfrequenzen zur Auswahl der Funkzelle beim Verbindungsaufbau beziehungsweise Handover und eine Zeitdauer, welche die Mobilstation im Heimatnetz abwartet, bevor sie sich aufgrund unzureichender Funkversorgung in ein anderes Netz einzubuchen versucht. Alle SIM-Daten werden nur für die Dauer des aktiven Betriebszustandes in den Speicher der Mobilstation kopiert und werden danach gelöscht. Die Speicherung weniger wichtiger Daten, wie beispielsweise die zuletzt angewählten Rufnummern oder Kurzmitteilungen, ist den Herstellern von Mobilendgeräten freigestellt.

Die Mobilstationen werden gemäß GSM-Richtlinie 2.06 nach der zulässigen Sendeleistung in Klassen eingeteilt, sie sind in Tabelle 5.4 aufgeführt. Die Klasseneinteilung unterscheidet auch zwischen den verschiedenen Gerätetypen: festeingebaute, portable und handportable Endgeräte. Endgeräte der Klasse 1 (8 - 20 W) sind nie entwickelt worden, stattdessen sind festeingebaute Geräte typischerweise in der Klasse 2 (5 - 8 W) vorzufinden. Die Mehrzahl der Handys liegen in der Klasse 4 (0,8 - 2 W). Geräte aus der Klasse 5 (bis zu 0,8 W) sind in GSM-Netzen kaum anzutreffen, da diese sehr hohe Anforderungen an die Funkversorgung stellen. Geräte dieser Klasse kommen vorzugsweise in innerstädtischer Umgebung mit Kleinzellen in Frage.

Tabelle 5.4: Leistungsklassen mobiler Endgeräte in GSM

Klasse	maximal zulässige Sendeleistung [W]	Gerätetyp
1	20	festeingebaut und portabel
2	8	portabel und festeingebaut
3	5	handportabel
4	2	handportabel
5	0,8	handportabel

In Abbildung 5.6 werden die relevanten Schnittstellen der Mobilstation gezeigt. Eine Mobilstation in GSM besteht aus dem Endgerät *(Terminal Equipment* TE), falls erforderlich der Endgeräteanpassung *(Terminal Adaptor* TA) und einem Teil, der die für alle Dienste gemeinsamen Funktionen beinhaltet und in den GSM-Spezifikationen als *Mobile Termination* (MT) bezeichnet wird. Die Teilnehmerschnittstelle am Terminal TE beinhaltet den Netzabschluß und die verschiedenen Endgerätefunktionen.

5.2 System-Architektur

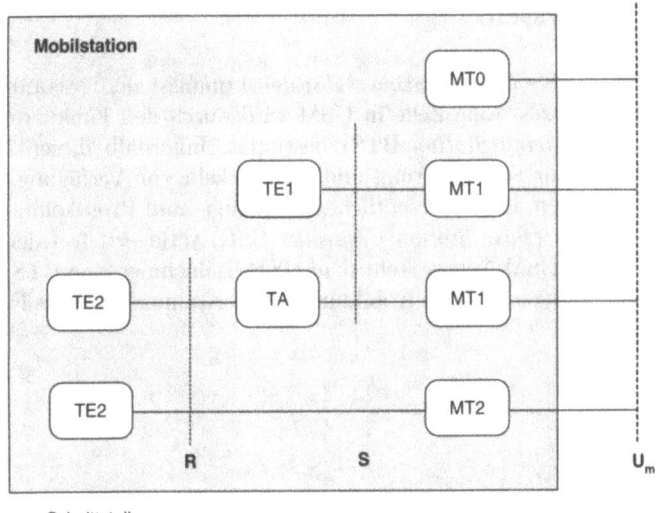

Abbildung 5.6: Netzabschlüsse der Mobilstation in GSM

Aus der Abbildung 5.6 sind die vier Mobilnetzanschlüsse ersichtlich, die in GSM zum Einsatz kommen. Der *Mobile Termination Type 0* (MT0) ist der Netzabschluss zur Übertragung von Sprache und Daten. Dabei werden das Endgerät, die Endgerätefunktionen und eventuell ein TA integriert. Der *Mobile Termination Type 1* (MT1) ist der Netzabschluss mit einer externen ISDN S-Schnittstelle, an der ein ISDN-Endgerät TE1 angeschlossen werden kann. Über einen ISDN-Terminal Adapter TA können an die MT1 herkömmliche Endgeräte (ITU-T V- oder X-Serie) TE2 angeschlossen werden. Unter dem *Mobile Termination Type 2* (MT2) versteht man einen Netzabschluss mit einer externen R-Schnittstelle. An diesem können ebenfalls herkömmliche Endgeräte angeschlossen werden.

Neben den netzabhängigen Funk- und Protokollfunktionen, die den Betrieb im Netz erst ermöglichen, hat die Mobilstation zum Teilnehmer hin eine weitere Schnittstelle. Die Schnittstelle zum menschlichen Benutzer *(Man Machine Interface* MMI) besteht üblicherweise aus den folgenden Komponenten: Mikrophon, Lautsprecher, LCD-Anzeige, alphanummerisches Tastenfeld und sogenannte Softkeys. Die GSM-Spezifikationen überlassen Umsetzung und Umfang der Schnittstellentechnik weitgehend dem Hersteller.

Bei Handys erweisen sich Softkeys als äußerst nützlich. Softkeys sind Funktionstasten, mit denen sich ein Endgerät in unterschiedliche Betriebszustände versetzen lässt. Zwischen Taste und ihrer Funktion besteht keine feste Zuordnung, so wie bei Hardkeys üblich. Dem Benutzer muss deshalb die jeweilige Funktion vor Betätigung des Softkeys mitgeteilt werden.

5.2.4 Funkteilsystem

Das Funkteilsystem BSS *(Base Station Subsystem)* umfasst den gesamten funkbezogenen Teil des GSM-Netzes. Eine Zelle in GSM wird durch den Funkbereich einer Feststation *(Base Transceiving Station* BTS) bestimmt. Innerhalb dieser Zelle stellt die BTS die Funkkanäle für Signalisierung und Nutzverkehr zur Verfügung. Um die Feststationen klein zu halten, ist die wesentliche Steuerungs- und Protokollintelligenz in den Feststations-Controller *(Base Station Controller* BSC) verlagert. Auf der Netzseite der *Luftschnittstelle* eines GSM-Netzes steht dem GSM-Teilnehmer eine BTS gegenüber. In Anlehnung an Abbildung 5.3 sind in Abbildung 5.7 die Komponenten des Funkteilsystems in GSM aufgezeigt.

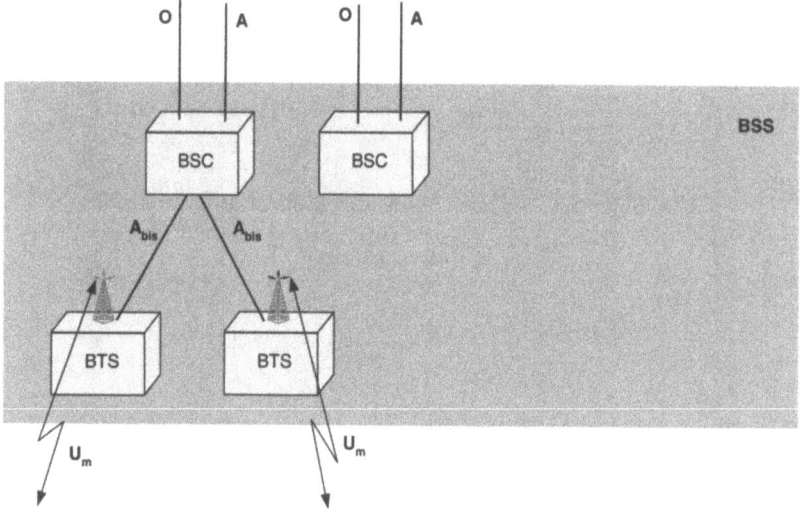

Abbildung 5.7: Funkteilsystem (Base Station Subsystem BSS)

5.2.4.1 BTS

In einer BTS (Base Transceiving Station) sind alle Sende- und Empfangsanlagen *(transmitter + receiver = transceiver)* einschließlich der Antennen zusammengefasst. Neben dem gesamten HF-Teil für die Transceiver besitzt die BTS nur wenige Komponenten zur Signal- und Protokollverarbeitung. Beispielsweise wird in der BTS die Fehlerschutzcodierung und -decodierung für den Funkkanal durchgeführt und das Sicherungsprotokoll LAPDm für die Signalisierung auf dem Funkweg terminiert.

Die *TRAU (Transcoding and Rate Adaption Unit)* ist eine spezielle Übertragungseinrichtung des GSM-Systems, die laut Spezifikation der BTS zuzuordnen ist. Die Bezeichnung *Transcoding and Rate Adaption Unit* ist streng genommen nur für die 16 kbit/s-A_{bis}-Schnittstelle gültig, wenn der Transcoder im BSC lokalisiert ist. Die TRAU-Funktionen werden von der BTS aus gesteuert. Für die Übertragung von Sprache und zugehöriger Codierung zwischen der Mobilstation und dem mobilen Vermittlungssystem MSC ist der Transcoder zuständig. Des Weiteren bietet die TRAU Funktionen zur Ratenanpassung (Konvertieren der Übertragungsraten) im Fall von Datenübertragungen. Die TRAU-Einheit gehört zwar funktional zum BSC, wird aber in den meisten Fällen aus Effizienzgründen in der MSC-Umgebung lokalisiert. Durch die Lokalisierung am MSC-Standort lässt sich die Anzahl der notwendigen 64 kbit/s Kanäle (auf der A-Schnittstelle) reduzieren. Durch Multiplexen kann dann eine hohe Anzahl der Sprachkanäle erreicht werden.

5.2.4.2 BSC

Der BSC (Base Station Controller) bildet die Funkkanal-Vermittlungseinrichtung innerhalb des BSS's und ist für die BTS-Prozesssteuerung zuständig. Der BSC erfüllt damit eine Schalterfunktion und dient zugleich als BSS-Systemkern. Zu den wichtigsten Aufgaben des BSC gehören die Durchschaltung der Nutzkanäle einschließlich der Kanalzuordnung sowie die weitere Bearbeitung der Verbindungssignalisierung. Der BSC verwaltet die Kanalkonfigurationen einschließlich des HF-Managements. Dies beinhaltet die Reservierung und Freigabe von Funkkanälen sowie Handover Management. Weitere Aufgaben sind die Steuerung von Funkrufen *(Paging)* und Übertragung von der A-Schnittstelle angepassten, verbindungsbezogenen Daten und Signalisierdaten zum beziehungsweise vom MSC.

In der Regel werden mehrere BTS gemeinsam von einem BSC gesteuert, was allerdings nicht vom GSM-Standard verlangt wird. Dabei wird jeder BTS ein eigener Satz von Frequenz-Kanälen zugeteilt. Der BSC ist auch für das *Operating and Maintenance* des BSS's zuständig. Von hier aus werden die Transceiver und ihre Prüfeinrichtungen gesteuert und kontrolliert, die Verkehrslast auf den Funkkanälen gemessen und an das *Operation and Maintenance Center* weitergereicht.

5.2.5 Vermittlungsteilsystem

Das mobile Vermittlungsteilsystem *(Network Switching Subsystem* NSS) wird gebildet aus dem Mobilvermittlungszentrum *(Mobile Switching Center* MSC) und den Datenbanken HLR *(Home Location Register)* und VLR *(Visitor Location Register)*. Das Vermittlungsteilsystem bildet ein Übergangsnetz zwischen dem Funknetz und den öffentlichen Partnernetzen, wie beispielsweise PSTN, ISDN oder dem Datennetz *(Public Data Network* PDN). Die Datenbanken HLR und VLR speichern die zur Vermittlung und Diensterbringung notwendigen Daten. Abbildung 5.8 zeigt die Komponenten des Mobilvermittlungsnetzes.

5.2.5.1 MSC

Das MSC *(Mobile Switching Center)* ist eine digitale ISDN Vermittlungsstelle, die alle vermittlungstechnischen Funktionen eines typischen Festnetz-Vermittlungsknotens erfüllt. Die wichtigste Funktion des MSC ist die schnelle Vermittlung (Routing) verschiedener Dienste wie Sprache, Daten oder auch Kurzmitteilungen. Weitere Aufgaben des MSC sind Signalwegeschaltung und Bearbeitung von Dienstmerkmalen. Jedes PLMN kann mehrere MSC besitzen, von denen jedes jeweils für einen geographischen Bereich zuständig ist.

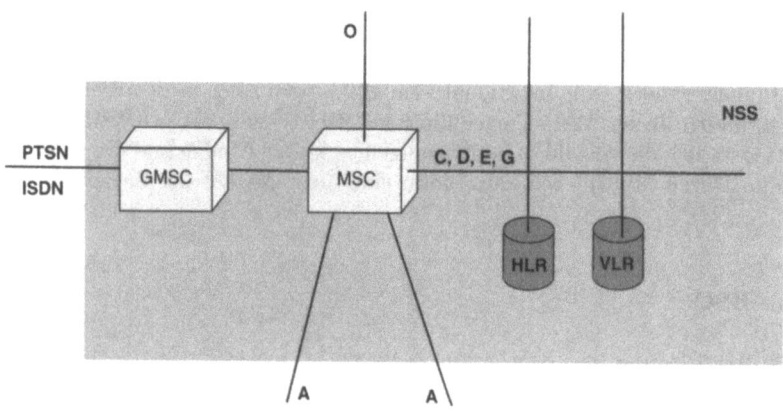

Abbildung 5.8: Mobiles Vermittlungsteilsystem (Network Switching Subsystem NSS)

Jedem MSC unterstehen mehrere BSC, wobei jeder BSC des BSS genau einem MSC zugeordnet ist.

Weitere Aufgaben des MSC sind die aus dem ISDN bekannten Zusatzdienste wie Rufweiterleitung, Rufsperre, Konferenzschaltung und ähnliches. Das MSC kann daher als erweiterte ISDN-Vermittlungsstelle aufgefasst werden. Im Unterschied zu einem herkömmlichen ISDN-Vermittlungsknoten muss ein MSC zusätzlich die Zuteilung und Verwaltung von Funkressourcen vornehmen und die Mobilität der Teilnehmer berücksichtigen. Aus diesem Grund muss ein MSC Funktionen für die Aufenthaltsregistrierung von Teilnehmern und für den Handover von Verbindungen beim Wechsel eines Mobilendgeräts in eine andere Zelle zur Verfügung stellen.

Die MSC sind untereinander verbunden, in der Regel durch gemietete digitale Standard-Übertragungsstrecken *(Leased Lines)* oder eigene Richtfunkstrecken. Die Anbindung des Gesprächsverkehrs an das Festnetz erfolgt über spezielle MSC, den sogenannten *Gateway MSC (GMSC)*. Eingehende Anrufe werden zum zugehörigen GMSC durchgeschaltet. Aufgrund der GSM-Adressen kann die GMSC die aktuelle Wegesuchinformation aus dem entsprechenden HLR holen. Im Anschluss daran leitet das GMSC die Verbindung weiter zum lokalen MSC, in dessen Bereich sich die Mobilstation momentan aufhält. Über das *International Switching Center (ISC)* des jeweiligen Landes werden Verbindungen zu anderen Mobil- beziehungsweise Internationalen Netzen geleitet.

Des Weiteren ist in dem MSC die *Interworking Function (IWF)* angesiedelt. Diese Funktionseinheit ermöglicht das Zusammenwirken zwischen einem Mobilnetz (PLMN) und einem Festnetz (PSTN, ISDN, PDN). Die IWF wird benötigt, um die Protokolle des GSM-Netzes auf die des jeweiligen Festnetzes abzubilden. Die Nutzkanalfunktionen werden von sogenannten *Data Service Units (DSUs)* angesprochen. Die DSU verfügt über Funktionen wie Ratenanpassung, Modem und Codec in Schicht 1 sowie über Protokollfunktionen der Schicht 2. Falls die Dienstimplementierungen des PLMN mit dem Festnetz kompatibel ist, besitzt die IWF keine Funktion.

5.2.5.2 Register

In einem GSM-Netz sind zur Registrierung und Lokalisierung von Teilnehmern zwei als Register bezeichnete Datenbanken definiert.

Im Heimatregister *HLR (Home Location Register)* sind alle mobilen Teilnehmer mit ihren mobilen ISDN-Adressen registriert, die in seinem Netz angemeldet sind. Das HLR enthält alle permanenten Teilnehmerdaten (Abschnitt 5.2.2.1) und die relevanten temporären Daten (Abschnitt 5.2.2.3) aller permanent im HLR registrierten Teilnehmer. Als wichtigste temporäre Information wird ein Zeiger auf den aktuellen Aufenthaltsort einer Mobilstation im HLR gespeichert. Zu den permanent gespeicherten Informationen gehört der Authentifikationsschlüssel aber auch Einträge zu abonnierten Zusatzdiensten und Zusatzberechtigungen. Das HLR hat eine zentrale Bedeutung beim Verbindungsaufbau. Bei eingehenden Rufen wird das HLR als zentrales Register zur Wegesuche zu von ihm verwalteten Mobilteilnehmern verwendet. Typischerweise ist das Heimatregister bei einer Mobilvermittlungsstelle MSC angeordnet. Alle administrativen Aktionen (Gebührenerfassung oder ähnliches), die einen Teilnehmer betreffen, werden in seinem Heimatregister durchgeführt.

Ein Besucherregister *VLR (Visitor Location Register)* kann für ein geographisches Gebiet eines oder mehrerer MSC verantwortlich sein. Das VLR ist ein Besucherregister, welches die Daten aller Mobilstationen speichert, die sich aktuell im geographischen Gebiet des VLR aufhalten. Mit Hilfe des Besucherregister kann eine freie Mobilität *(Roaming)* der Teilnehmer erreicht werden. Eine Mobilstation kann in Abhängigkeit des aktuellen Aufenthaltsortes in den VLR ihres Heimatnetzes eingebucht sein, aber auch in den VLR fremder Netze (anderer Betreiber). Der zweite Fall setzt ein Roaming-Abkommen zwischen den beteiligten Netzbetreibern voraus. Eine sich frei bewegende Mobilstation muss jedesmal beim Betreten einer neuen Lokalisierungszone LA eine Registrierungsprozedur *(Location Update)* aufrufen. Daraufhin kann das zuständige MSC die Identität der Mobilstation und ihren momentanen Aufenthaltsort LAI an das VLR weiterleiten, das diese Werte in seine Datenbank einträgt. Auf diese Weise wird die Mobilstation in dem (neuen) VLR registriert. Falls die Mobilstation bis zu diesem Zeitpunkt noch nicht in diesem VLR registriert war, wird das HLR über den aktuellen Aufenthaltsort LAI der Mobilstation informiert. Insgesamt wird auf diese Weise das MSC in die Lage versetzt, bei einem eingehenden Ruf eine korrekte Verbindung mit der Mobilstation herzustellen. Durch die Verwendung temporärer Kopien der Teilnehmerdaten im VLR wird eine häufige Abfrage des HLR vermieden.

Falls der Mobilteilnehmer seine Dienstmerkmale umkonfiguriert oder Zusatzdienste aktiviert, so muss das MSC ebenfalls das VLR informieren, welches dann die Daten im HLR auf den aktuellen Stand bringt. Das HLR übergibt dem VLR alle Teilnehmerdaten, die notwendig sind, um lokal dem Teilnehmer seinen gewohnten Dienstzugang zu ermöglichen. Das HLR ist außerdem dafür verantwortlich, dem alten VLR den Auftrag zum Löschen der Teilnehmerdaten zu erteilen, wenn die Aufenthaltsaktualisierung *(Location Update)* eines neuen VLR eintrifft. Weitere Schnittstellen betreffen die Kommunikation zwischen zwei MSCs beziehungsweise zwischen MSC und HLR. Das MSC kann Vergebührungsinformationen an das HLR senden. Falls während eines Gesprächs ein Mobilfunkteilnehmer von einem MSC-Bereich zum nächsten wechselt, so muss zwischen beiden MSCs ein Handover durchgeführt werden.

Die Dimensionierungen der Datenbanken sollte den an das PLMN gestellten Forderungen genügen. Im Regelfall wird für ein GSM-Netz ein zentrales HLR und je MSC ein VLR zur Verfügung gestellt. Diese Realisierung hängt natürlich ab von der Anzahl der Teilnehmer und den Leistungsdaten der Datenbanken, sowie der Organisation des Netzes. Die Speicherressourcen des VLR werden dynamisch organisiert, der Speicher muss in der Lage sein, auch zu Stoßzeiten alle Besucher unterzubringen. Eine vereinfachte Rechnung für die Registerdimensionierung fordert etwa 300 bis 500 Byte pro Teilnehmer. Dazu kommen noch die täglichen Verkehrsmessungen und Statistikzahlen.

5.2.6 Betreiberteilsystem

Das Betreiberteilsystem *(Operation and Maintenance Subsystem* OMS) umfasst alle für den Betrieb und Wartung wichtigen Funktionen. Zu den Funktionen des OMS gehören Netzbetrieb und -management, Verwaltung der Teilnehmer und Endgeräte und Wartungsarbeiten. Das Netzmanagement umfasst Aufgaben zum Sicherheitsmanagement, Leistungsmanagement und zur Netzkonfiguration. Die Verwaltung der Teilnehmer beziehungsweise Endgeräte regelt auch den kommerziellen Betrieb, der auch Abrechnungen und Statistiken beinhaltet. Der Teilnehmer bemerkt die Funktionen des OMC nur indirekt, indem er ein ständig funktionsfähiges Mobilfunknetz vorfindet.

In Abbildung 5.9 sind die Komponenten des GSM OMS aufgeführt. Die Netzkontrolle kann wahlweise in einem oder mehreren Betriebs- und Wartungszentren *(Operation and Maintenance Center* OMC) zentralisiert werden. Innerhalb des OMS spielen noch das Authentifikationszentrum *(Authentification Center* AuC) und das Geräteidentifikationsregister *(Equipment Identity Register* EIR) eine wichtige Rolle.

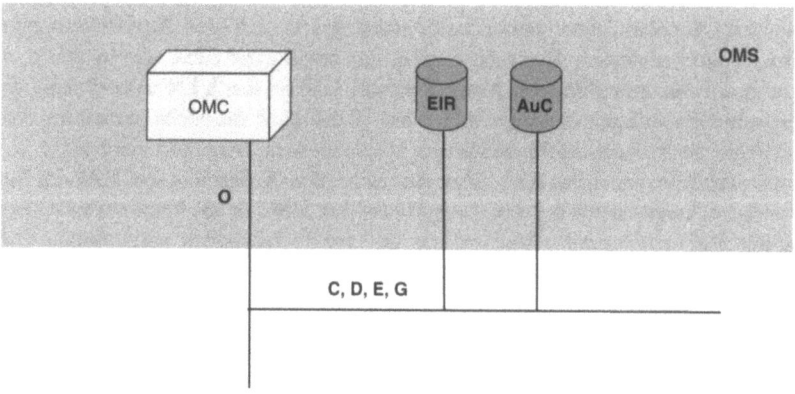

Abbildung 5.9: Betreiberteilsystem (Operation and Maintenance Subsystem)

5.2.6.1 OMC

Das *(Operation and Maintenance Center* (OMC) steuert und überwacht als zentrale Stelle die anderen Netzelemente und garantiert die bestmögliche Dienstgüte des Netzes. Die

Betriebs- und Wartungsfunktionen basieren auf dem in der ITU Reihe M.30 standardisierten Konzept des hierarchischen Netzverwaltungssystems *(Telecommunication Management Network* TMN). Das TMN bildet ein integriertes Netz mit eigenen Datenbanken, das dem Betreiber Überwachungs-, Steuerungs- und Eingriffsmöglichkeiten bietet. Über Operatorkommandos werden Eingriffe in Netzelemente vorgenommen, wobei die Netzverwaltung durch Alarm über unvorhergesehene Vorkommnisse informiert wird.

In GSM werden standardisierte Konzepte des Netzmanagements genutzt, um auf diese Weise die Integration von Netzelementen verschiedener Hersteller zu erleichtern. Die TMN-Funktionen sind ähnlich wie die Netzelementefunktionen im OSI-Referenzmodell in einzelne Schichten unterteilt. Auf der untersten Schicht ermöglicht das *Network Element Management* den Zugriff auf einzelne Komponenten im GSM-Netz. Das *Network Management* unterstützt alle Netzelemente und ermöglicht das Aktivieren von Funktionen gleichartiger Elemente eines Netzes. Im *Service Management* werden alle vertraglichen Aspekte eines Dienstes zwischen Netzanbieter und Benutzer geregelt. Das *Business Management* kontrolliert die Interaktion zwischen Netz und Diensten und stellt Informationen zur weiteren Dienst- und Netzentwicklung zur Verfügung.

Das OMC ist über die standardisierte O-Schnittstelle (X.25) mit allen Netzelementen und mit den Arbeitsplatzrechnern des Betreiberpersonals verbunden, siehe auch Abschnitt 5.2. Zu den Verwaltungsfunktionen des OMC gehören unter anderem die Verwaltung der Teilnehmer und Endgeräte, Gebührenverrechnung und Ermittlung statistischer Daten über Zustand und Auslastung der Netzkomponenten.

Genau wie im ISDN werden dem Mobilfunkteilnehmer für in Anspruch genommene Dienste sogenannte Verbindungstelegramme *(Call Tickets)* in Rechnung gestellt. Mit Hilfe dieser Telegramme kann die Gebührenermittlung im Netz ortsunabhängig erfolgen. Call Tickets werden im MSC beziehungsweise GSMC, in deren Zuständigkeitsbereich sich der Teilnehmer momentan aufhält, erstellt beziehungsweise fortgeschrieben. Das HLR speichert in diesem Zusammenhang lediglich verbindungsbezogene Daten. Die Gebührenabrechnung wird von der zugehörigen OMS-Teilnehmerverwaltung übernommen. Die Gebührendaten werden mit Hilfe des Signalisierungsprotokolls SS#7 zwischen MSCs beziehungsweise GMSCs und dem HLR übertragen.

5.2.6.2 AuC und EIR

Die Systemsicherheit von GSM-Netzen basiert vornehmlich auf der Überprüfung von Geräte- und Benutzeridentität. Die beiden Datenbanken AuC und EIR dienen entsprechend zur Teilnehmerauthentifikation sowie zur Geräteregistrierung.

Das AuC enthält alle Informationen, die notwendig sind zum Schutz der Teilnehmeridentität, zum Schutz der Mobilkommunikation vor Abhörmaßnahmen, sowie für die Nutzung seiner Berechtigung über die Luftschnittstelle. Da die Luftschnittstelle generell für Zugriffe anfällig ist, wurden besondere Maßnahmen getroffen, um den Missbrauch von GSM-Verbindungen zu unterbinden. Zu den Maßnahmen zählen die Vergabe eines Authentifikationsschlüssels für jeden Teilnehmer und die Verschlüsselung der zu übertragenden Information mit symmetrischen Schlüsseln. Authentifikationsalgorithmus und Verschlüsselungscode werden für jeden Teilnehmer im AuC gespeichert und bei Bedarf nach festen Regeln zugänglich gemacht. Der interessierte Leser findet eine ausführliche Beschreibung in [17] oder [49].

Im EIR werden zentral Teilnehmer- und Gerätekennungsnummer IMSI und IMEI gespeichert. Mit Hilfe der IMEI können gestohlene, veraltete oder nicht mehr funktionsfähige Geräte erkannt und beispielsweise vom Dienstzugang gesperrt werden. Dazu ist die IMEI in drei Klassen organisiert. In der weißen Liste *(White List)* sind alle Geräte registriert. Die Schwarze Liste *(Black List)* umfasst alle gesperrten Geräte. Optional kann ein Betreiber eine Graue Liste *(Grey List)* führen, die fehlerhafte Geräte oder solche mit veralteten Softwareversionen enthält, siehe dazu auch Teilabschnitt 5.2.2.1.

5.2.7 Basis-Konfiguration

In einem PLMN gibt es mehrere Möglichkeiten, den Transport von Nutz- und Signalisierungsdaten zu organisieren. Innerhalb des mobilen Vermittlungssystems werden Festverbindungen, meist Richtfunkstrecken oder *Leased Lines*, mit 2 Mbit/s Übertragungsrate eingesetzt, innerhalb des Funkteilsystems Leitungen mit 64 kbit/s. In Abbildung 5.10 ist die Basiskonfiguration eines GSM-Netzes gezeigt. Diese Konfiguration besitzt ein zentrales HLR und ein verteiltes VLR. Alle Datenbankaktionen (Aktualisierungen, Abfragen et cetera) und Handover-Vorgänge zwischen MSCs werden über das *Signaling System Number 7 (SS#7)* realisiert, welches für die digitale Übertragung von Signalisierungsinformationen entwickelt wurde. In Anlehnung an das *Intelligent Network*-Konzept (IN) besitzt dazu jedes MSC beziehungsweise jede Datenbank jeweils eine IN-Adresse, *Signaling Point Code* SPC im SS#7-Netz.

Ein MSC, das Daten über eine Mobilstation benötigt, die sich in seinem Verwaltungsbereich aufhält, erfragt diese Daten von dem für diesen Verwaltungsbereich zuständigen VLR. Umgekehrt leitet das MSC Daten, die bei der Aktualisierung von Aufenthaltsorten von Mobilstationen anfallen, an das VLR weiter. Außerdem kann das MSC während der Aufenthaltsaktualisierung *(Location Update)* die Identitäten von Gerät und Teilnehmer in den entsprechenden Datenbanken EIR beziehungsweise AuC überprüfen.

VLR und HLR sind vor allem Datenbanken, in denen die Lokalisierungsinformationen der Mobilstationen gespeichert werden. Bei jedem Wechsel eines Aufenthaltsbereichs muss diese Information aktualisiert werden, bei jedem Verbindungsaufbau müssen diese Datenbanken abgefragt werden. Zwischen MSC und VLR fließt daher ein nicht unbedeutender Datenverkehr, der eine entsprechende Belastung des Signalisierungsnetzes zur Folge hat. Die beiden Komponenten MSC und VLR sind daher typischerweise räumlich zusammengefasst. Auf diese Weise wird das VLR verteilt realisiert, jedem MSC ein VLR zugeordnet, welches die Daten der Teilnehmer enthält, die sich gerade im Bereich des MSC aufhalten. Bei weiter ansteigenden Teilnehmerzahlen empfiehlt es sich, auch die Datenbank des HLR zu verteilen und mehrere HLR in einem Mobilnetz einzuführen. Dieselben Argumente gelten eingeschränkt auch für die Datenbanken EIR und AuC.

Die funktionalen Netzelemente sind durch die funktionalen Schnittstellen Um, Abis, A, B bis G und S voneinander getrennt. In Abbildung 5.10 ist nur ein Teil physikalisch realisiert. Bis auf die Abis-Schnittstelle sind alle praktisch relevanten Schnittstellen offen

5.3 Protokoll-Architektur

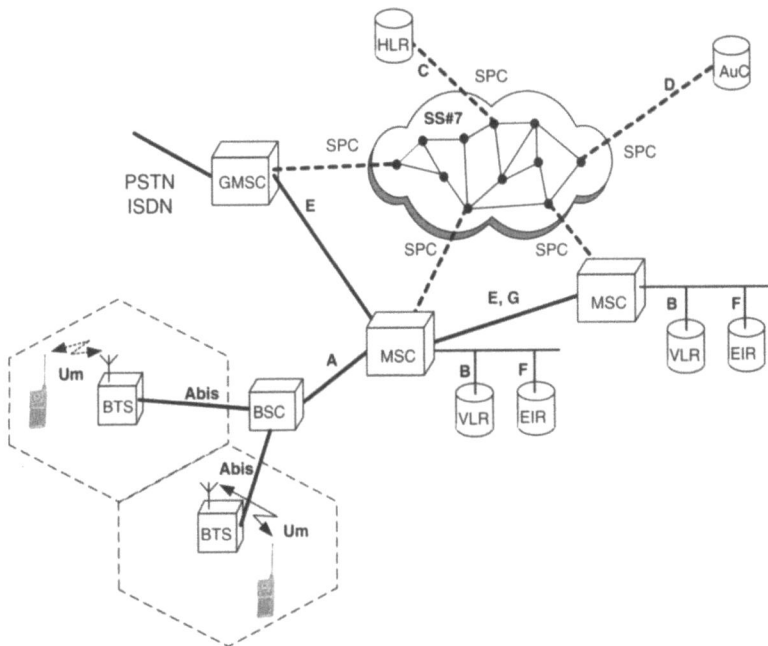

Abbildung 5.10: Basiskonfiguration eines GSM-Netzes

standardisiert. Für Abis besteht eine Rahmenspezifikation. Innerhalb eines GSM-Netzes kommunizieren auch weitere funktionale Netzknoten miteinander, die jedoch nicht Bestandteil des GSM-Standards sind. Beispiele sind Dienstknoten für Voice-Mail-Systeme oder Speichersysteme für Kurzmitteilungsdienste (SMS Dienstzentrum).

5.3 Protokoll-Architektur

In Anlehnung an das ISDN-Referenzmodell werden in GSM die logischen Kanäle an der Luftschnittstelle in die zwei Kategorien Signalisierungskanäle *(Control Channel)* und Verkehrskanäle *(Traffic Channel)* aufgeteilt. In Abbildung 5.11 ist ein vereinfachtes Referenzmodell für die Luftschnittstelle in GSM dargestellt. In der Nutzdatenebene sind Protokolle der sieben OSI-Schichten definiert, um die Daten eines Teilnehmers oder Endgerätes zu übertragen. In der Signalisierungsebene werden Protokolle eingesetzt zur Steuerung der Nutzdatenebene. Typische Aufgaben in dieser Ebene sind Reservieren, Aktivieren, Wegesuche und Durchschalten von Verbindungen, sowie die Abwicklung des Teilnehmerzugangs.

Genau wie in ISDN werden die Signalisierungskanäle, die während einer aktiven Nutzdatenverbindung weitestgehend ungenutzt bleiben, auch für die Übertragung von Nutzdaten herangezogen. Auf dem physikalischen D-Kanal wird neben dem Signalisierungsstrom auch ein paketorientierter Nutzdatenstrom gemultiplext. Diese Möglichkeit wird in GSM beispielsweise zur Übertragung von Kurznachrichten (SMS) verwendet.

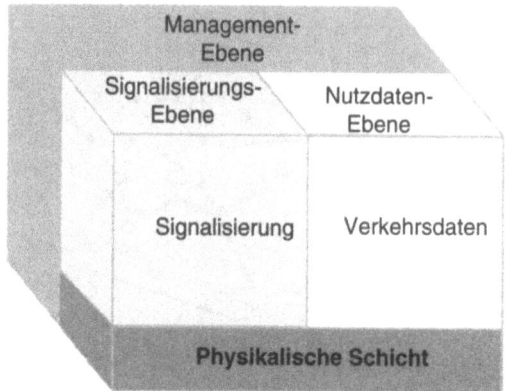

Abbildung 5.11: Logische Kanäle der Luftschnittstelle im ISDN-Referenzmodell

Die Signalisierungs- und Nutzdatenebene können getrennt voneinander definiert und implementiert werden. Natürlich werden durch Signalisierungsprozeduren auch Vorgänge der Nutzdatenebene angestoßen und gesteuert. Die Signalisierungs- und Nutzdaten werden an der Luftschnittstelle über dasselbe physikalische Medium übertragen und müssen daher gemultiplext werden. In Abschnitt 5.3.1 wird die Signalisierungs-Protokollarchitektur vorgestellt, in Abschnitt 5.3.2 die entsprechende Protokollarchitektur für die Nutzdaten. Die schichtübergreifende Managementebene wird im Folgenden nicht näher betrachtet. In Kapitel 5.4 wird die Luftschnittstelle ausführlich beschrieben. Die relevanten Aspekte der Netzschicht werden in Kapitel 5.5 erläutert.

5.3.1 Protokoll-Architektur der Signalisierungsebene

In Abbildung 5.12 werden die einzelnen Signalisierungsprotokolle mit den betroffenen Netzelementen gezeigt. Des Weiteren geht aus der Abbildung auch die jeweilige Reichweite der verschiedenen beteiligten Schichten hervor.

Die unterste Schicht des Protokollmodells wird durch die Luftschnittstelle U_m implementiert. Typische Funktionen in dieser Schicht sind die Realisierung der logischen Signalisierungskanäle mit Hilfe von Frequenz- oder Zeitmultiplexverfahren sowie die Vorwärtsfehlerkorrektur. Der weitere Transport der Signalisierungsnachrichten über die Schnittstellen Abis (BTS-BSC) und A (BSC-MSC) erfolgt über digitale Leitungen mit einer Übertragungsrate von 2048 kbit/s oder 64 kbit/s entsprechend den ITU-T Serien G.703, 705 und 732.

In der Signalisierungsebene wird auf Schicht 2 eine speziell für die Luftschnittstelle angepasste LAPD-Variante des Sicherungsprotokolls *LAPDm (Link Access Procedure* auf den Dm-Kanälen) realisiert. LAPDm basiert auf den üblicherweise in Festnetzen (ISDN) verwendeten (HDLC-ähnlichen) Sicherungsprotokollen [6, 68], welche den logischen Kanälen der Schicht 3 eine Reihe von Diensten anbieten, wie beispielsweise Auf- und Abbau von Verbindungen. Die wesentliche Aufgabe von LAPDm ist der transparente (gesicherte) Transport von Signalisierungsnachrichten über die Luftschnittstelle.

5.3 Protokoll-Architektur

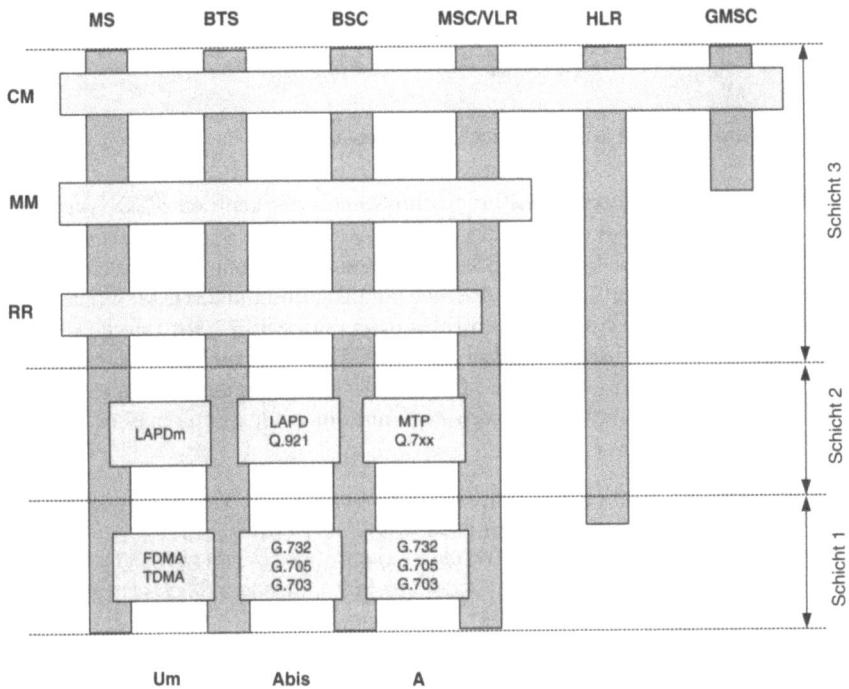

Abbildung 5.12: Protokollarchitektur: GSM-Signalisierung

Die Dienste von LAPDm werden auf der Mobilstationseite von der Schicht 3 genutzt, welche in drei Teilschichten *(Sublayer)* untergliedert ist: das *Radio Ressource Management (RR)*, das *Mobility Management (MM)* und das *Connection Management (CM)*. Das Connection Management ist weiter untergliedert in die drei Protokollinstanzen Rufsteuerung *(Call Control* CC), Zusatzdienstsignalisierung *(Supplementary Services* SS) und Kurznachrichtensignalisierung *(Short Message Services* SMS).

Die relevanten Protokolle zur Zeichengabe (Signalisierung), die in GSM verwendet werden, können anhand der Aspekte Festnetz und GSM aufgeteilt werden. Ein weiterer Bereich umfasst alle anderen für GSM relevanten Protokolle. Typische Beispiele dafür sind das Sicherungsprotokoll LAPD und das Routing-Protokoll X.25.

Der festnetzbezogene Bereich umfasst alle Signalisierungsprotokolle, die dem *Signaling System Number 7* (SS#7) entsprechen. Dazu gehören unter anderem *Message Transfer Part (MTP)*, *Signaling Connection Control Part (SCCP)*, *Transaction Capability Application Part (TCAP)*, *ISDN User Part (ISUP)*, *Telephone User Part (TUP)* und *Operation and Maintenance Part (OMAP)*.

Die GSM-spezifische Zeichengabe umfasst die für den Mobilfunk speziell entwickelten Signalisierungsprotokolle. Dazu gehören unter anderem *BSS Operation and Maintenance Application Part (BSSOMAP)*, *Base Station System Application Part (BSSAP)*, *Direct Transfer Application Part (DTAP)*, *BSS Management Application Part (BSSMAP)*, *Base*

Transceiving Station Management (BTSM), *Mobile Application Part (MAP)* und *Link Access Procedure on Dm-Channel (LAPDm)*.

5.3.1.1 Signalisierung im Vermittlungssystem

Die A-Schnittstelle ist konzeptionell die Schnittstelle zwischen den ISDN-Vermittlungskomponenten mit mobilspezifischen Erweiterungen, den MSCs, und den mobilnetzspezifischen Steuerungseinheiten, den BSCs. An diesem Referenzpunkt wechselt auch das Signalisierungssystem von GSM-spezifischer Signalisierung auf ISDN-kompatible Signalisierung nach SS#7. Das Nachrichtentransportnetz des SS#7 wird durch den *Message Transfer Part (MTP)* realisiert, welcher für die Wegewahl und den Transport der Signalisierungsinformationen sorgt. Der MTP eines Signalisierungsnetzes nach dem SS#7-Standard umfasst also im Wesentlichen die Funktionen der unteren drei Schichten des OSI-Modells.

Zur Kommunikation mit den anderen Komponenten des GSM-Vermittlungsnetzes (HLR, VLR, MSC) und zur Signalisierung mit den anderen PLMN besitzt das MSC die mobilnetzspezifische SS#7-Erweiterung *Mobile Application Part (MAP)*. Das MAP bietet Signalisierungsfunktionen an, sowohl zwischen MSC und den Registern VLR/HLR, als auch zwischen MSC, und den Registern untereinander. Die im MAP angebotenen Funktionen werden verwendet, um Informationen zur Wegewahl beziehungsweise zum Aufenthaltsort in den Datenbanken VLR/HLR abzufragen, zu aktualisieren, zu speichern oder zu löschen. Des Weiteren werden diese Informationen zum Handover einer Verbindung zwischen zwei MSCs benötigt.

Für den gesicherten Transport von Signalisierungsfunktionen über die A-Schnittstelle ist eine leicht modifizierte Version des SS#7 MTP' definiert, während dieser auf der ISDN-Seite des MSC in vollem Umfang vorhanden ist. Auf der A-Schnittstelle, zwischen BSC und MSC wird das *Signaling Connection Control Part (SSCP)* eingesetzt. Der Austausch der Nachrichten des Mobile Application Part MAP erfolgt über das Transport- und Transaktionsprotokoll des SS#7, dem sogenannten *Transaction Capabilities Application Part (TCAP)*. Zur Verwendung des TCAP wird ein verbindungsloser Transportdienst vom Signaling Connection Control Part zur Verfügung gestellt. In Abbildung 5.13 sind die Protokollschnittstellen im Mobilvermittlungsnetz aufgezeigt.

Für die Verbindungssteuerung besitzt ein MSC dieselbe Schnittstelle wie ein entsprechender Vermittlungsknoten im Festnetz. Auf der Festnetzseite wird die verbindungsbezogene Signalisierung der GSM-Netze in die entsprechenden Nachrichten des *ISDN User Part* und *Telephone User Part* (*ISUP* beziehungsweise *TUP*) umgesetzt, mit dem ISDN-Kanäle für die Verbindungen durchgeschaltet werden.

5.3.1.2 Signalisierung im Funkteilsystem

Das *Radio Ressource Management* RR übernimmt im Wesentlichen die Aufgabe der Frequenz- und Kanalverwaltung. Dazu kommuniziert das RR-Modul der Mobilstation mit dem RR-Modul des BSC. Die Aufgabe des RR ist es, Funkverbindungen zwischen der Mobilstation und dem Mobilnetz aufzubauen beziehungsweise abzubauen, und während des Gesprächs in geeigneter Qualität aufrechtzuerhalten. Dazu gehört beim Einbuchen

5.3 Protokoll-Architektur

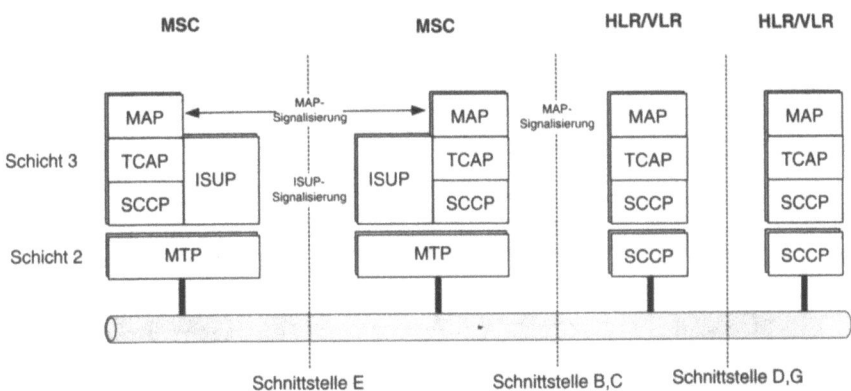

Abbildung 5.13: Protokollschnittstellen im GSM-Mobilvermittlungsnetz

beziehungsweise beim Zellenwechsel (Handover) die Auswahl der geeigneten Zelle, von der eine ausreichende Qualität gemessen wird. Das *Mobility Management* MM umfasst alle Aufgaben, die sich aus der Mobilität der Mobilstation ergeben. Die Funktionen des MM beinhalten die Lokalisierung, Identifikation und Authentifikation der Mobilstation. Des Weiteren sorgt das MM-Modul dafür, dass einer Mobilstation temporäre Adressen (TMSI) zugewiesen werden. Die Dienste vom *Connection Management* CM umfassen die typischen Aufgaben: Etablieren, Aufrechterhalten und Beenden von Anrufen. Des Weiteren enthält das CM-Modul Funktionen zur Rufmodifikation und zur Behandlung von rufbezogenen Zusatzdiensten.

In Abbildung 5.14 werden die entsprechenden Protokollschnittstellen im GSM-Funkteilsystem gezeigt. Aus der Abbildung wird deutlich, dass die Funktionen des MM und CM ausschließlich zwischen der Mobilstation und dem MSC abgewickelt werden. Zur GSM-spezifischen Signalisierung zwischen MSC und BSC ist der *Base Station System Application Part BSSAP* definiert. Der BSSAP setzt sich zusammen aus dem *Direct Transfer Application Part DTAP* und dem *Base Station System Management Application Part BSSMAP*. Der DTAP wird verwendet, um Informationen zur Signalisierung zwischen Mobilstation und MSC zu übermitteln. Typische Inhalte dieser Informationen beziehen sich auf das Mobilitätsmanagement MM und die Rufsteuerung CM. Die entsprechenden Nachrichten werden von der Mobilstation über die Abis-Schnittstelle transparent durch das BSS übertragen und an der A-Schnittstelle mit dem DTAP weiter übertragen.

Der BSSMAP ist für die gesamte Verwaltung und Steuerung der Funkressourcen des Funkteilsystems BSS verantwortlich. Die RR-Instanzen gehören zu den relevanten Funktionen eines BSS und terminieren daher in der Mobilstation und der Feststation BTS oder der Steuerungseinheit BSC. Allerdings gibt es einzelne Funktionen im RR-Modul, welche die Beteiligung des MSC erfordern. Das ist typischerweise dann der Fall, wenn Verbindungen aufgelöst und Kanäle freigegeben werden. Diese Funktionen (Kanalzuweisungen, Handover und ähnliches) müssen also vom MSC aus angestoßen und gesteuert werden können. Für diese Steuerung des BSS und der Mobilstationen ist der BSSMAP verantwortlich. Dazu werden die Nachrichten aus dem RR-Modul auf Prozeduren und Meldungen des BSSMAP abgebildet und umgekehrt. Der BSSMAP bietet die Funktionen

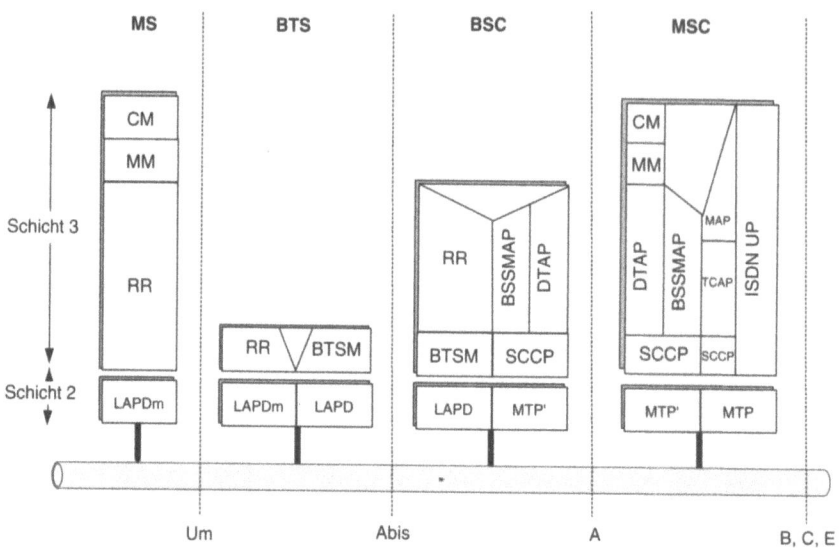

Abbildung 5.14: Protokollschnittstellen im GSM-Funkteilsystem

an, die an der A-Schnittstelle zwischen BSS und MSC für die Bearbeitung des RR-Moduls des BSS notwendig sind.

An der Abis-Schnittstelle verhält es sich ähnlich. Die Mehrzahl der RR-Nachrichten werden von der Feststation BTS transparent zwischen Mobilstation und BSC weitergeleitet. Allerdings müssen einige dieser Nachrichten von der BTS interpretiert werden. Ein typisches Beispiel dafür ist die Pagingprozedur zur Lokalisierung einer Mobilstation beim Verbindungsaufbau. Im *Base Transceiving Station Management BTSM* sind solche und ähnliche Funktionen zusammengefasst. Des Weiteren wird in der BTS eine Abbildung vorgenommen vom BTSM auf die an der Luftschnittstelle relevanten RR-Nachrichten.

5.3.2 Protokoll-Architektur der Nutzdatenebene

Neben dem Sprachdienst bieten GSM-Netze eine Reihe von Daten- und darauf aufbauenden Telematikdiensten an. Der Sprachdienst benötigt innerhalb des PLMN nur eine durchgeschaltete physikalische Verbindung, die im BSS bedingt durch die Sprachtranscodierung der TRAU die Bitrate wechselt. Ab dem MSC werden Sprachsignale in GSM-Netzen im Standard-ISDN-Format mit einer Bitrate von 64 kbit/s übertragen.

Dagegen sind die Datendienste und auch die übrigen Telematikdienste wesentlich aufwendiger zu realisieren. Durch die psycho-akustischen Kompressionsverfahren des GSM-Sprachcodecs können Daten nicht einfach wie im analogen Netz per Modem als ein Sprachbandsignal übertragen werden. Eine vollständige Rekonstruktion des Datensignals wäre nicht mehr möglich. Vielmehr müssen die digital vorliegenden Daten im PLMN (ähnlich wie in ISDN) möglichst unter Umgehung des Sprachcodecs durchgehend digital übertragen werden. In GSM werden sowohl transparente als auch nicht-transparente Trägerdienste angeboten. Mit diesen Trägerdiensten werden Daten zwischen der Mobilstation und der *Interworking Funktion* IWF des MSC übertragen. Zur Realisierung der Trägerdienste sind in GSM Funktionen zur Bitratenanpassung, Vorwärtsfehlerkorrektur und ARQ-Fehlerkorrektur mit dem *Radio Link Protocol (RLP)* vorgesehen.

5.3.2.1 Sprachübertragung

Die vornehmliche Aufgabe eines Mobilfunknetzes ist die Unterstützung ganz gewöhnlicher Gespräche von Teilnehmern. Dieser Dienst ist der am meisten verlangte, und bringt den Betreibern den größten Umsatz an Gebühren. Daher ist es also notwendig, Sprachsignale zu übertragen, und dies mit einer vernünftigen und annehmbaren Qualität.

In den bisherigen analogen Kommunikationssystemen wird das niederfrequente zeitkontinuierliche Sprachsignal einfach auf einen hochfrequenten Träger aufmoduliert. Die Information der Sprache befindet sich somit in der Frequenz, Phase oder Amplitude des übertragenen (Funk-) Signals. Beim Empfänger wird diese Modulation wieder rückgängig gemacht und das gewonnene niederfrequente Signal auf einem Lautsprecher zu Gehör gegeben. Kurzzeitige Kanalstörungen sind bei analoger Übertragung sofort deutlich hörbar.

Im digitalen mobilen Kommunikationssystem GSM müssen zum Transport die analogen Sprachsignale in digitale Informationen übersetzt werden. Diese Aufgabe wird von einem Analog/Digital-Wandler und einem sogenannten *Sprachcodec* (Codierer und Decodierer) realisiert. Für jede Verbindung werden genau zwei Sprachcodecs benötigt, die jeweils in der Mobilstation beziehungsweise im Mobilnetz angesiedelt sind. Auf der mobilen Seite ist der Sprachcodec Teil jeder Mobilstation. Im Mobilnetz werden diese Einheiten den Feststationen zugeordnet, auch wenn sie sich physikalisch in den BSCs oder gar MSCs befinden.

In der Telefonie werden für gewöhnlich Sprachsignale auf eine Bandbreite von 300 Hz bis 3.4 kHz reduziert, was für eine verständliche Übertragung ausreicht. Aus diesem Grund wird die Sprache (Band-) gefiltert, so dass nur noch Frequenzanteile unter 4 kHz enthalten sind. Zur Digitalisierung wird das Sprachsignal abgetastet. Die Abtastfrequenz kann mit Hilfe des Abtasttheorems berechnet werden: Damit auf der Empfängerseite aus dem empfangenen digitalisierten Sprachsignal nahezu das ursprüngliche analoge Sprachsignal rekonstruiert werden kann, muss mindestens mit der doppelten Frequenz abgetastet werden. Deshalb muss 8000 Mal pro Sekunde ein Sprachsample entnommen werden. Das bedeutet, dass alle 125 μs ein Wert abgetastet werden muss. Bei der linearen Quantisierung wird ein abgetastetes Sprachsignal von 13 Bit breiten Worten dargestellt. Innerhalb von PSTN oder auch in ISDN wird eine nicht-lineare Darstellung gewählt, die nur noch mit 8 Bit auskommt. Auf diese Weise ergibt sich in der kompandierten Form (A-Law) eine Bitrate von 64 kbit/s = 8 kHz · 8 Bit. Details können in ITU-T G.711 [36] nachgelesen werden.

Die ursprünglichen 104 kbit/s = 8 kHz · 13 Bit sind eine zu hohe Datenrate, und eignen sich daher nicht zur ökonomischen Übertragung über den wertvollen und deswegen begrenzten Funkkanal. Die Aufgabe des Sprachcodecs ist es, redundante und irrelevante Komponenten aus den Sprachnachrichten weitestgehend zu entfernen, um damit die benötigte Datenrate zu reduzieren. Die in GSM eingesetzten Verfahren zur Quellencodierung benötigen zur Sprachcodierung statt der ursprünglichen 104 kbit/s nur noch 13 kbit/s. Die Details können in Abschnitt 5.4.5 nachgelesen werden.

Da die Qualität des Funkkanals starken Schwankungen unterworfen ist, erfolgt anschließend eine Kanalcodierung. Auf diese Weise können beim Empfang mögliche Fehler erkannt und sofort korrigiert werden *(Forward Error Correction* FEC). In der Feststation BTS wird das Sprachsignal empfangen und der Fehlerschutz vor der Weiterleitung des Signals wieder entfernt. Diese auf dem Funkweg speziell gesicherte Sprachübertragung erfolgt transparent zwischen der Mobilstation und einer Transcodiereinheit *TRAU (Transcoding and Rate Adaption Unit)*, die auch den Sprachcodec enthält. Im TRAU werden auch die GSM-codierten Sprachsignale auf das Standard ISDN-Format (A-Law) gewandelt. In Abbildung 5.15 sind die möglichen Transportwege für Sprachsignale unter Vernachlässigung der physikalischen Schicht dargestellt. Tatsächlich erfolgt in GSM vor der Realisierung des Funkkanals (TDMA, FDMA, Modulation) eine Verschlüsselung der Daten.

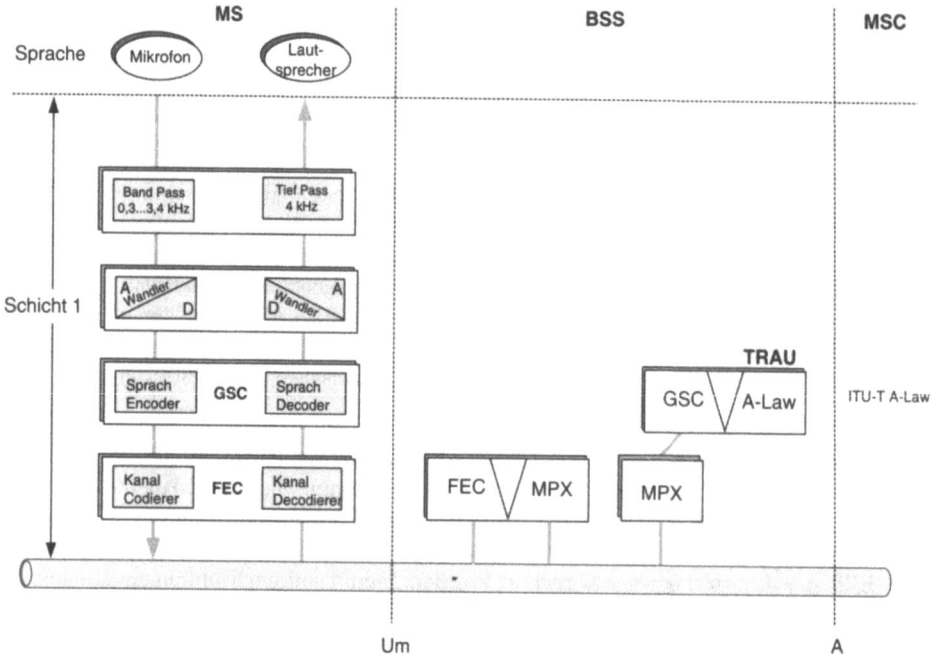

Abbildung 5.15: Sprachübertragung in GSM

Das einfache GSM-Sprachterminal (MT0) besitzt zur Sprachcodierung den *GSM Speech Codec (GSC)*. Dessen Sprachsignale werden nach der Kanalcodierung verschlüsselt an die Feststation BTS übertragen und dort wieder entschlüsselt und fehlerkorrigiert. Zur Übertragung zwischen BTS und BSC können mehrere GSM Sprachsignale (je 13 kbit/s) in einem ISDN-B-Kanal (64 kbit/s) gemultiplext werden. Vor der Übergabe an das MSC erfolgt eine Umkodierung der Sprachsignale im BSS, und zwar vom GSM-Format in das ISDN-Format (ITU-T A-Law).

Die Feststationen (BTS) sind über digitale Festverbindungen (Richtfunkstrecken oder Mietleitungen anderer Netzbetreiber) mit einer Übertragungsrate von 2048 kbit/s oder 64 kbit/s an den BSC angebunden, ITU-T G.703, G.705 oder G.732. Für die Sprach-

5.3 Protokoll-Architektur

übertragung werden damit im BSS Kanäle von 64 kbit/s oder Subraten-Kanälen mit 16 kbit/s implementiert. Die zusätzlichen 3 kbit/s bei den Subraten-Kanälen werden zur Inband-Signalisierung zwischen BTS und BSC benötigt. Die Wahl des Sprachkanals im Festnetz hängt davon ab, wo die Sprachtranscodierkomponente TRAU räumlich platziert wird. Die Aufgabe der TRAU im Kontext der Sprachübertragung ist die Transcodierung der Sprachdaten vom GSM-Format (13 kbit/s) in ein A-Law-Signal des ISDN (64 kbit/s). Für die Positionierung der TRAU stehen prinzipiell zwei Varianten zur Verfügung. Die TRAU kann entweder in der BTS angesiedelt werden, oder außerhalb der BTS im BSC. Im zweiten Fall kann die TRAU allerdings auch am MSC-Standort aufgebaut sein.

Vorteil der Platzierung der TRAU außerhalb der BTS ist, dass bis zu vier Sprachsignale im Submultiplex auf einem ISDN-B-Kanal übertragen werden können. Auf diese Weise wird zur Kommunikation im BSS (BTS-BSC) insgesamt weniger Bandbreite benötigt. In diesem Fall findet die Fehlerbehandlung (Kanalcodierung und -decodierung) und Verschlüsselung nach wie vor innerhalb der BTS statt, während die Sprachtranscodierung im BSC erfolgt. Aus diesem Grund benötigt die TRAU einige Synchronisations- und Decodierinformationen von der BTS, und muss deshalb von der BTS durch Inband-Signalisierung ferngesteuert werden. Dazu wird für das GSM-Sprachsignal auf der Strecke BTS-BSC ein Subkanal mit 16 kbit/s reserviert, so dass insgesamt 3 kbit/s für die Inband-Signalisierung übrig bleiben. In Abbildung 5.16 wird die Protokollarchitektur gezeigt für die Variante, dass die TRAU im BSC platziert wird. Für den Fall, dass die TRAU im

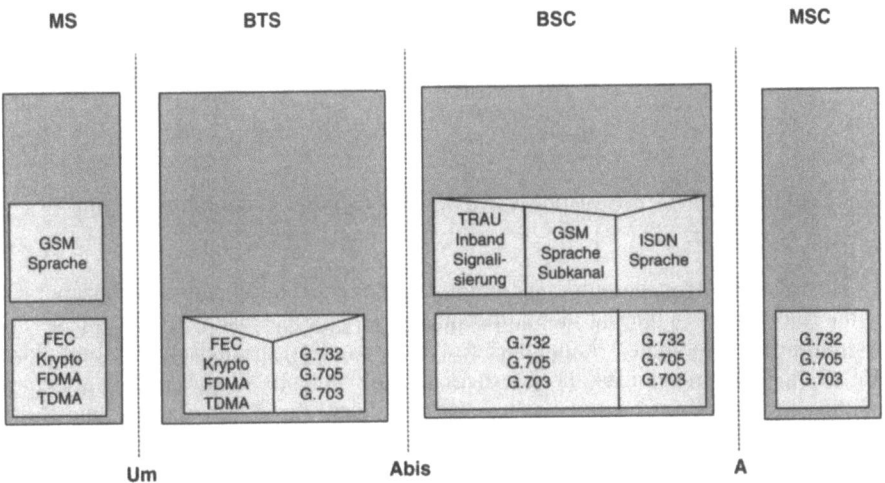

Abbildung 5.16: Protokollarchitektur: Sprachübertragung, TRAU im BSC

MSC platziert wird, ergeben sich keine wesentlichen Änderungen: Aus der entfernten A-Schnittstelle wird eine lokale Schnittstelle. Falls die TRAU in der BTS integriert ist, entfällt die TRAU-Inband-Signalisierung. Die Komponente zur Anpassung der GSM-spezifischen Sprachsignale auf die ISDN-Sprache wandert vom BSC zur BTS. In diesem Fall wird in der BTS auch die Sprachtranscodierung in das ISDN A-Law-Format vorgenommen. Für jeweils einen Sprachkanal wird ein B-Kanal (64 kbit/s) zum transparenten Transport durch das BSC zum MSC benötigt.

Neben der effizienteren Nutzung der Sprachkanäle im BSS erweist sich die Platzierung der TRAU außerhalb der BTS auch aus einem weiteren Grund als besonders vorteilhaft. Die TRAU kann dann als separate Hardwareeinheit komplett von einem eigenen Hersteller realisiert werden.

5.3.2.2 Transparente Datenübertragung

Bei der transparenten Datenübertragung werden die Nutzdaten nur an der Luftschnittstelle durch Vorwärtsfehlerkorrektur gegen Übertragungsfehler geschützt. Da die festnetzbezogenen Leitungen im Vergleich zum Funkkanal eine sehr niedrige Bitfehlerhäufigkeit besitzen, erfolgt die weitere Übertragung im GSM-Netz bis zum nächstgelegenen MSC ungesichert. Die zugehörige Protokollarchitektur ist in Abbildung 5.17 zusammengestellt.

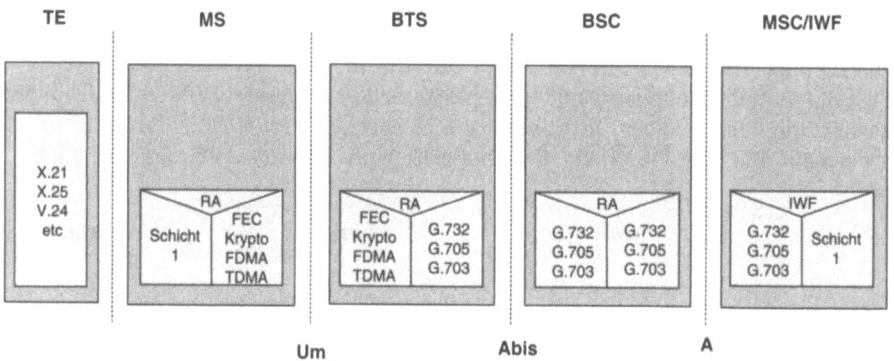

Abbildung 5.17: Protokollarchitektur: Transparente Datenübertragung

Die Dienstgüte der transparenten Datenübertragung wird durch eine schwankende Qualität der Datenübertragung an der Luftschnittstelle charakterisiert. Aufgrund der starken Qualitätsschwankungen (Fadinglöchern, Interferenzen) im digitalen Mobilfunkkanal ergibt sich an der Luftschnittstelle eine zwischen 10^{-2} und 10^{-5} schwankende Restbitfehlerhäufigkeit. Wegen der begrenzten Korrekturfähigkeit des FEC schwankt die Restbitfehlerhäufigkeit im Prinzip mit der Kanalqualität. Darüber hinaus bietet der transparente GSM-Datendienst konstanten Datendurchsatz und Übertragungsverzögerung.

Ein Datenendgerät TE, welches beispielsweise über eine serielle Schnittstelle (V.24) kommuniziert, kann über die Luftschnittstelle und die digitalen B-Kanal-Übertragungsabschnitte hinweg eine asynchrone, transparente Übertragung realisieren. Basierend auf der Übertragungskapazität der Luftschnittstelle kann über eine entsprechende Bitratenanpassung *(Rate Adaption RA)* eine Datenrate von bis zu 9600 bit/s angeboten werden. Die notwendige asynchron-synchron Wandlung wird ebenfalls von der Bitratenanpassungskomponente vorgenommen. Da die Daten am Kanalcodierer mit einer festen Datenrate anliegen müssen, werden dazu die auf der seriellen Schnittstellen asynchron ankommenden Zeichen durch Fülldaten ergänzt. Auf diese Weise wird zwischen dem Dienstzugang am Endgerät und der Interworkingfunktion im MSC eine synchrone, leitungsvermittelte

5.3 Protokoll-Architektur

digitale Verbindung hergestellt, die für die asynchrone Nutzdatenübertragung des Datenendgeräts TE völlig transparent ist.

5.3.2.3 Nicht-Transparente Datenübertragung

Die Dienstqualität der transparenten Datendienste in GSM reicht für viele Anwendungen nicht aus. Die üblicherweise in Festnetzen gemessene Bitfehlerhäufigkeit (10^{-6} bis 10^{-9}) liegt deutlich unter dem Wert, der von einem transparenten Dienst erbracht werden kann (10^{-2} bis 10^{-5}).

In GSM wird daher ein Fehlererkennungsverfahren mit automatischer Wiederübertragung von gestörten Rahmen verwendet *(Automatic Repeat Request ARQ)*. Ein solches ARQ-Verfahrens geht davon aus, dass die bereits im transparenten Fall angewendete Vorwärtsfehlerkorrektur der Kanalcodierung im Mittel einen Kanal realisiert mit einer Rahmenfehlerrate kleiner als 10%. Nur dann, wenn tatsächlich Restfehler im Datenstrom vorhanden sind, kann der Empfänger mit Hilfe des ARQ-Verfahrens eine erneute Übertragung des gestörten Rahmens verlangen. Auf diese Weise kann der nicht-transparente Datendienst im Gegensatz zum transparenten Dienst eine konstant niedrige Restbitfehlerhäufigkeit erzielen. Wegen der möglichen Wiederholungen kann nun sowohl der Datendurchsatz als auch die Zeitverzögerung zusammen mit der Kanalqualität schwanken.

Ein solches ARQ-Verfahren, das speziell auf den GSM-Kanal angepasst wurde, ist im *Radio Link Protocol (RLP)* realisiert. In Abbildung 5.18 wird die gesicherte Datenübertragung zwischen Mobilstation und der Interworkingfunktion IWF des nächsten MSC gezeigt. Das eingesetzte RLP terminiert jeweils in einer Instanz in der Mobilstation und der IWF. An der Schnittstelle zum Datenendgerät TE wird ein nicht-transparentes Protokoll NTP und ein Interfaceprotokoll IFP definiert, welches von der Schnittstelle des TE abhängt. In der Regel wird auch hier eine V24-Schnittstelle eingesetzt, über die asynchron zeichenorientiert die Nutzdaten übertragen werden. Im *Layer 2 Relay (L2R)* werden die Zeichen des NTP gepuffert und anschließend in RLP-Rahmen verpackt übertragen.

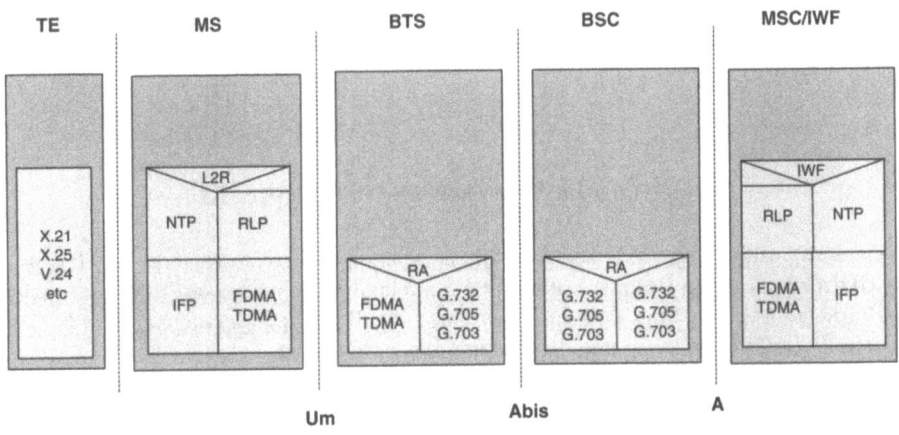

Abbildung 5.18: Protokollarchitektur: Nicht-Transparente Datenübertragung

Der Datentransport vom und zum lokalen Datenendgerät wird durch Flusskontrolle geregelt. Damit ist die Übertragung innerhalb des PLMN nicht mehr transparent für das Datenendgerät. Auf der Luftschnittstelle wird alle 20 Millisekunden ein RLP-Rahmen übertragen, so dass L2R unter Umständen die Datenrahmen mit Füllzeichen ergänzen muss, falls zum Sendezeitpunkt noch kein vollständiger Rahmen mit Nutzdaten gefüllt werden konnte.

Das RLP wurde aus dem HDLC Protokoll entwickelt [6, 68], weil sich die Kenndaten eines Funknetzes von denen drahtgebundener Leitungen unterscheiden, für die HDLC vorgesehen ist. Im Gegensatz zum HDLC haben die Rahmen eine feste Länge (240 Bit) mit 16 Bit Protokollheader, 200 Bit Informationsfeld und 24 Bit Prüfsumme *(Frame Check Sequence* FCS). In Abbildung 5.19 wird der Rahmenaufbau des RLP gezeigt zusammen mit den drei Formaten der RLP-Protokoll-Dateneinheiten. Wegen der festen

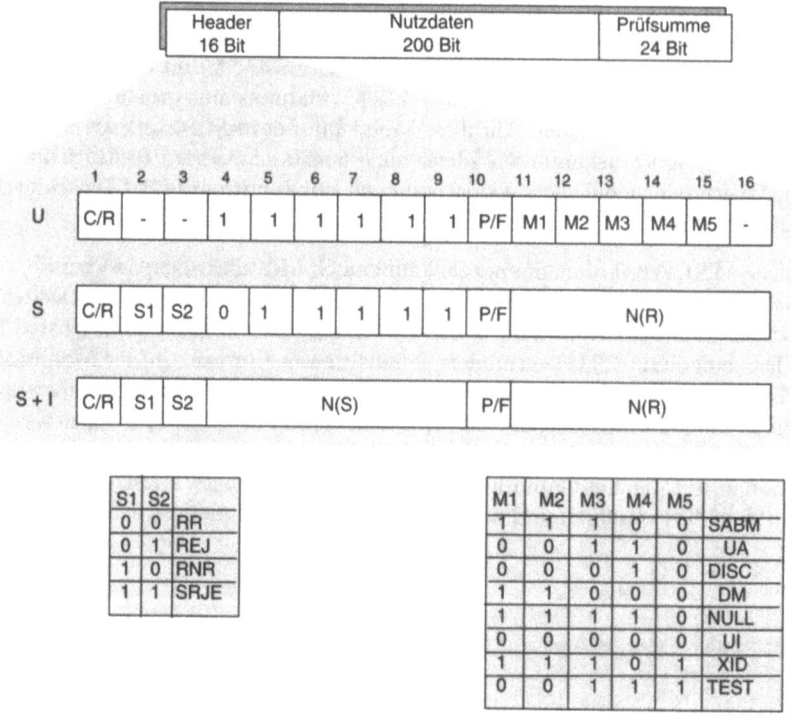

Abbildung 5.19: Protokolldateneinheiten des RLP

Rahmenlänge sind beim RLP keine Rahmenerkennungsworte reserviert. Im Gegensatz zum HDLC werden die Rahmen modulo 64 anstelle 8 beziehungsweise 128 nummeriert. Die Rahmen sind sehr kurz gewählt, um damit die Rahmenfehlerwahrscheinlichkeit zu reduzieren, die üblicherweise mit der Rahmenlänge anwächst.

Im Unterschied zum HDLC entfällt die Adressinformation im Header aufgrund der exklusiven Nutzung für jeweils eine Verbindung. Stattdessen wird nur Steuerinformation im Header untergebracht. Dabei werden zwei Varianten von Kontrollrahmen *Unnumbered U* und *Supervisory S*, und ein Informationsrahmen $S + I$ unterschieden. Während

5.3 Protokoll-Architektur

in Informationsrahmen Nutzdaten transportiert werden, dienen die Kontrollrahmen zur Steuerung der Verbindung (Auf-, Abbau und Zurücksetzen) und zur Steuerung der Wiederübertragung von Informationsrahmen während der Phase der Datenübertragung. Die Informationsrahmen werden zur eindeutigen Identifikation mit einer sequentiellen Sendefolgenummer N(S) versehen. Dafür stehen im Header 6 Bits zur Verfügung. Aus Platzgründen wird dieses Feld gleichzeitig zur Codierung des Rahmentyps verwendet. Alle Werte des Sendefolgefeldes kleiner als 62 zeigen an, dass der Rahmen im Informationsfeld Nutzdaten transportiert. Andernfalls werden nur die Informationen im Header gelesen, und die Daten verworfen. Die Kontrollrahmen sind durch die Werte 62 und 63 des Sendefolgefensters gekennzeichnet.

RLP erlaubt die gleichzeitige Übertragung von Nutz- und Statusinformation mit Hilfe der sogenannten S+I-Rahmen im Gegensatz zum HDLC. Dies stellt eine funkspezifische Anpassung dar, denn es brauchen damit während der Datenübertragungsphase keine zusätzlichen Kontrollrahmen gesendet zu werden. Auf diese Weise wird der Protokolloverhead reduziert beziehungsweise der Nutzdatendurchsatz erhöht. Die Sendefolgenummer eines RLP-Informationsrahmens wird also modulo 62 gezählt, was einem maximal 61 RLP-Rahmen großen Sendefenster entspricht. Es können somit maximal 61 Rahmen gesendet werden und unbestätigt bleiben, bevor der Sender auf die Bestätigung von mindestens dem ersten Rahmen warten muss. Die Bestätigung von Rahmen erfolgt bei RLP positiv. Der Empfänger muss dazu explizit mit einem S-Kontrollrahmen *(Receive Ready RR* beziehungsweise *Receive Non Ready RNR)* quittieren oder implizit mit einem S+I-Informationsrahmen (RR, RNR). Bei der impliziten Quittierung mittels S+I-Rahmen werden gleichzeitig Nutzdaten in die andere Richtung übertragen (piggy-backing). Ein solcher quittierender Rahmen enthält eine Empfangsfolgenummer N(R), die den korrekten Empfang aller Rahmen bis einschließlich des Rahmens mit der Sendefolgenummer N(S) = N(R) - 1 bestätigt. Das bedeutet umgekehrt, dass ein Empfänger, der mit N(R) bestätigt, als nächstes einen Rahmen mit der Nummer N(S) = N(R) erwartet. Die (explizite oder implizite) Quittierung mit *Receive Non Ready* RNR veranlasst den Sender solange mit weiteren Übertragungen zu warten, bis mittels des S-Rahmens *Receive Ready* RR der Empfänger seine Empfangsbereitschaft mitteilt.

Jedesmal wenn der Sender einen Informationsrahmen versendet, wird ein Timer neu gestartet. Falls eine Quittung für einen Teil oder auch für alle gesendeten Rahmen nicht rechtzeitig beim Sender eintrifft, läuft dieser Timer über und veranlasst den Sender, explizit eine Quittung anzufordern. Wenn der Timer korrekt dimensioniert ist, kann diese Situation beispielsweise dann eintreffen, wenn der Quittungsrahmen auf dem Weg zurück zum Sender gestört wird, und daher beim Sender verworfen werden muss. Nach Erhalt der Quittung vom Empfänger mit der Empfangsfolgenummer N(R), werden alle gesendeten Rahmen ab einschließlich N(R) erneut übertragen. In diesem Sinne kann RLP als modifiziertes *Go-back-N-Verfahren* interpretiert werden. Die explizite Anforderung der Quittung kann N-mal wiederholt werden. Falls dann immer noch keine aktuelle Quittung für die unbestätigten Rahmen vorliegt, wird die Verbindung zurückgesetzt oder abgebrochen.

Aus der Sicht des Empfängers gibt es in RLP zwei Varianten, um mit fehlerhaft empfangenen Informationsrahmen umzugehen: Die selektive, nicht-quittierende Ablehnung von einzelnen Informationsrahmen erfolgt mittels des S-Rahmens *Selective Reject* (SRJE) und die implizit quittierende Neuanforderung von Informationsrahmen mittels des S-Rahmens

Reject (RJE). Mit einem SRJE fordert die empfangende RLP-Instanz explizit die erneute Übertragung eines fehlerhaft empfangenen Informationsrahmens mit der Nummer N(R) an. Damit werden insbesondere keine anderen Rahmen quittiert. Diese Variante ist beim RLP-Betrieb optional. Der Reject-Betrieb muss von jeder RLP-Implementierung unterstützt werden. Mit einem RJE fordert der Empfänger die erneute Übertragung aller Rahmen ab (einschließlich) dem ersten fehlerhaft empfangenen Rahmen mit der Nummer N(R) an *(Go-back-N)*. Gleichzeitig werden damit implizit die Rahmen bis einschließlich N(R)-1 als korrekt empfangen bestätigt.

RLP unterstützt Punkt-zu-Punkt Duplex Verbindungen, Stationen können jederzeit Verbindungen aufbauen, rücksetzen oder auslösen. Eine Station kann sich entweder im Betriebsmodus *Asynchronous Disconnected Mode (ADM)* oder *Asynchronous Balance Mode (ABM)* befinden, in dem die Übertragung stattfindet. Die U-Rahmen sind nicht nummerierte Steuerrahmen zum Auf- oder Abbau eines Übermittlungsabschnitts. Ihre Funktion ist im Feld M1M2M3M4M5 codiert. Mit Hilfe des U-Rahmens SABM wird beispielsweise eine Station aus dem ADM-Zustand in den ABM-Zustand versetzt.

RLP verwendet die Dienste der darunterliegenden Schichten zum Transport seiner Protokolldateneinheiten. Der für das RLP sichtbare Kanal ist damit neben den eventuell vorhandenen Restbitfehlern vor allem durch eine erhebliche Übertragungsverzögerung von etwa 200 Millisekunden gekennzeichnet. Diese setzt sich zum größten Teil aus Verzögerungen bei der Kanalcodierung beziehungsweise der vorangestellten Verschachtelung (Interleaving) zusammen. Die Übertragungsdauer schlägt mit etwa 25 Millisekunden zu Buche bei einer Datenrate von beispielsweise 9.6 kbit/s. Bis zur positiven Bestätigung eines korrekt übertragenen RLP-Rahmens verstreichen also mindestens 400 Millisekunden. Diese Zeitspanne spielt eine entscheidende Rolle bei der Wahl der relevanten Protokollparameter wie Größe des Sendefensters und Dimensionierung des Timers zur Wiederübertragung.

5.3.2.4 Ratenanpassung

In der Mobilstation werden zwei Verkehrskanäle (B-Kanäle) mit jeweils 64 kbit/s und ein Steuerkanal (D-Kanal) zur Verfügung gestellt. Der volle Leistungsumfang des ISDN kann jedoch wegen der beschränkten Bandbreite der Funkkanäle nicht angeboten werden. Daneben werden auch herkömmliche R-Schnittstellen unterstützt. Zum korrekten Verbindungsaufbau müssen daher verschiedene Anpassungsfunktionen realisiert werden.

Die Ratenanpassung ist entsprechend der ITU-T X.30 beziehungsweise V.110 Serien definiert [39, 40]. Da die Funkschnittstelle nur Datenraten von deutlich weniger als 64 kbit/s anbietet, waren Modifikationen nötig. ITU-T beschreibt einen 3-Stufen-Prozess mit den Ratenanpassungs-Funktionen *(Rate Adaption) RA0, RA1* und *RA2*.

Mit Hilfe der Funktion *RA0* wird ein asynchroner Eingangs- in einen synchronen Ausgangsstrom von $2^n \cdot 300$ bit/s umgesetzt.

Die Funktion *RA1* setzt synchrone Eingangsdaten voraus. Des Weiteren werden auch Informationen zur Steuerung, zum Zustand der Teilnehmerschnittstelle, und Synchronisationsmuster vorausgesetzt. Die Ratenanpassung erfolgt dann durch Multiplexen auf einen 8 oder 16 kbit/s Ausgangsstrom in Form von Blöcken mit 80 Bit. Die Raten 8/16 kbit/s entsprechen den ISDN Zwischenraten.

RA1' ist eine Modifikation von RA1, die GSM-Zwischenraten von 12.6 und 3.6 kbit/s erzeugt. Diese Zwischenraten enstehen durch die Entfernung der Synchronisationsmuster und der Steuerinformation. Letztere wird explizit über den Steuerkanal (Dm Kanal) übermittelt. Bei der Ausgangsrate 3.6 kbit/s werden sogar noch einige redundante Datenbits entfernt.

RA2 formt aus den erhaltenen Blöcken durch sogenanntes Bitstopfen einen Datenstrom mit 64 kbit/s. Diese dritte Stufe wird nur in der Feststation verwendet.

In Abbildung 5.20 wird die Anwendung der Ratenadaption bei der transparenten Datenübertragung gezeigt. Eine Mobilstation mit ISDN-Schnittstelle kann an der S-Schnittstelle unmittelbar angeschlossen werden. Im Falle der nicht-transparenten Datenübertragung wird an dem *Mobile Terminal* und dem MSC zusätzlich das RLP realisiert mit der zugehörigen Pufferung der Eingangsdaten beziehungsweise Umsetzung der Ausgangsdaten.

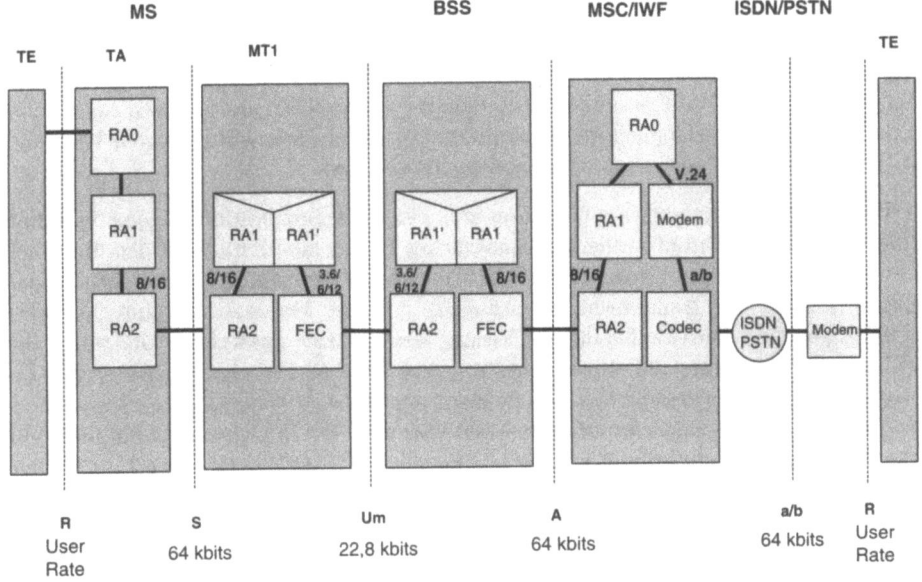

Abbildung 5.20: Beispiel einer asynchronen, transparenten Datenübertragung

5.4 Luftschnittstelle

Die Luftschnittstelle liegt zwischen der Mobilstation und dem restlichen GSM-Netz und beinhaltet sehr komplexe Funktionen. Auf dieser untersten Schicht liegen die durch die Vielfachzugriffsverfahren (Kombination TDMS/FDMA) definierten physikalischen Kanäle. GSM definiert auf der Schicht 1 des OSI-Referenzmodells eine Reihe von logischen Kanälen, die zur Datenübertragung beziehungsweise zur Signalisierung verwendet werden. Logische Kanäle können einen ganzen physikalischen Kanal oder einen Teil des physikalischen Kanals belegen. Für die Übertragung der *Nutzdaten* steht stets ein physikalischer Kanal mit der vollen oder halben Datenrate zur Verfügung. Die logischen Signalisierungskanäle müssen sich hingegen einen physikalischen Kanal teilen und werden in verschiedenen Kombinationen im Zeitmultiplex übertragen.

5.4.1 Physikalische Kanäle

5.4.1.1 Modulation

Im digitalen GSM-Netz geht es darum, eine Folge von Binärdaten mit einer bestimmten Bitrate auf ein hochfrequentes Trägersignal aufzumodulieren. Um bei einer Mindestanforderung an die Übertragungsqualität eine möglichst gute Bandbreitenausnutzung zu erzielen, wurde für das GSM-System ein phasenkontinuierliches Modulationsverfahren ausgewählt: *Gaussian Minimum Shift Keying (GMSK)*. Der besondere Vorteil dieses Verfahrens ist einerseits das schmale Sendeleistungsspektrum mit geringen Nachbarkanalinterferenzen und andererseits die konstante Hüllkurve, welche in der Sendestufe den Einsatz einfacher Verstärker ohne besondere Linearitätsanforderungen ermöglicht. Diese Verstärker (Klasse C) sind besonders kostengünstig herzustellen und besitzen einen hohen Wirkungsgrad. Dies ermöglicht die Produktion von Endgeräten mit geringem Verbrauch und langen Betriebsdauern von akkubetriebenen Geräten.

Im Wesentlichen besteht dieses Verfahren aus einem Minimum-Shift-Keying Verfahren (MSK), bei dem die Daten vor der kontinuierlichen Phasenmodulation mit dem Rechteckfilter *(Continuous Phase Modulation CPM)* noch zusätzlich durch einen Gauß-Tiefpass gefiltert werden [54]. Entsprechend wird diese Art der Modulation Gaußsches MSK *(GMSK)* genannt. Die Gauß-Tiefpassfilterung bewirkt eine zusätzliche Glättung, aber auch eine Verbreiterung der Impulsantwort. Auf diese Weise wird einerseits das Leistungsdichtespektrum des Signals geschmälert, andererseits bewirkt dies aber auch ein Verschmieren der einzelnen Impulsantworten über mehrere Bitdauern hinweg und führt damit zu Intersymbolinterferenzen, die durch spezielle Maßnahmen beim Empfänger (Entzerrer) wieder kompensiert werden müssen.

MSK ist ein frequenzumtastendes Modulationsverfahren, bei dem die Information in der Momentanfrequenz des HF-Signals übertragen wird. Da keine Phasensprünge vorkommen, resultiert daraus eine sehr gute Bandbreitennutzung.

Das Binärsignal wird mit einem Modulationsindex $\eta = \frac{\Delta f}{f_{mod}} = 0.5$ auf den Träger moduliert. Dabei ist Δf der Trägerfrequenzhub und f_{mod} die Modulationsfrequenz. Diese ist höchstens halb so gross wie die Bitrate. Es gilt also: f_{bit}: $f_{mod} \leq 0.5 f_{bit}$. Die höchste Frequenz, die zur Modulation gelangen kann, ist eine „0101010101"-Folge.

Die Momentanfrequenz des HF-Signals ändert sich mit den anliegenden Modulationsdaten. Bei einer „1" wird die Grundfrequenz f_t um Δf erhöht, bei einer „0" um Δf erniedrigt. Bei einem Modulationsindex von 0.5 entspricht Δf der halben Modulationsfrequenz f_{mod}.

Man kann diese Modulationsart in einem sogenannten Zeigerdiagramm darstellen, wobei auf der Abszisse (x-Achse) die *Inphase*-Komponente (I-Vektor) und auf der Ordinate (y-Achse) die *Quadratur*-Komponente (Q-Komponente) der Schwingung dargestellt wird. Die HF-Schwingung des Trägers wird mit einem um den Ursprung rotierenden Vektor (Zeiger, I + Q) dargestellt. Dabei ist die Phasenlage relativ zur positiven I-Achse gesehen. In Abbildung 5.21 wird dieses Zeigerdiagramm gezeigt mit den vier möglichen Phasenzuständen (0°, 90°, 180°, 270°).

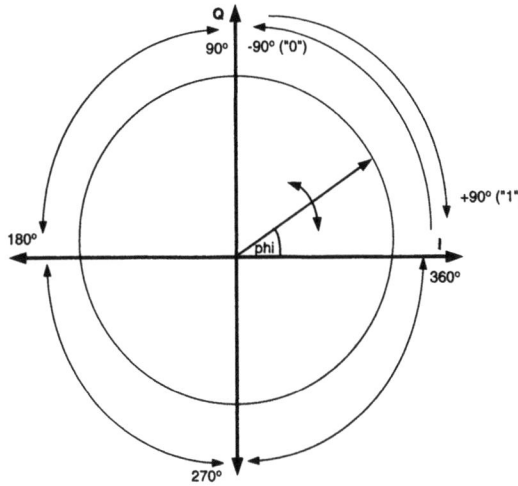

Abbildung 5.21: Zeigerdiagramm für MSK

Bei MSK wird also während der Bitdauer T der Phasenwinkel ϕ des Trägers verändert, und zwar um $+90°$ bei einer logischen „1" am Eingang des Modulators und um $-90°$ bei einer logischen „0". In Abbildung 5.22 wird dieser Zusammenhang an einem Beispiel gezeigt.

GMSK Eine Verringerung der für MSK notwendigen Bandbreite lässt sich durch eine Vorfilterung des Datensignals erreichen. Die Sprünge im Datensignal und die dadurch erzwungenen abrupten Richtungsänderungen im Phasenverlauf beziehungsweise Frequenzsprünge schlagen sich in einem immer noch relativ breiten Spektrum nieder. Eine Tiefpassvorfilterung, welche die steilen Flanken etwas abrundet, macht sich in einem deutlich reduzierten Bandbreitenverlauf durch verbesserte Dämpfung der Seitenbänder bemerkbar.

Das dazu von GSM gewählte Filter hat die Durchlasscharakteristik der bekannten Gauß'schen Glockenkurve. Abbildung 5.23 zeigt eine solche Glockenkurve, die sowohl im Zeitbereich $h(t)$ als auch im Frequenzbereich $H(f)$ Anwendung findet. Das Gauß-Tiefpassfilter der Bandbreite B hat im Zeitbereich die folgende Impulsantwort:

$$h(t) = 2B \cdot e^{-\pi \cdot (2B \cdot t)^2} \qquad (5.1)$$

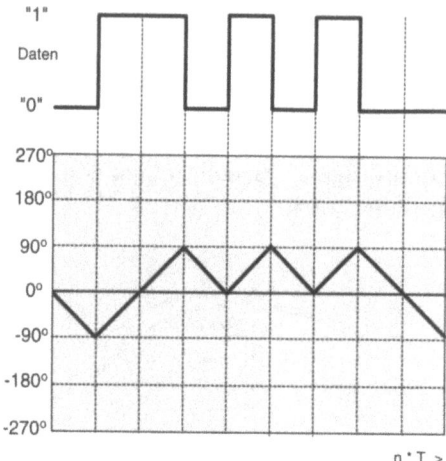

Abbildung 5.22: Phasenverlauf bei MSK-Modulation

Die so gefilterten Datensignale weisen weichere Übergänge auf, was sich auch auf den Phasenverlauf auswirkt. Wie in Abbildung 5.24 gezeigt, rundet das Gaußfilter durch die Unterdrückung hoher Frequenzanteile im Datensignal die Ecken etwas ab. Ein Frequenz- beziehungsweise Phasenwechsel ohne Sprünge ist die Folge. Als normierte Filterbandbreite für dieses Gaußfilter wurde 0.3 gewählt. Das bedeutet, dass das Produkt aus Bandbreite B und Bitdauer T den folgenden Wert hat:

$$B \cdot T = 0.3 \qquad (5.2)$$

Wie alle zeitlichen Einheiten ist auch die übertragene Bitrate von dem im GSM-System benutzten Frequenznormal von 13 MHz abgeleitet. Sie beträgt 13 MHz/48. Daraus ergibt sich die folgende Bitrate: $f_{bit} = 270.833$ kbit/s. Damit ergibt sich mit $T = \frac{1}{f_{bit}}$ eine Bitdauer T von 3.692 μs und eine Filterbandbreite B von 81.3 kHz.

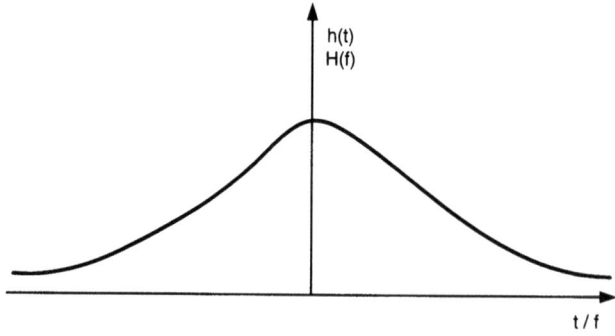

Abbildung 5.23: Gauß'sche Glockenkurve

5.4 Luftschnittstelle

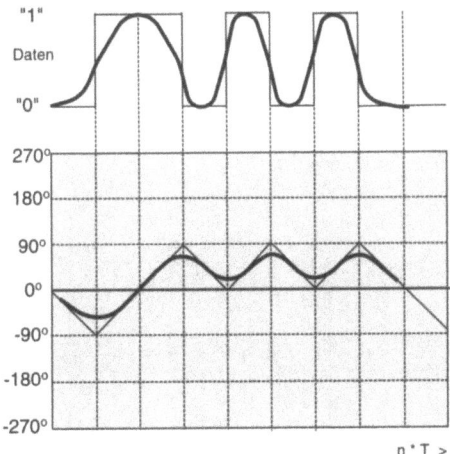

Abbildung 5.24: Phasenverlauf MSK/GMSK

Differenzcodierung Eine MSK lässt sich relativ einfach durch eine Phasenmodulation realisieren, bei der die Information über den Phasenwinkel der HF-Sinusschwingung übertragen wird. Eine qualitativ gleichwertige Frequenzmodulation wäre weit aufwendiger.

Falls jedoch die Information direkt in die Phasenlage codiert wird, so wäre für den Empfänger eine Referenzphase (Referenzschwingung zum Zeitbezug) notwendig, um den Datenstrom wieder korrekt reproduzieren zu können. Um dies zu umgehen, überträgt man ein *differenzcodiertes* Datensignal. Dabei wird nur die relative Veränderung zwischen zwei aufeinanderfolgenden Datensymbolen übertragen. Die Information ist nun nicht in der Phasenlage selbst, sondern in der relativen Veränderung des Phasenwinkels verborgen. Bei der *Phasenmodulation* ist somit kein Referenzsignal mehr notwendig.

In GSM ist zu diesem Zweck ein spezieller, zusätzlicher Codiermechanismus vorgesehen, das sogenannte *Differential Encoding*. Hierbei wird aus einer 0/1 Folge durch Vergleich zweier aufeinanderfolgender Bits eine +1/-1 Folge erzeugt.

5.4.1.2 Vielfachzugriff

Für den Vielfachzugriff wird in GSM eine Kombination von Frequenz- und Zeitmultiplex verwendet. Für den Betrieb im Uplink beziehungsweise Downlink wird jeweils ein Frequenzband mit 25 MHz Breite und 45 MHz Bandabstand zur Verfügung gestellt. Jedes dieser Bänder von 25 MHz Breite ist in 124 einzelne Kanäle mit 200 kHz Abstand unterteilt. Jeder Frequenzkanal *(Radio Frequency Channel RFCH)* ist eindeutig nummeriert. Jeweils ein Paar gleicher Nummern aus Up- und Downlink bildet einen Duplexkanal mit 45 MHz Duplexabstand. Jeder dieser 200 kHz Kanäle enthält 8 TDMA Kanäle durch Aufteilung der Zeitachse in jeweils 8 periodische Zeitschlitze der Dauer von 0.577 ms. In jedem der Up-/ Downlink-Bänder bleibt am Ende ein Guard Band von 200 kHz übrig. In Abbildung 5.25 wird gezeigt, wie durch eine solche Verknüpfung von FDMA und TDMA ein physikalischer Kanal entsteht. Jeder der 200 kHz Frequenzkanäle besitzt die Dauer von 4.615 ms.

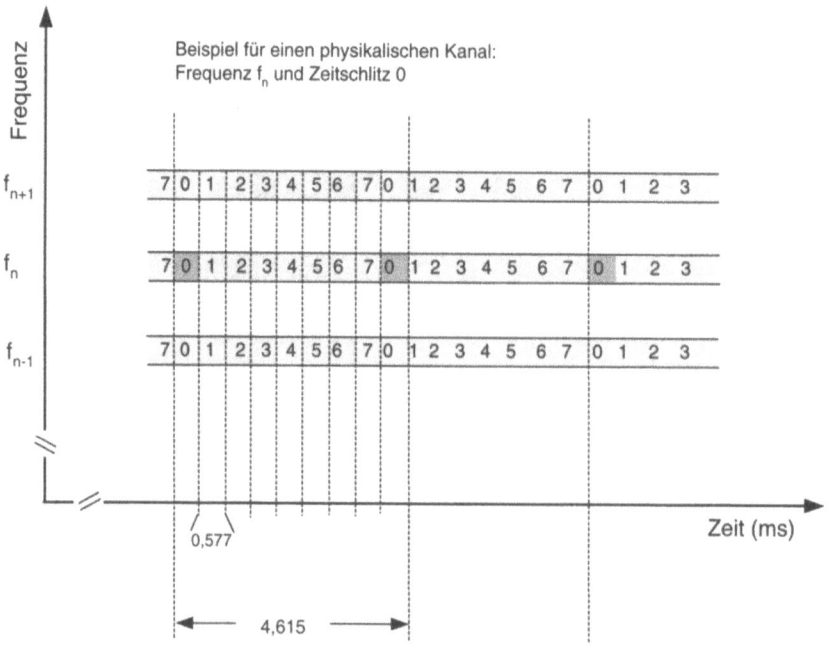

Abbildung 5.25: In GSM verwendete FDMA/TDMA-Kombination

Frequenzmultiplex Die Übertragung vom Mobilgerät zur Basisstation *(Uplink)* wird im Bereich von 890 MHz bis 915 MHz abgewickelt, in umgekehrter Richtung *(Downlink)* wird das Frequenzband von 935 MHz bis 960 MHz benutzt. Ab 2001 stehen 15 MHz an den unteren und 1 MHz an den oberen Bandgrenzen europaweit zur Verfügung. Nach Wegfall der gegenwärtigen Nutzung der analogen, zellularen Mobilfunknetze sind weitere 10 MHz zwischen 880 und 890 MHz beziehungsweise 925 und 935 MHz vorgesehen. In Abbildung 5.26 werden die in GSM benutzten Frequenzbänder gezeigt.

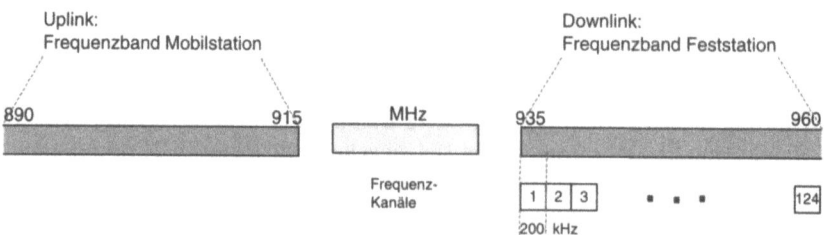

Abbildung 5.26: In GSM benutzte Frequenzbänder

5.4 Luftschnittstelle

Abgesehen von den Kanälen 1 und 124 kann nach den GSM-Spezifikationen eine Mobilstation sämtliche 124 Trägerfrequenzpaare verwenden. Die jeweils 200 kHz Bandbreite an den Rändern werden als Schutzabstand zu dem im Frequenzband benachbarten Systemen freigehalten. Im Folgenden werden die Trägerfrequenzen des Uplinks mit f_u und die des Downlinks mit f_d bezeichnet. Damit ergibt sich insgesamt die folgende Aufteilung des GSM-Bandes:

$$f_u(n) = 890.2 MHz + 0.2 \cdot (n-1) MHz, \quad (1 \leq n \leq 124) \tag{5.3}$$

$$f_d(n) = 935.2 MHz + 0.2 \cdot (n-1) MHz, \quad (1 \leq n \leq 124) \tag{5.4}$$

und für das Erweiterungsband gilt dann:

$$f_u(n) = 880.2 MHz + 0.2 \cdot (n-1) MHz, \quad (1 \leq n \leq 50) \tag{5.5}$$

$$f_d(n) = 925.2 MHz + 0.2 \cdot (n-1) MHz, \quad (1 \leq n \leq 50) \tag{5.6}$$

Eine Teilmenge der Trägerfrequenzpaare wird jeweils einer Zelle, also einer Feststation (BTS) fest zugewiesen. Einer dieser Frequenzkanäle wird dazu benutzt, Synchronisationsdaten auszustrahlen, siehe dazu Abschnitt 5.4.4.1.

Zeitmultiplex Auf einer Trägerfrequenz der Breite von 200 kHz werden 8 TDMA-Kanäle durch Aufteilung in jeweils 8 Zeitschlitze realisiert. Die 8 Zeitschlitze dieser TDMA-Kanäle werden in einem TDMA-Rahmen zusammengefasst, siehe auch Abbildung 5.25.

Die Tatsache, dass nur jeder achte Zeitschlitz von einem einzelnen Teilnehmer belegt wird, wird zur Reduzierung der Komplexität der Mobilgeräte verwendet. Senden und Empfangen wird auf zwei unterschiedliche Zeitpunkte (Zeitschlitze) verlagert. Die Feststation (Downlink) sendet immer drei Zeitschlitze vor der Mobilstation (Uplink). Damit diese Eigenschaft nicht ständig bei der Angabe berücksichtigt werden muss, wird die Nummerierung der Mobilstation gegenüber der Feststation um drei Zeitschlitze verschoben, so dass nominell beide denselben Zeitschlitz belegen, siehe Abbildung 5.27. Durch den

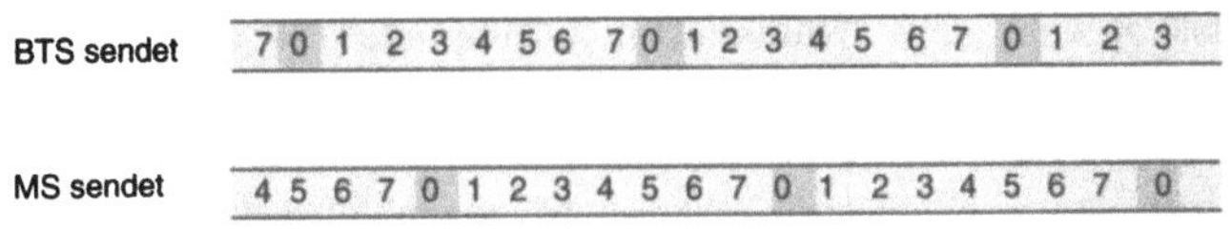

Abbildung 5.27: Zeitversetztes Senden von Mobil- und Feststation

Parameter *Timing Advance (TA)* kann diese Verzögerung um eine Zeitspanne entsprechend der Dauer bis zu 63 Bit verkürzt werden, um auf diese Weise die Schleifenlaufzeit BTS-MS-BTS zu kompensieren.

Aufgrund dieser Zeitduplexkomponente ist in GSM keine eigene HF-Duplexing-Einheit in der Mobilstation notwendig, stattdessen wird *lediglich* ein schneller umschaltbarer Synthesizer benötigt. Auf diese Weise kann die Komplexität der Mobilgeräte verringert und der Stromverbrauch gesenkt werden. Dadurch reduzieren sich insgesamt die Anforderungen an das HF-Frontend einer Mobilstation, welches damit kompakter und kostengünstiger hergestellt werden kann.

Ein physikalischer Kanal in GSM wird also durch eine Trägerfrequenz und einen wiederkehrenden Zeitschlitz bestimmt. Der Zeitschlitz steht dem physikalischen Kanal alle 4.615 ms zur Verfügung. Jeder Zeitschlitz besitzt eine Länge entsprechend der Dauer von 156.25 Bit beziehungsweise 0.577 ms Zeitdauer. Diese Länge ergibt sich aus dem GMSK-Verfahren, mit dem eine Bruttodatenübertragungsrate von 270.88 kbit/s je Trägerfrequenz realisiert wird, und der Anzahl der Bit, die man in einem Zeitschlitz übertragen möchte.

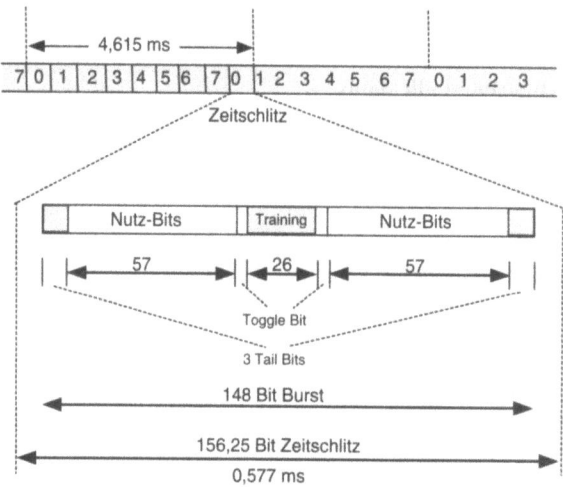

Abbildung 5.28: Aufbau eines TDMA-Rahmens

Aus dem Vielfachzugriff auf eine Frequenz folgen sehr hohe Anforderungen an das Ein- und Ausschaltverhalten der Leistung eines Senders. Nur innerhalb eines Zeitschlitzes soll jeder Sender seine Signale übertragen. Schaltet ein Sender nicht korrekt oder rechtzeitig genug ein oder aus, so werden Störungen auf den Sendepfad hervorgerufen. Aus diesem Grund sind die Grenzen sehr eng gesteckt. In Abbildung 5.29 wird die entsprechende Leistungszeitmaske gezeigt. Die Mobilstation beziehungsweise Feststation muss in der Lage sein, innerhalb von 28 μs die Leistung über einen Dynamikbereich von bis zu 70 dB ein- und auszuschalten. Bei kleineren Leistungen ab 34 dBm (2.5 W) muss dieser Abstand von 70 dB zur Dachleistung nicht mehr erreicht werden, sondern wird durch einen Absolutwert von -36 dB ersetzt.

Burstformate In einem Zeitschlitz werden nur Bursts der Länge 148 Bit genutzt. Um Überlappungen mit anderen Bursts zu vermeiden, sind diese um die der Schutzzeit entsprechenden Bitlänge von 8.25 Bit kürzer als Zeitschlitze. In Abbildung 5.28 wird der Aufbau eines TDMA-Rahmens gezeigt. Insgesamt existieren fünf verschiedene Arten von Bursts, vergleiche Abbildung 5.30. Bei der Übertragung der Bursts werden die Bits mit der kleinsten Wertigkeit zuerst übertragen.

Die einzelnen Bursts sind durch eine 8.25 Bitperioden lange Schutzzeit *Guard Period* voneinander getrennt. Die in Bruchteilen von Bit angegebene zusätzliche Schutzzeit kann als Zeitdauer interpretiert werden, während der keine Information übertragen wird. Sie ist

5.4 Luftschnittstelle

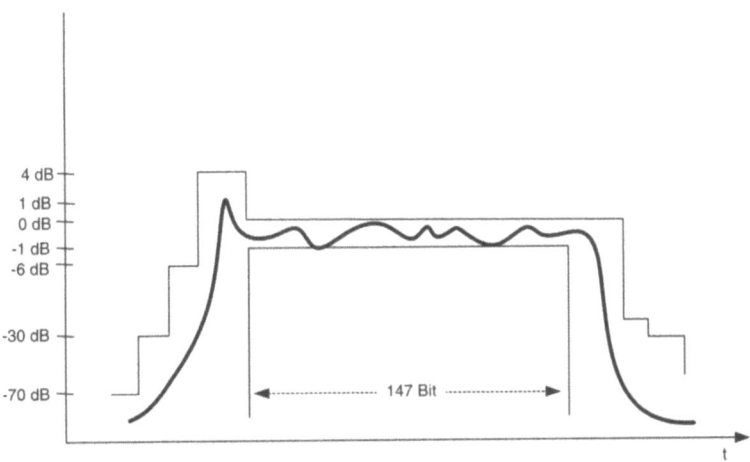

Abbildung 5.29: Maske für den Signalverlauf eines Bursts

für den Ein- und Auschaltvorgang eines Bursts vorgesehen und entspricht in GSM der Dauer von 30.44 µs. Am Anfang und am Ende des Bursts stehen drei Begrenzungsbits *(Tail Bits)*, die stets auf eine logische „0" gesetzt werden. Die Begrenzungsbits werden benutzt zum Rücksetzen des Equalizers beziehungsweise des Faltungscodierers. Darüber hinaus werden die 0-Bits am Anfang eines Bursts auch für die Demodulation des Signals benötigt. Während dieser Zeit kann keine normale Datenübertragung stattfinden, während dieser kurzen Zeitspanne wird die Sendeleistung am Anfang und am Ende eines Bursts hoch- beziehungsweise heruntergetastet *(power ramp up/down)*.

Bis auf den *Frequency Correction Burst* enthalten alle weiteren Bursts eine Trainingssequenz, welche aus vordefinierten, bekannten Bitmustern besteht. Die Trainingssequenz wird im Empfänger zur Kanalschätzung (Einstellung des Entzerrers) und zur Burstsynchronisation verwendet. Mit Hilfe der Trainingssequenz werden im Entzerrer Laufzeitunterschiede bis zu 233 µs eliminiert, die aufgrund der Mehrwegeausbreitung enstehen können. Diese Laufzeit entspricht dem doppelten maximalen Zellradius von 35 km. Es sind acht unterschiedliche Trainingssequenzen definiert, mit deren Hilfe Gleichkanalzellen eines gegebenen Zellenclusters unterschieden werden können.

Jedem Teilnehmer stehen in GSM 271/8 kbit/s = 33.9 kbit/s an Bruttodatenrate zur Verfügung. Betrachtet man einen Normalen Burst, so entfallen davon 9.2 kbit/s auf Signalisierung und Synchronisierung sowie Schutzzeit. Die restlichen 24.7 kbit/s stehen somit physikalisch für die Übertragung von Nutz- und Signalisierungsdaten zur Verfügung.

Der *Normal Burst NB* wird verwendet zur Nachrichtenübertragung in Verkehrs- und Steuerkanälen. Ein normaler Burst enthält neben einigen Signalisierungsbits 2 mal 57 Bit Nutzdaten, getrennt von der 26 Bit langen Trainingssequenz. Die Nutzdaten sind fehlerschutzcodiert und verschlüsselt. Die *Stealing Flags* sind Signalisierungsbits, die angeben, ob der Burst Nutzdaten oder Signalisierungsinformation transportiert. Sie werden gesetzt, wenn für schnelle Signalisierungstransaktionen einzelne Zeitschlitze des Verkehrskanals zur Übertragung von Signalisierungsdaten gemultiplext werden. Die Stealing Flags werden beispielsweise während eines Handovers zur Übertragung der notwendigen

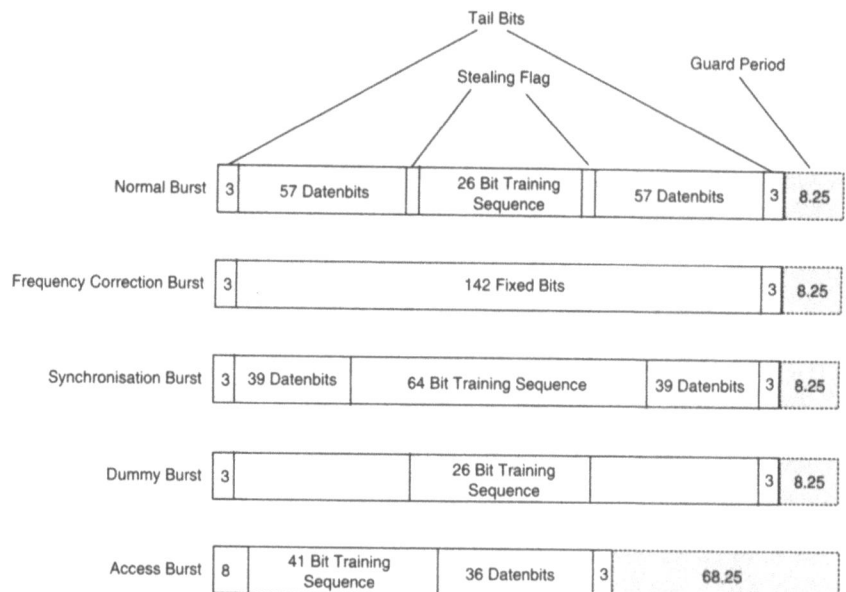

Abbildung 5.30: In GSM benutzte Bursts

Signalisierungsinformation herangezogen. Da auf diese Weise Nutzdaten verloren gehen, werden diese Zeitschlitze dem Verkehrskanal gestohlen, daher auch der Name *Stealing Flag*.

Der *Frequency Correction Burst FB* wird zur Frequenz- und Taktsynchronisierung in der Mobilstation benutzt. Die wiederkehrende Aussendung von FBs wird auch *Frequency Correction Channel (FCCH)* genannt. Die Frequenzsynchronisierung einer Mobilstation erfolgt mit Hilfe von FBs. In diesem Fall sind sowohl die Tail- als auch alle anderen Datenbits auf logisch 0 gesetzt. Da in GSM ein 0.3 GMSK-Verfahren eingesetzt wird, entspricht die Ausstrahlung eines FB einem unmodulierten Träger mit einem konstanten Frequenzversatz (1625/24 kHz = 67.7 kHz) von der Mittenfrequenz. Eine Feststation sendet dieses Signal periodisch auf dem BCCH-Träger *Broadcast Control Channel*. Dies erlaubt einer Mobilstation eine genaue Abstimmung der zeitlichen Synchronisation des TDMA-Rahmens, und ermöglicht gleichzeitig die Abstimmung auf die Trägerfrequenz.

Der *Synchronisation Burst SB* ermöglicht durch die lange Trainingssequenz in der Mitte *(Midambel)* eine genaue Synchronisierung der Zeitschlitze in der Mobilstation mit der Feststation. Der SB trägt die laufende Nummer des TDMA-Rahmens *(Reduced TDMA Frame Number RFN)* und die Kennzeichnung der Feststation *(Base Station Identity Code BSIC)*. Die wiederholte Aussendung von SBs wird auch *Synchronisation Channel (SCH)* genannt, siehe auch Kapitel 2.7.

Der *Dummy Burst DB* wird von der Feststation versendet, falls keine Daten zur Übertragung vorliegen, und zwar auf einer speziellen ihr zugeteilten Frequenz. Mit Hilfe des DB kann eine Feststation den BCCH in periodischen Abständen ausstrahlen. Damit ist sichergestellt, dass die Mobilstation regelmäßige Leistungsmessungen von der Feststation empfängt, die sie zum Einbuchen oder beim Wechsel in eine andere Zelle oder Lokalisierungszone benötigt.

Der *Access Burst AC* wird für den Erstzugriff beim wahlfreien Vielfachzugriff und beim Weiterreichen einer Funkverbindung in eine andere Zelle verwendet, siehe dazu auch Kapitel 3.5. Der AC wird auf dem *Random Access Channel (RACH)* ausgestrahlt. Dieser Burst ist verkürzt und enthält eine längere Midambel. Auf diese Weise können Burstüberlappungen in der Feststation bis zu einer maximalen Entfernung von circa 35 km Zellradius vermieden werden. Andererseits ermöglicht die lange Trainingssequenz der Feststation, die relative Lage der Bursts im Empfangszeitschlitz zu ermitteln.

5.4.1.3 Frequency Hopping

Die Qualität auf dem Frequenzkanal wird hauptsächlich durch äußere Einflüsse geprägt. Aufgrund der frequenzselektiven Eigenschaften ist die Ausbreitungscharakteristik für jede Frequenz einer Zelle unterschiedlich. Bedingt durch Mehrwegeausbreitung und Gleichkanalstörungen ergeben sich je nach Bebauung und Gelände unterschiedliche Störungen auf den einzelnen Frequenzen.

Eine Möglichkeit zur Verbesserung ist es nun, diese Störungen zu mitteln und somit auf den einzelnen logischen Kanälen zu minimieren. Bei einem Frequenzsprungverfahren *(Frequency Hopping)* wird nach jeder Übertragung eines TDMA-Rahmens die Frequenz gewechselt. Damit wird der Signalstörabstand beziehungsweise der Signalrauschabstand, welcher für gute Sprachqualität erforderlich ist, weiter gesenkt. Auf diese Weise können auch unter ungünstigen Funkbedingungen Gespräche mit akzeptabler Qualität geführt werden. In einem GSM-Netz wird ohne Frequenzsprungverfahren bei einem Signalstörabstand von circa 11 dB eine gute Sprachqualität erreicht. Wenn das Frequenzsprungverfahren eingeschaltet ist, dann ist ein Wert von 9 dB ausreichend.

Bei der in GSM vorgesehenen Kombination von TDMA und FDMA kann optional mit jedem gesendeten Burst auf eine andere Frequenz gewechselt werden *(Slow Frequency Hopping* Kapitel 3.4.2). Auf diese Weise ergibt sich entsprechend der TDMA-Rahmendauer eine Frequenzsprungrate von etwa 217 Sprüngen pro Sekunde. Der Frequenzwechsel, der ungefähr 1 ms dauern kann, findet zwischen Empfangs- und Sendezeitschlitzen statt, siehe dazu auch Abbildung 5.31. Die Folge der Frequenzen eines Hopping-Zyklus, die eine Mobilstation durchläuft, werden über einen in jeder Mobilstation implementierten Algorithmus errechnet. Das Frequenzspringen kann nach einem zyklischen oder pseudozufälligen Prinzip arbeiten. Dies wird der Mobilstation bei der Kanalzuweisung mittels der Sprung-Sequenz-Nummer *(Frequency Hopping Sequence Number* FHSN) mitgeteilt. In Abbildung 5.31 wird insbesondere auch gezeigt, zu welchem Zeitpunkt die Mobilstation Zeit für Nachbarzellenmessungen hat.

Ein Grundprinzip ist, dass der Organisationskanal einer Zelle nicht springt, da dieser Kanal zur Synchronisation der Mobilstationen beziehungsweise für Pegelmessungen vorgesehen ist, siehe dazu auch BCCH in Abschnitt 5.4.1.2. Die Entscheidung, ob ein Frequenzsprungverfahren eingesetzt werden soll, kann jeder Netzbetreiber individuell treffen, sogar für jede einzelne Zelle. Daher muss jede Mobilstation bei Bedarf diese Funktion zuschalten können. Dies kann zum Beispiel dann der Fall sein, wenn eine unzureichende Funkqualität von einer Feststation gemessen wird.

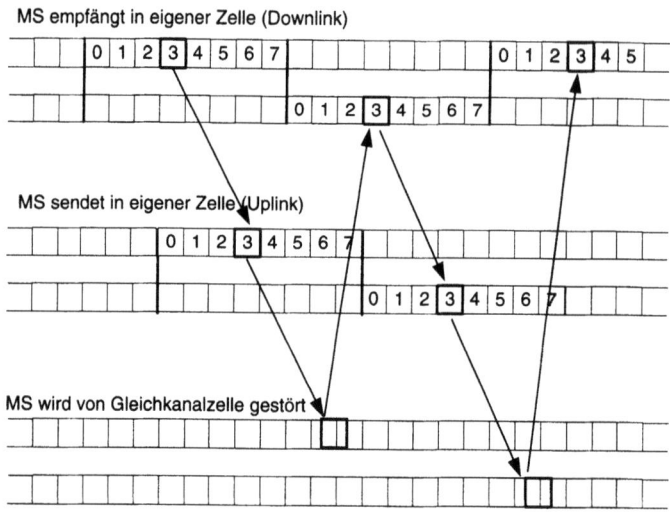

Abbildung 5.31: Frequenzsprungverfahren

5.4.2 Logische Kanäle

Durch Zuordnung von Zeitschlitzen physikalischer Kanäle werden logische Kanäle definiert. Die Daten eines logischen Kanals werden also in entsprechenden Zeitschlitzen des physikalischen Kanals übertragen. Dabei ist es möglich, dass logische Kanäle nur einen Teil des physikalischen Kanals oder den ganzen Kanal belegen. In GSM sind verschiedene logische Kanäle definiert, die sich in die beiden Klassen *Verkehrskanäle* und *Signalisierungskanäle* unterteilen.

5.4.2.1 Verkehrskanäle

Die Verkehrskanäle *(Traffic Channel* TCH) werden zur Übertragung von Nutzinformationen zwischen Teilnehmern genutzt. Dabei werden Sprache, Daten und Fax digital mit Hilfe unterschiedlicher Codierverfahren ausgetauscht. Über einen TCH kann leitungs- oder paketvermittelt kommuniziert werden. Typisches Beispiel für die speziellen leitungsvermittelten Varianten ist der Telefondienst. In diesem Fall stellt der TCH entweder eine transparente Datenverbindung oder eine speziell auf den Dienst abgestimmte (nichttransparente) Verbindung zur Verfügung.

Je nach Art des in Anspruch genommenen Dienstes werden unterschiedliche Übertragungskapazitäten benötigt. Ein TCH kann entweder voll genutzt werden *(Full Rate* TCH, TCH/F, Vollraten-Verkehrskanal) oder in zwei Halbraten-Verkehrskanäle *(Half Rate* TCH, TCH/H) aufgeteilt werden. In Tabelle 5.5 wird eine Klassifizierung der Verkehrskanäle in GSM gezeigt.

Der Vollraten-Verkehrskanal (mobiler B-Kanal, B_m-Kanal) überträgt brutto mit 22.8 kbit/s. Für die Übertragung von digitalisierter Sprache werden beispielsweise nur 13

Tabelle 5.5: Verkehrskanäle in GSM

Richtung	Gruppe	Kanal	Funktion
MS ↔ BSS	Traffic Channel	TCH/F, Bm	Full Rate TCH
MS ↔ BSS	Traffic Channel	TCH/H, Lm	Half Rate TCH

kbit/s verwendet, die verbleibende Kapazität wird zur Fehlerkorrektur benötigt. Die Übertragung von Daten ist möglich mit 14.5, 12, 6 beziehungsweise 3.6 kbit/s.

Über den Halbraten-Verkehrskanal *(Lower-rate mobile channel, L_m-Kanal)* wird mit der Bruttodatenrate von 11.4 kbit/s übertragen. Die beiden zu einem Vollraten-Verkehrskanal zugehörigen Halbratenkanäle können auch verschiedenen Teilnehmern zugewiesen werden. Mit den verfügbaren Sprachcodecs für Halbratenkanäle kann eine Verdopplung der Kanalzahl des GSM-Netzes bei unverändertem Frequenzbedarf erzielt werden. Datenübertragung ist hier mit Bitraten von 6 beziehungsweise 3.6 kbit/s möglich.

5.4.2.2 Signalisierungskanäle

Zum Betrieb und Management eines Mobilfunknetzes müssen sehr viele Steuerinformationen ausgetauscht werden. Selbst wenn keine Verbindung aufgebaut ist, werden ständig Informationen über die Luftschnittstelle übertragen, beispielsweise zur Aktualisierung von Lokalisierungsinformationen. In GSM wird die Steuerinformation zwischen Mobil- und Feststation beziehungsweise umgekehrt über sogenannte Signalisierungskanäle *(Control Channels)* paketvermittelt übertragen. Diese Information wird nicht bis zu den Teilnehmern durchgereicht.

In Anlehnung an die ISDN-Terminologie werden die Signalisierungskanäle auch als Dm-Kanal *(mobiler D-Kanal)* bezeichnet und sind unterteilt in die drei Gruppen: *Broadcast Control Channel* (BCCH), *Common Control Channel* (CCCH) und *Dedicated Control Channel* (DCCH). In Tabelle 5.6 wird eine Klassifizierung aller logischen Signalisierungskanäle in GSM gezeigt.

Tabelle 5.6: Signalisierungskanäle in GSM

Richtung	Gruppe	Kanal	Funktion
MS ← BSS	BCCH	BCCH	Broadcast Control Channel
MS ← BSS		FCCH	Frequency Correction Channel
MS ← BSS		SCH	Synchronisation Channel
MS → BSS	CCCH	RACH	Random Access Channel
MS ← BSS		AGCH	Access Grant Channel
MS ← BSS		PCH	Paging Channel
MS ← BSS		NCH	Notification Channel
MS ↔ BSS	DCCH	SDCCH	Stand-Alone Dedicated Control Channel
MS ↔ BSS		SACCH	Slow Associated Control Channel
MS ↔ BSS		FACCH	Fast Associated Control Channel

BCCH Die unidirektionalen *Broadcast Control Channels* werden vom BSS verwendet, um die gleiche Information auf einer Punkt-zu-Mehrpunkt-Verbindung von der Feststation an alle Mobilstationen einer Zelle zu übertragen. Die beiden Unterkanäle *FCH* und *SCH* werden stets gemeinsam mit dem *BCCH* ausgestrahlt.

Über den *BBCH* werden eine Reihe von funknetzspezifischen Organisationsinformationen an die Mobilstationen gesendet. Unter anderem wird Information zur Konfiguration des Funkkanals (Frequency Hopping), und zur Kennzeichnung des Netzes (LAI, CI, BSIC) übertragen. Die Information über die Organisation des CCH einer Feststation gehört insbesondere dazu. Der BCCH wird jeweils auf der ersten, der Zelle zugeteilten, Frequenz ausgestrahlt.

Der *FCH* gehört zu den Unterkanälen des BCCH. Darüber werden den Mobilstationen Daten zur eventuellen Korrektur der Sendefrequenz mitgeteilt.

Im weiteren Unterkanal *SCH* werden Informationen zur Identifikation einer Feststation BTS (BSIC) und Daten zur Rahmensynchronisierung einer Mobilstation (Nummer des aktuell ausgesendeten TDMA-Rahmens) ausgestrahlt.

CCCH Der *Common Control Channel* ist ein bidirektionaler Punkt-zu-Mehrpunkt-Signalisierungskanal, über den Funktionen des Zugriffsmanagement zwischen Mobilstation und Netz abgewickelt werden.

Der *Random Access Channel* (RACH) stellt den Uplink-Teil des CCCH dar. Dieser Kanal ermöglicht der Mobilstation über ein wahlfreies Vielfachzugriffsverfahren (Slotted-ALOHA-Verfahren, Kapitel 3.5) bei der Feststation Kanalkapazität für einen Gesprächswunsch anzufordern. Im positiven Fall wird der Mobilstation ein dedizierter, exklusiv nutzbarer Signalisierungskanal (SDCCH) zugewiesen.

Der *Access Grant Channel* (AGCH) ist der Downlink-Teil im CCCH. Auf diesem logischen Kanal antwortet die Feststation der Mobilstation auf eine über den RACH eingetroffene Nachricht. Über den AGCH wird der Mobilstation ein SDCCH oder direkt ein TCH zugewiesen.

Der *Paging Channel* (PCH) ist ebenfalls Teil des Downlinks im CCH und wird für Funkrundrufe (Paging) zur Lokalisierung von Mobilstationen benötigt.

Der *Notification Channel* (NCH) wird verwendet, um Mobilstationen über ankommende Gruppen- und Broadcastrufe zu benachrichtigen.

DCCH Der *Dedicated Control Channel* ist ein Oberbegriff für einen bidirektionalen Punkt-zu-Punkt Signalisierungskanal, über den mit unterschiedlichen Bitraten Signalisierungsnachrichten zur Verbindungssteuerung übertragen werden.

Der *Stand-Alone Dedicated Control Channel* (SDCCH) wird für die Signalisierung zwischen einer Mobilstation und dem BSS verwendet, wenn keine (Verkehrs-) Verbindung aufgebaut ist. Der SDCCH wird über den RACH von der Mobilstation angefordert und über den AGCH zugeteilt. Die vom SDCCH benötigte Kanalkapazität ist mit 728 bit/s geringer als die des TCH. Ein SDCCH wird nach Ablauf einer Signalisierungstransaktion wieder freigegeben. Steuerinformationen, die beispielsweise von einem SDCCH übertragen werden, betreffen die Aktualisierung von Aufenthaltsinformationen oder auch Teile des Verbindungsmanagements bis zum Durchschalten der Verbindung.

Der *Slow Associated Control Channel* (SACCH) wird stets zusammen mit einem TCH oder SDCCH zugeordnet. Im SACH wird mit einer Bitrate von 950 bit/s Information für den optimalen Funkbetrieb transportiert. Typische Beispiele sind Kommandos zur Synchronisierung und Sendeleistungsregelung sowie Messdaten über Pegel- und Empfangsqualität. Im SACH müssen kontinuierlich Daten übertragen werden, da das Eintreffen von SACCH-Paketen als Indikator für die Existenz einer physikalischen Funkverbindung interpretiert wird. Falls keine Signalisierungsinformation zu übertragen ist, sendet die Mobilstation einen sogenannten *Measurement Report* mit den aktuellen Ergebnissen der (periodisch) durchgeführten Funkfeldmessungen.

Der *Fast Associated Control Channel* (FACCH) wird kurzfristig nur dann eingerichtet, wenn ein Verkehrskanal TCH bereits existiert. Durch dynamisches unterbrechendes Multiplexen *(Preemptive Multiplexing)* auf einem TCH wird zusätzliche Bandbreite für die Signalisierung zur Verfügung gestellt. Ein FACCH wird also nur in Verbindung mit einem TCH zugewiesen, und seine kurzfristig belegte Bandbreite steht nicht mehr für die Übertragung von Nutzinformation zur Verfügung. Ein FACCH wird zum Beispiel für einen bevorstehenden Handover eingerichtet, wobei die dafür benötigten Signalisierungsdaten über den FACCH transportiert werden. Dieser Kanal bietet unter anderem Bitraten von 4.6 kbit/s beziehungsweise 9.2 kbit/s an.

5.4.3 Abbildung auf physikalische Kanäle

Bisher wurde sowohl die Aufteilung des GSM-Frequenzbereichs in 124 FDMA-Kanäle mit jeweils acht TDMA-Zeitschlitzen als auch die Aufgaben der logischen Kanäle und die Benutzung der verschiedenen Bursts erläutert. Bei der Abbildung der logischen Kanäle auf die physikalischen wird in der Regel nicht ein einzelner Kanal auf einen physikalischen Kanal übertragen, sondern vielmehr eine Kombination aus verschiedenen logischen Kanälen. Die in den GSM-Spezifikationen erlaubten Kombinationen sind in Tabelle 5.7 aufgeführt.

Tabelle 5.7: Kanalkombinationen in GSM

Bezeichnung	Kombination
I	TCH/F + FACCH/F + SACCH/F
II	TCH/H(0.1) + FACCH/H(0.1) + SACCH/H(0.1)
III	TCH/H(0) + FACCH/H(0) + SACCH/H(0) + TCH/H(1)
IV	FCCH + SCH + BCCH + CCCH
V	FCCH + SCH + BCCH + CCCH + SDCCH/4 + SACCH/4
VI	BCCH + CCCH
VII	SDCCH/8 + SACCH/8

5.4.3.1 Rahmenstruktur

Die Kanalkombinationen geben keine Auskunft darüber, wann und wie die einzelnen logischen Kanäle gesendet und wie diese auf die physikalischen Kanäle verteilt werden. Im Prinzip steht für jede Kanalkombination nur ein physikalischer Kanal beziehungsweise Zeitschlitz zur Verfügung. In Abschnitt 5.4.1.2 wurde die TDMA-Struktur von GSM eingeführt. Dabei wurde erläutert, dass 8 Zeitschlitze zu einem TDMA-Rahmen zusammengefasst werden, die sich zeitlich immer wiederholen.

In Analogie zur Einführung der TDMA-Struktur für Zeitschlitze, ist in GSM eine Rahmenstruktur *(Multiframe)* für die logischen Kanäle eingeführt. Bei den folgenden Ausführungen muss immer beachtet werden, dass bei der Beschreibung der Rahmenstruktur immer nur über *einen* Zeitschlitz eines TDMA-Rahmens gesprochen wird. Das bedeutet, dass ein (auf einem TDMA-Rahmen) benachbarter Zeitschlitz mit einer anderen Rahmenstruktur belegt sein kann.

Die Unterteilung der logischen Kanäle in Nutz- und Signalisierungskanäle setzt sich bei der Rahmenstruktur fort. In GSM werden die TDMA-Rahmen, die acht Zeitschlitze zur Übertragung der verschiedenen Bursts enthalten, in zwei verschieden lange Multiframes zusammengefasst. Ein Multiframe mit 26 TDMA-Rahmen und ein Multiframe mit 51 TDMA-Rahmen, siehe Abbildung 5.32. Grundsätzlich werden Signalisierungsdaten

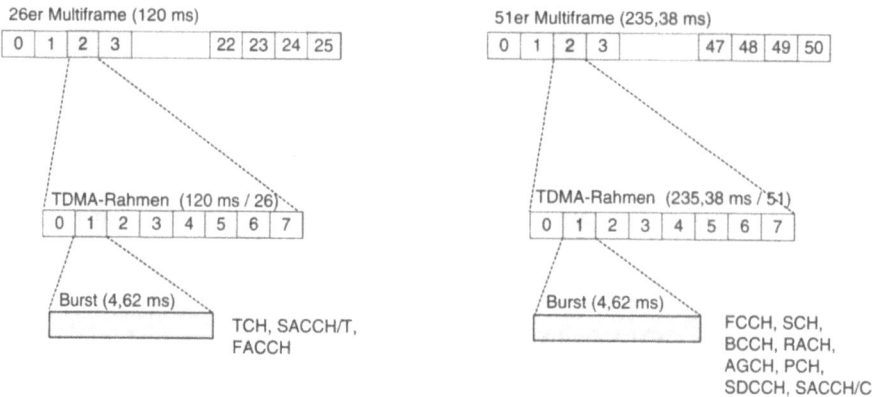

Abbildung 5.32: GSM-Multiframes

(außer SACCH und FACCH) in den 51er Multiframes übertragen. Das bedeutet, dass Sprache und Daten immer in den 26er Multiframes gesendet werden. Von dieser Regel wurde allerdings bei der Einführung des Paketdatendienstes GPRS *(Global Packet Radio System)* abgewichen, siehe dazu auch Kapitel 7.

5.4.3.2 TCH-Rahmenstruktur

In den 26er Multiframes werden die Bursts der Verkehrskanäle TCH und der ihnen zugeordneten SACCHs und FACCHs übertragen. Jedem TCH wird einer von 8 (Vollratenkanälen) beziehungsweise 16 (Halbratenkanälen) Zeitschlitzen eines TDMA-Rahmens

5.4 Luftschnittstelle

zugewiesen. Die zugehörigen 8 SACCHs werden im zwölften TDMA-Rahmen (Nummer 11) übertragen. Der letzte TDMA-Rahmen (Nummer 25) wird nur benutzt, wenn weitere 8 SACCHs für Halbratenübertragung benötigt werden.

In den Abbildungen 5.33 bis 5.35 sind die drei Kanalkombinationen I, II und III gezeigt. Die (zeitliche) Länge dieser Rahmen beträgt 120 ms. Aus den Abbildungen wird deutlich, dass der FACCH vernachlässigt wurde, obwohl er mit zum TCH gehört. Das liegt daran, dass während des normalen Telefongesprächs nicht signalisiert wird. Bei Bedarf (Handover oder ähnliches) werden zur Übertragung von FACCHs Zeitschlitze des TCHs gestohlen.

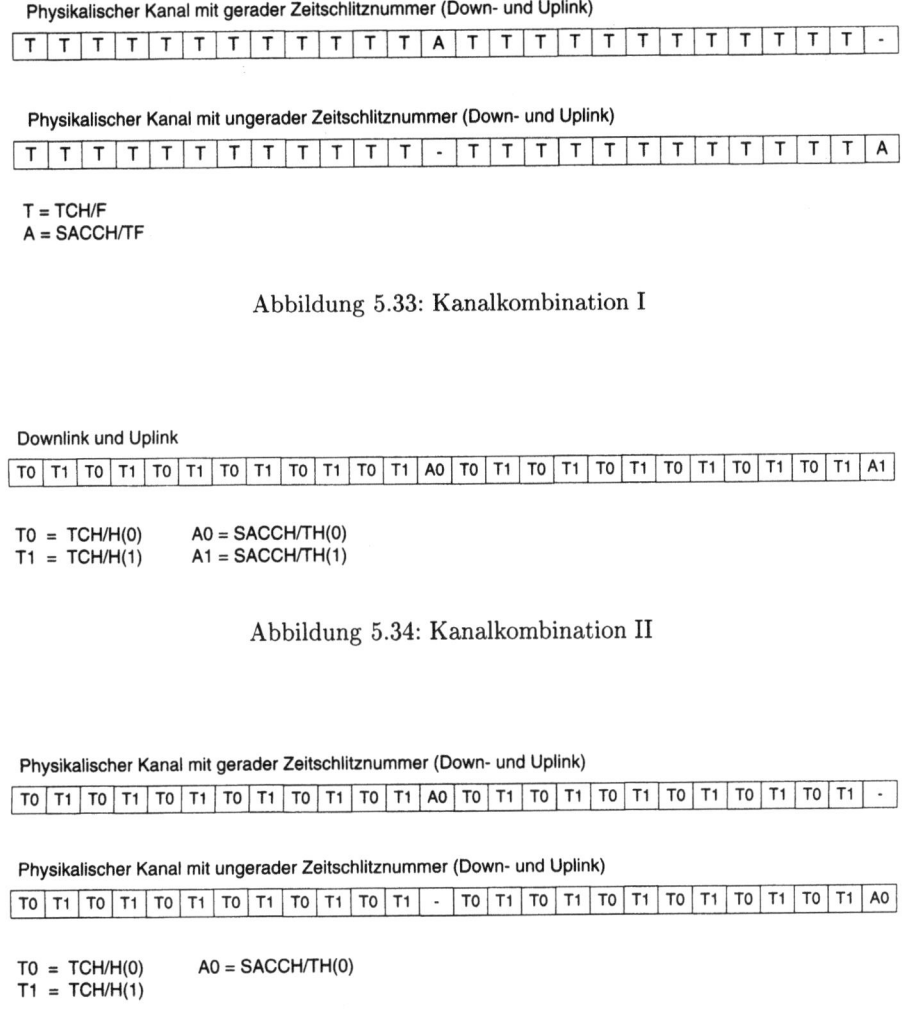

Abbildung 5.33: Kanalkombination I

Abbildung 5.34: Kanalkombination II

Abbildung 5.35: Kanalkombination III

5.4.3.3 Signalisierungs-Rahmenstruktur

Die Struktur der 51er Multirahmen für die Signalisierungskanäle ist etwas komplexer, da bis zu 6 unterschiedliche logische Kanäle auf einem physikalischen Kanal untergebracht werden müssen. Daher ergeben sich je nach Kanalkombination Unterschiede. Alle 51er Rahmen sind 235.38 ms lang.

Kanalkombination IV Die Kombination FCCH + SCH + BCCH + CCCH bietet den gemeinsamen Kontrollkanälen sehr viel Platz, so dass diese Kombination meist für Feststationen verwendet wird, die mehrere Frequenzkanäle zur Verfügung stellen. Diese Kanalkombination darf in einer Zelle nur einmal verwendet werden, da sich die Mobilstation zur Aufsynchronisation den Frequenzkorrekturkanal (FFCH) und den Zeitkorrekturkanal (SCCH) sucht. Sie wird auf der Basisfrequenz der Feststation im Zeitschlitz 0 gesendet, wobei die Basisfrequenz eine beliebige Frequenz aus den 124 zur Verfügung stehenden Frequenzen sein darf, mit der Bedingung, dass diese kontinuierlich gesendet werden muss.

In Abbildung 5.36 ist die entsprechende Rahmenstruktur gezeigt. Der FCCH wird immer auf den Rahmennummern 0, 10, 20, 30 und 40 gesendet, der SCH auf den Nummern 1, 11, 21, 31 und 41. Der BCH wird immer in den Rahmen 2 bis 5 gesendet. Die übrigen Rahmen stehen für die gemeinsamen Kontrollkanäle (CCCH) zur Verfügung. Alle Kanäle bis auf den RACH werden von der Feststation gesendet. In der umgekehrten Richtung wird nur der RACH gesendet. Daher ergeben sich in diesem unterschiedliche Strukturen für Up- und Downlink.

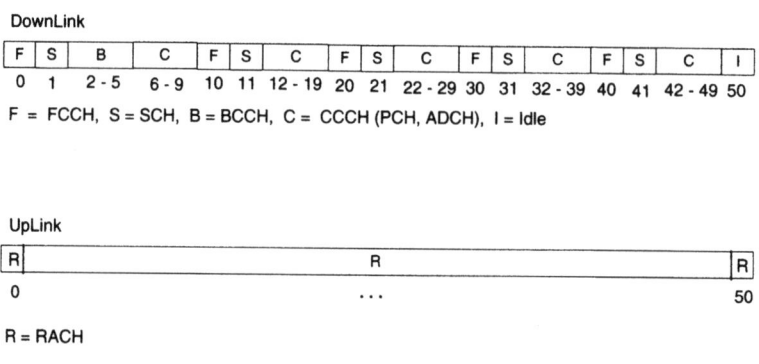

Abbildung 5.36: Kanalkombination IV

Kanalkombination V Die Kombination FCCH + SCH + BCCH + CCCH + SDCCH/4 + SACCH/4 stellt die Mindestkonfiguration für eine Feststation dar. Diese wird häufig dann eingesetzt, wenn die Feststation mit nur ein oder zwei Frequenzkanälen ausgestattet ist. Die Kombination V darf genau wie IV nur einmal verwendet werden, und zwar ebenfalls auf dem Zeitschlitz 0. Insbesondere folgt daraus, dass sich beide Kanalkombinationen gegenseitig ausschließen.

5.4 Luftschnittstelle

```
DownLink
| F | S | B | C | F | S | C | C | F | S | SD0 | SD1 | F | S | SD2 | SD3 | F | S | SA0 | SA1 | I |
| F | S | B | C | F | S | C | C | F | S | SD0 | SD1 | F | S | SD2 | SD3 | F | S | SA2 | SA3 | I |
  0   1  2-5  6-9 10  11 12-15 16-19 20 21 22-25 26-29 30 31 32-35 36-39 40 41 42-46 47-49 50

F = FCCH, S = SCH, B = BCCH, C = CCCH, SDi = SDCCHi, SAi = SACCHi, I = Idle
```

```
UpLink
| SD3 | R | R | SA2 | SA3 |          R          | SD0 | SD1 | R | R | SD2 |
| SD3 | R | R | SA0 | SA1 |          R          | SD0 | SD1 | R | R | SD2 |
  0-3   4   5  6-9  10-13 14      ...        36  37-40 41-44 45  46 47-50

R = RACH, SDi = SDCCHi, SAi = SACCHi
```

Abbildung 5.37: Kanalkombination V

In Abbildung 5.37 wird die Kombination V gezeigt. Die Zusatzbezeichnungen „/4" bei SDCCH/4 und SACCH/4 bedeuten, dass mit dieser Kanalkombination bis zu vier gewidmete und zugeordnete Verbindungen realisiert werden können. Dabei gehören SDCCH/0/1/2/3 und SACCH/0/1/2/3 jeweils zusammen, werden also gemeinsam für eine Verbindung bereitgestellt.

In der Abbildung 5.37 fällt auf, dass die Signalisierungskanäle SDCCH und SACCH für die beiden Senderichtungen an unterschiedlichen Positionen im Multirahmen platziert sind. Hintergrund ist, dass eine Meldung auf einem der beiden Signalisierungskanäle eine Aktion entweder in der Mobilstation oder in der Feststation erfordert. Durch den Zeitversatz wird dem jeweils anderen Partner Zeit zur Bearbeitung gelassen. Auf diese Weise kann meistens innerhalb eines 51er Rahmens bereits Anfrage und Antwort abgehandelt werden. Für die Kanalkombination VII mit acht SDCCHs gilt dieselbe Aussage.

Weiterhin fällt in der Abbildung 5.37 auf, dass immer zwei 51er Strukturen zusammen dargestellt sind. Das liegt daran, dass die SACCHs immer nur in jedem zweiten 51er Multirahmen für ihren zugeordneten Kanal erscheinen. Es wäre zwar theoretisch denkbar, dass immer nur 2 TDMA-Rahmen von einem SACCH belegt werden. In Abschnitt 5.4.6 wird gezeigt, dass aus Gründen der Kanalcodierung und Verschachtelung die Information immer über 4 Bursts aufgeteilt wird, diese also logisch zusammengehören.

Kanalkombination VI Die Kombination BCCH + CCCH wird bei Feststationen mit sehr vielen Frequenzen verwendet. Da in diesem Fall der Verkehr in der Funkzelle entsprechend groß sein wird, resultiert daraus eine erhöhte Nachfrage nach Kanälen. Daher müssen weitere gemeinsame Kontrollkanäle bereitgestellt werden. Diese Kombination kann nur gemeinsam mit Kanalkombination IV realisiert werden. Dabei belegt Kanalkombination IV nach wie vor Zeitschlitz 0, und Kanalkombination VI die Zeitschlitze 2, 4 und 6. Diese Multirahmenstruktur entspricht im Wesentlichen der Rahmenstruktur IV ohne die FCCHs und SCHs.

Kanalkombination VII Die Kombination SDCCH/8 + SACCH/8 kann nur gemeinsam mit Kanalkombination IV oder VI realisiert werden. Eine Feststation, welche die Kombination IV oder VI verwendet, besitzt damit noch keinen logischen Kanal zur Signalisierung, auf dem sie mit der Mobilstation Nachrichten austauschen könnte, beispielsweise zum Verbindungsaufbau. Die für diesen Zweck spezifizierte **Kanalkombination VII** besteht, wie in Abbildung 5.38 gezeigt, nur aus SDCCHs und SACCHs. Die Bezeich-

DownLink

SD0	SD1	SD2	SD3	SD4	SD5	SD6	SD7	SA4	SA5	SA6	SA7	I	I	I
SD0	SD1	SD2	SD3	SD4	SD5	SD6	SD7	SA0	SA1	SA2	SA3	I	I	I
0-3	4-7	8-11	12-15	16-19	20-23	24-27	28-31	31-35	36-39	40-43	44-47	48	49	50

SDi = SDCCHi, SAi = SACCHi, I = Idle

UpLink

SA5	SA6	SA7	I	I	I	SD0	SD1	SD2	SD3	SD4	SD5	SD6	SD7	SA0
SA1	SA2	SA3	I	I	I	SD0	SD1	SD2	SD3	SD4	SD5	SD6	SD7	SA4
0-3	4-7	8-11	12	13	14	15-18	19-22	23-26	27-30	31-34	35-38	39-42	43-46	47-50

SDi = SDCCHi, SAi = SACCHi, I = Idle

Abbildung 5.38: Kanalkombination VII

nungen „/8" bedeuten, dass mit dieser Kanalkombination gewidmete und zugeordnete Verbindungen mit bis zu acht Mobilstationen aufrechterhalten werden können.

5.4.3.4 Höhere Strukturen

Die Abbildung in der zeitlichen Ebene verwendet neben den Multiframes zwei weitere komplexere, dem TDMA-Verfahren übergeordnete Strukturen: Die sogenannten *Super-* und *Hyperframes*. In Abbildung 5.39 sind alle drei Strukturen im Zusammenhang gezeigt.

Mit Hilfe der Superframes können die beiden Multiframe-Strukturen, die jeweils getrennt die Übertragung der Nutzdaten beziehungsweise der Signalisierungsinformation behandeln, zusammengeführt werden. Bisher galt, dass sich ein Rahmen dadurch auszeichnet, dass er sich nach einer gewissen Anzahl von Rahmen wiederholt, der TCH nach 26 Rahmen und die Signalisierung nach 51 Rahmen. Der kleinste gemeinsame Nenner für das Zusammenführen der beiden Varianten in einem Superframe sind Rahmen der Größe von $26 \cdot 51 = 1326$ TDMA-Rahmen. In diesen Superrahmen passen also 51 26er Rahmen und 26 51er Rahmen. Der Zusammenhang ist in Abbildung 5.39 dargestellt, wobei die Rahmenhierarchie noch um den Hyperframe erweitert wurde. 2048 Superframes bilden zusammen einen Hyperframe. Zur Übertragung eines solchen Hyperframes werden nahezu 3,5 Stunden gebraucht. Dies wird zur Synchronisierung und Nutzdatenverschlüsselung verwendet.

In GSM werden die TDMA-Rahmen während des Netzbetriebes kontinuierlich durchnummeriert. Durch die mehrere Ebenen umfassende Rahmenstruktur wird der entsprechende

5.4 Luftschnittstelle

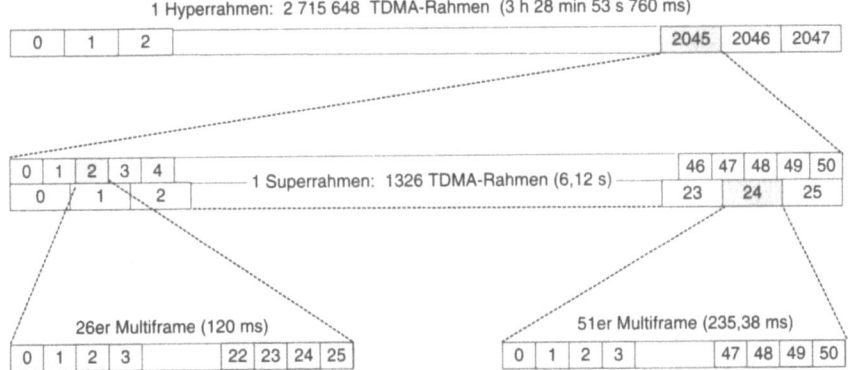

Abbildung 5.39: Rahmenstruktur im GSM-Netz

TDMA-Rahmen-Zähler bis zu 2715648 gross. Aus Gründen der Verschlüsselung wurde eine solch große Zahl notwendig, da der verwendete Verschlüsselungsalgorithmus die TDMA-Rahmennummer als Eingangsparameter verwendet. Für die übergeordneten Rahmen werden in GSM 3 unterschiedliche Zähler verwendet: T1 mit Modulo 2048, T2 mit Modulo 26 und T3 mit Modulo 51. T2 wird also zum Abzählen der TCH-Rahmenstruktur benutzt, T3 zum Abzählen der Signalisierungsstruktur. T1 ist zum Abzählen der Hyperframestruktur bestimmt. Eine verkürzte Rahmennummer *(Reduced Frame Number* RFN) wird von der Feststation im SCH übertragen und unterstützt die Mobilstation bei der zeitlichen Aufsynchronisation auf die Rahmenstruktur. Die zeitliche Synchronisation ist sehr wichtig, da die meisten logischen Kanäle nur in Rahmen mit bestimmter Nummer auftreten.

Mit Hilfe der einzelnen Zähler wird auch der Zusammenhang der Nutzkanäle im 26er Rahmen mit den Signalisierungskanälen im 51er Rahmen hergestellt. In Abbildung 5.40 wird die Abbildung der relevanten Kanäle (TCH, BCCH und SDCCH) auf die jeweilige Multirahmenstruktur und deren Einbettung in den Superrahmen gezeigt. Bei der Beschreibung der Rahmenstruktur muss berücksichtigt werden, dass immer nur über einen Zeitschlitz eines TDMA-Rahmens entschieden wird. Ein benachbarter Zeitschlitz kann mit einer anderen Rahmenstruktur belegt sein.

5.4.4 Synchronisation

Der erfolgreiche Betrieb eines Mobilfunksystems ist ohne Synchronisierung zwischen Mobil- und Feststation nicht möglich. Da in GSM der Vielfachzugriff als Kombination von Zeit- und Frequenzmultiplex geregelt ist, werden auch entsprechend zwei Arten von Synchronität unterschieden.

Die zeitliche Synchronität ist notwendig, damit die Mobilstation (Feststation) zum richtigen Zeitpunkt den Frequenzkanal abhört beziehungsweise im richtigen Moment einen Burst versendet. Durch die Bitsynchronisierung können die TDMA-Rahmen und übergeordneten Rahmenstrukturen zum Multiplexen logischer (Signalisierungs-) Kanäle realisiert werden. Die zeitliche Synchronisierung ist vor allem auch zum Ausgleich von Lauf-

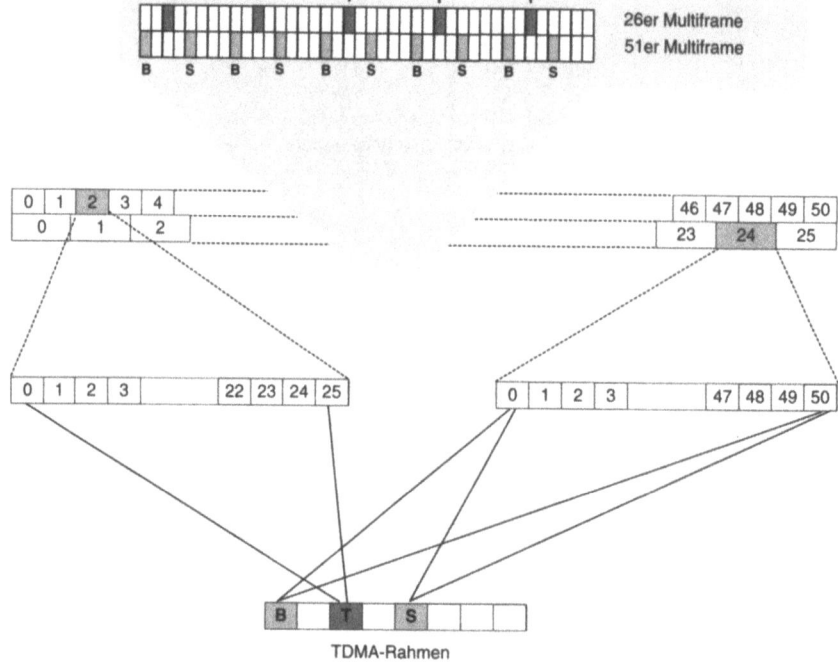

Abbildung 5.40: Zeitschlitzbelegung mit Abbildung auf Kanalstruktur

zeitunterschieden von immanenter Bedeutung. Damit kann erreicht werden, dass die gesendeten Bursts verschiedener Mobilstationen synchron mit den Zeitschlitzen des TDMA-Verfahrens an der Feststation empfangen werden. Auf diese Weise werden Überlappungen von Bursts in benachbarten Zeitschlitzen ausgeschlossen und gegenseitige Störungen vermieden.

Aus Kostengründen werden in einer Mobilstation in der Regel weniger leistungsfähige Oszillatoren eingesetzt. Damit die Frequenz der Mobilstation mit der Feststation übereinstimmt, sollen im Wesentlichen eventuelle Toleranzen der kostengünstigen Mobilstationen anhand der exakten Referenz der Feststation ermittelt und ausgeglichen werden.

5.4.4.1 Frequenzsynchronisierung

Eine Feststation in GSM sendet auf dem Frequenzträger des *Broadcast Control Channel* BCCH Signale, die es einer Mobilstation erlauben, sich auf die Feststation zu synchronisieren. Dafür werden von der Feststation die Signale *Synchronization Channel* SCH und *Frequency Correction Channel* FCCH zur Verfügung gestellt.

Für jeden TDMA-Rahmen belegt der BCCH auf einer festen Trägerfrequenz den Zeitschlitz $TN = 0$. Auf der Frequenz, auf welcher der BCCH gesendet wird, wird durchgehend mit konstanter Leistung gesendet, während auf allen anderen Trägerfrequenzen nicht immer alle Zeitschlitze gleichzeitig belegt sein müssen.

Wird die Mobilstation eingeschaltet, so führt sie Messungen der durchschnittlichen Signalpegel auf allen ihr bekannten Frequenzen durch. Eine erste Vorauswahl wird durch die stärkste, mittlere Empfangsfeldstärke getroffen. Die Identifikation des BCCH gelingt nur, wenn anschließend auf demselben physikalischen Kanal die Signale FCCH und SCH mit den entsprechenden Bursts *Synchronisation Burst* SB und *Frequency Correction Burst* FCB detektiert werden. Die Ausstrahlung des FCB entspricht einem unmodulierten Träger (Frequenzkanal) mit einer Frequenzverschiebung von circa 67.7 kHz und wird durch eine feste Folge von logischen 0 erzeugt. Anhand des FCCH-Sinussignals kann ein BCCH-Träger zweifelsfrei identifiziert werden und erlaubt der Mobilstation, ihren Oszillator zu synchronisieren. Der SB erlaubt mit seinen langen Trainingssequenzen eine sichere Synchronisation und wird auch zur Ermittlung der Zeitschlitzlage und zur TDMA-Rahmensynchronisation verwendet.

5.4.4.2 Taktsynchronisierung

Zur zeitlichen Synchronisation werden die TDMA-Rahmen in GSM zyklisch durchnummeriert modulo $2715648 = 26 \cdot 51 \cdot 2^{11}$, *TDMA Frame Number* FN. Die Synchronisation basiert auf der in Abschnitt 5.4.3.1 vorgestellten Rahmenstruktur. Jede Mobilstation besitzt einen Satz von Zählern, die mit den Referenzzählern der Feststation synchron laufen müssen. Aus diesen Zählern ergibt sich für jeden TDMA-Rahmen die Rahmennummer FN, die mit fortschreitender Zeit hochgezählt wird. Durch jeweils einen Zyklus entsteht somit die Hyperframe-Struktur, die 2715648 TDMA-Rahmen umfasst.

Jede Feststation sendet eine reduzierte laufende Nummer der TDMA-Rahmen *(Reduced TDMA Frame Number* RFN) im *Synchronization Channel* SCH periodisch aus. Mit Hilfe des *Synchronization Burst* SB erhalten die Mobilstationen einer Zelle Informationen über die Nummer des laufenden TDMA-Rahmens. Die RFN ist 19 Bit lang und besteht aus den drei Zählern T1 ($T1 = FN$ div $(26 \cdot 51)$ [0..2047], 11 Bit), T2 (FN mod 26 [0..25], 5 Bit) und T3' (($T3 - 1$) div 10 [0..4], 3 Bit), siehe Abschnitt 5.4.3.4. Zur Reduktion wird der Zähler T3' statt des Zählers T3 (FN mod 51 [0..50]) verwendet. Dabei bezeichnet *div* die Ganzzahldivision. Entscheidend für die Rekonstruktion der FN aus der RFN ist die Differenz (T3 - T2). Daher kann T3 exakt aus T3' zurückberechnet werden mit $T3 = 10 \cdot T3' + 1$.

Zur Zeitsynchronisation einer Mobilstation mit ihren Zeitschlitzen, TDMA-Rahmen und übergeordneten Rahmenstrukturen existieren in GSM vier Zähler. In Tabelle 5.8 sind diese Zähler aufgeführt. Diese Zähler werden durchgehend hochgezählt unabhängig davon, ob die Mobil- oder Feststation sendet. Unter der Voraussetzung, dass diese Zähler korrekt initialisiert sind, befindet sich die Mobilstation stets in synchronem Zustand mit der Feststation.

Mit dem Empfang eines *Synchronization Burst* SB können diese Timer zurückgesetzt und gestartet werden. Der Viertelbitzähler wird der Trainingsfolge entnommen. Da der SCH stets auf dem physikalischen Kanal der TN = 0 liegt, setzt die Mobilstation beim Empfang eines SB den Wert für TN gleich 0. Der Wert für FN liegt in codierter Form

Tabelle 5.8: Kanalkombinationen in GSM

Zähler	Bezeichnung	Wertebereich
Viertelbitzähler *(Quarter Bit Number)*	QN	0-624
Bitzähler *(Bit Number)*	BN	0-156
Zeitschlitzzähler *(Timeslot Number)*	TN	0-7
Rahmenzähler *(TDMA Frame Number)*	FN	0-2715647

als *Reduced TDMA Frame Number* RFN in den Nutzbits des SB vor, und kann wie folgt errechnet werden:

$$FN = 51 \cdot ((T3 - T2) \bmod 26) + T3 + 51 \cdot 26 \cdot 71 \qquad (5.7)$$

Nach den initialen Einstellungen dieser Zähler kann die Mobilstation diese mittels ihrer eigenen Uhr selbst aktualisieren. Die Zähler sind dabei aufgrund des Bit- beziehungsweise Rahmentimings natürlich verknüpft, wobei der nachfolgende Zähler die Überläufe des vorhergehenden zählt. Die Mobilstation (Feststation) erhöht den Wert für den Viertelbitzähler QN alle 12/13 µs. Der Wert für den Bitzähler BN ergibt sich aus dem ganzzahligen Anteil von QN/4. Bei jedem Übergang des Zählers QN von 624 nach 0 wird der Zeitschlitzzähler TN inkrementiert und jeder Überlauf von TN erhöht den Rahmenzähler FN um 1.

Bei Einsatz des optionalen Frequenzsprungverfahrens ist für die Synchronisierung zusätzlich zur Auswertung der Signale FCCH und SCH eine Abbildung der TDMA-Rahmennummer auf die jeweils zu verwendende Frequenz erforderlich. Anhand einer vorgegebenen Tabelle *RN-Table* wird aus der Rahmennummer FN, dem *Mobile Allocation Index Offset* MAIO und einer *Hopping Sequence Number* HSN die Indexnummer des zugeordneten Frequenzkanals berechnet, auf dem der nächste Burst gesendet werden soll.

5.4.4.3 Adaptive Synchronisation der Rahmen

Aufgrund der Mobilität der Teilnehmer in GSM ergeben sich zu jedem Zeitpunkt unterschiedliche Entfernungen der Mobilstationen zur Feststation. Die Signale besitzen daher unterschiedliche Laufzeiten, ohne Korrekturmechanismus würden die einzelnen Bursts zeitlich versetzt an der Feststation ankommen.

Das TDMA-Verfahren erfordert allerdings, dass die Signale aller (dieselbe Trägerfrequenz benutzenden) Mobilstationen die Feststation zeitlich synchronisiert erreichen. Auch bei unterschiedlichen Laufzeiten müssen die Datenbursts, die von zwei Mobilstationen in aufeinanderfolgenden Zeitschlitzen gesendet werden, beim Empfang an der Feststation mindestens durch eine 8.25 Bitperioden lange *Guard Period* voneinander getrennt sein.

Zur Vermeidung von möglichen Kollisionen wird die Übertragung der Mobilstation zeitlich umso mehr vorverlegt, je weiter sie von der Feststation entfernt ist. Dieser Prozess wird *Adaptive Frame Alignment* genannt. In diesem Zusammenhang wird in jedem SACCH-Block der Parameter TA *Timing Advance* verwendet. Die Feststation misst kontinuierlich die Zeitverzögerung der Signale von der Mobilstation und passt entsprechend den Parameter TA an. Zur Ausrichtung der Übertragung an den TDMA-Rahmen der Feststation erhält die Mobilstation im SACCH-Downlink von der Feststation den TA-Wert, den sie einzuhalten hat. In der anderen Richtung berichtet die Mobilstation im SACCH-Uplink ihren aktuellen TA-Wert.

Für die adaptive Anpassung stehen 64 Stufen (0..63) zur Verfügung, wobei eine Stufe einer Bitperiode entspricht. In der Stufe 0 erfolgt keine Zeitverschiebung. In diesem Fall werden also die Rahmen im Uplink mit einer Verzögerung von drei Zeitschlitzen (468,75 Bitdauern) gegenüber den Rahmen im Downlink gesendet. Bei Stufe 63 wird die Synchronisierung um 63 Bitperioden im Uplink zeitlich vorverlegt. Auf diese Weise ergibt sich nur noch eine Verzögerung von 405.75 Bitperioden zwischen Up- und Downlink.

In Abbildung 5.41 wird die Wirkungsweise der adaptiven Rahmensynchronisierung gezeigt. Da die einzustellende TA stets der doppelten Laufzeit *(Round Trip Delay Time)* entspricht, kann mit dem verfügbaren Wertebereich ein maximaler Laufzeitunterschied von 31,5 Bitdauern ($\approx 163\mu s$) kompensiert werden. Eine Mobilstation darf daher maximal 35 km von der Feststation entfernt sein. Daher darf in GSM eine Zelle einen maximalen Durchmesser von 70 km besitzen.

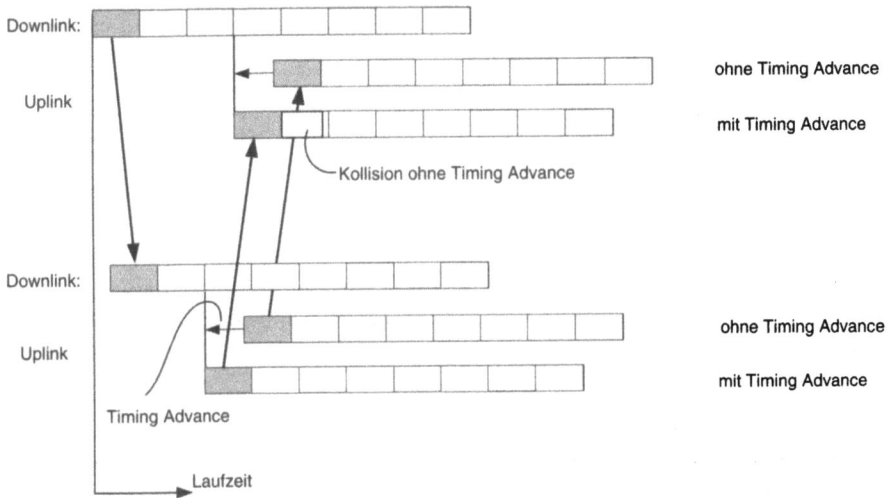

Abbildung 5.41: Adaptive Rahmensynchronisierung

Im Gegensatz zu einem etablierten Kanal, der aufgrund eines Gesprächswunsches aufgebaut wurde, existiert beim wahlfreien Erstzugriff noch kein solcher Kanal, siehe Abschnitt 3.5. Die Feststation hat also zu diesem Zeitpunkt keine Möglichkeit, die Entfernung der Mobilstation festzustellen und eine entsprechende zeitliche Anpassung vorzunehmen. Um in diesem Fall Kollisionen mit nachfolgenden TDMA-Zeitschlitzen an der Feststation zu vermeiden, muss der *Access Burst* AB auf dem *Random Access Channel* RACH entsprechend kürzer sein als die Dauer eines Zeitschlitzes. Daher ist in GSM ein AB mit einer Schutzzeit von 68.25 Bitperioden vorgesehen, mit der auch die Laufzeitunterschiede einer Mobilstation am Rand einer Zelle von etwa 70 km Durchmesser ausgeglichen werden können.

5.4.5 Sprachcodierung

Der Sprachcodierer stellt die zentrale Komponente der GSM Sprachverarbeitungsfunktionen dar. Mit Hilfe der Quellencodierung wird die Redundanz im Sprachsignal reduziert. Aufgrund der daraus resultierenden Komprimierung des Signals ist eine deutlich niedrigere Bitrate zur Übertragung notwendig. Abbildung 5.42 zeigt schematisch die verschiedenen Komponenten, die bei der Sprachübertragung zum Einsatz kommen. In GSM sind die Funktionen des GSM-Sprachcoders und -decoders in einem Baustein zusammengefasst, der *CODEC* (COder/DECoder) genannt wird.

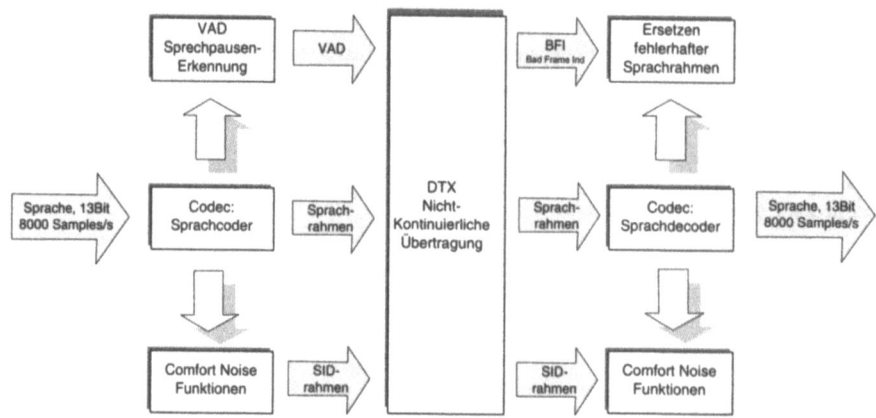

Abbildung 5.42: Prinzip der Sprachübertragung in GSM

Entsprechend dem Abtasttheorem wird auf der Empfängerseite das Sprachsignal mit einer Rate von 8000 Abtastwerten pro Sekunde abgetastet. Dabei werden die Abtastwerte *(Sprachsamples)* mit einer Auflösung von 13 Bit dargestellt, wodurch sich insgesamt eine Bitrate von 104 kbit/s ergibt.

Die 104 kbit/s pro Sprachsignal sind eine zu hohe Datenrate, um sie ökonomisch über den wertvollen und daher begrenzten Funkkanal übertragen zu können. Der Sprachcodec muss diese Daten bearbeiten, um redundante und irrelevante Anteile weitestgehend zu entfernen. Alle 20 ms liegt damit am Eingang des Sprachcoders ein Sprachrahmen von 160 Abtastwerten zu je 13 Bit an. Der Sprachcoder komprimiert das Sprachsignal zu einem quellencodierten Sprachsignal mit Blöcken von 260 Bit Länge. Der GSM Codec ist also in der Lage, Sprachsignale um den Faktor 8 zu komprimieren. Auf diese Weise wird eine Reduktion der Bitrate auf 13 kbit/s erreicht.

5.4.5.1 Codec

Die eigentliche Sprachkompression findet im Sprachcoder statt. Dazu wird ein hybrides Verfahren verwendet, welches eine Kombination eines linear-prädiktiven Langzeitverfahrens darstellt. Dazu wird das *Regular Pulse Excitation-Linear Predictive Coding* (RPE-LPC) mit der *Long Term Prediction*-Analyse (LTP) kombiniert. Das kombinierte Verfahren überträgt einen Teil der Information des Sprachsignals als reines Abtastsignal

(Hüllkurvencodierung), wobei der restliche Anteil in einem Parametersatz codiert ist, der sendeseitig analysiert und empfängerseitig zur Rekonstruktion durch Sprachsynthese ausgewertet wird.

RPE-LPC Dieses Verfahren ist ein lineares, voraussagendes Codieren, welches alle 20 ms 160 Abtastwerte je 13 Bit (2080 Bit) zwischenspeichert. Eine Analyse eines solchen Datensatzes ergibt acht Filterkoeffizienten und ein Erregersignal für ein zeitvariantes Digitalfilter. Dieses Filter kann man sich als digitale Nachbildung des menschlichen Sprachorgans vorstellen. Eine korrekte Filtereinstellung und eine entsprechende Anregung dieses Organs ergeben einen Laut. Diese Auftrennung selbst beinhaltet zunächst noch keine Datenreduktion.

In einem weiteren Schritt werden unter anderem Eigenschaften des menschlichen Sprachsignals und des Gehörs ausgenutzt. Beispielsweise wird ausgenutzt, dass Lautstärken in einem logarithmischen Maßstab wahrgenommen werden. Die 160 Abtastwerte werden in Blöcke von 4 mal 40 zerlegt. Ein solcher Block hat also die Dauer von 5 ms. Anschließend wird jeder dieser Blöcke in Sequenzen aufgeteilt, wobei eine Sequenz durch jeweils jeden vierten Abtastwert gebildet wird. Die Nummern 1, 5, 9, 13, ... 37 oder 2, 6, 10, 14, ... 38 stellen Beispiele dazu dar. Im Anschluß wird die Sequenz ausgewählt, welche am meisten Energie besitzt. Auf diese Weise wird die Datenrate schon erheblich reduziert, dem Sprachsignal wird überflüssige Information (Redundanz) entzogen.

Die RPE-LPC-Analyse hat ein relativ kurzzeitiges Gedächtnis von circa 1 ms. Eine längerfristige Miteinbeziehung von benachbarten Blöcken wird hier nicht durchgeführt. Korrelationen zwischen benachbarten Blöcken können beispielsweise bei langen Vokalen festgestellt und dadurch die Daten weiter reduziert werden. Dieser Eigenschaft wird mit einer langfristigen Vorhersage Rechnung getragen.

LTP Diese langfristige Vorhersagefunktion übernimmt die vom vorhergehenden Verfahren LPC ausgewählten Werte. Unter den bereits gesendeten, über 15 ms im Sender zwischengespeicherten *(gemerkten)* Sequenzen wird diejenige bestimmt, die mit der gerade aktuellen Sequenz die größte Korrelation *(Ähnlichkeit)* besitzt.

Diese *gemerkten* Sequenzen sind dem Empfänger bereits bekannt. Daher wird nur noch eine Differenz zu dieser bereits übertragenen Sequenz gesendet zusammen mit einem Zeiger, welcher diese Sequenz unter den zuletzt gesendeten auswählt. Auf diese Weise weiß der Empfänger, welche der bereits empfangenen Sequenzen mit den Differenzdaten verknüpft werden muss, um die neue Sequenz zu erhalten. Dieses LTP-Verfahren führt zu einer erneuten Datenreduktion.

5.4.5.2 Diskontinuierliches Senden

Der Sinn von diskontinuierlichem Senden liegt darin, dass bei der Mobilstation Leistung (Batterie) eingespart wird und durch die Sendepausen Störungen in benachbarten Funkzellen vermieden werden können. Auf diese Weise kann die spektrale Effizienz des GSM-Mobilfunksystems verbessert werden. Als Anhaltspunkt für die Häufigkeit solcher Sprechpausen wird 50% angenommen. Das bedeutet, dass ein Kanal beim Telefonieren in jeder Richtung nur in etwa der Hälfte der Zeit zur Sprachübertragung genutzt wird. Die *Discontinuous Transmission* DTX nutzt diese Tatsache aus. Im DTX-Modus wird der Sender entsprechend nur dann aktiviert, wenn im aktuellen Rahmen auch tatsächlich Sprachinformationen enthalten sind.

Die Entscheidung, ob sich Sprachinformationen im Sprachrahmen befinden, wird vom sogenannten *Voice Activity Detection* VAD getroffen. Der Detektor von Sprechpausen entscheidet aufgrund eines vom Sprachcoders gelieferten Parametersatzes, ob der aktuelle Sprachrahmen von der Dauer von 20 ms Sprache oder eine Sprechpause enthält. Auf der Basis dieser Entscheidung wird dann der Sendeverstärker in den Sprechpausen abgeschaltet. Dieser Vorgang wird vom DTX-Block gesteuert.

Um das Pausengeräusch möglichst realistisch dem Hintergrundgeräusch anzupassen, werden neben der Sprache auch Geräuschparameter übertragen. Stellt also die VAD keine Sprachaktivität fest, dann wird zunächst nichts beziehungsweise nach einer längeren Pause nur alle 480 ms sogenannte SID-Rahmen *(Silence Descriptor)* gesendet. Diese Rahmen enthalten Informationen über das Hintergrundgeräusch. Um auf der Empfängerseite in diesem Fall einen noch bestehenden Sprachkanal vorzutäuschen, werden die fehlenden Sprachrahmen auf der Empfängerseite durch ein synthetisiertes Hintergrundgeräusch *(Comfort Noise)* ersetzt. Die Parameter für den *Comfort Noise Synthesizer* werden in einem speziellen SID-Rahmen übertragen. Untersuchungen haben ergeben, dass Comfort Noise im Vergleich zur absoluten Stille bei Sprechpausen für den Gesprächsteilnehmer weit angenehmer ist.

Bitfehler, die nicht mit Hilfe der Kanalcodierung korrigiert werden können, werden vom Kanaldecoder mit dem BFI-Flag *(Bad Frame Indication)* markiert. In diesem Fall wird eine Technik zur Fehlerverdeckung *(Error Concealment)* verwendet, da das einfache Einsetzen von Comfort Noise nicht möglich ist. Der verworfene Rahmen wird durch einen prädiktiv aus den vorhergehenden Sprachrahmen berechneten Rahmen ersetzt.

5.4.6 Kanalcodierung

Die Qualität der Luftschnittstelle ist starken Schwankungen unterworfen, die sich aufgrund von äußeren Einflüssen ergeben, wie zum Beispiel die Mehrwegeausbreitung und Gleich- und Nachbarkanalstörungen. Um diesen Einfluss auf die Signalqualität möglichst gering zu halten, muss durch entsprechende Fehlerkorrekturverfahren die Bitfehlerhäufigkeit auf die akzeptable Größenordnung von 10^{-5} bis 10^{-6} reduziert werden. Im Gegensatz zur Quellencodierung (Sprachübertragung) wird bei der Kanalcodierung Redundanz hinzugefügt, welche die Erkennung und Korrektur von Übertragungsfehlern erst möglich macht.

Die einzelnen Bits in den (Sprach- oder Daten-) Rahmen haben einen bestimmten Informationsgehalt oder eine Funktion, die es dem Empfänger ermöglichen, aus den erhaltenen Daten das ursprüngliche digitale (Sprach- oder Daten-) Signal wiederzugewinnen. Dazu sind die Bits in verschiedene Klassen, je nach ihrer Wichtigkeit, eingeteilt und werden entsprechend vom Kanalcodierer schutzcodiert. Zum Schutz hat man sich in GSM für eine Kombination mehrerer Verfahren entschieden. Neben einem Blockcode *(Block Code)*, welcher Paritätsbits für die reine Fehlererkennung erzeugt, sorgt ein Faltungscode *(Convolutional Code)* für die zur Fehlerkorrektur notwendige Redundanz. Ein aufwen-

5.4 Luftschnittstelle

diges Verschachteln *(Interleaving)* der Daten über mehrere Blöcke hinweg sorgt für eine Reduktion der Auswirkung von Fehlern, die in Gruppen auftreten (Bündelfehlern). In Abbildung 5.43 wird beispielhaft die Einteilung der Bits bei der Block- und Faltungscodierung der Sprachdaten gezeigt.

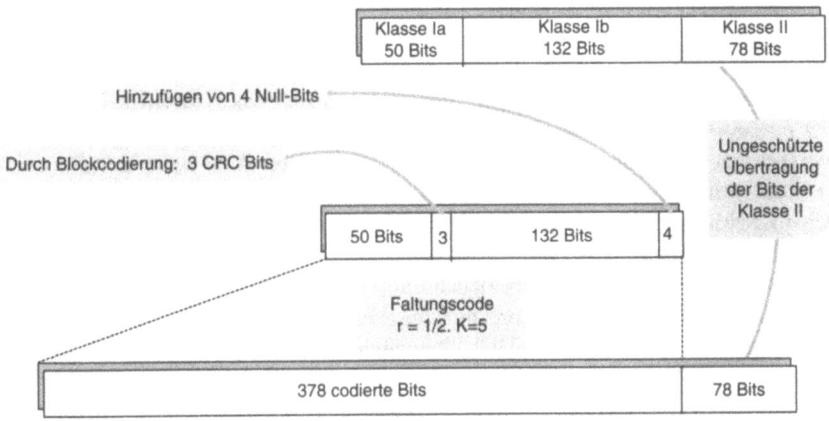

Abbildung 5.43: Block- und Faltungscodierung der Sprachdaten

Die einzelnen Stufen der Kanalcodierung in GSM sind in Abbildung 5.44 aufgezeigt. Auf der Senderseite werden zunächst die Paritätsprüfbits des Blockcodes berechnet und die Fülltbits angefügt. Anschließend wird mit Hilfe des Faltungscodes die Fehlerschutzcodierung ermittelt, und schließlich die Bits der benachbarten Blöcke miteinander verschachtelt. Auf der Empfängerseite wird entsprechend in der umgekehrten Richtung verfahren. Der interessierte Leser kann Details dazu beispielsweise in [17] nachlesen.

Abbildung 5.44: Stufen der Kanalcodierung

5.4.6.1 Kanalcodierung der Sprachdaten

Die Sprachqualität ist deutlich von der fehlerfreien Übertragung der Klasse I Bits abhängig. Daher werden diese Bits bei der Sprachcodierung besonders gut geschützt.

Der Blockcode ist ein zyklischer Code und wird zur Erkennung nicht korrigierbarer Fehler verwendet. Dieser Code führt den Klasse Ia Sprachbits 3 *Paritätsbits* hinzu, aus denen der Decoder später erkennen kann, ob in dieser Klasse nicht korrigierbare Fehler enthalten sind. In diesem Sinne können die Paritätsbits auch als Quersumme interpretiert werden. Sprachrahmen, bestehend aus 260 Bits, in welchen der Sprachdecoder Übertragungsfehler in der Klasse Ia Bits erkennt, werden verworfen. In diesem Fall versucht der Sprachdecoder, die Sprachinformation zu interpolieren mit den Informationen, die er aus vorhergehenden Sprachrahmen besitzt (BFI).

Der Faltungscode ist ein fehlerkorrigierender Code. Dieser erstreckt sich sowohl über die Bits der Klasse Ia, zusammen mit den Paritätsbits, als auch über die Bits der Klasse Ib. Diese werden zusammengefasst und um 4 Tail-Bits (Logische 0) erweitert. Diese 4 Bit sollen nach dem Codiervorgang den Encoder wieder in den Ausgangszustand zurückversetzen. Der verwendete Code besitzt eine Rate von $R = 0.5$ und eine Verknüpfungslänge von $K = 5$. Die Rate von 0.5 bedeutet, dass für jedes Bit, das in den Encoder eingegeben wird, 2 Bit herauskommen. Die Verknüpfungslänge gibt die Anzahl der verwendeten Schieberegister an (Grad des verwendeten Polynoms). Aufgrund der in den Faltungscodierer eingegebenen 189 Bits werden 378 Bit herausgegeben. Diesen werden die ungeschützten Bits der Klasse II hinzugefügt. Dies ergibt eine Gesamtblocklänge von 456 Bit, was genau dem Nutzinhalt von 4 Bursts mit jeweils 114 Bit entspricht. Die 4 Bursts sind in Form von 8 Unterblöcken auf 4 TDMA-Rahmen verteilt, wobei jeweils vor und hinter der Trainingssequenz ein Unterblock mit jeweils 57 Bit allokiert ist. Die Details können auch in Abschnitt 5.4.1.2 nachgelesen werden, Abbildung 5.30.

5.4.6.2 Verschachtelung

Bitverschachtelung *(Interleaving)* wird dazu verwendet, korrelierte Bitfehler, die aufgrund von Bündelfehlern auftreten, beim Decoder des Empfängers gleichmäßig als Einzelfehler erscheinen zu lassen. Man unterscheidet zwischen Bitinterleaving und Blockinterleaving. Bitinterleaving der Tiefe n bedeutet, dass die 456 Informationsbits des Faltungscodierers zeilenweise Modulo n in eine Tabelle sortiert werden.

Zur Übertragung werden die zeilenweise eingelesenen Bits spaltenweise ausgelesen. In Abbildung 5.45 wird dieser Sachverhalt am Beispiel des SDDCH gezeigt. Die Aufteilung in acht Unterblöcke ergibt in diesem Fall genau acht SDCCH-Kanäle. Jede Zeile (rechts) beziehungsweise Spalte (links) der Tabelle entspricht einem Unterblock zu je 57 Bit. Um die Auswirkungen des Verlusts eines Bursts möglichst gering zu halten, werden diese Unterblöcke auf 8 aufeinanderfolgende Bursts verteilt. Dazu werden die ersten 4 Datenblöcke auf die geradzahligen Datenbits der ersten 4 Burstblöcke gegeben, die zweiten 4 Datenblöcke auf die ungeradzahligen Bits der nächsten 4 Burstblöcke.

Auf der Seite des Empfängers wird durch den Entschachteler die ursprüngliche Bitreihenfolge wiederhergestellt. Bündelfehler bis zur Länge $n - 1 = 7$ werden mit Hilfe der Verschachtelung auf Einzelbitfehler in (sieben) verschiedenen Bursts abgebildet.

5.4.6.3 Kanalcodierung der Datenkanäle

Die Mechanismen zur Codierung der Datenkanäle werden anhand eines TCH/F von 9.6 kbit/s beispielhaft ausgeführt. Die Codierung anderer Datenkanäle unterscheidet sich lediglich durch die verwendete Verschachtelungstiefe beziehungsweise unterschiedliche Parameter bei der Faltungscodierung.

Bei der Codierung der Datenkanäle werden die zu übertragenden Daten in Blöcke zu jeweils 60 Bit zusammengefasst. Dabei werden vier solcher Blöcke zusammen codiert.

5.4 Luftschnittstelle

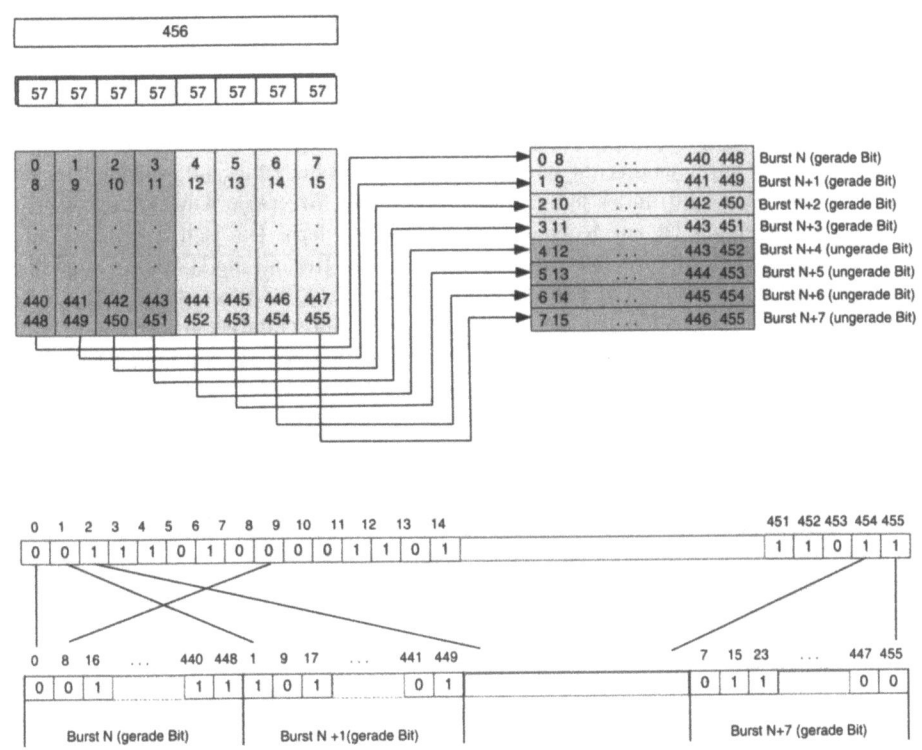

Abbildung 5.45: Schema der Bitverschachtelung Modulo 8

Eine Blockcodierung wird nicht angewendet, da die Fehlererkennung im mobilen Endgerät bereits vorgenommen wird. Zu den 240 Datenbits werden insgesamt zusätzlich 4 Tail-Bits hinzugefügt, um den Encoder nach der Codierung wieder in den Ausgangszustand zurückzusetzen. Diese insgesamt 244 Bits werden wie Sprachdaten mit einem Faltungscode ($R = 0.5$, $K = 5$) behandelt. Auf diese Weise werden allerdings 488 Bits hergestellt, wobei die Funkschnittstelle nur auf 456 zu übertragende Bits ausgerichtet ist. Deshalb werden aus den 248 codierten Bits nach einem Schema gleichmäßig 32 Bit herausgenommen und nicht übertragen.

Die Verschachtelung erfolgt anschließend über 19 verschiedene Blöcke, da ein möglicher Übertragungsfehler bei einem Datenkanal größere negative Auswirkungen besitzt. Jeder Burst enthält daher codierte Daten von insgesamt 19 Datenblöcken. Falls während der Übertragung eines Datenkanals Signalisierungsbedarf entsteht, dann wird wegen des hohen Interleavinggrades von 19 der FACCH einfach auf den Bursts gepackt. Dabei wird in Kauf genommen, dass Bits der Datenkanäle verlorengehen, da durch die hohe Verschachtelungstiefe nur wenige Bit pro Datenblock gestört werden, die sich anschließend durch den Faltungsdecoder leicht entfernen lassen. Die Verschachtelung erfolgt für die Datenkanäle burstweise diagonal, wobei also abwechselnd die gerad- und ungeradzahligen Bits belegt werden.

5.4.6.4 Kanalcodierung der Signalisierungskanäle

Bei den Signalisierungskanälen werden 184 Bit codiert. Bei diesen Kanälen werden keine unterschiedlichen Bitklassen unterschieden, da alle Bits denselben Stellenwert besitzen. Genau wie bei der Sprachcodierung wird wieder ein zyklischer Blockcode zur Fehlererkennung verwendet. Diesmal findet jedoch ein sogenannter *Fire-Code* Anwendung, welcher besonders gut geeignet ist zur Korrektur von Bündelfehlern. Die sich daraus ergebenden 40 Paritätsbits werden wieder zusammen mit 4 Tail-Bits an die Datenbits angefügt. Mit Hilfe des bereits bekannten Faltungscodes ($R = 0.5$, $K = 5$) werden die Daten codiert. Die resultierenden 456 Bit werden wie bei den Sprachdaten verwürfelt und auf 8 Unterblöcke mit jeweils 57 Bit aufgeteilt. Allerdings findet jetzt eine blockweise Verschachtelung über 4 Blöcke statt im Gegensatz zur Sprachcodierung, bei der 8 Blöcke verwendet werden.

Jetzt wird auch verständlich, warum bei der Burststruktur für die Signalisierungs- und Kontrollkanäle jeweils 4 Rahmen zusammengefasst sind, vergleiche Abbildung 5.4.3.3. Diese gehören logisch zusammen und die darin enthaltene Information wird so quasi zeitgleich übertragen, ohne dass eine Verzögerung entsteht oder Daten zwischengespeichert werden müssen.

5.4.6.5 Datenraten der logischen Kanäle

In Abschnitt 5.4.3 wurden die unterschiedlichen Rahmenstrukturen erläutert, die sich bei der Abbildung der logischen Kanäle auf einen physikalischen Kanal ergeben. Daraus ergibt sich zum Beispiel, dass für einen (Sprachkanal) TCH/F alle 26 TDMA-Rahmen genau 24 Rahmen mit Sprachinformationen übertragen werden, siehe auch Abschnitt 5.4.3.2. In Abschnitt 5.4.6.1 wurde gezeigt, dass im Mittel alle vier Burst ein kompletter Sprachrahmen mit 260 Nutzbits übertragen wird. Bei einer Dauer von 120 ms eines 26 Multirahmens entspricht dies einer Nettodatenrate von 13 kbit/s, ein Wert der auch schon in anderen Zusammenhängen berechnet wurde (Sprachcodec). Die 13 kbit/s können streng genommen nicht mehr als Nettodatenrate interpretiert werden, da in dieser Bitrate die Kontrollkanäle bereits gemittelt sind. Nach der Codierung ergibt sich eine höhere Bruttodatenrate von 456 Bit/20 ms, also 22.8 kbit/s, wobei nicht die Trainingssequenz und die Tailbits eingerechnet sind.

Die Sprachrahmen der TCH/-Kanäle sind zwar verschachtelt über acht aufeinanderfolgende Burst, am Sprachcodec allerdings liegt alle vier TDMA-Rahmen ein kompletter Sprachrahmen an. Daher spricht man von einer Wiederholrate von 20 ms, wobei über einen 26er Multirahmen gemittelt wird. Die Verzögerung, die durch das Verschachteln produziert wird, beläuft sich auf $8 \cdot 4.6$ ms = 36.8 ms. Werden die SACHH- beziehungsweise Idle-Rahmen berücksichtigt, dann sind es sogar näherungsweise 38 ms. In Tabelle 5.9 sind die entsprechenden Werte (Datenrate, Wiederholrate, Verzögerung) für alle logischen Kanäle aufgeführt.

Tabelle 5.9: Daten- bzw. Wiederholraten und Verzögerungen logischer GSM-Kanäle

Kanaltyp	Nettodatenrate [bit/s]	Wiederholrate [bit/s]	Verzögerung [ms]	Bruttodatenrate [kbit/s]
Speech TCH/F	13000	20	38	22.8
Data TCH/F 9.6 kbit/s	12000	5	93	22.8
Data TCH/F 4.8 kbit/s	6000	10	185	22.8
Data TCH/H 4.8 kbit/s	6000	10	93	11.4
Data TCH/F 2.4 kbit/s	3600	20	185	22.8
Data TCH/H 2.4 kbit/s	3600	20	38	11.4
FACCH/F	9200	20	38	22.8
FACCH/H	4600	40	74	11.4
SDCCH	782	236	14	1.932
SACCH/TCH	382	480	360	0.950
SACCH/SDCCH	391	471	14	0.968
BCCH	782	236	14	1.932
AGCH	782	236	14	1.932
PCH	782	236	14	1.932
RACH	34	236	-	-

5.4.6.6 Signalqualität im digitalen System

Die Qualität des empfangenen Signals wird unter anderem durch den Abstand des Nutzsignalpegels (Sprache) von dem Störsignalpegel (Rauschen) wesentlich bestimmt. In einem analogen System wird die Sprache auf eine Hochfrequenz aufmoduliert. In diesem Fall wirken sich die Störungen des Signalpegels unmittelbar auf die Sprachübertragung aus. Diese Störungen ergeben sich typischerweise durch Mehrwegeausbreitung oder aufgrund des größer werdenden Abstands zur Feststation, auf der Sprachverbindung nimmt das Rauschen kontinuierlich zu.

Dagegen wird in einem digitalen System die Sprache (nach Abtastung und Quantisierung) fehlergeschützt und codiert, bevor sie auf die Hochfrequenz moduliert und übertragen wird. Durch diese Art der digitalen Sprachübertragung kann die Signalqualität unabhängig von den schwankenden Störeinflüssen näherungsweise konstant gehalten werden. Daher weist eine digitale Sprachverbindung in der Regel über einen langen Zeitraum eine annähernd gleich gute Qualität auf, bevor sie abrupt abreißt. Im Gegensatz dazu wird die Qualität auf einer analogen Verbindung kontinuierlich schlechter.

5.5 Netzschicht

Die Signalisierungsprotokolle der Netzschicht (Schicht 3) bieten Funktionen zur Verwaltung von mobilen Verbindungen. Zu diesen Funktionen zählt der Aufbau, der Betrieb und der Abbau von Verbindungen. Kontrollfunktionen zur Unterstützung von Zusatz- und Kurzmitteilungsdiensten werden ebenfalls in der Netzschicht zur Verfügung gestellt.

Aufgrund der Komplexität ist die Netzschicht in drei in sich abgeschlossene Teilschichten unterteilt. In der untersten Teilschicht übernimmt dabei das *Radio Ressource Management (RR)* die Aufgabe der Verwaltung der Funkressourcen. Die mittlere Teilschicht verwaltet die Mobilitätsdaten der Teilnehmer und wird *Mobility Management (MM)* genannt. Dies umfasst auch die Registrierung und Authentifikation. Die Verwaltung der Verbindungen wird in der obersten Teilschicht, dem *Connection Management (CM)*, geregelt. Diese Teilschicht umfasst Aufbau, Unterhaltung und Abbau von Verbindungen beziehungsweise von Zusatz- und Kurzmitteilungsdiensten.

Die Nachrichtenformate sind für alle drei Varianten einheitlich gewählt und werden in Abbildung 5.46 dargestellt. Innerhalb der CM-Teilschicht können mehrere Verbindungen

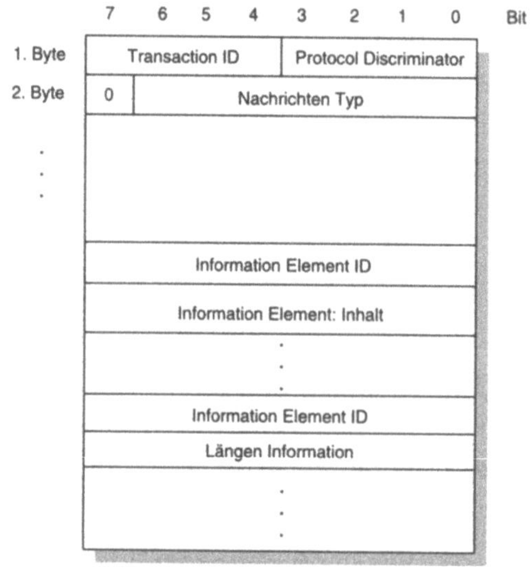

Abbildung 5.46: Aufbau einer Schicht-3-Nachricht

nebenläufig ablaufen. Zur Unterscheidung an der Mobilstation wird der *Transaction Identifier (TI)* verwendet. Der Transaction Identifier wird bei RR- und MM-Verbindungen mit „0000" codiert. Der *Protocol Discriminator (PD)* gibt an, welcher Teilschicht die Nachricht zugeordnet ist. In Tabelle 5.10 wird diese Zuordnung gezeigt. Der Nachrich-

Tabelle 5.10: Zuordnung der Signalisierungsprotokolle innerhalb der Netzschicht

Signalisierungsprotokoll	Binäre Darstellung PD
Radio Ressource Management	0 1 1 0
Mobility Management	0 1 0 1
Call Control	0 0 1 1
Short Message Service	1 0 0 1
Supplementary Service Message	1 0 1 1
Test Procedure	1 1 1 1
Restlichen Werte sind reserviert	

5.5 Netzschicht

tentyp *(Message Typ MT)* belegt die unteren sieben Bit des zweiten Byte. Eine Schicht-3-Nachricht enthält mindestens ein Informationselement *(Information Element: IE)* fester oder auch variabler Länge. Im zweiten Fall enthält der *Length Indicator (LI)* die entsprechende Längeninformation.

Das LAPDm-Protokoll ist unterhalb der Netzschicht angesiedelt und sichert die Signalisierungsprotokolle der Netzschicht und des Kurzmitteilungsdienstes auf dem Funkkanal. Entsprechend dem OSI-Modell stellt die Schicht 2 ihre Dienste der Netzschicht an sogenannten Dienstzugangspunkten (SAP) zur Verfügung, siehe dazu auch Kapitel 3.1. Der *Service Access Point Identifier (SAPI)* ist in jedem Schicht-2-Rahmen enthalten. Es sind bisher zwei verschiedene Werte für SAPI möglich. Für die Protokolle der Teilschichten RR, MM und CM wird für SAPI der Wert 0 eingesetzt, für SMS der Wert 3. Die aktuelle Instanz in der Netzschicht bestimmt natürlich den SAPI-Wert, der benutzt werden soll. Die Priorität für den Wert 0 ist höher als die für den Wert 3. Für weitere Funktionen sind insgesamt bis zu acht SAPI-Werte vorhanden.

Innerhalb eines SAPI liegen verschiedene Verbindungsendpunkte *(Connection Endpoint, CE)*. Mit Hilfe dieser Werte kann festgelegt werden, auf welchem logischen Kanal eine Nachricht der Netzschicht zu versenden ist. In Abbildung 5.47 wird diese eindeutige Zuordnung schematisch dargestellt.

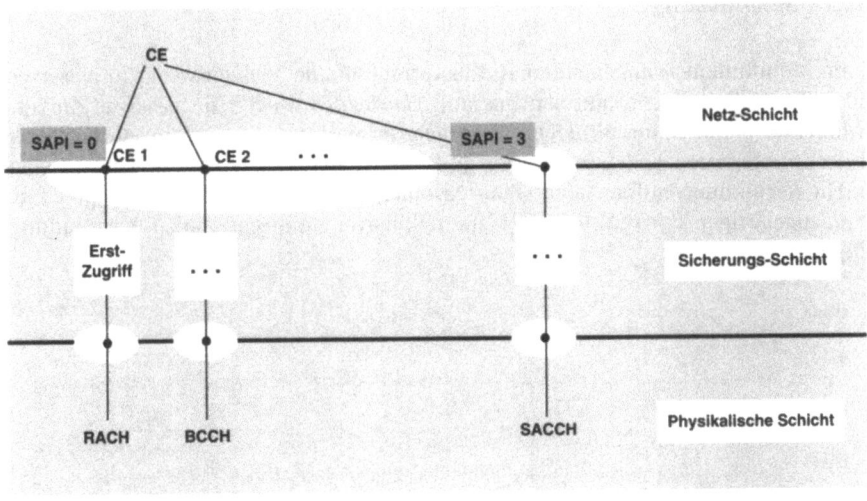

Abbildung 5.47: Zuordnung der Schicht-3-Nachrichten

5.5.1 Radio Ressource Management

Die in der RR-Teilschicht implementierten Protokolle bieten im Wesentlichen Funktionen zur Zuweisung von Betriebsmitteln, welche zur Realisierung von Verbindungen innerhalb des GSM-Mobilfunknetzes benötigt werden. Die entsprechenden Funktionen verwalten dabei die Verbindung von der Mobilstation bis zum Gateway MSC, welches beispielsweise den Zugang zum öffentlichen ISDN anbietet. Die RR-Teilschicht bietet im Wesentlichen also Prozeduren zur Kanalzuweisung *(Channel Assignment Procedure)*, zum Kanalabbau *(Channel Release)* und zum Kanalwechsel *(Handover Procedure)*.

Weitere wichtige Dienste, die von der RR-Teilschicht angeboten werden, betreffen die Aktivierung der Verschlüsselung, die Änderung von Frequenzen und Frequenzsprungalgorithmen sowie die Vorbereitung des Handovers. Zur Vorbereitung des Handovers werden insbesondere sogenannte Messberichte *(Measurement Reports)* zwischen der Mobilstation und der Feststation laufend ausgetauscht. Sowohl die Leistungsregelung *(Power Control)* zur Vermeidung von Interferenzen und Einsparung von Batterie als auch die Regelung des Zeitversatzes *(Timing Advance)* sind in der RR-Teilschicht angesiedelt. Dienste zur Modifikation bestehender Verbindungen sind ebenfalls in der RR-Teilschicht enthalten. Bei der Änderung des Kanaltyps *(Channel Modification)* kann beispielsweise von Sprach- auf Datenübertragung gewechselt werden.

In der anderen Richtung benutzt die RR-Teilschicht nicht nur Dienste von Schicht 2. Zusätzlich können auch einige Dienste von Schicht 1 direkt genutzt werden. Zum Beispiel kann zur Überwachung der Verbindung die Anzeige verwendet werden, ob auf dem SACCH kontinuierlich gesendet wird. Die automatische Suche nach dem BCCH kann ebenfalls von der RR-Teilschicht direkt angestoßen werden.

5.5.1.1 RR-Sitzung

Eine im Mobilfunknetz angemeldete Mobilstation befindet sich entweder im passiven Zustand *(Idle Mode)* oder im aktiven Zustand *(Dedicated Mode)*. Im passiven Zustand ist die Mobilstation an keiner aktuellen Gesprächsverbindung beteiligt. Im aktiven Zustand sind der Mobilstation dedizierte Daten- und Signalisierungskanäle zugewiesen. Nach einem RR-Verbindungsaufbau steht einer Mobilstation ein SDCCH oder ein TCH mit dem dazugehörigen SACCH/FACCH zur exklusiven, bidirektionalen Verwendung zur Verfügung.

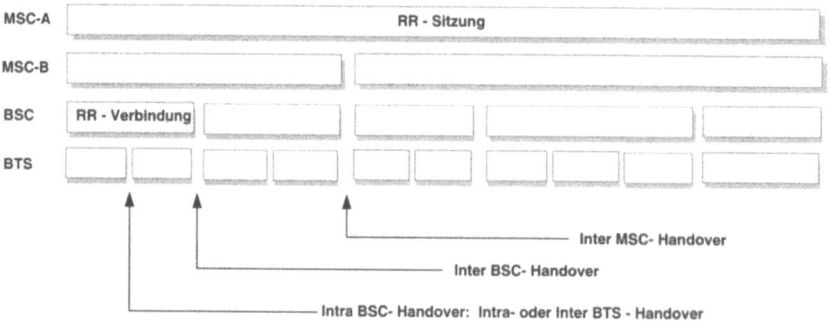

Abbildung 5.48: RR-Sitzung und RR-Verbindung

Die gesamte Dauer einer Gesprächsverbindung wird in der RR-Teilschicht RR-Sitzung genannt. Aufgrund der Beweglichkeit der Mobilstation kann in der Regel während eines aktiven Gesprächs der Versorgungsbereich einer Zelle verlassen werden. In diesem Fall muss die Mobilstation bei der neuen Feststation die entsprechenden Kanäle reservieren und damit eine neue RR-Verbindung aufbauen. Daher besteht eine RR-Sitzung

5.5 Netzschicht

typischerweise aus mehreren aufeinanderfolgenden RR-Verbindungen. In Abbildung 5.48 wird dieser Zusammenhang bildlich dargestellt, die verschiedenen Handover-Varianten sind ebenfalls aufgeführt.

Während einer RR-Sitzung sind in GSM maximal zwei MSC involviert, die jeweils die Rolle MSC-A oder MSC-B übernehmen. Die Rolle des MSC-A *(Anchor MSC)* ist dabei für die gesamte Dauer der RR-Sitzung dem MSC zugeordnet, über das die Verbindung beim Verbindungsaufbau geführt wurde. Das MSC-A behält stets die Kontrolle über die Verbindung, es übernimmt beispielsweise auch die Aspekte der Vergebührung. Falls die Mobilstation den Versorgungsbereich eines MSC verlässt, so wird ein Inter MSC-Handover notwendig, siehe auch Abschnitt 5.2.1. In diesem Fall wird die Verbindung vom MSC-A zum neuen MSC-B verlängert. Bei möglichen weiteren Inter MSC-Handovern wird die Verbindung immer vom ursprünglichen MSC-A (Anchor MSC) zum neuen MSC-B weitergereicht. Das neue MSC-B wird daher auch Relay MSC genannt. Abbildung 5.49 zeigt den entsprechenden Zusammenhang.

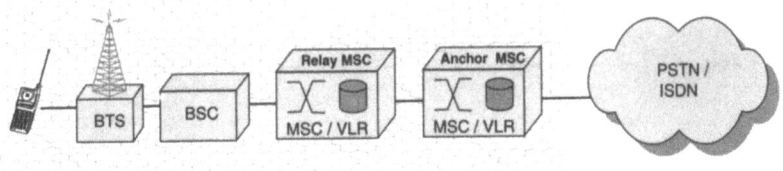

Abbildung 5.49: Anchor und Relay MSC

5.5.1.2 Prozeduren zum Auf- und Abbau von Verbindungen

Eine RR-Verbindung kann von der Mobilstation oder vom Netz angestoßen werden. Eine Mobilstation, die eine Verbindung aufbauen möchte, muss sich zunächst Zugang zum Netz verschaffen. Dieser Vorgang wird in GSM *Initial Access* bezeichnet. Nachdem der Verbindungswunsch beim Netz vermerkt wurde, stellt das Netz der Mobilstation Funkkanäle zur Verfügung. Die entsprechende Prozedur wird *Initial Channel Assignment* bezeichnet. Falls der Verbindungswunsch vom Netz (beziehungsweise einem angeschlossenen Endgerät) initiiert wird, führt das Netz zunächst zur Lokalisierung der Mobilstation einen Rundruf durch. Dies geschieht mit Hilfe der sogenannten *Paging*-Prozedur.

Ein initialer Zugang kann aus verschiedenen Gründen erfolgen. Falls das Netz den Verbindungswunsch initiiert hat, sucht die Mobilstation als Antwort darauf den Zugang *(RR-Message: Paging Response)*. In der anderen Richtung ergibt sich der initiale Zugangswunsch als Folge einer laufenden Aktualisierung des Aufenthaltsbereichs *(MM-Message: IMSI Attach* beziehungsweise *IMSI Deattach)* und natürlich als Folge eines Verbindungswunsches *(CM-Message: Call Set-Up, Supplementary Service Management)*.

Nach erfolgreichem Abschluss einer RR-Verbindung und dem gleichzeitigen Einrichten einer LAPDm-Verbindung (mit der entsprechenden Feststation) können die höheren Protokolle aus der Netzschicht (MM, CM) gesichert am SAPI 0 Daten- und Signalisierungsnachrichten austauschen. Im Gegensatz zum Verbindungsaufbau wird die Freigabe einer Verbindung beziehungsweise eines Kanals immer vom Netz initiiert *(Channel Release)*.

In Abbildung 5.50 werden die beiden Fälle beim Verbindungsaufbau gezeigt. Der initiale Zugang kann also vom Netz beziehungsweise von der Mobilstation initiiert werden. Falls die Mobilstation die Initiative ergreift, sendet sie auf dem RACH eine Kanalan-

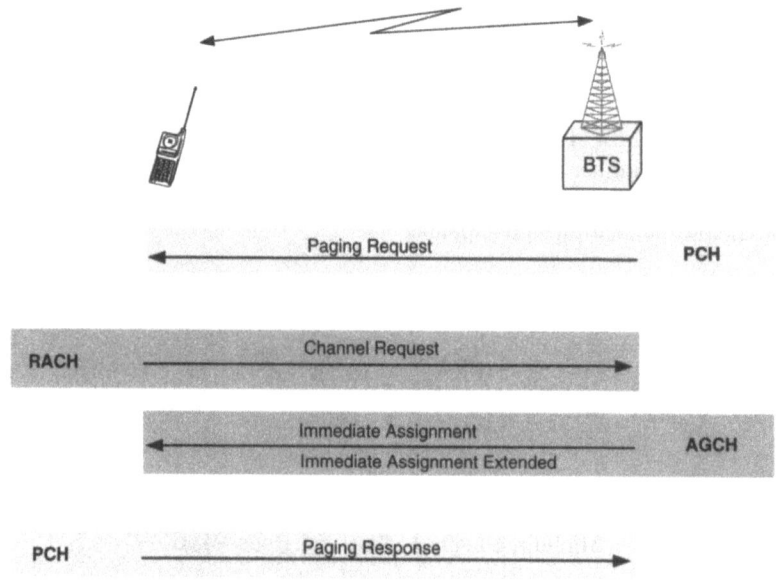

Abbildung 5.50: Initiale Zugangsprozedur

forderung *(Channel Request)*. Der entsprechende Kanal wird darauf im AGCH zugeteilt *(Immediate Assignment* oder *Immediate Assignment Extended)*. Das Netz kann eine Kanalanforderung abweisen *(Immediate Assignment Reject)*. Dies geschieht typischerweise dann, wenn zum aktuellen Zeitpunkt alle Funkkanäle bereits anderweitig vergeben sind. Falls das Netz den Verbindungswunsch initiiert, erfolgt vor dem Zugang ein Pagingruf *(Paging Request)*, welcher von der Mobilstation abschließend bestätigt werden muss *(Paging Response)*.

In GSM wird die initiale Kanalanforderung mit Hilfe einer modifizierten Version des unterteilten ALOHA-Protokolls vorgenommen, siehe dazu auch Kapitel 3.5. Dieses Verfahren arbeitet zufällig und trägt das Risiko einer Kollision, da in der Regel die mobilen Teilnehmer unabhängig voneinander den Erstzugriff über RACH zum Netz suchen können. Eine Kollision wird von der sendenden mobilen Station indirekt erkannt. Falls die Bestätigung nicht rechtzeitig eintrifft, geht die Station von einer Kollision aus und startet nach einer bestimmten Wartezeit einen erneuten Zugriffsversuch. Die Modifikationen in GSM kontrollieren die Art und Weise, wie Wiederholungen produziert werden. Mit Hilfe von Parametern kann die Anzahl der Wiederholungen *(MAX_RETRANS)* und der Zeitraum zwischen den erlaubten Wiederholungen *(TX_INTEGER)* gesteuert werden.

Die Mobilstation kommuniziert zum Zeitpunkt des initialen Zugangs natürlich nur mit der Feststation (BTS). Die Zuteilung des Funkkanals zur angeforderten Verbindung er-

5.5 Netzschicht

folgt allerdings bei der Steuerungseinheit der Feststationen (BSC). Dazu leitet die BTS die Kanalanforderung *(Channel Required)* an das BSC weiter. Dabei wird unter anderem der aktuelle Wert der Übertragungsverzögerung und die Nummer des verwendeten Zeitschlitzes mitgegeben. Beide Werte werden zur Einstellung der Synchronisation benötigt. Falls möglich, wählt das BSC einen aktuell freien Kanal aus, typischerweise einen Nutz- (TCH) und einen dedizierten Signalisierungskanal (SACCH). Dieser Kanal wird in der Feststation BTS aktiviert und mit Hilfe vom AGCH der Mobilstation mitgeteilt. In Abbildung 5.51 ist dieser Sachverhalt gezeigt.

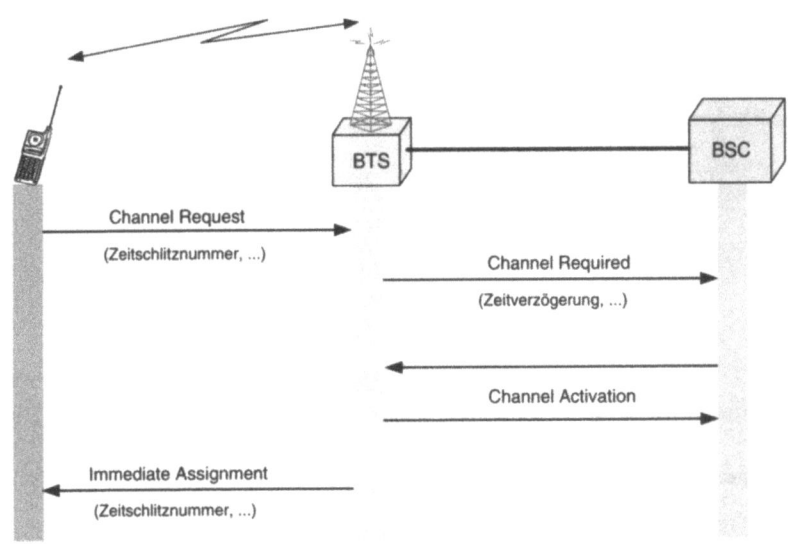

Abbildung 5.51: Initiale Zuordnungsprozedur

Nach Erhalt dieser Information kann die Mobilstation den zugeordneten Funkkanal konfigurieren. Dazu werden die zugewiesenen Frequenz- und Zeitcharakteristiken eingestellt. Zur Etablierung der Verbindung sendet die Mobilstation eine initiale Nachricht *(Initial Message)* an den SAPI 0 der Sicherungsschicht. Die entsprechende Nachricht SABM *(Set Asynchronous Balance Mode)* enthält im Gegensatz zum üblichen HDLC-Protokoll die Nummer des zugewiesenen Zeitschlitzes als Parameter.

Wenn die Gesprächsverbindung beendet ist, muss natürlich die entsprechende RR-Sitzung abgebaut werden. Die entsprechende Prozedur *(Normal Release Procedure)* wird immer vom Anchor MSC angestoßen. Für den Fall, dass Relay und Anchor MSC nicht identisch sind, schickt das Anchor MSC an das Relay MSC zunächst eine MM-Nachricht zum Abbau der RR-Sitzung *(Send End Signal Result)*, die dann die Nachricht an das Funkteilsystem weitergibt. In Abbildung 5.52 wird das zeitliche Verhalten der normalen Abbauprozedur erläutert.

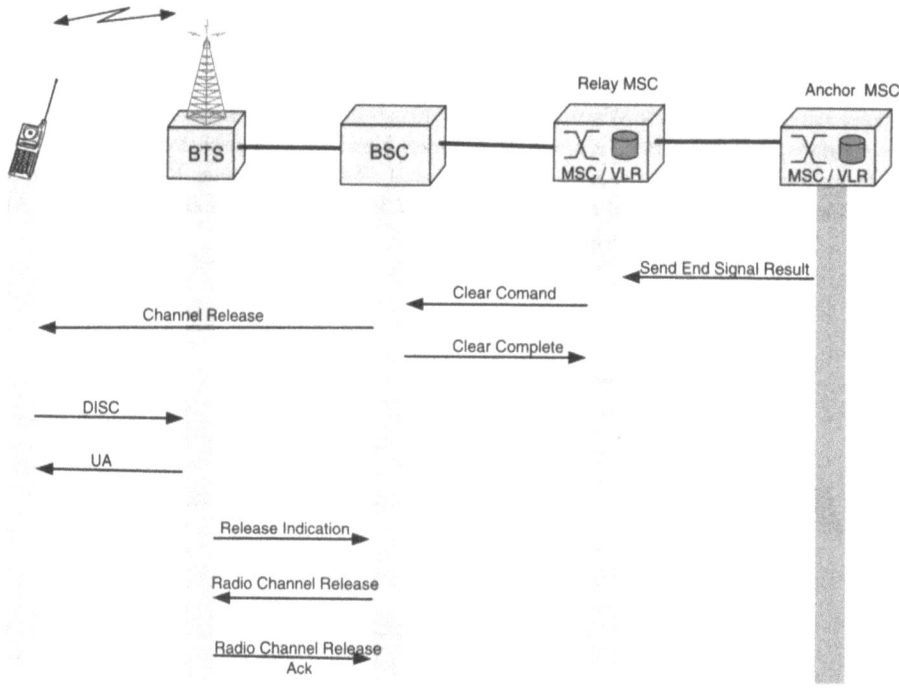

Abbildung 5.52: Normale Abbauprozedur

5.5.1.3 Handover-Durchführung

Der Handover, die Weitergabe einer bestehenden Gesprächsverbindung an eine neue Feststation, stellt die zentrale Funktion in der RR-Teilschicht dar. Ein Handover wird immer vom Netz kontrolliert, nicht von der Mobilstation. Die Kriterien, die das Netz zur Handover-Entscheidung heranzieht, betreffen im Wesentlichen die empfangene Feldstärke und die gemessene Kanalqualität. Bei der Handover-Entscheidung werden auch globale Kriterien herangezogen. Diese Kriterien betreffen die Auslastung des Netzes beziehungsweise der entsprechenden Zelle.

Bei einem Handover sind im Wesentlichen eine Mobilstation und zwei Feststationen beteiligt. Die ursprüngliche Feststation wird dabei häufig als alt, die andere als neu bezeichnet. Bei einem synchronen Handover kann die Mobilstation den korrekten Zeitversatz (zwischen Sende- und Empfangszeitschlitz) an der neuen Feststation aus dem alten Zeitversatz berechnen, da beide Feststationen synchronisiert sind. Im asynchronen Fall, ist eine explizite Synchronisation der Mobilstation mit der neuen Feststation erforderlich.

In Abhängigkeit der aktuellen Position der Vermittlungsstelle MSC ergeben sich verschiedene Möglichkeiten für einen Handover. In Abbildung 5.53 sind die entsprechenden Varianten bildlich dargestellt. Im einfachsten Fall *(Intra-Zell-Handover)* kann aus Gründen der Kanalqualität oder auch aus administrativen Gründen einer Mobilstation innerhalb einer Zelle ein neuer Kanal zugewiesen werden. Falls die Verbindung einer Mobilstation über eine Zellgrenze hinweg einer neuen Feststation zugewiesen wird, spricht man von

5.5 Netzschicht

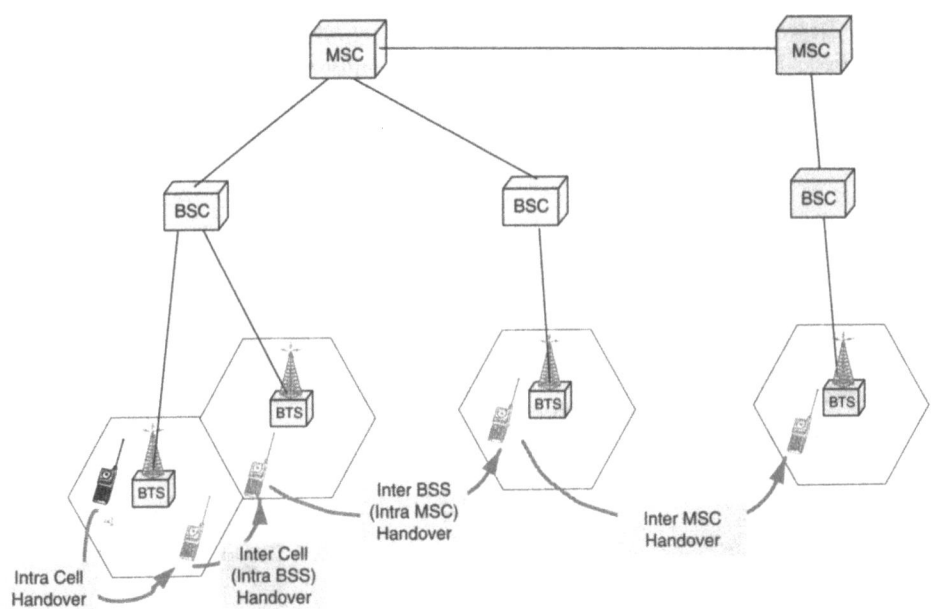

Abbildung 5.53: Handover-Varianten

einem *Inter-Zell-Handover*. Die Entscheidung wird im RR-Modul des Netzes getroffen, und zwar auf der Basis der Messdaten der Mobilstation und des Funkteilsystems. In der Regel erfolgt diese Entscheidung unter Beteiligung des MSC. Für den Fall, dass die neue Zelle im Versorgungsbereichs eines neuen MSC liegt, wird der Handover über das Anchor MSC zum neuen MSC geführt. In diesem Fall spricht man von *Inter-MSC-Handover*. Ein Handover, der innerhalb des Versorgungsbereichs eines MSC unter Beteiligung zweier BSCs erfolgt, wird *Inter-BSC Handover* genannt.

Ein Handover wird immer in zwei Phasen ausgeführt. In der ersten Phase kommuniziert die Mobilstation mit der alten Feststation. In dieser Phase wird die Notwendigkeit für einen Handover erkannt. An der alten Feststation werden Aktionen durchgeführt mit dem Ziel, einen zweiten Verbindungsweg zur neuen Feststation zu schalten. Im positiven Fall ist zusätzlich zur alten RR-Verbindung eine neue RR-Verbindung eingerichtet. Das mobile Vermittlungssystem kann an die Mobilstation ein *Handover Command* senden. In der zweiten Phase erfolgt die Kommunikation der Mobilstation mit dem Mobilnetz über die aktuell, bereits eingerichtete Kanalverbindung zur neuen Feststation. In dieser Phase werden die Kommunikationsverbindungen im Mobilfunknetz umkonfiguriert. Diese Phase endet mit der Freigabe der alten RR-Verbindung zur alten Feststation.

Die Mobilstation sendet in der ersten Phase eines Handovers laufend Messergebnisse ihrer Kanalbeobachtung an die aktuelle (alte) Feststation. Das (alte) Funkteilsystem BSC kann aufgrund dieser Ergebnisse entscheiden, ob ein Handover notwendig ist. Dies wird mit Hilfe der Meldung *Handover Required* an das zuständige (alte) MSC angezeigt. Bei dieser Nachricht werden auch die Messergebnisse der Mobilstation mitgesendet, so dass das MSC bei der Wahl der neuen Feststation mitentscheiden kann. Das MSC beauftragt das neue Funkteilsystem BSC, einen Kanal für den Handover zur Verfügung zu stellen.

Nach der Reservierung beim neuen BSC teilt das neue MSC über das Anchor MSC der Mobilstation die Freigabe des Handovers mit. Die entsprechende Kommunikation erfolgt natürlich noch über das alte BSC beziehungsweise die Feststation. Dieser Sachverhalt wird mit Hilfe der Nachricht *Handover Command* angezeigt. In Abbildung 5.54 wird der prinzipielle Ablauf der ersten Phase eines Handovers dargestellt.

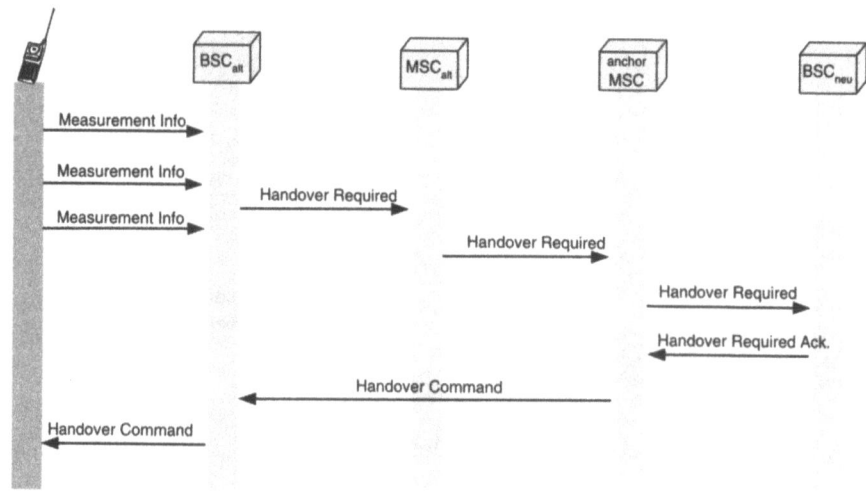

Abbildung 5.54: Erste Phase eines Handovers

Mit Hilfe der Nachricht *Handover Access* meldet sich die Mobilstation bei dem neuen BSC an. Daraufhin erhält sie Informationen zur Kanalverwendung. Unter anderem enthalten diese Informationen Werte zur Einstellung des Leistungspegels und des Zeitversatzes. Aus der Sicht der Mobilstation ist an dieser Stelle der Handover abgeschlossen. Im weiteren Verlauf sendet sie wieder laufend Berichte der Messergebnisse. Aus der Sicht des Funk- beziehungsweise Vermittlungssystems ist die Situation etwas komplizierter. In Abbildung 5.55 wird der prinzipielle Ablauf der zweiten Phase eines Handovers gezeigt. Die Darstellung stellt eine Vereinfachung der Realität dar. Für den Fall des Inter-MSC Handovers können im ungünstigsten Fall drei MSC involviert sein. In der Ausgangssituation wird die aktuelle Verbindung über das alte MSC geführt, die als Folge eines bereits zuvor stattgefunden Handovers *(Subsequent Handover)* mit dem Anchor MSC verbunden ist. Als Folge des notwendigen Handovers wird in den Versorgungsbereich eines (neuen) MSC gesprungen, der sich sowohl vom alten als auch ursprünglichen MSC unterscheidet. Die konkrete Kommunikation ist in den verschiedenen Fällen unterschiedlich. In allen Fällen wird allerdings die Verbindung bis zum Anchor MSC abgebaut und von dort wieder aufgebaut. Vom Anchor MSC werden insbesondere auch die Prozeduren zur Freigabe der (alten) Ressourcen im Funk-und Vermittlungssystem angestoßen.

Es sollte noch erwähnt werden, dass in GSM Handover grundsätzlich nur zwischen Feststationen eines Mobilfunknetzes vorgesehen sind. Handover zwischen Mobilfunknetzen zweier Netzbetreiber sind nicht möglich. Daher können insbesondere keine Gespräche über nationale Landesgrenzen hinweg ohne Unterbrechung geführt werden.

5.5 Netzschicht

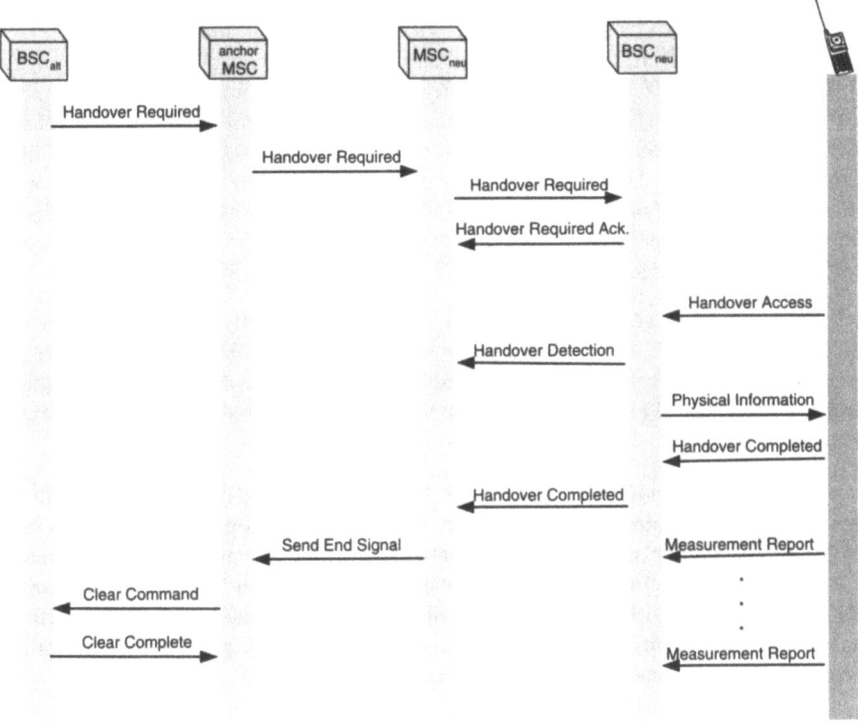

Abbildung 5.55: Zweite Phase eines Handovers

5.5.1.4 Handover-Vorbereitung

Die Art und Weise wie und wann ein Handover durchgeführt werden muss, ist im GSM-Standard nicht vorgeschrieben. Jeder Netzbetreiber kann dazu eigene, auf das Netz abgestimmte Algorithmen verwenden. Der Standard gibt nur die Abwicklung vor, die Handover-Entscheidung wurde von der Mobilstation in das Funkteilsystem BSS verlagert *(Network Originated Handover)*.

Die Handover-Entscheidungen des Funkteilsystems BSS basieren auf den Messdaten, welche es von der Mobilstation über den SACCH laufend empfängt und den eigenen Messungen, die im BSS ebenfalls laufend durchgeführt werden. Im Wesentlichen werden die Empfangsfeldstärke *RXLEV* und die Signalqualität *RXQUAL* zur Beurteilung herangezogen. Im Uplink werden diese Messdaten von der Feststation gemessen, die Daten im Downlink werden von der Mobilstation gemessen und an die Feststation gesendet. Die im Downlink übertragenen Messdaten enthalten auch die Empfangsfeldstärke der Nachbarzellen *RXLEV NCELL*, da diese Zellen als mögliche Handover-Ziele in Frage kommen. Es können im Downlink bis zu 16 BCCH-Träger gemessen werden. Als weitere Kriterien wird die gemessene Interferenz in unbelegten Zeitschlitzen *RXQUAL SUB* (als Indikator für die mögliche Kanalqualität) und die Entfernung der Mobilstation zur aktuellen Feststation herangezogen.

Die Signalfeldstärke RXLEV wird von -110 dBm bis -48 dBm mit einer relativen Genauigkeit von 1 dB gemessen. Die geforderte absolute Genauigkeit beträgt 4 beziehungsweise 6 dB. Die gemittelten Daten für die Signalfeldstärke werden in 64 Stufen von 0 bis 63 als RXLEV-Parameter mit 6 Bit codiert und übertragen. Die Signalqualität wird als Bitfehlerhäufigkeit vor der Kanalcodierung gemessen, in 8 RXQUAL-Qualitätsstufen eingeteilt und mit 3 Bit codiert. Die absolute Entfernung zwischen Mobil- und Feststation kann aus dem Zeitversatz *(Timing Advance)* für die Mobilstation bestimmt werden. Die Feststation kann diesen Wert aus der Schleifenlaufzeit der von der Mobilstation gesendeten Bursts, relativ zum vorgegebenen Takt, der Zeitschlitze ermitteln.

Zur Prüfung, ob die Verbindungsqualität durch kurzfristige Änderung der Sendeleistung verbessert werden kann, werden aus den gemessenen beziehungsweise übertragenen Messdaten im BSC Mittelwerte gebildet. Dabei werden mindestens die letzten 32 Messwerte berücksichtigt. Die Werte werden von der Mobilstation im SACCH-Intervall alle 480 ms übertragen.

Der überwiegende Messaufwand erfolgt an der Mobilstation, da diese ihre aktuelle Empfangssituation am genauesten beschreiben kann. Die Handover-Entscheidung wird in GSM prinzipiell immer in drei Stufen abgewickelt. Alle 480 ms werden die aktuell im BSC berechneten Mittelwerte mit Schwellenwerten verglichen. Im BSC erfolgt anschließend die Entscheidung, ob und gegebenenfalls wohin ein Handover stattfinden soll. Diese Entscheidung wird in der Regel im MSC anschließend endgültig bewertet und im positiven Fall die entsprechende Aktivierung veranlasst.

Schwellenwertvergleich im BSC Im BSC werden alle empfangenen Messwerte zunächst gemittelt. Die gemittelten Werte liegen vor für die Signalpegel im Down- und Uplink, die Qualität im Down- und Uplink, die Pegel der Nachbarzellen und die Entfernung der Mobilstation zur Feststation. In Tabelle 5.11 ist eine Auswahl der Handover-

Tabelle 5.11: Handover-Schwellenwerte

Parameter	Schwellenwert	Bedeutung
RXLEV_DL	-103 bis -73 dBm	Empfangsfeldstärke im Downlink: Obere Grenze
RXLEV_UL	-103 bis -73 dBm	Empfangsfeldstärke im Uplink: Obere Grenze
RXLEV_Min	ca -85 dBm	Minimales RXLEV des BCCH der potentiellen Zielzelle
MS_RANGE_MAX	ca 2 bis 35 km	Maximale Entfernung der Mobil- von der Feststation
HO_MARGIN	0 bis 24 dBm	Hysterese zur Vermeidung von Mehrfachhandovern zwischen zwei Zellen

Relevanten Schwellenwerte aufgeführt. Über die Schnittstellen zum Betreiberteilsystem OMS können diese Schwellenwerte eingestellt beziehungsweise verändert werden. Mit Hilfe der Hysterese HO_MARGIN kann die Performance des Netzes eingestellt werden.

5.5 Netzschicht

Beim Verlassen des Versorgungsbereichs einer Feststation und Betreten einer benachbarten Funkzelle kommt es häufig zu Schwankungen in der Funkversorgung. Ein Handover sollte daher nur dann erfolgen, wenn die von der neuen Feststation empfangene Feldstärke eine deutliche Verbesserung gegenüber der alten darstellt.

Aus den gemittelten Werten wird daher zusätzlich für die möglichen Nachbarstationen die Leistungsbilanz *(Power Budget, PBGT)* berechnet. PBGT(n) beschreibt die Differenz zwischen dem Pfadverlust auf dem Downlink und dem zu erwartenden Pfadverlust in der Nachbarzelle n. Bei einer besseren Funkversorgung durch die Nachbarzelle n ergibt sich also ein positiver Wert. Mit Hilfe der Leistungsbilanz lässt sich ein Handover einfach umsetzen. Ein Handover zu einer Nachbarzelle n kann angefordert werden, wenn das entsprechende Power Budget PBGT(n) größer als 0 ist und größer als der Schwellenwert, der durch die Hysterese HO_MARGIN vorgegeben ist. In Abbildung 5.56 wird dieser Fall gezeigt.

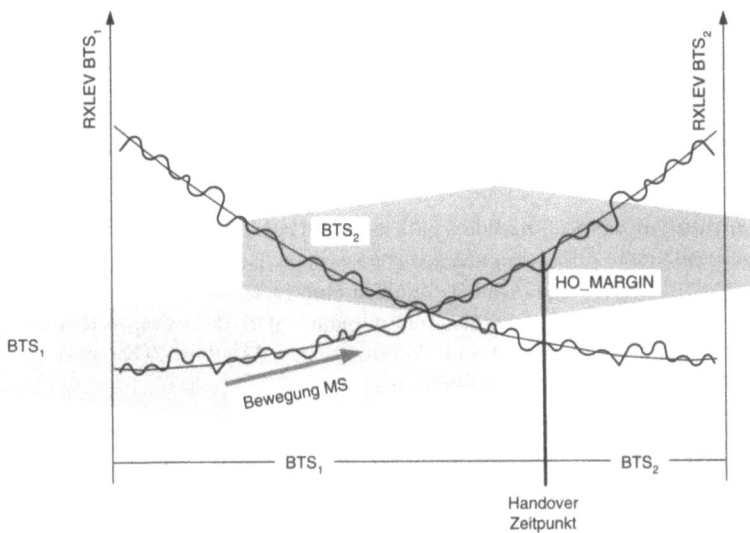

Abbildung 5.56: Power Budget Handover

Die Leistungssteuerung funktioniert analog zum Handoverprozess. Entscheidungen über Änderungen werden immer im BSC getroffen, und zwar auf der Basis der Messwertberichte. Durch eine Verringerung der Sendeleistung wird die Gleichkanal- beziehungsweise Nachbarkanalinterferenz reduziert und der Stromverbrauch minimiert. Mit Hilfe der Erhöhung der Sendeleistung können umgekehrt kurzfristige Versorgungslücken, die beispielsweise durch Abschattungen verursacht werden, ausgeglichen werden. Die Leistungssteuerung erfolgt immer zusammen mit der Handoversteuerung. Auf diese Weise können beispielsweise unnötige Handover vermieden werden.

Entscheidung im BSS Durch den Vergleich mit den Schwellenwerten kann festgestellt werden, ob ein Handover notwendig ist. Prinzipiell werden dabei drei Kategorien unterschieden. Handover können aufgrund ungünstiger Pfadverluste erfolgen, oder zwingend sein. Bei den zwingenden Varianten wird zwischen Inter- und Intra-Zell-Handover unterschieden.

Die potentiellen Handoversituationen zu einer Nachbarstation n werden anhand der Leistungsbilanz entdeckt. Diese Situationen, bei denen die Nachbarstation eine bessere Funkversorgung bietet, führen nicht zwingend zu einem Handover, sondern können wahlweise vom Netzbetreiber implementiert sein.

Eine typische Situation für einen Inter-Zell-Handover liegt vor, wenn die Empfangsfeldstärke unter den jeweiligen Handover-Schwellenwert sinkt und der Spielraum für die Regelung der Sendeleistung ausgeschöpft ist. In diesem Fall hat die Mobilstation beziehungsweise die Feststation ihre maximale Sendeleistung bereits eingestellt. Eine ähnliche Situation liegt vor, wenn die maximale Entfernung zur Feststation erreicht ist. In diesem Fall kann allein aufgrund dieser Information davon ausgegangen werden, dass die Mobilstation den Zellrand erreicht hat.

Falls die Signalqualität, gemessen anhand der aktuellen Bitfehler, ihren Schwellenwert überschreitet, obwohl die empfangene Signalstärke deutlich über dem Schwellenwert liegt, kann eine starke Störung im Gleichkanal angenommen werden. In diesem Fall erfolgt ein Kanalwechsel innerhalb derselben Funkzelle. Der Intra-Zell-Handover kann vom BSS ohne Beteiligung des MSC durchgeführt werden.

Entscheidung im BSS Für den Fall, dass im BSS eine Handover-Situation entdeckt wird, muss eine neue Feststation ausgesucht werden. Anhand der gemessenen BCCH der Nachbarzellen RXLEV NCELL wird zunächst eine Liste der Feststationen ermittelt, von denen eine ausreichende Signalstärke empfangen wird. Die entsprechenden Funkzellen werden anhand ihrer Signalstärke im Vergleich zur aktuellen Zelle sortiert. Dazu wird das Power Budget der einzelnen Zellen ausgewertet.

Diese Werte werden an das MSC gesendet. Das MSC bewertet die eingehenden Handoveranforderungen mit folgenden Prioritäten: 1. Qualität, 2. Pegel, 3. Entfernung und 4. Power Budget. Für den Fall, dass in der konkreten Zielzelle aktuell nicht genügend Kanäle verfügbar sind, werden Handoveranforderungen aufgrund schlechter Verbindungsqualitäten mit höchster Priorität bedient.

Bei der Planung eines Mobilfunknetzes wird große Sorgfalt darauf gelegt, dass ein laufendes Gespräch nur mit einer sehr kleinen Wahrscheinlichkeit abgebrochen wird. Aus diesem Grund müssen Kanalreserven für zukünftige Handover vorgesehen werden. Daher kann es unter Umständen passieren, dass Verbindungswünsche abgewiesen werden, obwohl zum aktuellen Zeitpunkt Kanäle zur Verfügung stehen. Aus der Sicht eines Kunden ist eine höhere Blockierungswahrscheinlichkeit akzeptabler als eine hohe Abbruchwahrscheinlichkeit.

5.5.2 Mobility Management

Die in der RR-Teilschicht etablierten Kanäle werden in der MM-Teilschicht verwendet, um der darüberliegenden CM-Teilschicht logische Verbindungen anzubieten. Im Wesentlichen wird dabei der Aspekt der Mobilität implementiert. Daher werden in der MM-Teilschicht Funktionen realisiert, welche die Mobilität des mobilen Endgerätes un-

5.5 Netzschicht

terstützen. Zu diesen Funktionen gehört die An- und Abmeldung der mobilen Teilnehmer und die Verfolgung des aktuellen Aufenthaltsortes. Des Weiteren enthält diese Teilschicht Funktionen zur Kontrolle der Teilnehmeridentität, die bei der Anmeldung zum Netz verifiziert wird.

Die MM-Teilschicht ist ein Bestandteil zur Realisierung der freien, globalen Beweglichkeit *(Roaming)* in GSM-Netzen. Alle MM-Prozeduren setzen eine bereits eingerichtete RR-Verbindung voraus. MM-Nachrichten können transparent zwischen der Mobilstation und dem mobilen Vermittlungssystem MSC ausgetauscht werden, ohne vom BSS interpretiert werden zu müssen. An der Teilnehmerschnittstelle entsprechen die Funktionen des *Mobile Application Part MAP* denen der MM-Teilschicht. Das bedeutet, dass die MM-Nachrichten und Prozeduren der Luftschnittstelle Um im MSC auf die Protokolle des MAP angepasst werden. Die Roaming-Funktionalität eines GSM-Netzes basiert im Wesentlichen auf den Datenbanken HLR und VLR, und den Signalisierungsprozeduren des MAP.

In Abbildung 5.57 sind die relevanten Protokolle zur Mobilitätsverwaltung in GSM aufgeführt. Das *SIM-ME*-Protokoll *(Subscriber Identity Module - Mobile Equipment)* be-

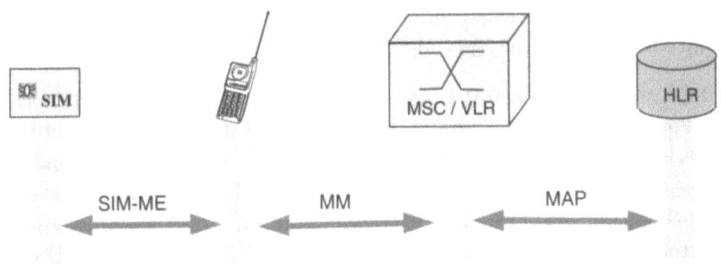

Abbildung 5.57: Protokolle zur Mobilitätsverwaltung

schreibt im Wesentlichen die Kommunikation zwischen dem mobilen Endgerät und der SIM-Karte, um Daten von der SIM zu lesen beziehungsweise zu schreiben, und wird an dieser Stelle nicht weiter betrachtet. In den beiden folgenden Unterabschnitten werden die relevanten Aspekte zum Management des Aufenthaltsortes beziehungsweise der Sicherheit erläutert. Der interessierte Leser kann insbesondere die Details zum Sicherheitsmanagement in [49] beziehungsweise [58] nachlesen.

5.5.2.1 Aufenthaltsmanagement

Zur Verwaltung der Mobilität des Teilnehmers werden in GSM Funktionen zur Registrierung *(Location Registration)* und zur Aktualisierung des Aufenthaltsortes *(Location Update)* angeboten. Bei der Registrierung meldet sich der Teilnehmer beim Netz mit seiner IMSI *(International Mobile Subscriber Identity)* an und erhält im Verlauf der *Location Registration Procedure* eine neue temporäre TMSI *(Temporary Mobile Subscriber Identity)* zugewiesen. Die Registrierung erfolgt beispielsweise durch Einschalten des mobilen Endgerätes. Die Aktualisierung des Aufenthaltsortes wird immer dann ausgeführt, wenn die Mobilstation von einem Aufenthaltsbereich *(Location Area)* zum nächsten wechselt. Die Mobilstation kann diesen Umstand anhand der im BCCH ausgestrahlten LAI *(Lo-*

cation Area Identifier) erkennen. Die Prozedur zum Location Update unterscheidet sich im Wesentlichen von der Location Registration dadurch, dass der Mobilstation bereits eine TMSI zugewiesen wurde.

Die MM-Prozeduren sind in die Kategorien *Common*, *Specific* und *Connection Management* eingeteilt. Wie bereits erwähnt, werden die entsprechenden Protokolldateneinheiten immer transparent über das BSS von der Mobilstation zum MSC beziehungsweise umgekehrt übertragen.

Common Die allgemeinen Prozeduren können immer initiiert und abgewickelt werden, sobald eine RR-Verbindung etabliert wurde. Man unterscheidet Prozeduren, die vom Netz initiiert werden und solche, die von der Mobilstation initiiert werden. Die *IMSI Detach*-Prozedur stellt die einzige Prozedur dar, die von der Mobilstation initiiert werden kann, und nicht beantwortet wird. Alle anderen MM-Prozeduren werden entsprechend beantwortet.

Die Mobilstation versendet immer dann eine *IMSI Detach-Indication*, wenn das SIM-Modul aus der Mobilstation herausgenommen, oder die Mobilstation ausgeschaltet wird. Danach gilt die Mobilstation im Netz als nicht erreichbar.

Zum Schutz der Teilnehmeridentität kann optional das MSC ein *TMSI Reallocation Command* verwenden. Durch die Verwendung der TMSI statt der IMSI kann die Identität des Teilnehmers verborgen werden. Die TMSI besitzt nur lokale Bedeutung innerhalb eines Aufenthaltsbereichs und muss immer zusammen mit der LAI verwendet werden, um eine eindeutige Identifikation des Teilnehmers zu ermöglichen. Die Prozedur wird mit einem *TMSI Reallocation Complete* der Mobilstation an das MSC abgeschlossen. Diese Prozedur wird explizit durchgeführt beziehungsweise implizit von anderen Prozeduren ausgeführt, welche die TMSI benutzen wie beispielsweise das *Location Update*.

Mit Hilfe des *Authentication Request* kann das MSC überprüfen, ob die Identität der Mobilstation gültig ist. Die Mobilstation kann in der *Authentication Response* die TMSI oder auch die IMSI verwenden. Bei der Authentifikation kann der Mobilstation auch ein neuer Schlüssel zur Verschlüsselung der Nutzdaten übergeben werden. Die Mobilstation muss immer in der Lage sein, ein *Authentication Request* zu bearbeiten, sobald eine RR-Verbindung etabliert wurde. Die Mobilstation kann aus den Informationen, die im *Authentication Request* übertragen wurden, den neuen Schlüssel zur Verschlüsselung der Nutzdaten berechnen, aber auch Informationen zur Authentifikation, welche die Identität der Mobilstation belegen. Beide Schlüssel werden in der SIM gespeichert. Die Informationen zur Authentifikation werden mit Hilfe der *Authentication Response* an das MSC übertragen und können dort ausgewertet werden.

Das MSC kann mit Hilfe des *Identity Request* die Mobilstation auffordern, einen Parameter zur Identifikation an das Netz zurückzuschicken. Zur Identifikation einer Mobilstation kann wahlweise IMSI, TMSI oder auch IMEI verwendet werden. Das Netz kann diese Parameter jeweils zu beliebigen Zeitpunkten anfordern. Diese Prozedur kann insbesondere auch nach einem fehlgeschlagenen Authentifikationswunsch vom MSC gestartet werden. In diesem Fall wird zur Sicherheit die Authentifikation noch einmal mit den neuen, korrekten Parametern gestartet. Im negativen Fall wird mit der Nachricht *Authentication Reject* die Authentifikation der Mobilstation als endgültig gescheitert angezeigt.

Specific Die allgemeinen Prozeduren in der MM-Teilschicht unterstützen im Wesentlichen den wichtigen Aspekt der Aktualisierung der Lokalisierungsinformationen. Bei der Aktualisierung des Aufenthaltsortes der Mobilstation wird zwischen normalen, periodischen und initialen Situationen unterschieden.

Im Normalfall erkennt die Mobilstation anhand der auf dem BCCH ausgestrahlten Identifikatoren (LAI) den Wechsel einer Lokalisierungszone *(Location Area)*. In diesem Fall fordert die Mobilstation mit einem *Location Update Request* die Aktualisierung ihrer Lokalisierungsinformationen im Netz (VLR und HLR) an. Wenn die Aktualisierung erfolgreich durchgeführt werden konnte, wird dies vom Netz mit der Nachricht *Location Update Accept* bestätigt. Das Netz kann in diesem Zusammenhang optional eine Überprüfung der Identität des Teilnehmers starten. In diesem Fall wird die Nutzdatenverschlüsselung der RR-Verbindung aktiviert. Das Netz übergibt dann mit der Nachricht *(Location Update Accept)* auch die neue TMSI, die Mobilstation bestätigt mit der Nachricht *TMSI Reallocation Complete* den korrekten Empfang.

Der Netzbetreiber hat auch die Möglichkeit, sich die Präsenz des Mobilgerätes in regelmäßigen Zeitabständen anzeigen zu lassen. Auf dem BCCH *(System Information)* wird dazu das gewünschte Intervall ausgestrahlt. In der Mobilstation wird daraufhin ein Timer gestartet, der periodisch einen *Location Update* initiiert.

Die beiden beschriebenen Funktionen können nur ausgeführt werden, wenn ein SIM in der Mobilstation vorhanden ist. Eine Mobilstation kann daher als Gegenstück zur Nachricht *IMSI Detach* die Prozedur *IMSI Attach* auslösen. Nach Empfang dieser Nachricht wird die Mobilstation im Netz als erreichbar notiert. Die Mobilstation führt diese spezielle Variante des *Location Update* allerdings nur dann aus, wenn die auf dem BCCH empfangene Lokalisierungsinformation *(LAI)* mit der auf der SIM gespeicherten übereinstimmt, andernfalls wird ein normales *Location Update* durchgeführt.

Connection Management Die Prozeduren in dieser Kategorie sind zum Aufbau, Betrieb und Abbau von MM-Verbindungen notwendig. Auf Anforderung der darüberliegenden CM-Teilschicht wird eine MM-Verbindung etabliert. Der Aufbau darf allerdings nur dann erfolgen, wenn zum aktuellen Zeitpunkt keine MM-Prozedur der Kategorie *Specific* aktiv ist. Gleichzeitig kann mehr als eine MM-Verbindung verwendet werden, wobei jede der CM-Instanzen eine eigene MM-Verbindung besitzt. Für die Nachrichten dieser Instanzen gibt es keine Prioritäten.

Wird der Aufbau von der Mobilstation initiiert, so muss zuvor eine vollständige RR-Verbindung etabliert worden sein. Des Weiteren wird vorausgesetzt, dass die Mobilstation in der aktuellen Lokalisierungszone bereits einen erfolgreichen *Location Update* ausgeführt hat. Notrufe bilden eine Ausnahme und sind zu jedem Zeitpunkt möglich.

Der Aufbau einer MM-Verbindung kann natürlich auch vom Netz initiiert werden. Nach dem erfolgreichen Paging wird eine RR-Verbindung aufgebaut. Falls nötig, führt die MM-Teilschicht auf der Netzseite typischerweise ein *Location Update* aus und fordert von der RR-Teilschicht die Aktivierung der Nutzdatenverschlüsselung an. Danach kann der anfordernden CM-Instanz der erfolgreiche Aufbau der MM-Verbindung mitgeteilt werden.

5.5.2.2 Sicherheitsmanagement

In einem Mobilfunknetz kann das angeschlossene Endgerät im Gegensatz zu einem leitungsgebundenen Festnetz nicht anhand der Anschlußposition identifiziert werden. Daher sind in GSM Verfahren zur Authentifikation der Teilnehmer vorgesehen. Des Weiteren sind in GSM zum Schutz von Vertraulichkeit Verfahren vorgesehen, die eine Verschlüsselung der über die offene Luftschnittstelle zu übertragenden Daten durchführen.

In GSM-Systemen werden aufgrund begrenzter Signalisierungskapazität auf der Luftschnittstelle und der beschränkten Verarbeitungskapazität in der Mobilstation ausschließlich symmetrische Verschlüsselungsverfahren auf der Luftschnittstelle verwendet. Solche Verfahren erfordern auf Benutzer- und Netzseite jeweils den gleichen geheimen *Hauptschlüssel Ki (Individual Key)*. Dieser geheime Schlüssel wird im Netz im AuC sicher verwahrt und dem Teilnehmer auf sicherem Weg (auf Chipkarte gespeichert) übermittelt. Aus dem Hauptschlüssel wird bei Bedarf zusammen mit der Authentifikation des Benutzers ein *temporärer* Kommunikationsschlüssel Kc erzeugt, der zur eigentlichen Verschlüsselung herangezogen wird.

Teilnehmerauthentifikation   Um den Netzbetreiber vor unberechtigter Nutzung beziehungsweise den Teilnehmer vor Missbrauch seiner Zugangsberechtigung zu schützen, kann bei jedem neuen Kommunikationswunsch eine (sichere) Teilnehmeridentifikation durchgeführt werden. Die Registrierung, der Aufbau eines neuen Gesprächs, aber auch die Änderung von ergänzenden Dienstmerkmalen stellen typische Beispiele von Kommunikationswünschen dar. Die Häufigkeit der Prüfung wird dabei vom Netzbetreiber bestimmt. In Abbildung 5.58 werden die relevanten Protokolle und die benötigten Parameter in das GSM-System eingeordnet.

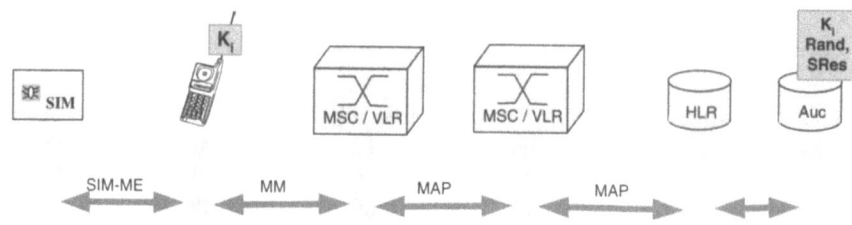

Abbildung 5.58: Protokolle zur Sicherheitsverwaltung

Bei einem Kommunikationswunsch spricht das HLR das ihm zugeordnete Authentifikationszentrum *(AuC)* an. Das entsprechende HLR wir aufgrund der Mobilitätsverwaltung gefunden, und zwar in Kooperation mit dem aktuellen VLR. Ein Teilnehmer wird in ein VLR eingetragen, entweder aufgrund der Aktivierung seines Endgerätes oder aufgrund der Bewegung in den Bereich eines neuen MSC hinein.

Im AuC wird dann zunächst der teilnehmerspezifische Schlüssel Ki gesucht, und eine Zufallszahl *Rand* generiert. Danach wird die Zufallszahl Rand an die Mobilstation gesendet. Mit Hilfe des geheimen Schlüssels Ki und des Verschlüsselungsalgorithmus *A3* wird die digitale Signatur *SRes (Signed Response)* berechnet. Die berechnete Prüfsumme SRes wird an das Netz zurückgesendet. Falls die von ihr selbst berechnete Prüfsumme dasselbe Ergebnis liefert wie die empfangene, wird die Authentifikation als erfolgreich beendet.

Vertraulichkeit der Nutzinformationen Gleichzeitig wird in der Mobilstation und im Netz mit der Durchführung der Authentifikation unter Benutzung des Hauptschlüssels Ki und des Algorithmus *A8* aus der Zufallszahl Rand ein neuer Kommunikationsschlüssel Kc berechnet. Der Schlüssel Kc wird im späteren Verlauf zur Verschlüsselung der Nutzdaten verwendet, er wird in der Mobilstation und im Netz gespeichert.

In der Regel wird für einen Teilnehmer gleich eine Anzahl von Triplets *(Kc, Rand, SRes)* generiert und zum VLR übertragen. Für jede Verbindung wird genau ein Triplet verwendet, dass nach Abbau der Verbindung verworfen wird.

Die Verschlüsselung des Verkehrskanals erfolgt mit dem Schlüssel Kc und einem stromorientierten Verschlüsselungsverfahren, welches als *A5* bezeichnet wird. *A5* unterstützt mehrere Verschlüsselungsvarianten und kann auf Anweisung des Netzes die richtige Verschlüsselung auswählen. Auf Anweisung des Netzes kann die Verschlüsselung auch abgeschaltet werden. Der Algorithmus arbeitet abhängig vom temporären Kommunikationsschlüssel Kc und der Nummer des aktuellen Zeitrahmens $TDMA_i$ auf der Luftschnittstelle. Durch die begrenzte Gültigkeitsdauer des Kc wird die Sicherheit gegenüber einer möglichen Kryptoanalyse erhöht. In Abbildung 5.59 ist die Realisierung der verschlüsselten Übertragung vereinfacht dargestellt.

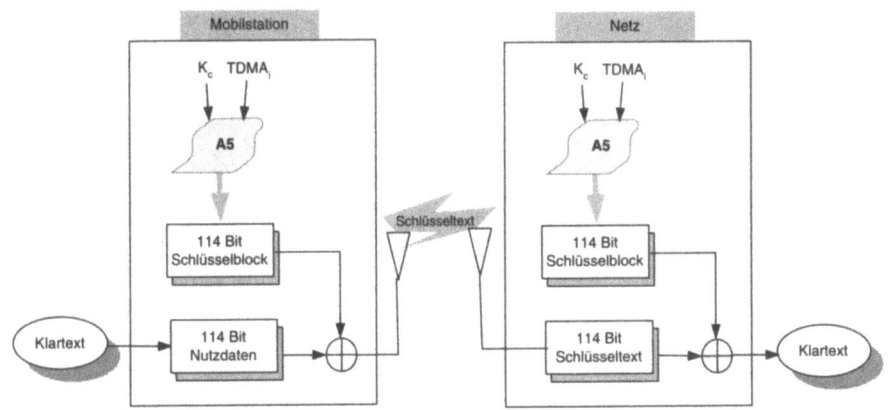

Abbildung 5.59: Verschlüsselte Übertragung

Vertraulichkeit der Teilnehmerkennung Die Mobilstation verwendet zur Identifikation im Vorfeld jeder Signalisierungsinformation, die bei dem benutzten symmetrischen Verschlüsselungsverfahren nur unverschlüsselt übertragen werden kann, die temporäre Teilnehmerkennung *TMSI*. Die TMSI kann beim Zugriff auch unverschlüsselt übertragen werden, da die TMSI vom Netz jeweils innerhalb einer verschlüsselten Funkverbindung zugewiesen wurde. Ein Rückschluss auf den jeweiligen Teilnehmer ist daher nicht möglich. Um die Verwaltung der TMSIs zu vereinfachen, besitzt eine TMSI nur lokale Gültigkeit und muss in jedem Fall beim Wechsel einer Lokalisierungszone neu zugewiesen werden.

Aufgrund der in Phase 2 des GSM Standards getroffenen Festlegungen ergeben sich einige Sicherheitsprobleme. Die Mobilstation kann vom Netz aufgefordert werden, sowohl die permanente Kennung des Teilnehmers IMSI als auch die Kennung des Endgerätes IMEI im Klartext zu senden. Das Netz kann jederzeit die Mobilstation auffordern, ihre Gerätekennung IMEI zur Überprüfung an das Netz zu übermitteln, um damit beispielsweise gestohlene Geräte zu identifizieren.

5.5.2.3 Beispiel

Die beiden in den vorangestellten Unterabschnitten erläuterten Aspekte werden nun anhand eines typischen Beispiels praktisch erläutert. Dazu wird die Prozedur zur Aktualisierung des Aufenthaltsortes *(Location Update)* herangezogen. In Abbildung 5.60 ist der entsprechende Sachverhalt schematisch dargestellt. Die Mobilstation erkennt aufgrund

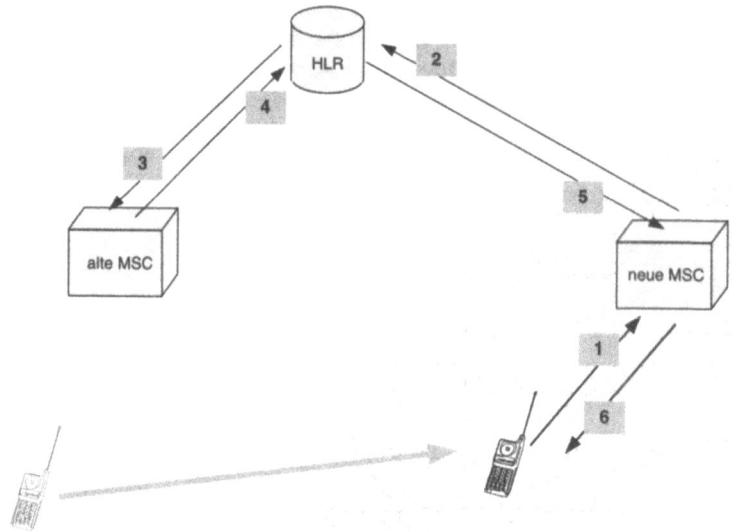

Abbildung 5.60: Relevante Prozeduren zum Location Update

der durchgeführten Messungen, dass sie den Versorgungsbereich einer Lokalisierungszone verlässt. Dabei wird insbesondere auch die Kennung des neuen MSC erkannt (1). Im Anschluß daran kümmert sich im Wesentlichen das zugehörige HLR um den weiteren Verlauf. Dazu wird das HLR vom neuen MSC angestoßen (2). Das HLR veranlasst daraufhin die Löschung aller relevanten Teilnehmer- und Verbindungsdaten im alten MSC beziehungsweise VLR (3). Nach erfolgreicher Löschung der Daten wird dies dem HLR mitgeteilt (4) beziehungsweise auch dem neuen MSC (5). Daraufhin kann das neue MSC der Mobilstation den ursprünglichen *Location Update* erfolgreich bestätigen (6).

Die Prozedur zum *Location Update* ist in der MM-Teilschicht innerhalb der Kategorie *Common* angesiedelt. In Abbildung 5.61 wird der allgemeine Ablauf eines *Location Update* vereinfacht dargestellt. Nach Identifikation des mobilen Teilnehmers erfolgt eine Authentifikation. In der Regel wird beim Wechsel einer Lokalisierungszone eine neue TMSI

5.5 Netzschicht

vergeben. Dies kann optional auch unterbleiben. Nach Aktualisierung der Lokalisierungsinformation in den entsprechenden Datenbanken VLR und HLR wird die Verschlüsselung auf dem Funkkanal gestartet.

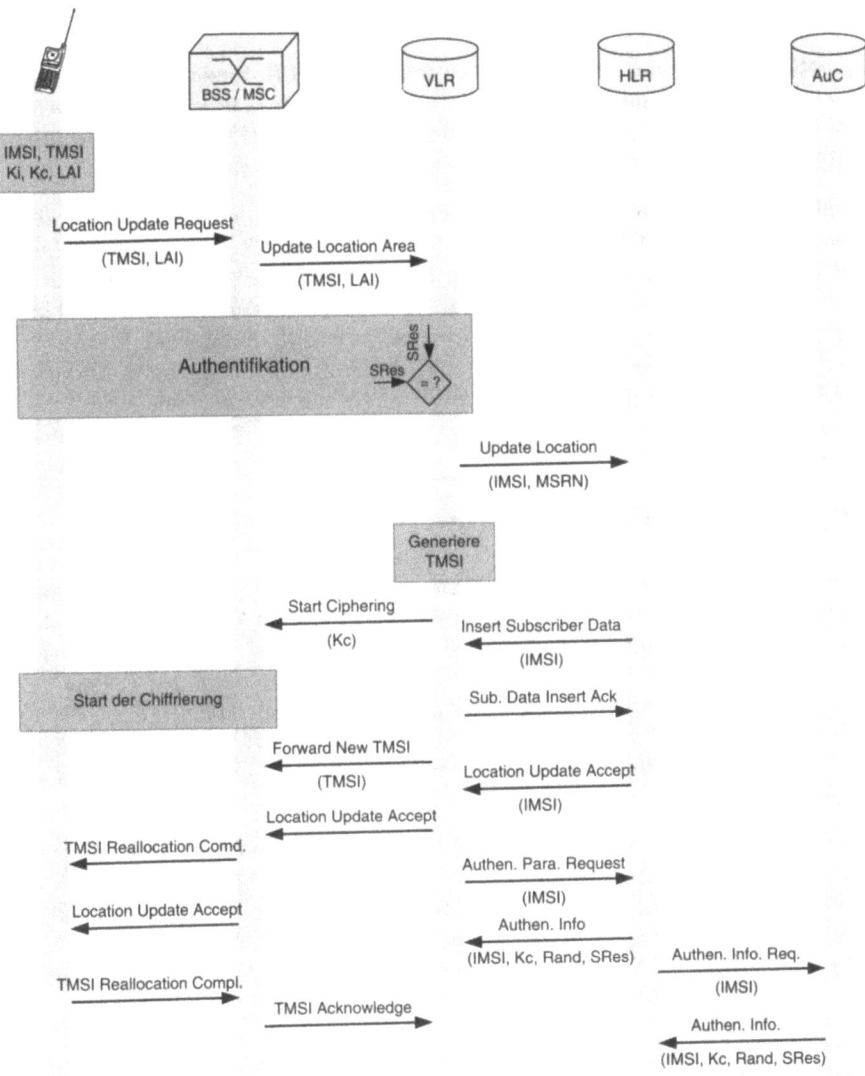

Abbildung 5.61: Vereinfachter Ablauf beim Location Update

Ein *Location Update* kann neben dem Wechsel der Lokalisierungszone auch durch den Ablauf des Timers im periodischen Fall ausgelöst werden. Die neue TMSI wird in der Regel verschlüsselt an die Mobilstation gesendet. Dabei wird gleichzeitig auch die erfolgreiche Aktualisierung der Lokalisierungsinformation bestätigt. Der *Location Update* wird durch die anschließende Bestätigung der Mobilstation beendet.

Ein *Location Update*, der sich aus dem Wechsel des VLR-Versorgungsgebietes ergibt, erfordert insbesondere auch die Kommunikation zwischen dem alten und neuen VLR. Das alte erhält vom neuen VLR die aktuellen Werte von TMSI und LAI, und überträgt daraufhin die IMSI und die Sicherheitsparameter Kc, Rand und SRes.

Der Fall der Registrierung *Location Registration* entspricht im Wesentlichen dem Fall des *Location Update*, wobei zusätzlich vor der eigentlichen Aktualisierung der Lokalisierungsinformation alle sicherheitsrelevanten Prozeduren ablaufen. In diesem Fall meldet sich die Mobilstation mit der IMSI an, da zu diesem Zeitpunkt noch keine TMSI der Mobilstation zugeordnet ist. Daraufhin wird im Netz eine Zufallszahl *Rand* gewürfelt, die der Mobilstation mitgeteilt wird. Mit Hilfe dieser Zahl können nun Mobilstation und Netz Prüfsummen berechnen, die anschließend verglichen werden können, siehe auch Abschnitt 5.5.2.2.

5.5.3 Connection Management

Innerhalb der Netzschicht ist die CM-Teilschicht für die Verbindungssteuerung *(Call Control)* zuständig. Die Aufgabe der CC-Instanzen ist es, auf Veranlassung der darüberliegenden Schicht 4 (Transportschicht) eine Punkt-zu-Punkt-Verbindung zur Verfügung zu stellen. Die eingerichtete Punkt-zu-Punkt-Verbindung zwischen den Endgeräten verwendet individuelle, auf die Endgeräte bezogene Nutzdatenprotokolle. Die Übertragung von Faxnachrichten erfordert beispielsweise andere Codier- und Verschlüsselungsverfahren als die Sprachübertragung. Die entsprechenden Parameter werden für jede Verbindung individuell eingestellt.

In Anlehnung an das ISDN enthält die Verbindungssteuerung alle relevanten Prozeduren zum Aufbau, Steuerung und Abbau von Verbindungen. Im Gegensatz zum ISDN enthält diese Verbindungssteuerung auch weitere Prozeduren, die aufgrund der Mobilität der Teilnehmer erforderlich sind. Die Aktualisierung des Aufenthaltsortes wird in der MM-Teilschicht geregelt, die Wegewahl *(Routing)* eingehender Anrufe wird unter anderem in der CM-Teilschicht realisiert.

5.5.3.1 Routing

Die Teilnehmer in GSM werden anhand der MSISDN *(Mobile Subscriber ISDN Number)* angesprochen. Diese Nummer kann im Telefonbuch eingetragen werden, und ermöglicht allen Teilnehmern (PSTN, ISDN oder auch PLMN) eine Verbindung zum mobilen Teilnehmer zu initiieren. Im Gegensatz zu einer üblichen ISDN Nummer entspricht die MSISDN keiner festen Leitung, über die der Teilnehmer immer erreicht werden kann. Im Grunde genommen stellt die MSISDN einen Zeiger auf eine Datenbank dar. Die MSISDN wird zentral im HLR gespeichert, und wird benutzt, um zugehörige Teilnehmerdaten aus dem HLR zu holen, siehe dazu auch Abschnitt 5.2.2.1.

5.5 Netzschicht

Um den Ruf zu der entsprechenden mobilen Vermittlungsstelle weiterleiten zu können, muss insbesondere die aktuelle Routingadresse MSRN *(Mobile Station Roaming Number)* des Mobilteilnehmers ermittelt werden. Die MSRN ist eine temporäre, vom aktuellen Aufenthaltsort abhängige ISDN-Nummer. Die MSRN wird vom lokal zuständigen VLR jeder eingebuchten Mobilstation zugewiesen und dem für den Mobilteilnehmer zuständigen HLR mitgeteilt, siehe dazu auch Abschnitt 5.2.2.3.

Mit Hilfe dieser Konstruktion kann bei eingehenden Anrufen (ins Mobilnetz) der aktuelle Aufenthaltsort des mobilen Teilnehmers ermittelt werden. Ins Mobilnetz eingehende Anrufe werden immer zu einer sogenannten *Gateway MSC (GMSC)* geleitet. Festnetzgebundene ISDN-Vermittlungsstellen erkennen anhand der MSISDN, dass es sich um einen mobilen Teilnehmer handelt, und leiten den Ruf anhand der im MSISDN enthaltenen Information an das zuständige GMSC weiter. Das GMSC kann mit Hilfe des MAP *(Mobile Application Part Protocol)* die aktuelle MSRN im HLR abfragen. In Abbildung 5.62 ist dieser Sachverhalt schematisch dargestellt.

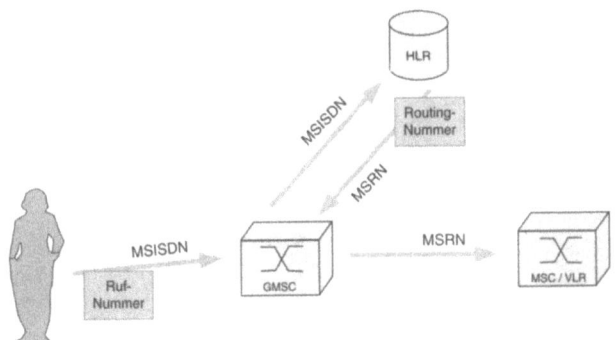

Abbildung 5.62: Zusammenspiel von GMSC und HLR

Das HLR spielt also neben dem GMSC beim Verbindungsaufbau die zentrale Rolle, und muss bei jedem Verbindungsaufbau zu einem Mobilteilnehmer abgefragt werden. Auf der Basis der aktuellen MSRN kann dann der Ruf zum lokalen MSC weitergeleitet werden, in dessen Versorgungsbereich sich der Mobilteilnehmer gerade befindet. Im Anschluß daran wird vom MSC die zugehörige TMSI und LAI ermittelt und die Paging-Prozedur in der zum LAI entsprechenden Lokalisierungszone angestoßen. Nachdem sich die Mobilstation auf den Pagingruf gemeldet hat, kann die Verbindung durchgeschaltet werden.

5.5.3.2 Gebühren

In der Telefonie werden üblicherweise die Gebühren für eine etablierte Verbindung dem Anrufer zur Last gelegt. Die Gebühren orientieren sich dabei an der zeitlichen Länge der (Gesprächs-) Verbindung und den verwendeten Ressourcen. Allerdings kann der Anrufer anhand der gewählten Nummer die Gebühren schätzen.

Aufgrund der Beweglichkeit der Teilnehmer kann dieser Ansatz im Mobilfunk nicht übernommen werden. Zu bestimmten Zeitpunkten kann es vorkommen, dass sich der mobile, angerufene Teilnehmer nicht in seinem mobilen Heimatnetz aufhält. Ein mobiler

Teilnehmer, der in Deutschland sein Heimatnetz hat, kann beispielsweise während seines Urlaubes in einem der spanischen Mobilfunknetze eingebucht sein. In diesem Fall müsste der Anrufer nicht nur die Gebühren in das mobile Heimatnetz hinein bezahlen, sondern auch die internationalen Transfergebühren.

Die GSM-Netzbetreiber haben sich daher entschlossen, die Gebühren für einen Anrufer immer auf der Basis der Annahme vorzunehmen, der mobile, angerufene Teilnehmer befinde sich immer in seinem mobilen Heimatnetz. Für den Fall, dass diese Annahme zu einem aktuellen Zeitpunkt nicht zutrifft, werden die Kosten für die Verbindung zwischen rufendem und angerufenem Teilnehmer aufgeteilt. In diesem Fall trägt der mobile, angerufene Teilnehmer selbst die Kosten der Weiterleitung in das fremde Mobilnetz, in dem er sich gerade befindet. In Abbildung 5.63 ist dieser Sachverhalt schematisch erläutert.

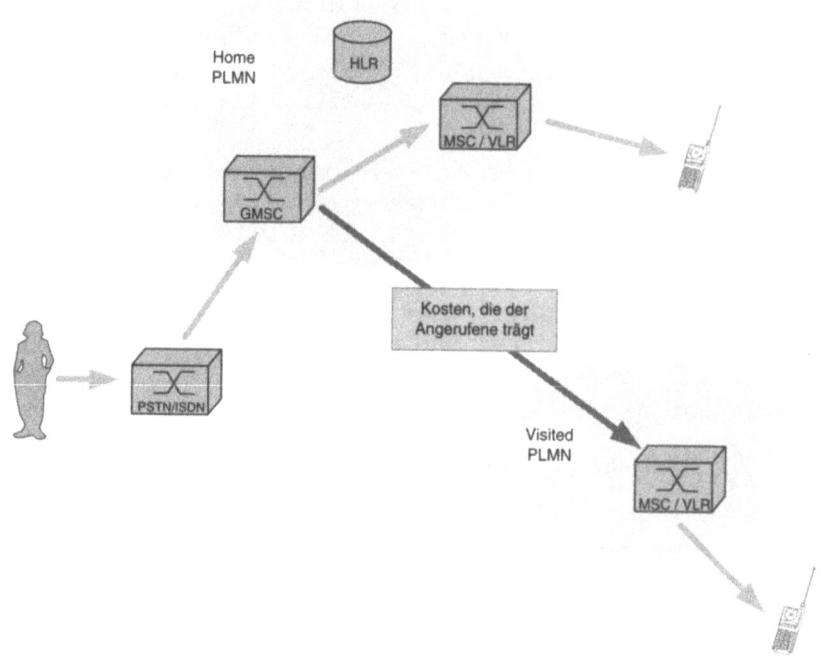

Abbildung 5.63: Prinzipien der Vergebührung

Auf diese Weise wird für den Anrufer eine Kostentransparenz erreicht. In der anderen Richtung, wenn ein mobiler Teilnehmer den Anruf initiiert, gilt die Kostentransparenz sowieso. In diesem Fall trägt der Anrufer alle Kosten, welche die Verbindung betreffen. Aufgrund seines aktuellen Aufenthaltsortes kann aber der Anrufer, wie in der Telefonie üblich, die Kosten der Verbindung schätzen.

5.5.3.3 Verbindungssteuerung

Das MSC spielt eine zentrale Rolle bei der Verbindungssteuerung *(Call Control)*. Der mobile Teilnehmer beziehungsweise seine Mobilstation kooperiert zum Aufbau, Abbau und

5.5 Netzschicht

zur Modifikation von Verbindungen mit dem mobilen Vermittlungssystem. Die Prozeduren beziehungsweise Zustandsautomaten *(Finite State Machines)*, welche zur Steuerung einer Verbindung benötigt werden, werden in der Mobilstation und im MSC gehalten. In Abbildung 5.64 werden die entsprechenden Signalisierungsprotokolle in das GSM-System eingeordnet.

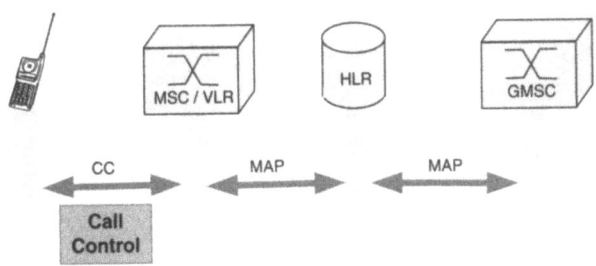

Abbildung 5.64: Protokolle zur Verbindungssteuerung

Die beachtliche Komplexität dieser Protokolle ergibt sich aufgrund der eingehenden Anrufe. In diesem Fall muss zum angerufenen, mobilen Teilnehmer zunächst ein Weg aufgebaut werden. Die dazu notwendige Kommunikation zwischen dem MSC/VLR und dem HLR beziehungsweise HLR und GMSC erfolgt mit Hilfe des *MAP*-Protokolls *(Mobile Application Part)*. Die Koordinierung der (Verbindungs-) Zustände zwischen dem Anrufer und dem Angerufenen wird mit Hilfe des *Call Control, CC* realisiert.

In Tabelle 5.12 sind die relevanten Befehle für die leitungsorientierte Verbindungssteuerung *Call Control* aufgelistet. Die Befehle unterteilen sich, entsprechend den Aufgaben der Verbindungssteuerung, in die drei Gruppen Rufaufbau *(Call Establishment)*, Rufmodifikation *(Call Information Phase)* und Rufabbau *(Call Clearing)*. In der Tabelle sind zusätzlich die Richtungen angegeben, in der die Nachrichten ausgetauscht werden.

Der Aufbau einer Verbindung kann in GSM grundsätzlich auf drei verschiedene Weisen realisiert werden. Diese drei Varianten unterscheiden sich in der Art und Weise, wie der Signalisierungskanal SDCCH beziehungsweise der Verkehrskanal TCH verwendet wird. Beim schnellsten Verbindungsaufbau *Very Early Assignment (VEA)* wird der TCH direkt nach dem Erstzugriff über den RACH vergeben. Bei den beiden anderen Varianten *Off Air Call Set-Up (OACSU)* und *Non-Off Air Call Set-Up (Non-OACSU)* erfolgt die Zuteilung des Verkehrskanals TCH zu einem späteren Zeitpunkt. Im Gegensatz zum VEA wird zur Signalisierung zunächst der langsame SDCCH verwendet. Beim Non-OACSU wird der TCH zugeteilt, bevor der Verbindungswunsch im Netz initiiert wird. Beim OACSU-Verfahren erfolgt die Zuteilung des TCH noch später, sie kann auch erst nach der Antwort des gerufenen Teilnehmers erfolgen.

Mit Hilfe der Varianten OACSU beziehungsweise Non-OACSU kann verhindert werden, dass ein Verkehrskanal unnötig belegt wird, wenn der Zielteilnehmer nicht erreichbar oder belegt ist. Gesprächswünsche werden zunächst in eine Warteschlange eingereiht. Auf diese Weise kann die Effizienz des Netzes erhöht werden, da die Blockierwahrscheinlichkeit für ankommende Gesprächswünsche an der Luftschnittstelle reduziert wird. Umgekehrt kann es passieren, dass nach erfolgreicher Rufetablierung im Anschluß, während der

Tabelle 5.12: Call Control Kommandos

Kategorie	Kommando	Richtung
Call Establishment	Setup	MSC ↔ MS
	Connect	MSC ↔ MS
	Connect Acknowledge	MSC ↔ MS
	Call Proceeding	MSC → MS
	Alerting	MSC → MS
	Progress	MSC → MS
	Call Confirmed	MSC ← MS
	Emergency Setup	MSC ← MS
Call Inf. Phase	Modify	MSC ↔ MS
	Modify Complete	MSC ↔ MS
	Modify Reject	MSC ↔ MS
	User Information	MSC ↔ MS
Call Clearing	Disconnect	MSC ↔ MS
	Release	MSC ↔ MS
	Release Reject	MSC ↔ MS

Signalisierung beim gerufenen Teilnehmer, kein Verkehrskanal für den rufenden Teilnehmer belegt werden kann und abgebrochen werden muss.

Eingehende Anrufe Ein Anrufer, der einen mobilen Teilnehmer erreichen will, muss dessen mobile ISDN-Nummer wählen. Anhand der Nummer kann die ISDN-Vermittlungsstelle erkennen, dass es sich um ein mobiles Netz handelt. Daher leitet sie den Verbindungsaufbauwunsch mit Hilfe der ISUP Initialisierungsnachricht *Initial Address Message IAM* vom öffentlichen Netz an die nächste Übergangsvermittlung *GMSC* weiter.

Das GMSC kann anhand der in der IAM-Nachricht enthaltenen Rufnummer mit Hilfe der Datenbanken HLR und VLR alle relevanten Daten des mobilen Teilnehmers ermitteln. Auf diese Weise kann insbesondere auch die aktuelle Roaming Nummer MSRN und der gewünschte Diensttyp des mobilen Teilnehmers bestimmt werden. Falls der gerufene, mobile Teilnehmer zum aktuellen Zeitpunkt eingebucht ist, aber keine Verbindung unterhält, wird mit Hilfe des Pagingrufes der mobile Teilnehmer gerufen. Als Folge davon wird eine *Setup*-Nachricht, welche die entsprechenden Details des Verbindungswunschs enthält, vom MSC an die Mobilstation gesendet. Insbesondere enthält das *Setup*-Paket auch den geforderten Diensttyp. Anhand dieser Information kann die Mobilstation entscheiden, ob sie in der Lage ist, den Ruf anzunehmen. Im negativen Fall sendet sie ein *Release Complete*. Im positiven Fall sendet sie ein *Call Confirmed*, und die Verbindung zum mobilen Teilnehmer wird im Mobilfunknetz durchgeschaltet. Zusammen mit der *Call Confirmed*-Nachricht werden auch Informationen zur Verbindung übertragen. Zum Beispiel wird die Datenrate der akzeptierten und erfolgreich eingerichteten Verbindungen übermittelt.

Das Ergebnis der Durchschaltung der Verbindung wird dem gerufenen, mobilen Teilnehmer mit einem Klingelzeichen angezeigt. Dem anrufenden Teilnehmer wird dieser Sach-

5.5 Netzschicht

verhalt ebenfalls mitgeteilt. Dazu wird eine *Alerting*-Nachricht verwendet. Der Zeitpunkt, zu dem die *Alerting*-Nachricht versendet wird, hängt vom benutzten Mechanismus zum Verbindungsaufbau ab. Entweder wird die Benachrichtigung solange verschoben, bis auch ein Verkehrskanal TCH für die Verbindung geschaltet wurde (VEA), oder die Benachrichtigung erfolgt unmittelbar und der zugehörige Verkehrskanal wird später eingerichtet (OACSU, Non-OACSU).

Das MSC leitet die empfangene *Alerting*-Nachricht an das ursprüngliche (Fest-) Netz weiter. Für den Fall, dass die VEA-Alternative verwendet wird, leitet das MSC eine ISUP *Address Complete Message*-Nachricht *(ACM)* an das Netz weiter, und zwar direkt nach dem Empfang der *Alerting*-Nachricht. Im OACSU- beziehungsweise Non-OACSU-Fall wird diese Nachricht vom MSC direkt nach dem Empfang der *Call Confirmed*-Nachricht versendet.

Die *Connect*-Nachricht wird nur dann versendet, wenn der mobile Teilnehmer den Verbindungswunsch akzeptiert hat. Dies wird üblicherweise durch das Abnehmen des Hörers mitgeteilt. Das MSC leitet diese Information mit Hilfe einer ISUP *ANS*-Nachricht (Answer) an das (Fest-) Netz weiter. Im Anschluß daran wird im MSC der bereits im Festnetz etablierte Verbindungsweg mit dem gerade im Mobilnetz eingerichteten Verbindungsweg kurzgeschlossen. Dies wird der Mobilstation mittels einer *Connect Acknowledge*-Nachricht mitgeteilt. Danach kann die Daten- oder Sprachübertragung zwischen den beiden Endgeräten beginnen.

Im Wesentlichen entspricht die CC-Signalisierung in GSM dem Rufaufbau nach Q.931 in ISDN. In Abbildung 5.65 wird eine vereinfachte Version der CC-Signalisierung für den Fall eingehender Anrufe schematisch dargestellt.

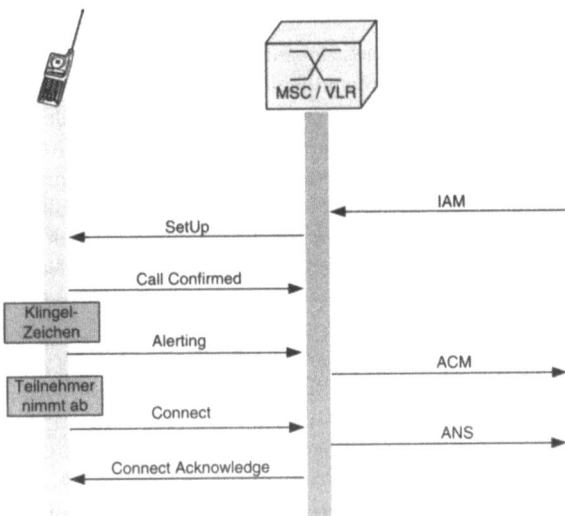

Abbildung 5.65: Prinzipieller Aufbau einer eingehenden Verbindung

Ausgehende Anrufe Mobile Teilnehmer, die in einem GSM-PLMN eingebucht sind, können jederzeit eine Verbindung anfordern. In Abbildung 5.66 wird eine vereinfachte Version für den Fall ausgehender Anrufe schematisch dargestellt.

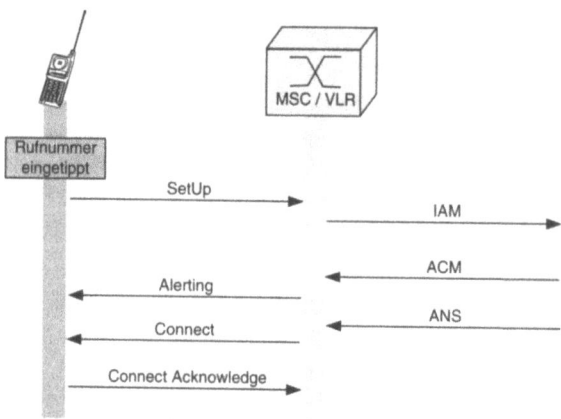

Abbildung 5.66: Prinzipieller Aufbau einer ausgehenden Verbindung

Nachdem die Mobilstation die notwendigen Prozeduren zur Identifikation und Sicherheit durchgeführt hat, teilt die rufende Mobilstation dem MSC mit Hilfe der *Setup*-Nachricht die gewünschte Nummer des gerufenen Teilnehmers mit. Dabei werden auch Parameter zur benötigten Dienstgüte, der Kompatibilität der beteiligten Endgeräte und ähnliches mitgeteilt.

Auf diesen Verbindungswunsch der Mobilstation kann das MSC auf verschiedene Weise reagieren. Mit Hilfe einer *Call Proceeding*-Nachricht zeigt das MSC an, dass der Rufwunsch akzeptiert wurde und alle notwendigen Informationen vorliegen, um den Ruf aufzubauen. Im negativen Fall lehnt das MSC mit *Release Complete* den Verbindungswunsch ab. Die Mobilstation erhält, direkt nachdem der gerufenen Seite der Gesprächswunsch signalisiert wurde *(Address Complete Message)*, eine *Alerting*-Nachricht. Nachdem die gerufene Seite den Ruf angenommen hat *(Answer)*, erhält die Mobilstation eine *Connect*-Nachricht, die sie mit einem *Connect Acknowledge* quittiert. Auf diese Weise wird die Verbindung durchgeschaltet. Im Anschluß daran kann mit der Daten- beziehungsweise Sprachübertragung begonnen werden.

Abbau Eine bestehende (Telefon-) Verbindung kann zu jedem Zeitpunkt von einem der beiden Kommunikations-Partner (CC-Instanzen) beendet werden. Der mobile Teilnehmer kann dazu beispielsweise den Hörer auflegen oder eine *Stop*-Taste drücken. Innerhalb der CC-Teilschicht wird dieser (Abbau-) Wunsch in eine *Disconnect*-Nachricht umgewandelt. Mit Hilfe dieser Nachricht wird der andere Partner über den Abbauwunsch informiert. In diesem Fall sendet das MSC eine ISUP Release Nachricht an das entsprechende Zielnetz weiter.

In Abbildung 5.67 wird der prinzipielle Abbau einer Verbindung schematisch dargestellt. Der Abbau einer bestehenden Verbindung kann Mobil- oder auch Netzseitig mit einer

5.5 Netzschicht

Disconnect-Nachricht eingeleitet werden. Die Abbau-Prozedur wird immer mit Hilfe eines Drei-Handshake-Verfahrens realisiert, unabhängig davon, ob der Abbau von der Mobilstation oder vom Netz initiiert wird.

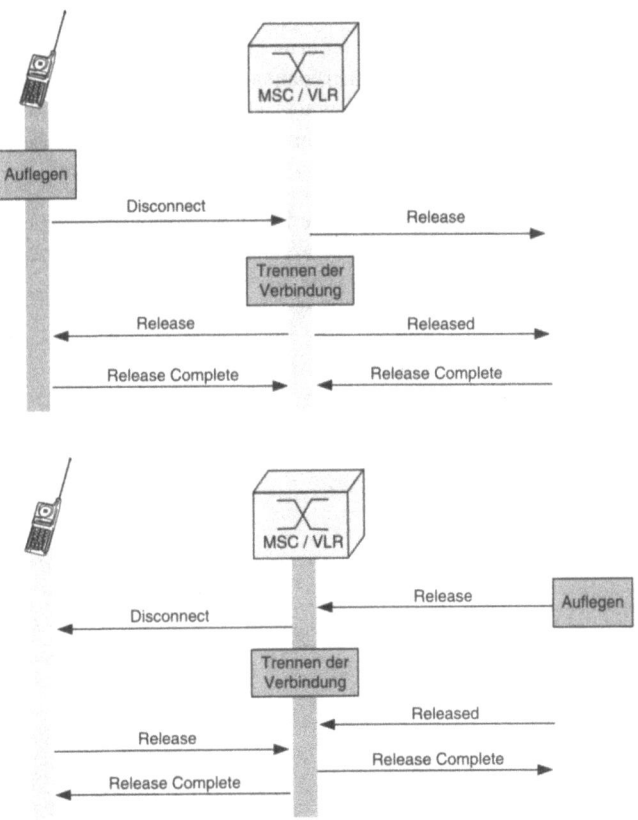

Abbildung 5.67: Prinzipieller Abbau einer bestehenden Verbindung

Eine *Disconnect*-Nachricht wird immer mit einem *Release* und *Release Complete* beendet. Falls beide beteiligten Instanzen gleichzeitig ein *Disconnect* versenden, entsteht eine Kollision. Eine gesicherte Beendigung der Verbindung ist in diesem Fall trotzdem garantiert, da beide Instanzen dieses ebenfalls mit einer *Release*-Nachricht beantworten.

Weitere Prozeduren Während einer bestehenden Verbindung können weitere Call-Control-Prozeduren zum Einsatz kommen. Die wichtigen Prozeduren betreffen die Änderung der Kanalparameter während eines Rufes *(In-Call Modification)* und die DTMF-Signalisierung *(Dual Tone Multi Frequency* Protocol Control).

Mit der *In-Call Modification* kann während eines bestehenden Rufes ein Dienstwechsel vorgenommen werden. Dieser Dienst erlaubt den Teilnehmern, eine etablierte Punkt-zu-Punkt Verbindung für die Übertragung von Nutzdaten unterschiedlicher Dienste nacheinander beziehungsweise abwechselnd zu verwenden. Mit Hilfe dieses Dienstes kann beispielsweise zwischen der Übertragung von Sprache und Fax gewechselt werden. Ebenso ist der Wechsel von Sprache auf Datenübertragung möglich. Jeder Dienstwechsel verursacht einen Kanalwechsel beziehungsweise eine Modifizierung des bestehenden Kanals.

Mit Hilfe der *DTMF-Signalisierung* (Mehrfrequenz-Signalisierung) kann der mobile Teilnehmer andere Komponenten im Netz steuern. DTMF-Signalisierung wird unter anderem eingesetzt bei der Abfrage eines Anrufbeantworters oder bei der Konfiguration von bestimmten Diensten mit einer im Netz eingerichteten Mailbox. DTMF ist ein Inband-Signalisierungsverfahren, durch Drücken einer Taste (Buchstabe, Ziffer oder bestimmte Sonderzeichen) des mobilen Endgerätes wird ein Digitalton erzeugt.

Daneben gibt es noch weitere Prozeduren zur Benachrichtigung eines Teilnehmers *(User Notification)*, zum Wiederaufbau eines Rufes *(Call Re-Establishment)* und zur Änderung der Parametereinstellungen eines Rufes *(Call Rearrangement)*.

6 Mobile Anwendungen

Das mobile Endgerät, das sogenannte *Handy*, ist aufgrund der großen Popularität von GSM zu einem selbstverständlichen Produkt des täglichen Lebens geworden. Mittlerweile besitzt statistisch nahezu jeder Einwohner in Deutschland ein eigenes Handy. Die Mehrzahl der in GSM genutzten Dienste kann der Kategorie der reinen Sprachdienste zugeordnet werden. Für die Zukunft zeichnet sich allerdings ein neuer Massenmarkt ab, der sich aus dem Zusammenspiel des (festen) Internet und der (mobilen) Zellularnetze entwickeln wird. Das in diesem Zusammenhang entwickelte *Wireless Application Protocol (WAP)* ermöglicht es, die aus dem Internet bekannten Dienste auch auf dem mobilen Endgerät anzubieten. Zur Darstellung der Informationen aus dem Internet auf den üblicherweise deutlich kleineren Handy-Displays wurde die *Wireless Markup Language (WML)* entwickelt.

Damit der (mobile) Kunde die neuen, mobilen Internetdienste annimmt und auch tatsächlich nutzt, war eine Anpassung der Tarifstruktur notwendig. Für die mobile Anbindung an das Internet wird, statt der üblicherweise im GSM verwendeten Leitungsvermittlung, das Prinzip der Paketvermittlung angewendet. Die in GSM entsprechende Technik wird *Global Packet Radio System (GPRS)* genannt. Mit Hilfe dieser Technik werden Informationspakete nur noch bei Bedarf verschickt. Solange keine Pakete zu versenden sind, werden auch keine Betriebsmittel im Mobilfunknetz blockiert. Auf diese Weise kann eine Tarifstruktur angeboten werden, bei der die Kosten auf der Basis der übertragenen Datenmenge und nicht mehr in Anlehnung an die Dauer der Verbindung ermittelt werden.

6.1 Dienste

Obwohl die Netzbetreiber aktueller GSM-Netze den größten Anteil ihrer Einnahmen auf der Basis herkömmlicher Sprachdienste bestreiten, wird davon ausgegangen, dass in Zukunft der Markt für Datendienste rapide anwachsen und damit für Netz- und Dienstbetreiber eine immanente, wirtschaftliche Bedeutung gewinnen wird. Diese Entwicklung wird positiv beeinflusst durch die immer kürzer werdenden Entwicklungszeiten neuer mobiler Endgeräte und durch die fortschrittliche Einführung neuer Dienste mit integrierten Entwicklungsumgebungen.

Für das aktuelle GSM-System ist bereits eine Vielzahl von solchen Entwicklungsumgebungen verfügbar. Neue, sogenannte Mehrwertdienste *(Value-Added Services, VAS)*, können beispielsweise mit Hilfe des *Wireless Application Protocols (WAP)*, *SIM Application Toolkits (SAT)* aber auch *Mobile Execution Environments (MExE)* realisiert werden. Das *Wireless Application Protocol* erlaubt den mobilen Zugriff auf die üblichen Internetdienste. Mit Hilfe des *SIM Application Toolkits* kann die SIM-Karte mit neuen, eigenen

Diensten personalisiert werden. Das *Mobile Execution Environment* beschreibt ein (ETSI) Framework zur Entwicklung von Java-Diensten auf einer WAP-Architektur.

Im Folgenden wird zwischen den eigentlichen (mobilen) Anwendungen und den dazu benötigten Diensttechnologien unterschieden. Die in diesem Bereich geplanten Anwendungen stammen aus nahezu jedem Bereich der Wirtschaftsinformatik: *Mobile Banking, Mobile Payment, Mobile Shopping, Mobile Retailing, Mobile Reservations, Mobile Auctions* aber auch *Mobile Security*. Eine in Finnland ansässige Firma entwickelt beispielsweise Lösungen für den Bereich *Mobile Security*. Ein Produkt diese Firma verwendet zur Bedienung von Garagentoren oder ähnlichen Schliessvorrichtungen das aktuelle GSM-Netz. Die Angestellten oder Mieter können in diesem Fall das Garagentor anrufen, kurz bevor sie dieses erreichen. Mit Hilfe einer Datenbank kann dann entschieden werden, ob der Teilnehmer die Berechtigung zur Torbedienung besitzt, beziehungsweise ob es auch dann tatsächlich geöffnet werden soll. Der interessierte Leser findet in [59] ausführliche Beschreibungen zu den einzelnen mobilen Anwendungen.

In den folgenden Abschnitten wird sowohl ein Überblick über die verschiedenen existierenden Diensttechnologien in GSM, als auch ein Ausblick auf die neuen Dienste des zukünftigen *Universal Mobile Telecommunication Systems (UMTS)* gegeben.

6.1.1 SMS

Seit 1992 ist es möglich, in GSM-Netzen Kurznachrichtendienste *(SMS)* an mobile Endgeräte zu versenden beziehungsweise von solchen zu empfangen, entsprechende Details finden sich in Kapitel 5.1.3.3. Nach einer eher gemäßigten Verwendung dieses Dienstes stieg der Versand von SMS-Nachrichten im Jahre 1998 sprunghaft an. Zu Beginn des Jahres 2000 wurden in GSM weltweit circa 2 Milliarden Kurznachrichten pro Monat übertragen. Zur Zeit werden allein in Deutschland über 500 Millionen Kurznachrichten pro Monat versendet.

Zur Zeit sind 90% aller übertragenen Kurznachrichten einfache Teilnehmer-zu-Teilnehmer-Mitteilungen oder Benachrichtigungen von gespeicherten Sprachmeldungen. Der restliche Anteil verteilt sich auf mobile Informationsdienste wie beispielsweise News, Börse, Sport, Wetter, Witze und ähnliches. In jüngster Zeit werden auch zusätzliche Dienste angeboten wie SMS-E-Mail-Benachrichtigung, SMS-Chat aber auch das Herunterladen von neuen Klingelzeichen.

Für die zukünftige Entwicklung wird eine Verdopplung der Anzahl der SMS-Nachrichten alle sechs Monate erwartet. Schätzungen gehen davon aus, dass der SMS-Dienst bis zum Jahr 2005 verwendet werden wird, wobei dieser nach und nach von der üblichen elektronischen Post *(E-Mail)* über GPRS und Internet abgelöst werden wird.

6.1.2 USSD

Im Gegensatz zu SMS liefert *USSD (Unstructured Supplementary Services Data)* eine Echtzeit-Verbindung während einer Sitzung. Die Nachrichten werden nicht, wie in SMS üblich, nach dem *Store-And-Forward*-Prinzip weitergeleitet. Stattdessen wird eine (leitungsvermittelte) Funkverbindung aufgebaut und so lange aufrechterhalten, wie es der mobile Teilnehmer wünscht. Eine USSD-Nachricht kann bis zu 182 Zeichen lang sein.

USSD ist besonders gut geeignet für solche Anwendungen, bei denen der korrekte Empfang der Übertragung unmittelbar bestätigt werden sollte. Diese Anforderungen ergeben sich typischerweise bei Geschäften, bei denen Verträge mit finanziellen Konsequenzen abgeschlossen werden. Damit in diesem Fall ein verbindlicher Kaufvertrag ermöglicht wird, ist eine zeitnahe Bestätigung unbedingt erforderlich. Mobile Börsengeschäfte werden üblicherweise mit Hilfe von USSD realisiert.

6.1.3 Zellenrundfunk

In Kapitel 5.1.3.3 wurde bereits die Punkt-zu-Mehrpunkt-Variante *(Zellenrundfunk oder Cell Broadcast, CB)* des Kurznachrichtendienstes SMS vorgestellt. Mit Hilfe des Zellenrundfunks werden Nachrichten an alle Mobilstationen, die sich in einem regionalen Teil des Netzes befinden, übermittelt. Sie können von Mobilstationen nur im Ruhezustand empfangen werden.

Mit Hilfe des Zellenrundfunks können Nachrichten mit engem lokalen Bezug ausgesendet werden. Bei diesem Dienst enthalten die nach Kategorien geordneten Kurznachrichten eine eindeutige Kennzeichnung, so dass eine Mobilstation gezielt nur die für sie interessanten Kategorien von Kurznachrichten empfangen kann. Die maximale Länge einer Zellenrundfunknachricht ist 93 Zeichen lang. Darüber hinaus gibt es noch die Möglichkeit, längere Nachrichten zu versenden, die aus der Verkettung von bis zu 15 aufeinanderfolgenden Nachrichten gebildet werden können.

6.1.4 SIM Application Toolkit

Die auf dem *SIM Application Toolkit (SAT)* basierenden neuen Dienste nutzen die immer größer werdende Speicher- und Prozessorkapazität der mobilen Endgeräte aus. Die Hälfte der verfügbaren 16 KByte auf der SIM-Karte können beispielsweise für drei oder vier Anwendungen verwendet werden. Die SAT-Technologie versetzt die Netzbetreiber in die Lage, (neue) Anwendungen über die Luftschnittstelle als SMS oder auch CB an das mobile Endgerät zu versenden. Auf diese Weise können existierende Dienste erweitert beziehungsweise neue Dienste heruntergeladen werden.

Die SAT-Technologie ist primär für einfache, mobile Endgeräte konzipiert. Die neuen (in der Regel einfachen) Dienste werden in diesem Fall vom Netzbetreiber entworfen und dem mobilen Teilnehmer angeboten. Mit Hilfe von SAT kann beispielsweise die Interaktion des mobilen Endgerätes mit einer Bankkarte (beispielsweise *EC-Karte)* definiert werden, die zusätzlich in das mobile Endgerät eingeführt werden kann. Das Herunterladen von neuen Klingelzeichen kann ebenfalls mit Hilfe der SAT-Technologie erfolgen. Obwohl SAT im Gegensatz zu WAP eine einfache und rudimentäre Technologie darstellt, kann eine breite Anwendung im Markt beobachtet werden. Daher kann SAT als Wegbereiter für mobile Anwendungen betrachtet werden.

6.1.5 WAP

WAP (Wireless Application Protocol) ist ein offener, globaler Standard zur Realisierung mobiler Anwendungen. Mit Hilfe der WAP-Dienste können Internet-Inhalte auf mobilen Endgeräten interaktiv angezeigt werden. Dazu müssen die mobilen Endgeräte mit sogenannten Micro-Browsern ausgestattet sein. Die üblichen, aus dem Internet bekannten Protokolle müssen auf die Besonderheiten der beschränkten Übertragungsrate und der eingeschränkten Darstellungsmöglichkeiten im Display optimiert werden. Die Verbindung mit dem Funknetz erfolgt entweder leitungsvermittelt mit Hilfe einer etablierten Telefonverbindung, oder paketvermittelt mit Hilfe von GPRS. In diesem Zusammenhang sorgt der WAP-Server für die zwischen GSM und IP-Umgebung erforderliche Protokollanpassung und Datentransformation.

Der WAP-Standard beschreibt eine Protokoll-Architektur, die auf der physikalischen Schicht verschiedene Trägerdienste erlaubt und auf den höheren Schichten mit den entsprechenden TCP/IP- beziehungsweise HTTP-Protokollen korrespondiert. Zur Beschreibung der Inhalte wird die *Wireless Markup Language (WML)* verwendet, die eine spezielle Variante der allgemeinen Auszeichnungssprache *Extensible Markup Language (XML)* darstellt. In Abschnitt 6.2 wird die WAP-Architektur ausführlich beschrieben.

Der kommerzielle Erfolg von WAP ist in Europa bisher allerdings noch nicht eingetreten. Im Gegensatz dazu konnte in Japan mit dem entsprechenden Pendant bereits eine große Marktdurchdringung erzielt werden. Der entsprechende Standard *i-Node* basiert auf einer einfachen HTML Variante. Für die zukünftige WAP Version 2.0 ist eine Kombination von WAP 1.3 (WML) und i-Node geplant.

6.1.6 MExE

Das *Mobile Execution Environment (MExE)* definiert im Wesentlichen den Einsatz von Java Virtual Machines auf dem mobilen Endgerät. *MExE* wurde von der ETSI standardisiert, mit dem Ziel, ein Framework für die Ausführung von netz- beziehungsweise Dienstbetreiber-spezifischen Anwendungen zur Verfügung zu stellen. *MExE* unterstützt die Programmierung eigener Anwendungen, integriert aber auch weitere Dienste. Typische Beispiele sind aufenthaltsbezogene Dienste *(Location Based Services)*, komplexe Teilnehmermenus und eine Vielzahl von Schnittstellen, wie beispielsweise sprachbasierte Eingabe. Das *Mobile Execution Environment* basiert zwar auf der WAP-Architektur, bietet aber darüber hinaus auch weitere Dienste an.

Es ist zu erwarten, dass *MExE* auch im Zusammenhang mit Endgeräten der dritten Generation (UMTS) eine wichtige Rolle spielen wird. Diese Endgeräte besitzen eine ausreichende Prozessorkapazität, um Java-Programme auf einer *Virtuellen Machine (VM)* ablaufen zu lassen.

Aufgrund der in *MExE* verwendeten Struktur (Java VM) wird im Gegensatz zu WAP keine feste Protokollarchitektur festgelegt. Dies erlaubt die Entwicklung von Diensten, die später auf verschiedenen Protokollhierarchien ablaufen können. Diese Flexibilität erscheint besonders vorteilhaft vor dem Hintergrund, dass eine zukünftige Einigung auf ein konkretes Protokoll eher unwahrscheinlich ist. In diesem Sinne stellt *MExE* den nächsten logischen Schritt nach WAP dar.

6.1.7 UMTS

Die Bereitstellung einer breit gefächerten Dienstpalette, die Sprach-, Daten- und Multimedia-Dienste umfasst und unterschiedliche Übertragungsraten unterstützt, ist das primäre Ziel von UMTS. Im Gegensatz zu GSM, bei dem nur zwei verschiedene Arten von Mobilität unterstützt werden, kommt in UMTS ein dritter Aspekt hinzu. Neben der Geräte- und Teilnehmermobilität wird nun auch die Dienstmobilität unterstützt. Mit Hilfe der Dienstmobilität wird ein mobiler Teilnehmer in die Lage versetzt, personalisierte Dienste unabhängig vom verwendeten Gerät oder aktuell eingebuchten Netz in Anspruch nehmen zu können.

Zur Implementierung der Dienstmobilität wird in UMTS die aus GSM bekannte Smart Card Technologie weiterentwickelt. Mit Hilfe des *Virtual Home Environments (VHE)* wird dem Teilnehmer immer dieselbe Umgebung beziehungsweise Bedienoberfläche angeboten, und zwar unabhängig vom Endgerät beziehungsweise Zugangsnetz. Damit werden dem mobilen Teilnehmer immer dieselben benutzerdefinierten Methoden zur Verfügung gestellt. Die vom VHE angebotenen Funktionen umfassen insbesondere das Herunterladen der benutzerdefinierten Software. Diese Funktionen operieren transparent auf den Trägerdiensten, um auf diese Weise eine größtmögliche Flexibilität zu erzielen. Der Grad der gewünschten Sicherheit kann eingestellt werden, Funktionen können zwischen mobilem Endgerät und Zugangsnetz ausgehandelt werden.

VHE beschreibt nicht nur die Verwendung von Diensten in UMTS, es werden auch Konzepte zur Dienst-Kreierung zur Verfügung gestellt. Diese Konzepte basieren auf der Überlegung, dass Dienst-Kreierung, -Einführung und -Portabilität so einfach wie möglich geregelt werden sollten. In UMTS wird daher eine einzige (Dienst-) Schnittstelle definiert zusammen mit einer Menge von Entwurfs-, Entwicklungs- und Testwerkzeugen. Auf diese Weise wird die Kreierung neuer Dienste getrennt von der Realisierung in den Festbeziehungsweise Zugangsnetzen, aber auch von der Implementierung in den Endgeräten. Die Entwicklung neuer Dienste kann daher durch verschiedene Hersteller, Netz- und Dienstanbieter unabhängig voneinander erfolgen.

Aus den oben erwähnten Gründen wird VHE bei der Entwicklung von UMTS zu einem möglichen Massenmarkt eine zentrale Rolle spielen. Die Flexibilität von VHE erlaubt die Einführung vieler neuer Dienste, die vom mobilen Teilnehmer problemlos auf individuelle Wünsche angepasst werden können. Die Netz- beziehungsweise Dienstanbieter können denselben Dienst in verschiedenen Ausprägungen anbieten. Der Aufwand, den Dienst an das Zugangsnetz beziehungsweise Endgerät anzupassen, ist eher gering.

6.1.7.1 Multimedia-Dienste

In UMTS können im Gegensatz zu GSM tatsächlich multimediale Dienste angeboten werden. Dabei spielt die verfügbare, nun wesentlich höhere Datenrate die entscheidende Rolle. Statt wie bisher 9 kbit/s sind nun theoretisch bis zu 2 Mbit/s möglich. Diese hohen Übertragungsraten ermöglichen Dienste wie Video-Konferenzen, Video-Streaming und Online Video. Diese Dienste gehören in den Bereich der Telematik und finden ihre Anwendung beispielsweise in der Telemedizin, Telekooperation, Teleteaching und Verkehrstelematik.

Video-Konferenz-Dienste sind aus der Festnetztelefonie bereits bekannt. Zur Anwendung im Mobilfunkbereich müssen miniaturisierte Kameras am mobilen Endgerät installiert werden. Neben der klassischen Anwendung im Bereich der Audio- und Videotelefonie, könnten nun auch Audio- beziehungsweise Videoaufnahmen erstellt und anschließend dem Partner übertragen werden. *Video-Support* bei der Fernwartung stellt ein solches typisches Beispiel dar.

Mit Hilfe von Video-Streaming-Diensten können bei Bedarf, Filme auf dem mobilen Endgerät abgespielt werden. Diese Dienste werden primär in der kommerziellen Werbung eingesetzt. In diesem Bereich sind Anwendungen vorgesehen, die beispielsweise die Vorschau des neuesten Kinofilms oder auch Video-Clips der aktuellen Musikhits auf dem mobilen Endgerät ermöglichen.

Online-Video-Dienste bieten Unterstützung bei herkömmlichen elektronischen Geschäften. Der (mobile) Kunde kann das (entfernte) Produkt mit Hilfe des mobilen Endgerätes ansehen und bei Gefallen bestellen.

6.1.7.2 Sprachbasierte Dienste

Die übliche Bedienoberfläche mobiler Endgeräte ist primär zur Sprachkommunikation ausgelegt. Zur Nutzung multimedialer Dienste ist die kleine Tastatur beziehungsweise das kleine Display eher ungeeignet. Die zukünftige Entwicklung mobiler Endgeräte kann zwar nicht genau vorausgesagt werden, eine Trendwende, weg von der Miniaturisierung, erscheint allerdings eher unwahrscheinlich. Daher wird alternativen Ein- und Ausgabemöglichkeiten eine große Bedeutung beigemessen.

Ein mobiles Endgerät besitzt typischerweise Komponenten zur Spracheingabe (Mikrofon) und -ausgabe (Lautsprecher). Mit Hilfe dieser Komponenten und entsprechender Software kann die Ein- und Ausgabe auf der Basis von Spracherkennung beziehungsweise Sprachaktivierung aufgebaut werden. In diesem Zusammenhang wurde die Dokumentenbeschreibungssprache *XML* um die entsprechenden Sprachaspekte erweitert. In *VoXML (Voice XML)* sind besondere Dokumenttypen vorgesehen, die einer Sprachaktivierung zugeordnet werden können.

Mit Hilfe von *VoXML* können mobile Dienste durch gesprochene Sprache benutzt werden. Auf diese Weise wird die Hemmschwelle zur Verwendung neuer Dienste deutlich gesenkt. Mit Hilfe eines kurzen gesprochenen Sprachkommandos kann beispielsweise die Anzeige der aktuell empfangenen elektronischen Briefe aktiviert werden, häufig besuchten Internetadressen kann der mobile Teilnehmer eigene Sprachkommandos zuordnen.

6.1.7.3 Sicherheits-Dienste

Das in GSM eingeführte Konzept der Smart Card (SIM) wird in UMTS weiterentwickelt. Mit Hilfe der SIM kann sich ein mobiler Teilnehmer in einem beliebigen mobilen Endgerät einbuchen und dieses für seine Kommunikation verwenden. Auf der SIM sind seine Personendaten abgespeichert, die unter anderem auch die Authentifikation und Verschlüsselung regeln.

Die in UMTS verwendete *USIM (User Service Identity Module)* ist um zusätzliche Aspekte erweitert. Dies betrifft sowohl die Einführung Digitaler Signaturen, um elektronische Geschäfte verbindlich abschließen zu können, als auch die Möglichkeit, personalisierte Dienste auf der USIM zu speichern. Zur Vereinfachung ist die Verwendung kontaktloser USIM-Karten vorgesehen.

6.1.7.4 Aufenthaltsbezogene Dienste

Im Gegensatz zu Festnetzen sind die Teilnehmer in Mobilfunknetzen in der Regel mobil. Es ist daher auch nicht verwunderlich, dass solche Dienste, welche die Mobilität der Teilnehmer berücksichtigen, von besonderer kommerzieller Bedeutung sind. Die in GSM bereits angebotenen Dienste zur Bestimmung des aktuellen Aufenthaltsortes können prinzipiell in zwei Kategorien unterschieden werden.

Bei der ersten Kategorie wird GSM *nur* als Übertragungsmedium zur normalen Kommunikation verwendet, zur Bestimmung der aktuellen Position werden spezielle Systeme herangezogen. In diesem Zusammenhang wird häufig neben dem mobilen Endgerät eine *GPS*-Komponente *(Global Positioning System)* verwendet, siehe auch Kapitel 1.7.

Bei der zweiten Kategorie werden zur Lokalisierung des Teilnehmers die inhärenten Mechanismen von GSM herangezogen. Dazu zählen beispielsweise der *Cell Identifier (CI)*, aber auch Dreiecks-Verfahren, die auf dem unterschiedlichen empfangenen Leistungspegel basieren, siehe auch Kapitel 5.2.2. Eine vollständige Aufenthaltsbestimmung in GSM allein ist allerdings nicht möglich.

In UMTS fällt die Einschränkung vom zweiten Typ weg. Eine vollständige Bestimmung des Aufenthaltsortes ist ohne Zusatzequipment möglich. In diesem Zusammenhang sind Anwendungen aus den Bereichen *Work Force Management, Fahrzeugmanagement* und *Gelbe Seiten* geplant.

Mit Hilfe des Work Force Managements wird eine Gruppe von geographisch verteilten Mitarbeitern von einem zentralen System koordiniert. Beispiele für solche Gruppen sind Vertreter, Wartungspersonal, Flottenfahrer und ähnliche Konstellationen.

Beim Fahrzeugmanagement wird das UMTS-System im Fahrzeug zur Navigation verwendet. Daneben gibt es auch Systeme, die auch zur Fahrzeugverfolgung eingesetzt werden können. Die von einem zentralen System gesammelten Informationen können dann beispielsweise zum Zweck der Diebstahlsicherung herangezogen werden, erleichtern aber auch die Kooperation mit Werkstätten in Fällen von Fahrzeugpannen und ähnlichem.

Mit Hilfe der Gelben Seiten wird ein breites Angebot an öffentlichen Diensten für den alltäglichen Gebrauch zur Verfügung gestellt. Dieser Dienst ermöglicht es, zu bestimmten Kategorien wie beispielsweise Restaurants, Apotheken oder auch Kinos Listen mit den entsprechenden Adressen, Öffnungszeiten und Preislisten in der aktuellen Nähe anzufordern.

6.2 Wireless Application Protocol

Im Dezember 1997 wurde formell das WAP-Forum gegründet, mit dem zentralen Ziel, einen Standard für mobile Mehrwertdienste zu entwickeln. Die Veröffentlichung der ersten Spezifikation, dem *Wireless Application Protocol* WAP 1.0, erfolgte im April 1998. Die Gründungsmitglieder des WAP-Forums sind Ericsson, Motorola, Nokia und Phone-Com (ehemals Unwired Planet). Zur Zeit sind über 100 Unternehmen im WAP Forum organisiert. Der Schwerpunkt der Unternehmen liegt in den Bereichen Hersteller (Endgeräte und Infrastruktur), Anbieter (Netz und Dienste), aber auch Software allgemein (IBM, Oracle, Microsoft und andere).

Mit Hilfe des WAP-Standards wird eine offene Architektur definiert. Diese Architektur unterstützt die flexible Anwendung mobiler Dienste, und zwar unabhängig von der gewählten Zugangstechnologie. WAP lässt sich sowohl in die aktuellen Mobilfunknetze der zweiten Generation GSM-900, GSM-1800, GSM-1900, als auch in die neuen Mobilnetze der dritten Generation 3G-Systeme, UMTS und W-CDMA integrieren. Die Palette der Endgeräte, die von WAP unterstützt werden, reicht vom klassischen mobilen Endgerät (Handy) bis zum komplexen Communicator beziehungsweise Handy-PC.

Genau wie das WWW-Modell definiert der WAP-Standard ein Modell zur Kooperation und Kommunikation von verteilten, plattformübergreifenden Komponenten. Dazu werden nicht nur die benötigten Anwendungsprotokolle festgelegt, sondern auch die entsprechenden Entwicklungsumgebungen. Im Unterschied zum WWW-Modell müssen in der mobilen Umgebung einige Einschränkungen berücksichtigt werden. Die Einschränkungen betreffen die verfügbare (mobile) Datenrate, aber auch Darstellung (kleines Display) und Eingabe (Tastatur mit Mehrfachbelegung). Speicher und Prozessor stellen weitere Engpässe dar. In diesem Sinne kann WAP als Optimierung des WWW-Modells hinsichtlich der beschriebenen Aspekte interpretiert werden.

6.2.1 WWW-Modell

Das *World Wide Web (WWW)* ist ein architektonisches Rahmenwerk für den Zugriff auf verknüpfte Dokumente, die auf Tausenden von Rechnern überall im Internet verteilt sind. Seine enorme Beliebtheit resultiert aus der Tatsache, dass es eine bunte graphische Benutzeroberfläche besitzt, die für Anfänger leicht zu bedienen ist, und dass es eine unglaubliche Fülle von Informationen über jedes erdenkliche Thema bietet.

Das WWW ist im Grunde ein Client/Server-System. Aus Sicht des Benutzers besteht das Web aus einer riesigen, weltweiten Sammlung von Dokumenten, die im Web *Seiten* genannt werden. Jede Seite kann Zeiger *(Links)* zu anderen Seiten enthalten, die sich irgendwo anders befinden können. Die Teilnehmer können einem Link folgen (Anklicken), um zu der betreffenden Seite zu gelangen. Seiten, die auf andere Seiten hinweisen, basieren auf dem sogenannten *Hypertext*. Seiten werden in einem speziellen Programm namens *Browser* angezeigt. Netscape-Navigator stellt beispielsweise einen solchen Browser dar. Mit Hilfe des Browsers wird die angeforderte Seite geladen. Der Text und die enthaltenen Formatierbefehle werden interpretiert und korrekt formatiert auf dem Bildschirm (Display) angezeigt.

6.2 Wireless Application Protocol

Auf der Server-Seite existiert ein Server-Prozess, der üblicherweise den TCP-Port 80 auf ankommende Verbindungen von Clients (Browser) abtastet. Mit Hilfe des *Hyper-Text Transfer Protocol (HTTP)* kann der Client eine Verbindung zum Server aufbauen, um anschließend die Seite zu holen. Web-Seiten werden in der Auszeichnungssprache HTML *(Hyper-Text Markup Language)* oder Java geschrieben. Mit Hilfe von HTML werden üblicherweise *statische* Seiten geschrieben, die Text, Grafik und Zeiger auf andere Web-Seiten enthalten. Typische Beispiele von statischen Seiten stellen Firmenpräsentationen dar. Zur Adressierung der Seiten beziehungsweise Identifizierung der Zeiger wird der eindeutige *Unified Resource Locator (URL)* verwendet. Mit Hilfe von Java können auch interaktive Web-Seiten entworfen werden. In der Regel zeigt eine interaktive Web-Seite auf ein kleines Java-Programm, das sogenannte Applet. Erreicht das Applet den Browser, wird es geladen und dort auf sichere Weise ausgeführt.

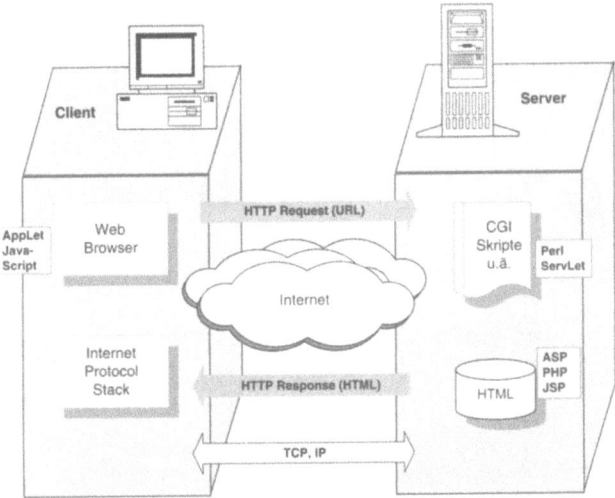

Abbildung 6.1: WWW-Modell

Zur Handhabung von Formularen gibt es den *CGI*-Standard *(Common Gateway Interface)*. Typische Beispiele für Formulare sind Datenbanken. Zur eleganten Verwendung bietet der Dienstbetreiber beispielsweise einen nach Schlüsselwort und Thema sortierten Index an und schreibt ein CGI-Script (oder Programm), welches die Schnittstelle zwischen der Datenbank und dem Web realisiert. Dieses Script enthält nach Konvention einen URL im Verzeichnis *cgi-bin*. Drückt ein Teilnehmer, der gerade ein Web-Formular ausfüllt, auf die entsprechende *Submit*-Schaltfläche, dann wird eine TCP-Verbindung zum entsprechenden CGI-Script gestartet, dessen Adresse typischerweise im *Action*-Parameter des Formulars zu finden ist.

Mit Hilfe von CGI-Skripten können auch dynamische Ausgaben auf dem Browser produziert werden. Typischerweise wird die serverseitige Logik bei einfachen Anwendungen mit Hilfe von CGI über ein *Perl*-Skript angesprochen. Um die bei komplexen Diensten auf dem Server realisierte Logik zu verwenden, werden in der Regel in Java implementierte *Servlets* aufgerufen. Mit Hilfe der Sprachen *ASP (Active Server Pages)*, *PHP (Hypertext Preprocessor)* und *JSP (Java Server Pages)* können (HTML-) Dokumente auf dem Server dynamisch, üblicherweise aus Datenbankdaten, generiert werden.

Auf der Clientseite werden typischerweise in Java geschriebene *Applets* verwendet, mit dem Ziel so viel Logik wie möglich auf der Clientseite selbständig zu realisieren, um die Anzahl der benötigten Kommunikationsvorgänge mit dem Server möglichst klein zu halten. Mit Java-Script können kleine, einfache interpretierte (Client-) Skripte erstellt werden, um beispielsweise Formulardaten vor dem Verschicken zu überprüfen, oder die aktuell angezeigte Seite zu modifizieren. In Abbildung 6.1 wird das entsprechende WWW-Modell gezeigt.

6.2.2 WAP-Modell

In Abbildung 6.2 wird das entsprechende WAP-Modell gezeigt. Aus dieser Abbildung wird insbesondere auch die Ähnlichkeit mit dem WWW-Modell sehr deutlich. Für den Fall, dass das WAP Gateway/Proxy nicht betrachtet wird, sind die beiden Modelle nahezu identisch.

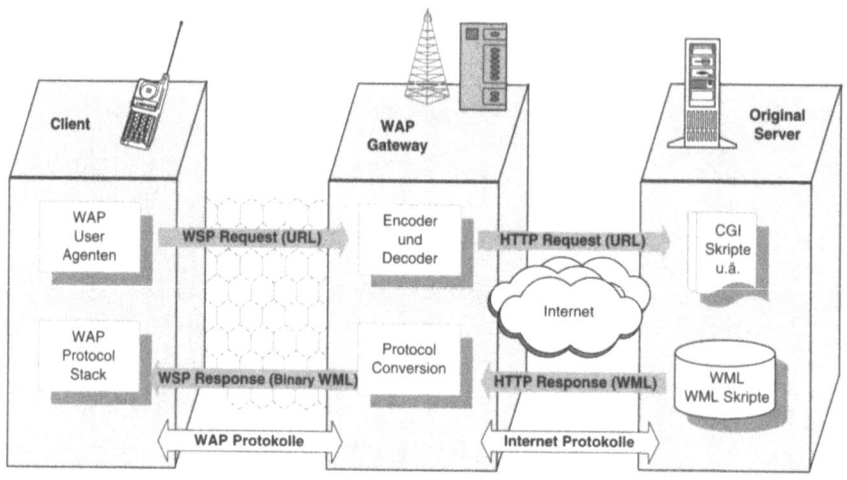

Abbildung 6.2: WAP-Modell

Die Darstellung von üblichen HTML-Seiten auf den typischerweise eingeschränkten Displays mobiler Endgeräte ist in der Regel so nicht möglich. Die aktuell verfügbare Übertragungsrate auf der Funkschnittstelle reicht ebenfalls nicht aus, um die üblicherweise großen Volumina der HTML-Seiten zum Endgerät zu transportieren. Zur Lösung dieser Probleme wurde im WAP-Standard die neue Auszeichnungssprache *Wireless Markup Language (WML)* gewählt, die mit den beschriebenen Einschränkungen zurechtkommt.

Im WAP-Gateway wird die vom Internet kommende HTML-Seite auf die kompaktere WML-Seite abgebildet. WML bietet eine für mobile Endgeräte angepasste Browser-Navigation an, die mit kleinen Komponenten zur Eingabe (Tastatur) und Ausgabe (Display) auskommt. Darüberhinaus kann WML in eine kompakte Binärdarstellung codiert werden, um auf diese Weise das knappe Betriebsmittel Funkspektrum effizienter zu nutzen. Neben der Codierung/Decodierung stellt die Protokollkonversion eine weitere wichtige Aufgabe des Gateways dar. Im WAP-Gateway wird das komplexere HTTP-Protokoll in das mobile *Wireless Session Protocol (WSP)* konvertiert, welches eine binäre Version von HTTP darstellt.

Aus Abbildung 6.2 wird der Ablauf einer typischen mobilen Anforderung ersichtlich. Ein WAP-Request vom mobilen Teilnehmer wird vom WAP-Gateway empfangen und bearbeitet. Zur Bearbeitung muss das WAP-Gateway Informationen aus dem Web holen, CGI-Skripte oder Java Servlets aufrufen, oder auch andere dynamische Mechanismen anstoßen. Die aus dem Internet empfangenen HTML-Seiten werden dann im WAP-Gateway umformatiert und als WML-Seite aufgearbeitet. Die aufgearbeitete Information wird üblicherweise als *Karten-Stapel (Card Deck)* dargestellt und in binärer Form als Ganzes dem mobilen Teilnehmer über die Funkschnittstelle zugestellt. Nach Erhalt der Information kann sich der Teilnehmer aus diesem Karten-Stapel bedienen, und die erste Karte auf seinem (Endgeräte-) Display darstellen.

WML stellt eine konkrete Variante der allgemeineren Auszeichnungssprache XML dar. XML ist eine Metasprache und kann zur Definition von beliebigen, konkreten Auszeichnungssprachen verwendet werden, siehe dazu auch Unterabschnitt 6.2.4. Der in WML gewählte Karten-Deck erscheint am besten geeignet zur Darstellung auf den kleinen, mobilen Endgeräten. In diesem Zusammenhang entspricht die WML-Karte der HTML-Seite. Aus Effizienzgründen wird in WAP ein ganzer Stapel von Karten auf einmal versendet. Auf diese Weise wird das (im Web-Modell übliche) ständige Anfordern von neuen Seiten vermieden. Zur Bearbeitung und sequentiellen Darstellung auf dem mobilen Endgerät kann eine prozedurale Logik verwendet werden. In WAP wurde dazu WML-Script entwickelt. Im Zusammenhang mit dem WWW-Modell wäre WML-Script mit Java-Script auf der Clientseite vergleichbar. Mit Hilfe von WML-Script können die WML-Karten auf intelligente Weise bearbeitet und entsprechend auf dem Display angezeigt werden, die Kommunikationsvorgänge über die Funkschnittstelle mit dem Gateway können so reduziert werden.

6.2.3 WAP-Architektur

In Anlehnung an das OSI-Referenzmodell wurde WAP als geschichtete Architektur organisiert, so dass eine einfache und flexible Erweiterung möglich ist. In WAP werden fünf Schichten unterschieden, deren Anordnung aus Abbildung 6.3 ersichtlich ist. Die möglichen, unterschiedlichen physikalischen Trägerdienste sind allerdings nicht Bestandteil des WAP-Standards. Aus der Abbildung wird auch der Zusammenhang zwischen WAP und WWW deutlich.

6.2.3.1 WAP-Anwendungsumgebung

Um möglichst ein breites Spektrum an Anwendungen auf dem mobilen Endgerät zu realisieren, wird in der obersten Schicht *WAE (Wireless Application Environment)* eine entsprechende Umgebung angeboten. Die Bestandteile von *WAE* betreffen Adressierungsschema, Darstellungssprache *(WML* beziehungsweise *WML-Script)* und Framework. Das Framework enthält unter anderem eine Programmierschnittstelle für typische Telefondienste, *WTA* und *WTAI (Wireless Telephone Application, Wireless Telephone App-*

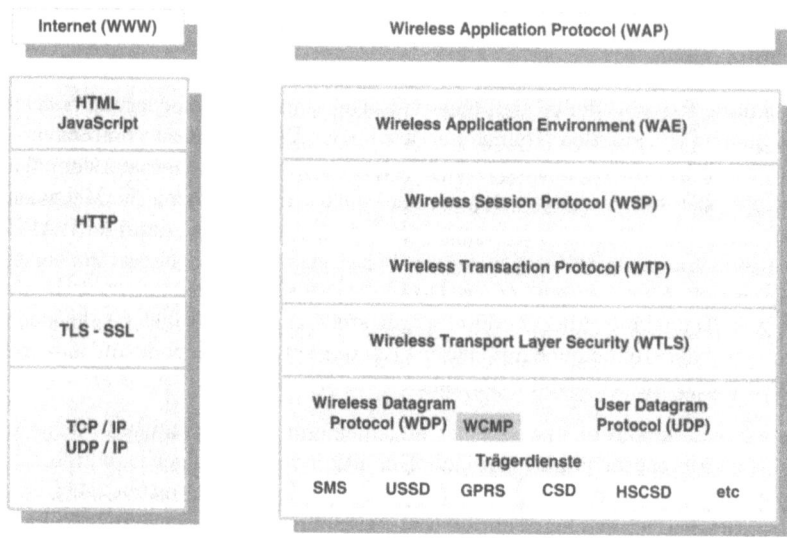

Abbildung 6.3: WAP-Architektur

lication Interface). Die Telefondienste können aus WML beziehungsweise WML-Script gerufen werden.

Auf der Teilnehmerseite müssen in der Regel zwei Agenten vorhanden sein. Zur Darstellung (WML) und Bearbeitung (WML-Script) von WAP-Seiten wird ein WML-Agent benötigt. Dazu wird typischerweise ein Browser verwendet. Die optionalen Telefondienste werden von einem WTA-Agenten unterstützt.

In WAP wird dasselbe Adressierungsschema verwendet wie im Internet. Ein WML-Dokument wird also mit einer URL eindeutig adressiert. Daneben kann in WAP auch der *Uniform Ressource Identifier (URI)* verwendet werden, der im Gegensatz zum URL auch bei weniger bekannten Protokollen benutzt werden kann.

Die mit Hilfe von *WTAI* angebotenen Dienste sind in drei Kategorien aufgeteilt: *Network Common Functions*, *Network Specific Functions* und *Public Functions*. Die Netzfunktionen können entweder von allen mobilen Netzen *(Common)* oder nur von einigen *(Specific)* aufgerufen werden. WML-Agenten können ebenfalls die öffentlichen Funktionen aufrufen. Typische Funktionen betreffen die Verbindungssteuerung, Nachrichtenbearbeitung und die Telefonbuchbedienung.

Mit Hilfe von WTA kann eine komplexe Ereignissteuerung realisiert werden. Das mobile Endgerät kann Dienste speichern, die beim Eintreffen bestimmter Ereignisse aufgerufen werden sollen. Typische Beispiele sind Verbindungsankünfte und -abbrüche. Es ist auch möglich, Ereignisse mit bestimmten Aktionen in WML zu verknüpfen. Auf diese Weise können bei der Abarbeitung eines Dienstes Ereignisse berücksichtigt werden. Ein solches Ereignis kann aus einer URL und einer Nachricht bestehen. Abbildung 6.4 zeigt das entsprechende WTA-Modell.

6.2 Wireless Application Protocol

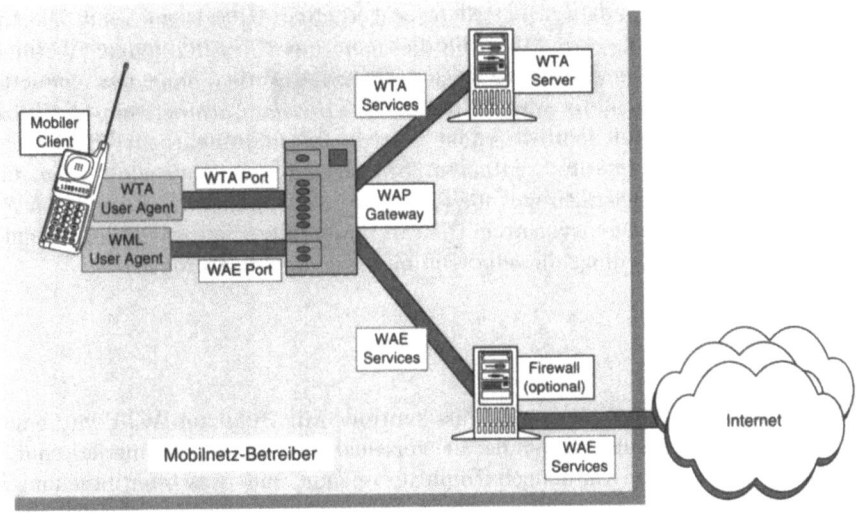

Abbildung 6.4: WTA-Modell

6.2.3.2 WAP-Protokolle

Im WAP-Standard sind vier Varianten zur Kommunikation zwischen mobilem Teilnehmer und Gateway vorgesehen.

Bei der *verbindungslosen* Variante wird oberhalb vom *Wireless Datagram Protocol (WDP)* nur das *Wireless Session Protocol (WSP)* verwendet. Mit Hilfe dieser Variante wird ein einfacher (ungesicherter) Datagrammdienst realisiert, einmal versendete Nachrichten werden nicht bestätigt.

Bei der *verbindungsorientierten* Variante wird oberhalb von *WDP* neben *WSP* nun auch das *Wireless Transaction Protocol (WTP)* verwendet. Auf diese Weise wird ein sicherer Dienst realisiert. Korrekt empfangene Nachrichten müssen bestätigt werden, andernfalls werden sie wiederholt. Bei diesen Varianten kann zur Realisierung von lang andauernden Verbindungen ein spezieller WSP-Modus verwendet werden.

Beide Varianten können auch mit kryptographischer Sicherheit kombiniert werden. In diesem Fall wird zusätzlich auch *Wireless Transport Layer Security (WTLS)* verwendet. Mit WTLS können solche Dienste wie Authentifizierung und Verschlüsselung realisiert werden.

WSP stellt die Schnittstelle dar zwischen WAE und dem restlichen Protokollstack in WAP. WSP ist eine binäre Version von HTTP 1.1, allerdings mit zusätzlichen Erweiterungen. Die Erweiterungen betreffen vorwiegend die Aspekte der *Capability Negotiation*, *Long-Lived Session, Header Caching* und *Push*-Dienste.

In WSP werden beide Varianten *verbindungslos* und *verbindungsorientiert* angeboten. Mit Hilfe der *Capability Negotiation* können beim verbindungsorientierten Dienst die Eigenschaften der Verbindung beim Verbindungsaufbau vereinbart werden. Typische Beispiele von solchen Eigenschaften betreffen die verfügbare Übertragungsrate aber auch die maximale Verzögerungszeit. Mit Hilfe der *Long-Lived Session* können Verbindungen zeitweise unterbrochen und später wieder aufgesetzt werden, ohne dass eine erneute Verbindungsverhandlung nötig wäre. Mit Hilfe des *Header Caching* kann die Effizienz der Übertragungskapazität deutlich erhöht werden. Im ursprünglichen HTTP, welches kein *Header Caching* unterstützt, enthalten 90% der Anfragen statische Header, die eigentlich nicht immer wiederkehrend übertragen werden müssten. Mit Hilfe der *Push*-Funktionalität werden neue asynchrone Dienste unterstützt, bei denen die Reihenfolge der Antworten nicht unbedingt dieselbe sein muss wie die der Anfragen.

WTP dient primär der Fehler- und Flusskontrolle. Mit Hilfe von WTP wird eine zuverlässige Verbindung realisiert, bei der die einzelnen Nachrichten nummeriert sind. Auf diese Weise können beim Empfänger Duplikate erkannt und verworfen beziehungsweise Verluste erkannt und entsprechende Wiederholungen angefordert werden. In WTP werden drei Klassen von Zuverlässigkeit angeboten. Die erste Variante bietet keine Zuverlässigkeit an. Falls die Nachricht nicht ankommt, wird keine Wiederholung versendet. In der zweiten Klasse wird die übliche Zuverlässigkeit unterstützt. Der Empfänger schickt für jede korrekt empfangene Nachricht eine Bestätigung an den Sender, falls die Bestätigung innerhalb eines bestimmten Zeitraums ausbleibt, erfolgt eine Wiederholung der Übertragung. Bei der dritten Variante wird die *Drei-Wege-Kommunikation* unterstützt. Der Empfänger bestätigt, wie üblich, den Empfang der Nachricht, der Sender muss nun allerdings auch den Empfang der Bestätigung bestätigen.

WTP ist an die im Mobilfunk vorherrschenden Bedingungen angepasst. Zur Reduzierung des üblichen Protokoll-Overheads existieren Mechanismen, die das knappe Betriebsmittel Frequenzspektrum effizienter ausnutzen. Um die erforderlichen Kommunikationsvorgänge zu minimieren, wird beispielsweise eine (neue) Anforderung mit einer (alten) Bestätigung in einer Nachricht verknüpft. Des Weiteren gibt es Verfahren zur selektiven Anforderung von Wiederholungen fehlerhafter Nachrichten.

WTSL basiert auf dem *Transport Layer Security* 1.0 *(TLS)*, ist aber für schmalbandige Kommunikation optimiert. Im Wesentlichen werden mit WTSL Dienste zu den Bereichen Integrität, Vertraulichkeit und Authentifizierung realisiert.

Bei der Integrität werden Funktionen angeboten mit deren Hilfe überprüft werden kann, ob eine Nachricht bei der Übertragung verändert wurde. Dies erfolgt in der Regel durch Verknüpfung der Nachrichten mit Prüfsequenzen. Bei der Vertraulichkeit wird die Nachricht mit Hilfe kryptographischer Verfahren unleserlich gemacht *(verschlüsselt)*. Bei der Authentifizierung geht es unter anderen darum, den Zusammenhang zwischen Nachricht und einer bestimmten Person sicherzustellen. In diesem Zusammenhang spielen *Digitale Signaturen* eine entscheidende Rolle.

WTLS kann optional mit beiden Varianten verbindungslos und -orientiert kombiniert werden. Falls WTLS verwendet wird, dann immer unmittelbar oberhalb von WDP.

WDP bietet nach oben eine einheitliche Schnittstelle an, und verbirgt auf diese Weise die Details der unterschiedlichen mobilen Trägerdienste. Dadurch wird der darüberliegenden Schicht ein einheitlicher Datagrammdienst angeboten.

Falls WAP über einen Trägerdienst verwendet wird, welcher das *User Datagram Protocol (UDP)* bereits unterstützt, wird WDP nicht benötigt. Auf den anderen Trägerdiensten, wie beispielsweise SMS in GMS, wird die Datagram-Funktionalität mit Hilfe von WDP realisiert. Falls nötig, werden auch Mechanismen zur Segmentierung/Zusammensetzung von Datagramen angeboten, die sonst zum Transport in den darunterliegenden Trägerdiensten zu gross wären.

Neben WDP kann optional das *Wireless Control Message Protocol (WCMP)* verwendet werden. Mit WCMP können Fehler- und Statusmeldungen übertragen werden. WCMP wurde in Anlehnung an das *ICMP (IP Control Message Protocol)* spezifiziert, und kann immer dann verwendet werden, wenn ICMP nicht verfügbar ist.

6.2.4 Wireless Markup Language

Die *Wireless Markup Language (WML)* basiert auf der allgemeinen Auszeichnungssprache *XML (Extensible Markup Language)*, bei der im Gegensatz zu HTML, die Struktur der Dokumente und die Darstellung der Seiten beziehungsweise einzelnen Elemente mit Hilfe einer Grammatik *(Document Type Definition, DTD* beziehungsweise XML Scheme) im Einzelfall flexibel beschrieben werden kann. Die *Wireless Markup Language* ist eine konkrete XML-Sprache, die durch das aktuelle WML 1.1 (DTD-) Dokument eindeutig spezifiziert wird, was in [76] nachgeschlagen werden kann. Ein gültiges WML-Dokument muss die durch die Grammatik WML 1.1 beschriebenen Regeln erfüllen.

Zur Beschreibung eines Dienstes wird in WML ein Karten-Stapel-Modell *(Card-Deck)* verwendet. Eine einzelne Teilnehmerinteraktion wird dabei durch eine Karte modelliert. Eine Interaktion kann beispielsweise die Darstellung von Informationen oder auch eine entsprechende Anforderung sein. Eine zusammenhängende Sammlung von Karten wird als Karten-Stapel zusammengefasst. Ein Dienst wird in der Regel mit Hilfe eines solchen Karten-Stapels realisiert. Durch das Karten-Stapel-Modell wird die Anzahl der erforderlichen Kommunikationsvorgänge zwischen mobilen Teilnehmern und WAP-Gateway minimiert.

Zur Reduktion der Übertragungsrate auf der Funkschnittstelle kann ein WML-Dokument im WAP-Gateway binär codiert werden. Die zentralen Aspekte der WML-Sprache betreffen die Verwendung von Variablen, die Textformatierung, die Unterstützung von Bildern und Soft-Buttons und die Navigationssteuerung. Bei der Steuerung werden auch Aspekte der Ereigniskontrolle (ankommende Anrufe) und Teilnehmerinteraktion (Auswahllisten und Eingabefelder) geregelt.

Ein WAP-fähiges, mobiles Kommunikationsendgerät muss einen *Micro-Browser* (Software) enthalten, der alle in WML 1.1 DTD definierten Regeln verstehen und bearbeiten kann. In XML ist der Prolog optional und besteht aus zwei Zeilen. In der ersten Anweisung kann die verwendete XML-Version angegeben werden:

```
< ?xml version="1.0"? >
```

Die zweite Anweisung gibt den verwendeten DTD-Typ an. In der Regel wird die Adresse (URL) des verwendeten Dokumenttyps angegeben. Für WML sieht diese Anweisung wie folgt aus:

```
< !DOCTYPE wml PUBLIC "-
//WAPFORUM//DTD WML 1.1//EN"
"http://www.wapforum.org/DTD/wml_1.1.xml">
```

Im Anschluß an den Prolog folgt in jedem XML-Dokument genau ein einzelnes Element, welches alle anderen (Teil-) Elemente und Einheiten umfasst. Genau wie in HTML werden alle Elemente mit den beiden Symbolen <> und </ > abgegrenzt. Ein typisches XML-Beispiel sieht wie folgt aus:

```
<Element> Daten ... Daten </Element>
```

Pro XML-Dokument darf nur *ein* solches (Dokumenttyp-) Element existieren. In unserem Fall handelt es sich um <wml>, alle anderen Elemente sind im <wml> enthalten. Alle in XML enthaltenen Daten sind typischerweise Elemente oder Attribute. Elemente sind strukturierte Einheiten, deren Gültigkeit durch die Begrenzer <> und </ > geregelt wird. Elemente sind hierarchisch aufgebaut und können Teilelemente enthalten. Attribute werden zur Beschreibung von Elementen verwendet. Im Folgenden Beispiel wird ein Element *card* betrachtet, welches zwei Attribute *id* und *title* besitzt. Eine ausführliche Beschreibung zu WML findet der Leser in [59].

```
<card id="LoginCard" title="Login ">
Please select your user name.
</card>
```

6.3 Technologien

Alle in GSM ursprünglich angebotenen (Daten-) Dienste verwenden das aus der Sprachübertragung bekannte Prinzip der Kanalvermittlung. Dem mobilen Teilnehmer wird für die Dauer des Gesprächs (Dienst) eine Verbindung zur exklusiven Nutzung zur Verfügung gestellt. Die bestehenden Datendienste bieten eine maximale Übertragungsrate von 9.6 kbit/s und können daher den Anforderungen mobiler, multimedialer Anwendungen nicht gerecht werden. Um höhere Datenübertragungsraten zu erreichen, werden in GSM hochbitratige kanalvermittelte Datendienste angeboten. *HSCSD (High Speed Circuit Switched Data)* basiert auf der parallelen Nutzung mehrerer Verkehrskanäle.

Im Gegensatz zur Sprache besitzen (multimediale) Datenquellen häufig ein schwankendes Verkehrsaufkommen. In diesem Fall führt die Kanalvermittlung zu ineffizienter Nutzung des Frequenzspektrums und damit auch zu unnötig hohen Kosten. Zur Bereitstellung von Internetdiensten am mobilen Endgerät ist eine paketvermittelte Übertragung besser geeignet. In diesem Fall kann die Gebührenabrechnung auf der Basis der übertragenen Datenmenge und nicht mehr in Anlehnung an die Dauer der Verbindung erfolgen. Mit Hilfe von *GPRS (General Packet Radio Service)* wird in GSM ein paketorientiertes Datendienstkonzept integriert.

EDGE (Enhanced Data Rates for Global Evolution) ist eine Weiterentwicklung von beiden Diensten GPRS und HSCSD. Durch modifizierte Modulationsverfahren können mit Hilfe von EDGE sehr hohe Bruttobitraten erreicht werden. EDGE ist somit für kanal- und paketorientierte Dienste geeignet.

Am Ende der oben erwähnten Entwicklung stehen die Mobilfunksysteme der dritten Generation *3G (Third Generation)*, in denen die bisher getrennt betriebenen, öffentlichen Mobilfunkdienste zusammengeführt werden. Bei ETSI wurde unter dem Stichwort *Global Multimedia Mobility (GMM)* eine Architektur entwickelt, die Mobilfunknetze als allgemeine Zugangsnetze *Generic Radio Access Network* definiert, welche auf verschiedenen Festnetzen basieren und mobilitätsunterstützende Mehrwertdienste anbieten. In Abbildung 6.5 wird das entsprechende GMM-Modell gezeigt. Im Festnetzbereich wurde beispielhaft GSM, ISDN und B-ISDN angenommen. Im Zugangsbereich könnte das bisherige GSM-BSS oder DECT angesiedelt werden, aber auch das neue *UMTS Terrestrial Radio Access Network (UTRAN)*.

6.3.1 HSCSD

Bis 1995 konzentrierte sich der Betrieb der GSM-Netze vorwiegend auf die Sprachtelefonie. Der leitungsvermittelte Datendienst mit 9.6 kbit/s sowie der Faxdienst erfuhr erst ab etwa 1996 nennenswerte Verbreitung. Der Datendienst wurde in der Folge um den hochbitratigen, leitungsvermittelten *HSCSD (High Speed Circuit Switched Data)* erweitert, welcher eine Anpassung der Kanalcodierung an die Qualität des Funkkanals (9.6 beziehungsweise 14.4 kbit/s pro Zeitschlitz) und eine Bündelung von mehreren Zeitschlitzen eines 200 kHz Frequenzkanals ermöglicht.

Zur gleichzeitigen Nutzung von mehr als vier Kanälen werden in den Mobilstationen aufwendige Sende- und Empfangskomponenten benötigt. Daher ist im HSCSD-Standard die Anzahl der parallel nutzbaren Zeitschlitze auf 4 Kanäle begrenzt. Mit HSCSD lassen sich zur Zeit Datenraten bis zu 57.6 kbit/s erreichen (4 Zeitschlitze zu je 14.4 kbit/s). Der Dienst wurde in Deutschland bisher von D2 Vodafone und E-plus eingeführt.

Die ersten (PCMCIA) Modems von NOKIA bieten eine Übertragungsrate von 42.3 kbit/s im Downlink und 28.8 kbit/s im Uplink. Typischerweise wird dieser Dienst von einem mobilen PC, statt eines klassischen mobilen Endgerätes (Handy) verwendet.

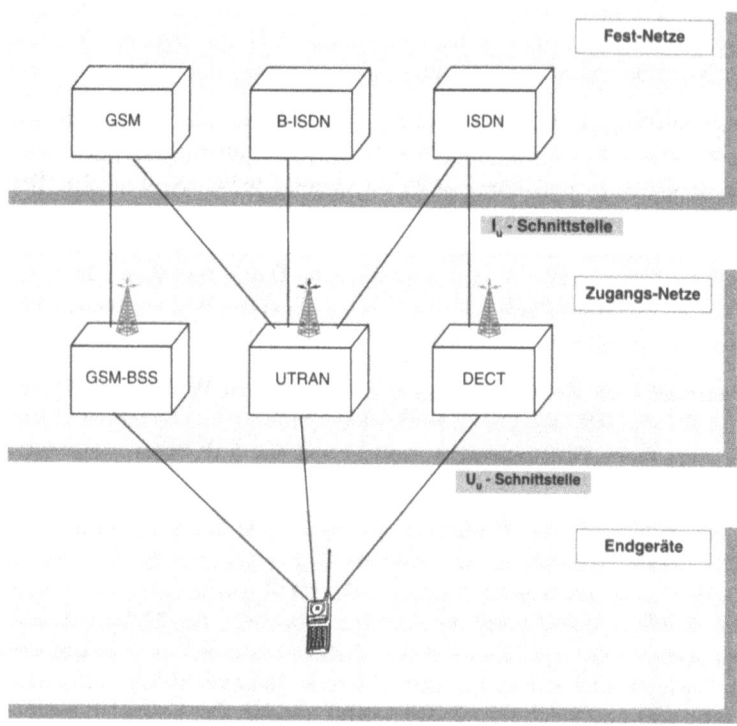

Abbildung 6.5: GMM-Modell

Aus mehreren Gründen hat sich dieser Dienst kaum durchgesetzt. Da die Kosten immer noch kanalvermittelt abgerechnet werden, unabhängig davon, wieviele Daten übertragen werden, fallen die Kosten sehr hoch aus. Des Weiteren sind die Verbindungsaufbauzeiten viel zu lang, sie liegen im Bereich von etwa 40 Sekunden. Aus diesen Gründen ist die Bedeutung von HSCSD eher gering.

6.3.2 GPRS

Die ETSI hat im Rahmen der Weiterentwicklung von GSM ein paketorientiertes Dienstkonzept zur Datenübertragung entwickelt. Die Standardisierung von *GPRS (General Packet Radio Service)* wurde 1998 nahezu abgeschlossen. Erste Vorschläge für einen Paketdatendienst in GSM wurden bereits 1991 [28] publiziert.

In GPRS wird die Kanalcodierung ebenfalls laufend über sogenannte *Coding Schemes* an die Qualität des Funkkanals angepasst und kann auch mehrere Zeitschlitze pro Verbindung nutzen. Man unterscheidet 4 solcher Coding Schemes, *CS1* (9.05 kbit/s), *CS2* (13.4 kbit/s), *CS3* (15.6 kbit/s) und *CS4* (21.4 kbit/s). Durch die gleichzeitige Nutzung von 8 Zeitschlitzen mit CS4 lassen sich in GPRS maximal 171.2 kbit/s erreichen. In der Praxis liegen typische Werte knapp über 30 kbit/s bei 3 Zeitschlitzen pro Rahmen und

CS2. In Deutschland haben alle Netzbetreiber GPRS eingeführt und bieten neben WAP über GPRS vor allem auch einen mobilen Internetzugang über GPRS an.

Einer der entscheidenden Motive für die Entwicklung von GPRS ergibt sich aus der Kundenakzeptanz, die wesentlich von den Gesprächskosten abhängt. GPRS bietet neben dem bereits bestehenden kanalvermittelten Datendienst zusätzlich einen paketorientierten Dienst an, der Netzbetriebsmittel nur bei Bedarf verwendet. Der in GPRS verwendete paketorientierte Dienst erlaubt die Entwicklung günstiger Kosten- und Tarifmodelle. Obwohl der mobile Teilnehmer prinzipiell durchgehend im Netz erreichbar ist, werden Betriebsmittel im Netz nur bei tatsächlichem Bedarf verwendet. Die Tarifierung, die in der Regel volumenorientiert ist, kann allerdings auch eine Zeitkomponente enthalten.

Mit Hilfe von GPRS können im Prinzip alle im Internet verfügbaren Dienste auch auf dem mobilen Endgerät genutzt werden. In diesem Sinne ist GPRS die Voraussetzung für den kommerziellen Erfolg von WAP und kann als Wegbereiter für UMTS interpretiert werden. Die ersten mobilen Endgeräte, die seit 2001 auf dem Markt erhältlich sind, bieten allerdings nicht die volle Übertragungsrate. Im Downlink können 43.2 kbit/s im Uplink 14.4 kbit/s übertragen werden. Spätere Endgeräte bieten eine bidirektionale Übertragungsrate von 56 kbit/s.

Die Verbreitung von GPRS hängt wesentlich von der Verfügbarkeit entsprechender mobiler Endgeräte und sinnvoller Anwendungen ab. Ende 2000 wurde die *GPRS Applications Alliance (GAA)* gegründet mit dem Ziel, die Entwicklung geeigneter mobiler Anwendungen zu unterstützen. Mitglieder in GAA sind unter anderem Ericsson, Palm, IBM, Lotus, Oracle und Symbian. Die deutsche T-Mobil hat offiziell am 23. Juni 2000 ihre GPRS-Dienste eröffnet. Die (faktische) Verfügbarkeit für den Kunden im gesamten T-D1-Netz gilt allerdings erst seit Februar 2001. Da bei der Einführung von UMTS mit einer entsprechenden Verzögerung zu rechnen ist, wird sich GPRS aller Voraussicht nach länger halten als ursprünglich geplant.

6.3.3 EDGE

Bei der schrittweisen Approximation der Dienste der dritten Generation stellt *Enhanced Data Rates for Global Evolution (EDGE)* die nächste Etappe dar. Durch den Ausbau und die Weiterentwicklung existierender zellularer Mobilfunksysteme wie GSM kann die bestehende Infrastruktur genutzt werden, um neue Dienste schneller verfügbar zu machen.

EDGE ist eine Weiterentwicklung der Datendienste GPRS und HSCSD und ist somit für kanal- und paketorientierte Dienste geeignet. Mit Hilfe von EDGE können sehr hohe Bruttobitraten von etwa 69.2 kbit/s pro physikalischem (Zeit-) Kanal erzielt werden. Falls alle acht Zeitschlitze eines TDMA-Rahmens parallel genutzt werden, ergibt sich auf diese Weise eine Bruttobitrate von 554 kbit/s. Bei acht parallelen Zeitkanälen liegt der maximal erreichbare Nettodurchsatz in der Größenordnung von 384 kbit/s.

Eine Erweiterung von EDGE sieht einen Sprachdienst mit adaptiver Codec-Auswahl (*Adaptive Multirate Codec, AMR*) vor. Auf diese Weise können pro Zeitschlitz mehrere

Gespräche realisiert werden, alternativ können aber auch Codecs mit besserer Qualität realisiert werden.

Die höheren Datenraten in EDGE werden durch eine Änderung der Modulationsverfahren erreicht. In GSM erfolgt standardmäßig in der physikalischen Schicht der Luftschnittstelle eine GMSK-Modulation. Das EDGE-Modulationsverfahren wird *8-Phase Shift Keying (8PSK)* genannt. Bei diesem Bandpaßmodulationsverfahren wird eine Bitsequenz auf eine Folge von Sinus-Signalen abgebildet. Dabei werden jeweils 3 Bit zu einem Symbol zusammengefasst. Die sich daraus ergebenden 8 verschiedenen Symbole werden mit Hilfe eines Cray-Codes (oder auch Binär-Code) auf acht verschiedene Phasenverschiebungen des jeweiligen Sinus-Signals abgebildet.

Da das 8PSK-Modulationsverfahren empfindlicher für Interferenz ist als GMSK, werden Mechanismen zur Anpassung an die aktuelle Interferenzsituation benötigt. Mit Hilfe des *Link Quality Control (LQC)* kann dem mobilen Teilnehmer eine unterschiedliche maximale Datenrate angeboten werden, die sich an der Kanalqualität orientiert. Die in EDGE verwendeten Codierschemata bieten Bruttobitraten von 29, 32 und 43 kbit/s an.

Zur Steigerung der Bitrate werden in EDGE des Weiteren verbesserte Verfahren zur Steuerung der Sendeleistung *(Power Control)*, ein hybrides Fehlerprotokoll, welches aus einer Kombination von *FEC (Forward Error Correction)* und *ARQ (Automatic Repeat Request)* besteht, und ein Verfahren zur Anpassung der notwendigen Redundanz *(Incremental Redundancy)* angeboten.

EDGE wurde der ETSI erstmals 1997 als Evolution von GSM vorgeschlagen. Trotzdem kann dieses Konzept auch von anderen mobilen Systemen zur Erhöhung der Datenrate verwendet werden. Daher ist es nicht verwunderlich, dass EDGE bei der ITU-R als Mitglied der IMT-2000-Familie *(International Mobile Telecommunications at 2000 MHz (IMT-2000)* eingereicht wurde. EDGE gilt als Ausweichtechnologie für Netzbetreiber, die keine UMTS-Lizenz erhalten konnten. Eine Umsetzung von EDGE in der Fläche ist ab dem Jahr 2002 zu erwarten.

6.3.4 3G

Innerhalb der Telekommunikation weist der mobile Markt eine der höchsten Zuwachsraten auf. Für diese Entwicklung gibt es zwei Gründe. Das günstige politische Umfeld in Europa stellt einen entscheidenden Faktor dar. Ein weiterer Grund ist der schnelle technologische Fortschritt im Bereich der Übertragungstechnik und Mikroelektronik, welcher den Einsatz immer kleinerer Endgeräte ermöglicht.

Bereits im Jahr 1985 wurde durch das *Consultative Committee for International Radiocommunications (CCIR)* die Arbeit für ein zukünftiges öffentliches Mobilfunksystem *(Future Public Land Mobile System, FPLMTS)* begonnen. Diese Arbeiten wurden von der *ITU (International Telecommunication Union)* fortgeführt. Die Ziele von FPLMTS sind die Entwicklung leichter, kleiner, mobiler Endgeräte, die weltweit eingesetzt werden können. Zur Approximation dieser Ziele müssen verschiedene Mobilfunksysteme integriert und internationale Roamingabkommen getroffen werden. Darüberhinaus muss eine Integration des FPLMTS auch in feste Telefonnetze (ISDN-Kompatibilität) und Satellitenfunksysteme erfolgen.

6.3 Technologien

Da die Aktivitäten der ITU global ausgerichtet sind, muss das FPLMTS unterschiedlichen Anforderungen gerecht werden. So müssen durch Definition geeigneter, unterschiedlicher Luftschnittstellen sowohl dicht besiedelte Gebiete, die typischerweise in Europa vorherrschen, als auch dünn besiedelte Gebiete, wie sie beispielsweise in einigen Entwicklungsländern vorkommen, versorgt werden können. Darüberhinaus ist geplant, FPLMTS in Entwicklungs- oder Schwellenländern als Ersatz des Festnetzes vorzusehen, da der Aufbau eines Festnetzes wirtschaftlich nicht zu rechtfertigen wäre.

Auf der *WARC 1992 (World Administrative Radio Conference)* wurde weltweit FPLMTS ein Spektrum von 230 MHz in den Frequenzbändern zwischen 1985-2025 MHz und 2110-2200 MHz zugeordnet. Diese Frequenzbänder müssen in den einzelnen Kontinenten nicht ausschließlich für FPLMTS genutzt werden. In Europa ist beispielsweise der untere Teil (15 MHz) des zugewiesenen Frequenzspektrums von DECT belegt. Der verbleibende Teil des terrestrischen Frequenzspektrums wurde in zwei Teile aufgeteilt. Der symmetrische Teil (60 MHz + 60 MHz) besteht aus einem Uplink-Anteil (1920-1980 MHz) und einem Downlink-Anteil (2110-2170 MHz), wobei im Standard keine a-priori Unterscheidung zwischen Down- und Uplink erfolgt. Der asymmetrische Teil besteht aus insgesamt 35 MHz, wobei 15 MHz zwischen 1900-1920 MHz liegen und der restlichen Anteil zwischen 2010-2025 MHz. Damit stehen in Europa insgesamt 155 MHz für die Mobilfunknetze der dritten Generation zur Verfügung.

In Abbildung 6.6 werden die entsprechenden Frequenzbänder für Europa und Japan gezeigt. Die Frequenzpaare 1980-2010 MHz und 2170-2200 MHz sind für die Satellitenkommunikation *MSS (Mobile Satellite System)* reserviert. Das *Personal Handy Phone System (PHS)* ist das PCS-System *(Personal Communication System)* für den schnurlosen Massenmarkt in Japan. PHS deckt daher dieselbe Zielgruppe ab wie DECT in Europa.

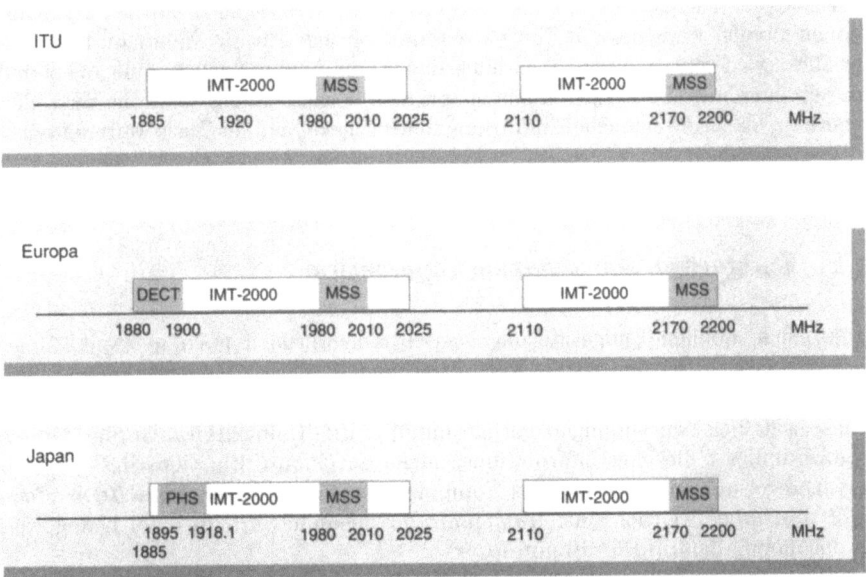

Abbildung 6.6: Frequenzbänder in IMT-2000

Seit etwa 1995 spricht man anstelle von FPLMTS auch von *International Mobile Telecommunications at 2000 MHz (IMT-2000)* und meint damit dasselbe System. Das *3GPP (3rd Generation Partnership Project)* für IMT-2000 hat aus den verschiedenen Kontinenten eine Reihe von Vorschlägen für die Funkschnittstelle erhalten. Heute steht fest, dass IMT-2000 eine ganze Familie von Mobilfunksystemen bezeichnen wird und kein einzelnes System. In diesem Zusammenhang stellt das von der *ETSI (European Telecommunication Standardization Institute)* spezifizierte *UMTS (Universal Mobile Telecommunication Systems)* eine von mehreren regionalen IMT-2000 Varianten dar. In den letzten Jahren wurden große Anstrengungen unternommen, um eine allzu große Divergenz zwischen UMTS und IMT-2000 zu vermeiden, mit dem Ziel, innerhalb der IMT-2000-Familie eine größtmögliche Verträglichkeit herzustellen und weltweit eine globale Roamingfunktionalität zu garantieren.

In Anbetracht des kommerziellen Erfolgs von GSM ist ein schrittweiser Weg bei der Einführung von UMTS vorgesehen. In einer Übergangsphase wird es eine Koexistenz von GSM und UMTS geben. Bei dieser Strategie werden die dicht besiedelten Gebiete zeitlich zuerst versorgt. Die Koexistenz beider Systeme kann auch auf die Dienste angewendet werden. In diesem Szenario würden die üblichen Telefongespräche weiterhin mit Hilfe von GSM realisiert, die neuen multimedialen Anwendungen hingegen könnten mit Hilfe von UMTS umgesetzt werden. Mit Hilfe der beschriebenen Einführungsstrategie können die in GSM getätigten Investitionen besser geschützt, und die Ausbaukosten für UMTS zeitlich gestreckt werden.

6.4 Endgeräte

In einschlägigen Fachkreisen [31, 59] wird geschätzt, dass ab 2002 jährlich mehr als 100 Millionen mobiler Endgeräte in Europa verkauft werden. Für die Mehrzahl dieser Geräte (über 70%) wird eine maximale Gebrauchsdauer von maximal einem Jahr angenommen. Diese sehr kurzen Halbwertszeiten bieten optimale Voraussetzungen für die Hersteller von Endgeräten, da sie die schnelle Einführung neuer Dienste auf der Basis weiterentwickelter Geräte ermöglichen.

6.4.1 Endgeräte der zweiten Generation

Die aktuellen mobilen Endgeräte der zweiten Generation können in zwei Kategorien unterteilt werden. Bei der ersten Kategorie handelt es sich um eher sprachzentrierte Geräte, wie beispielsweise das übliche mobile Handy beziehungsweise das *Smartphone*, welches zusätzliche Anwendungen enthält und über PC-Konnektivität verfügt. Die zweite Kategorie umfasst die eher informationszentrierten Geräte. Ein typisches Beispiel aus dieser Kategorie ist der um mobiles Equipment erweiterte sogenannte *PDA (Personal Digital Assistant)*, welcher auch *Communicator* genannt wird. In diese Kategorie fällt auch der mobile Laptop-PC (Handy-PC).

Als klassisches Beispiel eines üblichen mobilen Endgerätes sei hier *Motorola StarTac* genannt. *Ericsson R380*, *Nokia 7110* und *Alcatel OneTouch* sind Beispiele für Smartphones. *Ericsson Mobile Companion MC218* und *Nokia Communicator 9110* beziehungsweise *Sony Vaio* gehören beide zur Kategorie der informationszentrierten Geräte.

Neben dem eigentlichen physischen Endgerät ist das Betriebssystem von entscheidender Bedeutung. Zur Zeit ist kein Standard erkennbar. Der entsprechende Markt wird von drei wichtigen Anbietern versorgt. Es sind Symbian mit ihrem EPOC, 3Com mit dem Palm OS und Microsoft mit Windows CE beziehungsweise Pocket-PC.

Symbian wird unter anderem von den Herstellern Nokia, Ericsson und Motorola unterstützt. Die aktuelle EPOC-Version enthält eine Vielzahl von Tools zur Entwicklung von Kommunikationsanwendungen. In dieser Gruppe stellt 3Com den kleinsten Anbieter, obwohl Dreiviertel aller PDA-Geräte von 3Com produziert werden. Palm OSs Vorzüge resultieren aus der Einfachheit, ansonsten ist dieses Betriebssystem den beiden anderen unterlegen. Um auf die wirtschaftliche Vormachtstellung von Microsoft angemessen reagieren zu können, haben sich verschiedene Allianzen zwischen den Partnern von Symbian und 3Com etabliert.

Wie in Abschnitt 6.2.4 ausgeführt wurde, wird zur Darstellung von Web-Inhalten ein im Endgerät integrierter Micro-Browser benötigt, der auch auf der SIM-Karte untergebracht sein kann. Der entsprechende Markt wird zur Zeit von PhoneCom (UP.Browser) dominiert. Neben PhoneCom stellen auch Nokia, Ericsson und Microsoft eigene Micro-Browser her. Nokia hat für seine Smartphones und Communicators einen eigenen WAP Micro-Browser entwickelt. Microsoft verwendet ebenfalls ein eigenes, speziell für Windows CE von der britischen STNC entwickeltes Produkt. Microsoft hat dazu im Jahre 1999 die britische STNC übernommen. Pikanterweise wird Symbian auch weiterhin von STNC beliefert.

6.4.2 Endgeräte der dritten Generation

Im Gegensatz zu den Geräten der zweiten Generation werden in UMTS multimediale Dienste die bedeutende Rolle spielen. Die Hersteller legen bei der Entwicklung dieser Geräte besonderen Wert auf die Entwicklung benutzerfreundlicher Bedienoberflächen. Mit Hilfe benutzerfreundlicher Geräte soll die Hemmschwelle zur Nutzung und Akzeptanz neuer Dienste herabgesetzt werden.

Abgesehen von den neuen Diensten erwartet der mobile Kunde, die Vorzüge der aktuellen Endgeräte bei den UMTS-Geräten wiederzufinden. Diese Vorzüge lassen sich kurz und knapp mit der sogenannten „Vier-100-Regel" zusammenfassen: 100 Gramm Gewicht, 100 Kubikzentimeter Volumen, 100 Stunden Verfügbarkeit und 100 MIPS (Mega Instructions Per Second). Typische UMTS-Endgeräte enthalten neben der eigentlichen Funkkomponente nun auch neue Technologien zur Darstellung von Audio und Video Aufnahmen und der Verwendung von Micro-TV-Kameras.

Ein ernstzunehmendes Problem stellt die Realisierung der globalen Roamingfähigkeit dar. Da weltweit innerhalb der IMT-2000 Familie keine einheitliche Funkschnittstelle existieren wird, müssen in der Regel von den Herstellern mehrere physikalische Protokolle im Endgerät unterstützt werden. In einer Übergangszeit kommt die Forderung nach einer (Rückwärts-) Verträglichkeit mit GSM hinzu. Zur Lösung dieses Problems wird das sogenannte *Soft Radio* vorgeschlagen. Das bedeutet, dass der bei der weltweiten

Harmonisierung der Funkprotokolle verbleibende, nicht standardisierte Anteil in Software realisiert wird. Mit Hilfe des *Soft Radio* Ansatzes kann bei Bedarf der benötigte Teil der Funkschnittstelle heruntergeladen werden, und zwar vor Beginn der eigentlichen Verbindung. Ein weiterer Vorteil des Soft-Radios ergibt sich aufgrund der preiswerten Herstellungsmöglichkeiten.

Zur Zeit gibt es bereits einige Ansätze, Teile der Funkschnittstelle in Software zu realisieren. Voraussetzung für einen solchen Ansatz ist natürlich die Verfügbarkeit von ausreichender Prozessorleistung und Stromversorgung. Gerade die Steuerung von HF-Signalen erfordert große Prozessor- und Stromkapazitäten. Entsprechende Fortschritte auf diesen Gebieten sind zu erwarten.

6.4.3 Bluetooth

Bluetooth wird bereits in den Endgeräten der zweiten Generation eingesetzt [7]. Mit Bluetooth wird eine *Low Power* Technologie bezeichnet, die primär zur kabellosen Anbindung über Infrarotschnittstelle für Entfernungen unter 10 Metern verwendet wird. Mit Hilfe von Bluetooth können PCs, Drucker, mobile Endgeräte und PDAs miteinander über eine drahtlose Verbindung kommunizieren. Der dazu benötigte Funktransceiver findet Platz auf einem Chip, die Kosten liegen in einem Bereich unter 20 Euro.

Mittlerweile haben sich weltweit mehr als 1000 Unternehmen in der *Bluetooth Special Interest Group* zusammengeschlossen. Eine der wichtigen Anwendungsbereiche von Bluetooth stellt die Synchronisation dar. Mit Hilfe einer einzigen Nachricht, lassen sich die Einträge in den beteiligten Endgeräten PC, PDA oder Handy aktualisieren. Des Weiteren wird Bluetooth zur Anbindung an drahtlose, lokale Netze verwendet beziehungsweise auch zur Kommunikation innerhalb solcher Netze. Mit Bluetooth kann eine Datenrate von bis zu 1 Mbit/s erzielt werden, entsprechende Details können in [7] nachgeschlagen werden.

Die in Bluetooth verwendete Funktechnologie erscheint für die Geräte der dritten Generation besonders gut geeignet. Mit Hilfe von Bluetooth können die kabellosen Komponenten moderner Endgeräte miteinander verbunden werden. Die in diesem Zusammenhang geplanten Produkte bestehen aus einer Funkkomponente, die in der Jackentasche getragen wird, und peripheren Komponenten wie Ohrhörer, oder Display, welche beispielsweise in die Uhr integriert sein könnten. Obwohl Bluetooth für zukünftige mobile Endgeräte nicht zwingend notwendig ist, kann mit einer Marktdurchdringung gerechnet werden, da mit Bluetooth die Entwicklung neuer Dienste erheblich erleichtert wird.

7 UMTS

Mit Hilfe von *UMTS (Universal Mobile Telecommunications System)* wird dem mobilen Anwender ein Endgerät zur Verfügung gestellt, mit dem eine breit gefächerte Dienstpalette für alle Einsatzbereiche, im Heim, Büro aber auch unterwegs angeboten werden kann. Im Vergleich zu GSM wird in UMTS zusätzlich das Konzept der Dienstmobilität unterstützt. Dieses Konzept erlaubt einem mobilen Teilnehmer die Inanspruchnahme personalisierter Dienste, und zwar unabhängig vom verwendeten Gerät beziehungsweise aktuell eingebuchten Netz. Aus der Sicht der anderen Beteiligten besitzt der (mobile) Teilnehmer, genau wie in GSM, eine (einzige) persönliche Rufnummer, unter der er weltweit erreichbar ist.

In UMTS wird genau wie im (Breitband-) ISDN die gleichzeitige Übertragung von Sprache, Text, Daten und Bildern über eine einzige Verbindung unterstützt. Dabei werden sowohl hohe (384 kbit/s bis zu 2 Mbit/s) als auch niedrige (16 kbit/s und weniger) Übertragungsraten angeboten, die sogar gleichzeitig realisiert werden können. Die hohen Bitraten können bei niedrigen Geschwindigkeiten unterstützt werden, bei Geschwindigkeiten bis zu 500 km/h sind bis zu 144 kbit/s möglich.

In UMTS wird eine gemeinsame Luftschnittstelle angeboten, die für alle Einsatzgebiete eine weltweite Integration der heute unterschiedlichen Funksysteme, wie beispielsweise Mobiltelefon oder Satellitensysteme in einem System ermöglicht. Während das Zugriffsverfahren in GSM aus einer Kombination von TDMA (Time Division Multiple Access) und FDMA (Frequency Division Multiple Access) besteht, hat man sich bei UMTS für ein Codevielfachzugriffsverfahren *W-CDMA (Wideband Code Division Multiple Access)* entschieden. Im Vergleich zu GSM ist daher die spektrale Effizienz um den Faktor 5 bis 7 besser, das wertvolle Frequenzspektrum wird so wesentlich besser genutzt.

Bei der Umsetzung von UMTS spielt das Konzept der *Intelligenten Netze (IN)* eine wichtige Rolle. Mit Hilfe der IN-Konzepte ist eine integrierte Gebührenabrechnung möglich. Die gemeinsame Datenhaltung für die Bestimmung des Aufenthaltsortes und das Routen durch die Netze verschiedener Netzbetreiber wird ebenfalls auf der Grundlage der IN-Technologie realisiert. Mit UMTS werden erstmalig Handover zwischen Netzen unterschiedlicher Betreiber aber auch verschiedener Einsatzbereiche möglich.

Bei der Anbindung von UMTS an das Festnetz gibt es zur Zeit verschiedene Ansätze. Nach einer anfänglichen Favorisierung von *ATM (Asynchronous Transfer Mode)*, tendiert die aktuelle technische Realisierung in Richtung eines internetartigen Netzes auf Basis von TCP/IP.

In Anbetracht des kommerziellen Erfolgs von GSM ist eine graduelle Migration von GSM in Richtung UMTS vorgesehen. Daher wird es in einer Übergangsphase eine Koexistenz von GSM und UMTS geben. Bei dieser Strategie werden die dicht besiedelten Gebiete zeitlich zuerst von UMTS versorgt. Eine solche Koexistenz erscheint auch für Dienste denkbar. Dabei könnten übliche Telefongespräche mit Hilfe von GSM, neue multimediale Anwendungen via UMTS realisiert werden. Für diese Zwecke sind entsprechende Endgeräte, sogenannte *Dual Mode* Endgeräte, vorgesehen.

Im Gegensatz zur ursprünglichen Planung verzögert sich die Einführung von UMTS. Eine erste Inbetriebnahme ist nicht vor Ende 2002 zu erwarten, zu Beginn kann höchstens mit einer Bitrate von 100 kbit/s statt der geplanten 2 Mbit/s gerechnet werden.

7.1 Evolution

7.1.1 Dienste

Mobilfunksysteme der dritten Generation müssen natürlich alle Eigenschaften unterstützen, die heute von den einzelnen Systemen angeboten werden. Dienste von hoher Dienstgüte, die heute bereits in Festnetzen angetroffen werden, sollen ebenfalls unterstützt werden. Dabei wird insbesondere auch eine vergleichbare Sicherheit erwartet. Der große Bedarf an Kapazität, der für eine hohe Marktdurchdringung verlangt wird, wird unter anderem durch geeignete Steigerung der Spektrumseffizienz erreicht.

Daraus ergeben sich hohe Anforderungen an die verwendete Funktechnologie. Insbesondere müssen verschiedene Dienste für Sprache, Daten, Tele-, Träger- und Zusatzdienste unterstützt werden, die wahlweise kanal- beziehungsweise paketorientierte Übertragung verwenden. Die Bitrate muss variabel zugeordnet werden können, wobei eine dynamische Anpassung der Dienstgüte an die aktuellen Funksituationen möglich sein muss. Die Bitraten, die von UMTS angeboten werden, müssen sich an den unterstützten Diensten orientieren. Daher müssen sowohl niedrige Bitraten für Sprache, als auch hohe Bitraten von bis zu 2 Mbit/s für multimediale Anwendungen möglich sein.

Während die Wachstumszahlen bei der reinen mobilen Sprachtelefonie bereits die größten Steigerungen hinter sich haben, wird für die Jahre 2003-2005 ein rapider Anstieg der mobilen multimedialen Kommunikation vorhergesagt. In Abbildung 7.1 wird das Wachstum der mobilen Kommunikation in Europa bildlich dargestellt. Die Daten stammen aus [19], man geht davon aus, dass etwa im Jahre 2017 eine Sättigung des Marktes erreicht werden wird. Für das Jahr 2005 wird der Anteil der an Multimedia interessierten Teilnehmer mit 16% geschätzt, also 32 Millionen Teilnehmer. Die entsprechenden Werte für Umsatz und Verkehrsaufkommen sind allerdings ungleich höher. Von den 104 Milliarden Euro werden 23% dem Multimediaverkehr zugeordnet, von den geschätzten 6320 Millionen MBytes pro Monat fallen bereits 60% in diesen Bereich.

Mobilfunksysteme der dritten Generation wie UMTS zielen also auf einen Massenmarkt. Sie müssen daher handliche, leicht bedienbare Endgeräte anbieten, mit denen ein integrierter Dienstzugang möglich ist. Für den wirtschaftlichen Erfolg ist aber auch ein geeignetes Tarifmodell entscheidend, welches alle Dienste umfasst. Im Folgenden wird auf die von UMTS unterstützten Dienste näher eingegangen.

7.1 Evolution

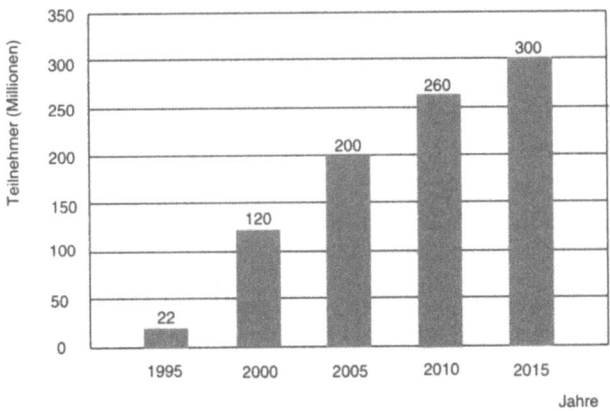

Abbildung 7.1: Wachstum mobiler Kommunikation in Europa

7.1.1.1 Trägerdienste

In UMTS sollen sowohl ISDN als auch B-ISDN-Trägerdienste unterstützt werden. Bei den ISDN-Diensten sind sowohl kanalvermittelte als auch paketvermittelte Dienste vorgesehen.

Die kanalvermittelten ISDN-Dienste bieten unter anderem Sprachübertragung, transparente Übertragung und alternativ Sprache oder transparente Datenübertragung. Die transparente Übertragung sieht unter anderem Bitraten von 64, 2·64, 384, 1536 und 1920 kbit/s vor mit Benutzerdatenraten von 8, 16 und 32 kbits/s. Daneben wird auch eine 3.1, 5 und 7 kHz Audio-Übertragung angeboten. Die paketvermittelte Variante bietet unter anderem Benutzersignalisierung und ISDN verbindungslos an.

B-ISDN-Dienste mit einer Übertragungsrate von 2 Mbit/s für einen mobilen Teilnehmer werden gemäß ITU als interaktive Dienste oder Verteildienste eingestuft. Der interaktive Konversationsdienst wird mit Hilfe einer zeittransparenten Ende-zu-Ende Verbindung realisiert. Beim Konversationsdienst werden sowohl symmetrische und asymmetrische als auch bi- und unidirektionale Varianten unterschieden. Interaktive Nachrichten- und Abfragedienste bieten eine nicht zeittransparente Kommunikation, und zwar zwischen Benutzern beziehungsweise zur Abfrage und zum Empfang von zentral gespeicherten Informationen. Mit Hilfe von Verteildiensten können kontinuierlich Informationen von einem zentralen Server aus an eine prinzipiell beliebige Anzahl von Benutzern übertragen werden. Die verschiedenen Verteildienste unterscheiden sich unter anderem in den Möglichkeiten, den Beginn und das Ende der Übertragung steuern zu können.

Nach den Vorstellungen der ETSI sollen B-ISDN-Dienste mit Hilfe des *Asynchronous Transfer Mode (ATM)* übertragen werden. In Anlehnung an die Beschreibungen von B-ISDN und der ATM-Adaptionsschicht *(AAL)*, hat die ETSI die Trägerdienste ebenfalls in vier Kategorien unterteilt, siehe auch [12]. Diese vier Kategorien von Trägerdiensten unterscheiden sich in ihrem Zeitverhalten, der Bitrate und der gewählten Verbindungsart. In einer konkreten Trägerdienstkategorie sind für verschiedene Kommunikationsszenarien die maximale Bitrate, die maximale Bitfehlerwahrscheinlichkeit und die maximale Verzögerungszeit festgelegt.

7.1.1.2 Teledienste

Die in UMTS unterstützten Teledienste sind klassifiziert in solche, die bereits im Festnetz existieren, reine UMTS-Teledienste und Multimedia.

Die Teledienste, die bereits im Festnetz existieren, decken die üblichen Telefonie- und Telefonkonferenzanwendungen ab, wie beispielsweise Mehrparteienmehrwertdienste und Gruppenruf [34, 35, 37].

Die UMTS-Teledienste beziehen sich auf neue Dienste, wie sie bereits in Kapitel 6.1 erläutert wurden. Beispiele für solche Dienste sind aufenthaltsbezogene Anwendungen und alle Arten von elektronischen Geschäften.

UMTS ermöglicht die gleichzeitige Nutzung beziehungsweise Übertragung von verschiedenen Medien, wie beispielsweise Daten, Grafiken, Audio und Video. Multimedia beziehungsweise interaktives Multimedia stellt den Dienst mit dem größten Bedarf an Übertragungsrate dar.

7.1.1.3 Zusatzdienste

Grundsätzlich wird zwischen traditionellen, nichtinteraktiven PSTN/ISDN-Diensten und personalisierten, interaktiven Zusatzdiensten unterschieden. Zusatzdienste können individuell einzelnen Teilnehmern, Mehrparteien oder auch einer Gruppe zugewiesen werden. Die entsprechenden Kategorien orientieren sich an den GSM-Standards, siehe auch Kapitel 5.1.4.

7.1.1.4 Mehrwertdienste

Diese Dienste decken vorwiegend den Bereich der verschiedenen Mobilitätsaspekte und die dynamische Zuordnung von Übertragungsbandbreite ab.

Die *Teilnehmermobilität* wird genau wie in GSM durch eine Smart Card realisiert. Ein Teilnehmer kann damit seine Telefonnummer auf jedes Endgerät übertragen. Die *Dienstmobilität* wird mit Hilfe des *Virtual Home Environments (VHE)* realisiert. Damit kann ein Teilnehmer sein individuelles Dienstprofil selber zusammenstellen und in jedem Fremdnetz nutzen. Diejenigen Dienste, die im Fremdnetz eigentlich nicht zur Verfügung stehen, werden durch VHE emuliert. Ein Teilnehmer kann auf diese Weise den Unterschied zu seiner gewohnten Heimatumgebung eliminieren beziehungsweise erheblich reduzieren.

Mit Hilfe des Dienstes *Bandwidth on Demand* kann ein Teilnehmer zwischen hoher Bandbreite für optimale Dienstqualität und geringer Bandbreite bei geringeren Kosten wählen. Der Teilnehmer kann also damit unterschiedliche Anwendungen, wie beispielsweise SMS und Video, effizienter kombinieren.

7.1.2 Frequenzspektrum

Zur Ermittlung des Frequenzspektrums werden Angaben zum Benutzer- und Dienstverhalten benötigt. Für die einzelnen Dienste müssen im Wesentlichen Teilnehmerverkehrsdichte, effektive Rufdauer und erforderliche Dienstbandbreite berechnet werden, siehe dazu auch Kapitel 4.3. Zusammen mit Annahmen über die Effizienz der Funkschnittstelle kann daraus der Bedarf an Frequenzspektrum berechnet werden. Eine genaue Auflistung der Werte aller in Betracht kommenden Dienste kann in den entsprechenden Standards [19] nachgelesen werden. Alle in diesem Abschnitt zitierten Werte sind vom UMTS Forum geschätzt [19] und beziehen sich auf das Jahr 2010.

7.1.2.1 Dienstparameter

Die relevanten Parameter zur Charakterisierung eines Dienstes betreffen (Netto-) Bitrate, Symmetrie des Dienstes, Nutzungsgrad, Codierfaktor und maximal tolerable Bitfehlerwahrscheinlichkeit beziehungsweise erlaubte Verzögerung bei der Übertragung.

Der Sprachdienst ist ein typisches Beispiel eines symmetrischen Dienstes, da für Sprechen und Hören die gleiche Bandbreite benötigt wird (Symmetriegrad 2). Für die Sprachtelefonie kann beispielsweise eine Nettobitrate von 16 kbit/s angenommen werden. Der Nutzungsgrad des Sprachdienstes, der Anteil, den eine Verbindung zur Übertragung nutzt, liegt unter 0.5, da ein Teilnehmer in der Regel nicht gleichzeitig sprechen und hören kann. Der Sprachdienst stellt im Gegensatz zu einer üblichen Paketdatenübertragung geringe Anforderungen an die Bitfehlerwahrscheinlichkeit. Für den Codierfaktor kann daher der Wert 1.75 angesetzt werden, die Bitfehlerrate nach der Codierung beträgt etwa 10^{-4}. Dagegen sind die Anforderungen an die Verzögerungszeit beim Sprachdienst deutlich höher, die tolerable Verzögerung liegt bei 40 ms.

Bei der Videotelefonie handelt es sich ebenfalls um einen symmetrischen Dienst, der Symmetriegrad beträgt daher 2. Für diesen Dienst müssen mindestens 64 kbit/s Bitrate angesetzt werden. Allerdings liegt hier der Nutzungsgrad bei 1, da nun die gleichzeitige Übertragung der eigenen und entfernter Bilder gewünscht wird. Die Anforderung an die Bitfehlerwahrscheinlichkeit liegt bei diesem Dienst deutlich höher. Um eine geringe Bitfehlerwahrscheinlichkeit zu erzielen, ist ein großer Codierfaktor erforderlich, der die Daten bei der Übertragung auf dem unsicheren Funkkanal schützt. Mit Hilfe eines Codierfaktors von 3 wird eine Fehlerrate von höchstens 10^{-7} hergestellt. Dagegen ist bei der Übertragung eine maximale (Zeit-) Verzögerung bis etwa 100 ms tolerabel.

In [19] werden die Parameter verschiedener Dienste für das Jahr 2010 erläutert. Die dort geschätzten Werte der Nettobitrate bewegen sich zwischen 14 kbit/s für einfachen Nachrichtenaustausch *(Simple Messaging)* und 2000 kbit/s für anspruchsvolles Multimedia *(High MM)*. Die Codierfaktoren bewegen sich in einem Bereich um den Wert 2, die Werte für Symmetrie und Nutzungsgrad weisen erhebliche Schwankungen auf. Die Werte, die sich daher aus dem normierten Produkt von Symmetrie- und Nutzungsgrad ergeben, liegen zwischen 0.005 und 1.

7.1.2.2 Verkehr

Der Verkehr, den ein (einzelner) Teilnehmer durch die Nutzung eines (konkreten) Dienstes erzeugt, wird mit Hilfe der Einheit *Equivalent Telephony Erlang (ETE)* beschrieben. Ein ETE entspricht dabei einem (Telefon-) Erlang Sprachdienst mit einer Übertragungsbandbreite von 16 kbit/s.

Zur Berechnung des *Equivalent Telephony Erlang* wird die *effektive Rufdauer T* und die Häufigkeit der Nutzung *BCHA (Busy Hour Call Attempt)* benötigt. Des Weiteren muss die *Durchdringung D*, der Anteil des Dienstes an der Gesamtnutzung, berücksichtigt werden, der natürlich in Abhängigkeit der konkreten Einsatzumgebung stark variieren kann, siehe [73]. Die Normierung mit der Telefoniebandbreite liefert schließlich den gesuchten Wert:

$$\frac{\text{ETE}}{\text{Teilnehmer}} = T \cdot \text{BHCA} \cdot D \cdot \frac{\text{Dienstbandbreite}}{\text{Telefoniebandbreite}} \qquad (7.1)$$

Bei der Berechnung der konkreten Dienstbandbreiten finden die konkreten Werte für Rufdauer, BHCA und Durchdringung keine Berücksichtigung. Zur Berechnung wird die Nettobitrate des Dienstes mit dem passenden Codierfaktor und Symmetriegrad multipliziert. Durch Multiplikation dieser Werte erhält man beispielsweise für die Sprachtelefonie 16 kbit/s $\cdot 1.75 \cdot 2 = 56$ kbit/s, beziehungsweise 64 kbit/s $\cdot 3 \cdot 2 = 384$ kbit/s für die Videotelefonie.

Die effektive Rufdauer T wird in der Regel ebenfalls unabhängig von der konkreten Einsatzumgebung angegeben. Sie entspricht der effektiven Dauer der Nutzung und ergibt sich aus der Multiplikation der mittleren Rufdauer t mit dem Nutzungsgrad G, daher gilt $T = G \cdot t$. Bei der Sprachtelefonie kann beispielsweise für die mittlere Rufdauer 2 Minuten beziehungsweise 120 Sekunden angesetzt werden. Mit dem Nutzungsgrad von 0.5 ergibt sich eine effektive Rufdauer von 60 Sekunden. Dagegen muss bei der Videotelefonie für $G = 1.0$ angesetzt werden, so dass sich insgesamt eine effektive Rufdauer von 120 Sekunden ergibt.

Die Werte, die für die Durchdringung anzusetzen sind, hängen von der Einsatzumgebung und dem konkreten Dienst ab. Die möglichen Einsatzumgebungen orientieren sich dabei an Aspekten wie Art der Nutzung (private oder dienstliche), morphologische Struktur (Wohngegend oder Innenstadt), Art der Bewegung (Fußgänger oder Fahrzeug) und ähnlichen Aspekten. Für die Variante „dienstliche Nutzung im Bürohaus" wird für die Sprachtelefonie üblicherweise eine Durchdringung von $D = 0.5$ angenommen beziehungsweise $D = 0.13$ für die Videotelefonie. Für die Variante „private Nutzung in Wohngegend" wird für die Sprachtelefonie üblicherweise eine Durchdringung von $D = 0.3$ angenommen beziehungsweise $D = 0.08$ für die Videotelefonie.

Die *Busy Hour Call Attempt* bezeichnet die mittlere Häufigkeit der Dienstnutzung in der Hauptverkehrsstunde, also dem Verhältnis zwischen der Anzahl der aktiven Gespräche und der Anzahl der eingebuchten Teilnehmer insgesamt. Der konkrete Wert ist vorwiegend abhängig von der Einsatzumgebung, aber auch von dem konkreten Dienst. Für die Variante „dienstliche Nutzung in Bürohaus" (Arbeiten) wird für die Sprachtelefonie und Videotelefonie üblicherweise ein BHCA von 1.0 angenommen. Das bedeutet, dass in der Hauptverkehrsstunde beide Dienste permanent, also 3600 Sekunden lang, genutzt werden. Für die Variante „private Nutzung in Wohngegend" (Wohnen) wird für beide Dienste

7.1 Evolution

ein BHCA von 0.13 angenommen. Der BCHA für anspruchsvolle Multimediaanwendungen im Bereich innerstädtischer Fußgänger wird dagegen auf 0.008 BCHA geschätzt, für einfache Nachrichtendienste im selben Einsatzbereich wird sogar nur ein BCHA-Wert von 0.002 erwartet. Detaillierte Angaben finden sich in [19].

Mit Hilfe der oben zitierten Werte kann nun der Verkehr pro Teilnehmer für die Dienste, Sprach- und Videotelefonie, in Kombination mit den Einsatzbereichen Arbeiten und Wohnen ermittelt werden:

$$\frac{ETE_{Telefon,Arbeiten}}{\text{Teilnehmer}} = 60s \cdot \frac{1}{3600s} \cdot 0.5 \cdot \frac{56 \text{ kbit/s}}{56 \text{ kbit/s}} = 8.33 \cdot 10^{-3}$$

$$\frac{ETE_{Video,Arbeiten}}{\text{Teilnehmer}} = 120s \cdot \frac{1}{3600s} \cdot 0.13 \cdot \frac{384 \text{ kbit/s}}{56 \text{ kbit/s}} = 2.97 \cdot 10^{-2}$$

$$\frac{ETE_{Telefon,Wohnen}}{\text{Teilnehmer}} = 60s \cdot \frac{0.13}{3600s} \cdot 0.3 \cdot \frac{56 \text{ kbit/s}}{56 \text{ kbit/s}} = 6.50 \cdot 10^{-4}$$

$$\frac{ETE_{Video,Wohnen}}{\text{Teilnehmer}} = 120s \cdot \frac{0.13}{3600s} \cdot 0.08 \cdot \frac{384 \text{ kbit/s}}{56 \text{ kbit/s}} = 2.38 \cdot 10^{-3}$$

7.1.2.3 Verkehrsdichte

Zur Dimensionierung der neuen UMTS-Netze beziehungsweise zur Ermittlung des notwendigen Frequenzspektrums wird die (gesamte) Verkehrsdichte benötigt. Dazu muss der Verkehr pro Teilnehmer mit der Teilnehmerdichte in Bezug gesetzt werden. Die Teilnehmerdichten werden üblicherweise in Teilnehmer pro km² gemessen, sie beziehen sich immer auf einen konkreten Einsatzbereich, wie beispielsweise „Bürogebäude in Innenstadt" oder ähnliches. Zur Berechnung der Verkehrsdichte wird zunächst der gesamte Verkehr (ETE pro Teilnehmer) ermittelt. Dazu werden alle dienst-spezifischen Verkehre (ETE pro Teilnehmer bezogen auf einen konkreten Dienst) zusammengefasst. Der gesamte Verkehr ETE pro Teilnehmer wird anschließend mit der Teilnehmerdichte pro km² aggregiert. Auf diese Weise erhält man die (gesamte) Verkehrsdichte, gemessen in ETE pro km².

Die so ermittelte gesamte Verkehrsdichte bezieht sich immer auf einen konkreten Einsatzbereich. In den einschlägigen Standards [19] werden verschiedene Schätzungen erläutert, die sich auf die Ausbreitung von UMTS für die Jahre 2005 und 2010 beziehen. Für 2010 wird beispielsweise die Anzahl der Teilnehmer innerhalb von städtischen Gebäuden mit einer Teilnehmerdichte von 180000/km² geschätzt, die entsprechende Anzahl an innerstädtischen Fußgängern wird mit 108000/km² angegeben. Zum Vergleich liegt die geschätzte Anzahl der Teilnehmer im ländlichen Bereich bei 36/km².

Mit Hilfe dieser Werte kann nun die gesamte Verkehrsdichte für jede Einsatzumgebung ermittelt werden. Die höchste Verkehrsdichte ergibt sich beispielsweise im Bereich innerstädtischer Bürogebäude, sie beträgt $8.86 \cdot 10^3$ ETE pro km².

Bei der Einführung von UMTS werden verschiedene Entwicklungszahlen diskutiert. Aufgrund der erwarteten Koexistenz mit GSM während einer Übergangsphase, geht man davon aus, dass zu Beginn UMTS primär zur Versorgung neuer Datendienste eingesetzt werden wird. In diesem Zusammenhang wird geschätzt, dass die Durchdringung mit Datendiensten im Jahre 2005 16%, im Jahre 2010 30% vom gesamten Aufkommen betragen wird. Auf der Basis dieser Schätzungen ergibt sich beispielsweise für den innerstädtischen

Bereich während der Übergangszeit im Downlink eine Bitrate von mindesten 37 Mbit/s pro km^2, im Uplink werden mindestens 4 Mbit/s pro km^2 benötigt.

Der maximale Bedarf an Bandbreite im Jahre 2010 wird auf 554 MHz für Verkehrsbeziehungsweise 28 MHz Schutzbänder geschätzt, im Jahre 2005 bereits auf 369 MHz beziehungsweise 37 MHz. Zur Zeit sind 60 + 60 MHz in den Bändern 1920-1980 MHz und 2110-2170 MHz beziehungsweise 35 MHz asymmetrisch in den Bändern zwischen 1900-1920 MHz und 2010-2025 MHz eingeplant, siehe auch Kapitel 6.3.4. Es ist geplant, bis zum Jahr 2005 mindestens das Doppelte davon zur Verfügung zu stellen. In Abhängigkeit der konkreten Bedarfsentwicklung soll bis zum Jahr 2008 eine Bandbreite von 300 bis 500 MHz verfügbar sein. In diesem Zusammenhang sind bereits 395 MHz identifiziert, die sich aus 70 MHz GSM, 150 MHz GSM 1800, 20 MHz DECT und 155 dem bereits für UMTS reservierten, terrestrischen Frequenzspektrums zusammensetzen.

Das UMTS Forum hat daher für jeden Netzbetreiber Mindestforderungen definiert. Das zur Verfügung stehende Frequenzband kann nur in Frequenzblöcke der Mindestgröße 5 MHz aufgeteilt werden. Bei der Versteigerung in Deutschland im Jahre 2000 mussten im symmetrischen Band (60 MHz + 60 MHz) mindestens zwei dieser Frequenzblöcke erworben werden, maximal waren allerdings nur 3 Frequenzblöcke erlaubt. In Deutschland haben insgesamt 6 Konsortien UMTS-Lizenzen erworben, *Auditorium Investments Germany S.A.R.L.* (KPN, E-Plus und NTT DoCoMo), *Group 3 G* (Telefonica und Sonera), *Mannesmann Mobilfunk GmbH* (Vodafone), *MobilCom Multimedia GmbH* (France Telecom), *DeTeMobil Deutsche Telekom Mobilnet GmbH* und *VIAG INTERKOM GmbH & Co* (British Telecom). Dabei wurden keine Reservierungen für Einsteiger vorgesehen. Die Bewerber mussten sich zur Kooperation untereinander verpflichten (Call-By-Call Möglichkeiten und ähnliches) und insbesondere die Portabilität von Rufnummern sicherstellen. Die Planungen sehen vor, bis Ende 2003 mindestens 25 % der Bevölkerung mit UMTS zu versorgen, bis Ende 2005 sogar 50 %.

7.1.3 Innovationen

Die Entwicklung von UMTS basiert im Wesentlichen auf der Evolution in den Bereichen der Funk- und Zugangstechnik sowie der Mobilitätsverwaltung. Die in UMTS gewählte Architektur erlaubt zudem eine flexible Kombination verschiedener Techniken im Funk-, Zugangs- und Kernbereich.

Die Funkübertragung in UMTS wird mit Hilfe des *Code Division Multiple Access (CDMA)* realisiert. CDMA gehört zur Klasse der Codevielfachzugriffsverfahren. Bei diesen Verfahren ist eine Frequenzplanung im herkömmlichen Sinne nicht mehr notwendig. Im Gegensatz zu den festen Varianten TDMA beziehungsweise FDMA ist eine flexible Zuweisung der Übertragungskapazität möglich. Bei Bedarf kann die zugeordnete Bitrate auch während einer laufenden Verbindung variiert werden.

Zur Implementierung dieser Flexibilität im Zugangsbereich ist eine auf *ATM (Asynchronous Transfer Mode)* basierende Variante vorgesehen. Mit Hilfe dieser Variante kann ein Teilnehmer die benötigte Übertragungskapazität beziehungsweise die gewünschte Dienstgüte mit dem (Zugangs-) Netz flexibel und dynamisch vereinbaren.

7.1 Evolution

Das im Kernnetz, also dem Vermittlungsteil des UMTS-Netzes, anzuwendende Übertragungsprinzip ist zur Zeit noch nicht festgelegt. Es liegt nahe, ATM nicht nur im Zugangs- sondern auch im Kernbereich zu verwenden. Diese Lösung würde insbesondere das Problem des doppelten Transcoding vermeiden, welches zur Zeit in GSM für den Fall der Sprachverbindungen zwischen zwei mobilen Teilnehmern *(Mobile-to-Mobile)* entsteht. Allerdings erscheint zur Zeit eine auf dem Internet-Protokoll (IP) basierende Variante wahrscheinlicher, da auf dieser Basis alle aktuell in IP-Netzen verfügbaren Dienste unmittelbar auch in UMTS verwendet werden könnten. Diese Variante würde die Datenübertragung in das existierende IP-Netz gewährleisten.

Unabhängig von der Entscheidung, welches Übertragungsprinzip im Kernnetz verwendet wird, ergibt sich durch die in UMTS vorgesehene Trennung von Zugangs- und Kernbereich eine Entkoppelung der Zugangs- von der Übertragungstechnik. Bei der Einführung von UMTS wird die Entwicklung des Kernnetzes vermutlich in zwei Phasen erfolgen. In der ersten Phase wird die in GSM benutzte Trennung der Sprach- und Datendienste beibehalten, die Datenübertragung erfolgt während dieser Phase wie bisher über GPRS. Die Integration der beiden Diensttypen wird vermutlich erst in der zweiten Phase umgesetzt.

7.1.3.1 Zugangsbereich

Die Fortschritte in diesem Bereich betreffen die Architektur des Zugangsnetzes und die Funktechnik. In Abbildung 7.2 wird die Architektur graphisch dargestellt. Mit Hilfe der

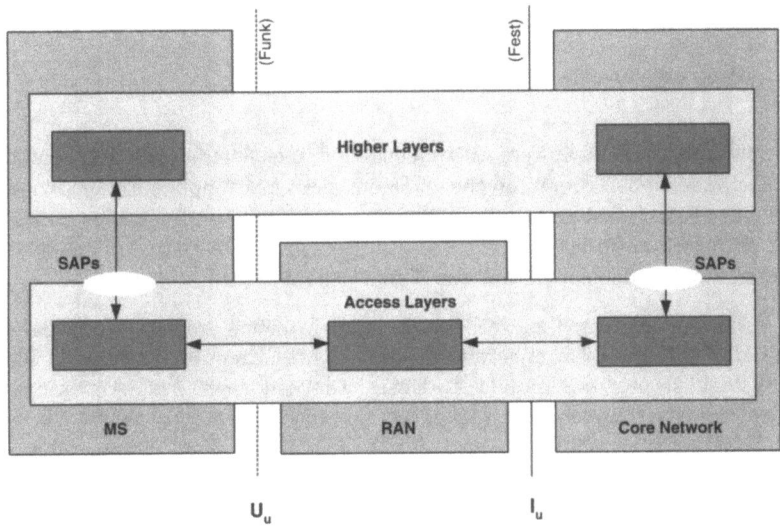

Abbildung 7.2: Referenzarchitektur des Zugangsnetzes

beiden Ebenen *Access Layers* und *Higher Layers* werden die technologie-abhängigen von den technologie-unabhängigen Funktionen vollständig entkoppelt. Die Kommunikation zwischen beiden Ebenen erfolgt über exakt definierte, vom *Access Layer* angebotene Dienstzugangspunkte *(Service Access Points, SAPs)*.

Funktionen zur Signalisierung und Steuerung, die zwischen mobiler Station (MS) und Zugangsnetz *(Radio Access Network, RAN)* aufgerufen werden, sind in der Regel abhängig von der verwendeten Funktechnologie. Dagegen sind entsprechende Funktionen, die zwischen mobiler Station und Kernnetz *(Core Network)* aktiviert werden, unabhängig davon. Die Tatsache, dass zwischen Zugangs- und Kernnetz nur eine einzige Schnittstelle I_u vorgesehen ist, reflektiert die ITU-Position des IMT-2000 Systems, Infrastrukturen anzubieten, die mit verschiedenen Zugangstechniken auskommen müssen. Das bedeutet, dass unabhängig davon, welche Funktechnologie gerade verwendet wird, immer dieselben Funktionen in den höheren Schichten verwendet werden. Die Schnittstelle U_u trennt den Zugangsbereich vom mobilen Teilnehmer.

Typische Funktionen, die im Zugangsnetz aufgerufen werden können, betreffen Verwaltung und Steuerung der Funkressourcen, aber auch Funktionen zur Steuerung der Mobilität und Implementierung von Handover. Im Kernnetz werden Funktionen angeboten zur Steuerung von Verbindungen und Verwaltung der Mobilität. Diese Funktionen betreffen insbesondere die Organisation des Aufenthaltsortes aber auch Authentifizierung und Sicherheit.

Die Evolution im Zugangsbereich betrifft wesentlich die Funktechnologie. In diesem Zusammenhang wurden zwei Codevielfachzugriffsvarianten entwickelt, *Wideband Code Division Multiple Access (W-CDMA)* und eine hybride Variante *Time Division Code Division Multiple Access (TD-CDMA)*. Mit Hilfe dieser Techniken können im Vergleich mit GSM deutlich höhere Bitraten erzielt werden. In Abhängigkeit der konkreten Einsatzumgebung und aktuellen Geschwindigkeit werden bis zu 2 Mbit/s unterstützt.

7.1.3.2 Makrodiversität und Soft Handover

In einem zellularen CDMA System verwenden alle Funkzellen dieselbe Frequenz, oder zumindest alle in derselben Hierarchieebene. Daher kann jedes mobile Endgerät im Prinzip jedes von einer Feststation gesendete Funksignal empfangen und dekodieren. Das mobile Endgerät muss sich natürlich in geeigneter Entfernung zur Feststation befinden und den verwendeten Spreizcode kennen, um das Signal dekodieren zu können.

Um die Verbindungsqualität zu verbessern, kann in einem solchen Mobilfunknetz das Konzept der Makrodiversität angewendet werden. Im Gegensatz zu einem TDMA oder FDMA System ist nun das mobile Endgerät während einer Verbindung mit mehreren Feststationen verbunden. Die Menge aller Feststationen, von denen das Endgerät sinnvolle Informationen empfängt, wird *Active Set* genannt. Zur Verbesserung der Qualität im Downlink kann das mobile Endgerät die Signale der verschiedene Feststationen bestmöglich kombinieren. Die Signale, die von den unterschiedlichen Funkzellen empfangen werden, können zu verschiedenen hierarchischen Einheiten *(Node B* beziehungsweise *Radio Network Controller, RNC)* gehören.

In der anderen Richtung, im Uplink, kann ebenfalls eine Verbesserung der Qualität mit Hilfe der Makrodiversität erzielt werden. Die von der Mobilstation ausgesendeten Signale werden von allen Feststationen aus dem Active Set empfangen und dekodiert. Dies ermöglicht eine Rekombination der Signale auf der nächst höheren Hierarchieebene in UMTS. Falls alle Funkzellen von demselben Node B verwaltet werden, kann diese Re-

7.1 Evolution

kombination im Node B erfolgen. Für den Fall, dass einige Funkzellen in den Bereich unterschiedlicher RNC fallen, muss die Signalrekombination im RNC stattfinden.

Der Grad der Verbesserung hängt insbesondere von der Art der Signalrekombination ab. Falls die Makrodiversität auf RNC-Ebene realisiert wird, kann nur ein einfaches Auswahlverfahren angewendet werden. Als Ergebnis wird das Signal mit den geringsten Fehlern verwendet. Für den Fall, dass auf der Node B Ebene rekombiniert wird, können alle empfangenen Signale verwendet und die einzelnen Signalkomponenten mit den höchsten Energieanteilen kombiniert werden.

Mit Hilfe der Makrodiversität ergibt sich neben der Verbesserung der Verbindungsqualität auch eine Vereinfachung der Handoveroperation. In diesem Fall spricht man von einem *Soft Handover*. In Abbildung 7.3 wird ein Soft Handover illustriert. Während eines Soft Handovers befindet sich üblicherweise eine Mobilstation an der Grenze zwischen zwei Funkzellen. Aufgrund der Makrodiversität kann die Verbindung zum Netz über beide Feststationen parallel erfolgen. Bis auf die Befehle zur Leistungssteuerung werden alle Signale parallel gesendet. Auf diese Weise wird insgesamt die Wahrscheinlichkeit, dass die Verbindung bei einem Zellenwechsel unterbrochen wird, nahezu eliminiert.

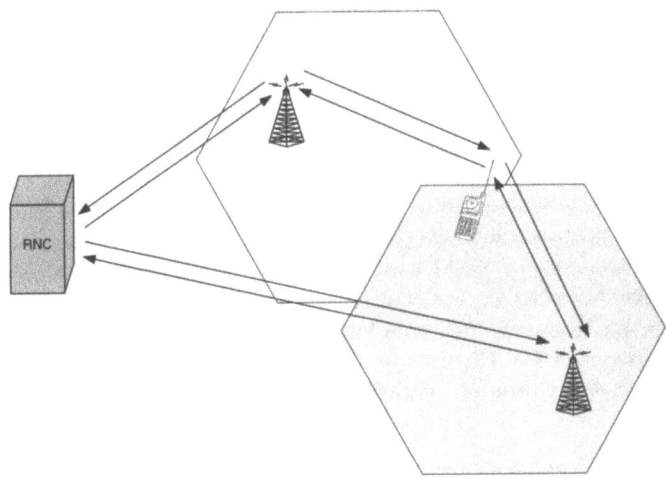

Abbildung 7.3: Soft Handover

In Abschnitt 7.3.4.1 wird die Nah-Fern-Problematik und die damit verbundene Aufgabe der Leistungssteuerung erläutert. Um einen störungsfreien CDMA-Betrieb zu garantieren, werden in diesem Zusammenhang ebenfalls Soft Handover verwendet.

Insgesamt kann mit Hilfe der Makrodiversität eine Verbesserung der Leistungssteuerung erreicht werden. Um eine ausreichende Verbindungsqualität zu erzielen, muss nicht unbedingt die maximale Sendeleistung verwendet werden. Auf diese Weise kann auch eine

Erhöhung der Systemkapazität erreicht werden, da CDMA letztendlich nur durch die Leistung begrenzt wird.

Aufgrund der Makrodiversität sind Verbindungen weniger anfällig gegenüber Effekten wie Abschattungen. Es ist eher unwahrscheinlich, dass eine aktuelle Verbindung, die über mehrere parallele Feststationen realisiert wird, in allen Ausbreitungspfaden durch Abschattung gestört wird.

7.1.3.3 Mobilitätsverwaltung

Die Innovationen in diesem Bereich betreffen überwiegend die Möglichkeiten, die sich aufgrund der in UMTS realisierten Makrodiversität ergeben. Weitere Entwicklungen beziehen sich auf die Aktualisierung der Aufenthaltsorte und das Paging.

Aufgrund der in UMTS verwendeten Bandspreiztechnik (CDMA) können im Prinzip in jeder Nachbarzelle alle Kanäle wiederverwendet werden. Ein Gespräch zwischen einem mobilen Teilnehmer und dem Funknetz kann daher prinzipiell über mehrere unterschiedliche Funkverbindungen realisiert werden. Diese in UMTS angebotene Makrodiversität erlaubt die Durchführung asynchroner Handover, die auch Soft-Handover genannt werden. Im Vergleich mit GSM ergibt sich daraus eine deutliche Verbesserung der Stabilität der Verbindung beim Zellenwechsel.

Eine geeignete Spezifikation der konkreten Aufenthalts- und Pagingzonen ist aufgrund der mikrozellularen Struktur der zu versorgenden Funkgebiete in UMTS von herausragender Bedeutung. Diese Komplexität wird durch die Vielfalt der angebotenen Dienste und möglichen Geschwindigkeiten nochmals erhöht. Die entsprechenden Verfahren müssen unter anderem mit minimalem Kontrollverkehr und optimaler Belegung von Funkressourcen zurechtkommen. Genau wie in GSM wird zur Verwaltung des aktuellen Aufenthaltsortes das Prinzip der Aufenthalts- beziehungsweise Lokalisierungszonen *(Location Areas)* verwendet, die in der Regel aus mehreren Funkzellen bestehen, siehe auch Kapitel 5.2.1. Die Lokalisierungszone in UMTS muss im Gegensatz zu GSM nicht unbedingt mit der Pagingzone *(Paging Area)* zusammenfallen, dem Bereich, in dem ein mobiler Teilnehmer gesucht wird.

Bei einem der neuen Mechanismen in UMTS sind überlappende Lokalisierungszonen vorgesehen. Schnelle Teilnehmer werden in großen LAs verwaltet, die wiederum kleinere LAs enthalten können, in denen primär die langsameren Teilnehmer zusammengefasst sind. Die Überlappung mehrerer großer LAs erlaubt die Implementierung einer geeigneten Hysterese. Auf diese Weise wird eine allzu große Anzahl von Handovern von sich schnell bewegenden Teilnehmern vermieden. In Abbildung 7.4 werden diese Prinzipien veranschaulicht. Der Kommunikationsaufwand beziehungsweise die Prozessorlast, welche durch diese Mechanismen zusätzlich auf dem mobilen Endgerät produziert wird, ist eher gering.

Eine weitere Innovation betrifft die Organisation der Pagingzonen. Eine Lokalisierungszone wird in mehrere PAs (Paging Areas) zerlegt. Der Pagingprozess, der sich aufgrund eines eingehenden Verbindungswunsches ergibt, wird zunächst nur in der PA aktiviert, in der das mobile Endgerät mit der größten Wahrscheinlichkeit vermutet wird. Ein sinn-

7.1 Evolution

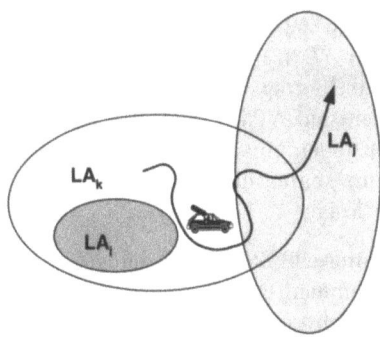

Abbildung 7.4: Innovative Lokalisierungszonen

volles Beispiel wäre die letzte aktive PA. Die Pagingzone wird nur dann ausgeweitet, wenn aus dieser PA keine Antwort vom Teilnehmer empfangen wird. Diese Art des Pagings ist besonders gut geeignet für langsame Teilnehmer. Der geringere Verbrauch an Funkressourcen wird durch längere Verbindungsaufbauzeiten ermöglicht. Dieser Nachteil fällt bei sich schnell bewegenden Teilnehmern besonders ins Gewicht, da in diesem Fall viele dieser PAs durchsucht werden müssen, siehe dazu Abbildung 7.5.

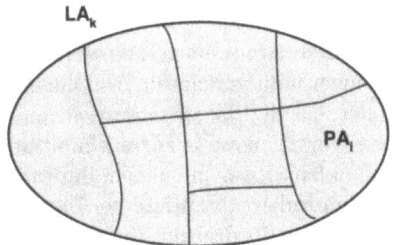

Abbildung 7.5: Innovative Pagingzonen

7.1.3.4 Architektur und Kernbereich

Die Evolution in der Architektur beziehungsweise im Kernnetz schlägt sich in verschiedenen Aspekten nieder. In diesem Zusammenhang bietet sich ATM für den Zugangsbereich und IP für den Kernnetzbereich an [79, 82].

Die Prinzipien aus ATM können in UMTS besonders vorteilhaft eingesetzt werden, mehrere Datenströme können flexibel und effizient kombiniert werden *(Statistical Multiplexing)*, Bitraten können dynamisch einer Verbindung zugewiesen werden *(Dynamic Bandwidth Allocation)*. Darüber hinaus stellt ATM geeignete Methoden zur Kontrolle der Dienstgüte zur Verfügung, wie *Quality of Service, Call Admission Control* und *Traffic Management*. Schließlich sollte noch erwähnt werden, dass mit Hilfe von ATM der Aufwand des zweifachen Transcodings für Verbindungen zwischen mobilen Teilnehmern vermieden werden kann.

Aufgrund der unterschiedlichen Zell- und Blockgrößen, die in ATM beziehungsweise im Mobilfunk vorherrschen, kann ATM allerdings in seiner ursprünglichen Form nicht verwendet werden. Im Mobilfunk beträgt die übliche Länge der zu übertragenden Sprachblöcke etwa 100 Bit. Dagegen sind ATM Zellen 48 Byte, also 384 Bit lang. Um eine effiziente Übertragung sicherzustellen, müssten viele Funkblöcke in eine einzige ATM-Zelle gepackt werden. Diese Lösung kommt allerdings aufgrund der hohen Verzögerungszeiten für Echtzeitdienste nicht in Frage.

Das ATM Forum beziehungsweise ITU SG13 hat daher eine Anpassung von *AAL 2 (ATM Adaptation Layer 2)* vorgenommen. Dadurch wird es möglich, innerhalb einer einzigen virtuellen ATM-Verbindung mehrere Teilnehmerverbindungen zu multiplexen. Innerhalb der Zelle wird jedem Block ein Header vorangestellt, der diese (Teil-) Verbindung beim Sender beziehungsweise Empfänger eindeutig identifiziert. Der dazu verwendete *Channel Identifier (CI)* definiert auch die Länge des Blocks.

Zur Unterstützung von Mobilität im Internet, dem größten Datennetz der Welt, wurde eine mobile Version des *Internet Protocols, Mobile IP,* entwickelt [81]. Im Gegensatz zu GSM und UMTS wird hier die nomadische Form der Mobilität unterstützt. Typische mobile IP-Endgeräte sind Hosts, PCs oder Workstations, die sporadisch ihren (Anschluss-) Ort verändern können. Die vom Mobile IP verwendete Verkapselungsmethode ist mit der in GSM verwendeten Methode vergleichbar, welche die Register HLR und VLR zur Bestimmung des Aufenthaltsortes eines mobilen Teilnehmers verwendet.

Pakete, die von einem Teilnehmer an einen mobilen Teilnehmer (Host) gesendet werden, der aktuell nicht mehr an sein Heimatnetz angeschlossen ist, werden stellvertretend von seinem *Home Agenten* empfangen und verkapselt. Anschließend werden diese Pakete an den *Foreign Agenten* versendet, der die Pakete entkapselt und die Daten an den mobilen Host weiterleitet. Damit diese Vorgehensweise korrekt funktionieren kann, bedarf es einer expliziten Anmeldung des mobilen Hosts im neuen Internet-Netz. Der entsprechende Foreign Agent im neuen Netz informiert daraufhin den Home Agenten und überträgt bei dieser Gelegenheit alle notwendigen Re-Routing-Informationen. In Abbildung 7.6 wird dieser Sachverhalt demonstriert. In der anderen Richtung können die Pakete vom mobilen Host direkt zum Sender übertragen werden, und zwar ohne Umweg über das Heimatnetz.

7.1.3.5 GPRS

Der *General Packet Radio Service (GPRS),* der in GSM Phase 2+ eingeführt wurde, ist ein Beispiel für die Integration von kanal- und paketorientierten Netzen. In diesem Sinne kann GPRS als Zwischenschritt auf dem Weg hin zu UMTS interpretiert werden [78].

Die bekannte GSM-Netzarchitektur wird für den Paketdienst um drei Netzelemente erweitert. Das Interworking findet im *Serving GPRS Support Node (SGSN)* statt, die Schnittstelle zu externen Netzen wird im *Gateway GPRS Support Node (GGSN)* realisiert. Alle GPRS-bezogenen Daten werden im *GPRS-Register (GR)* gespeichert, welches als Teilbereich des GSM-HLR interpretiert werden kann. In Abbildung 7.7 wird die logische Architektur gezeigt. Die Funktionen von SGSN und GGSN können wahlweise in einer Komponente realisiert werden.

7.1 Evolution

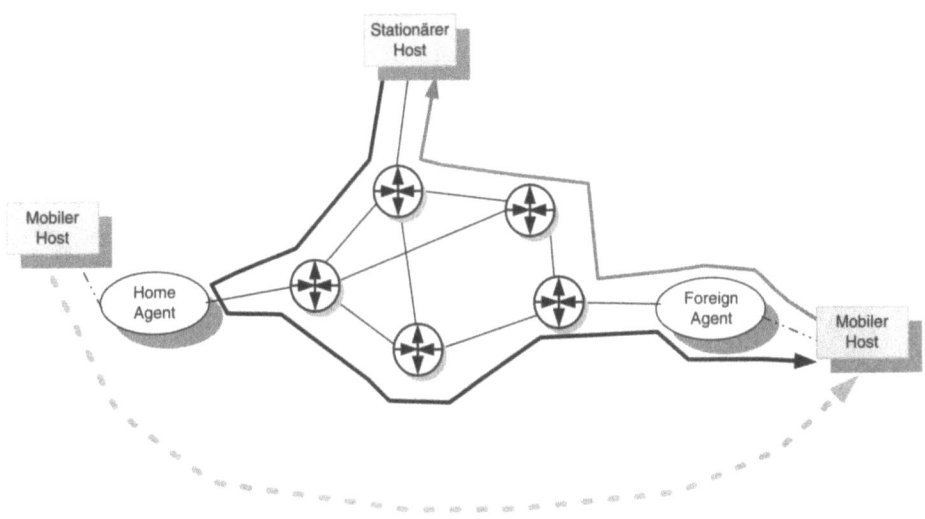

Abbildung 7.6: Mobile IP

Alle zwischen GSM und einem externen Netz übertragenen Datenpakete werden gekapselt. Die Kapselung erfolgt im GPRS-Backbone. Zwischen SGSN und GGSN werden die gekapselten Datenpakete und die anfallenden Signalisierungsnachrichten mit Hilfe eines Tunnelprotokolls, dem *GPRS Tunnel Protocol (GTP)* übertragen. Als GPRS-Backbone-Protokoll ist das Internet-Protokoll in der Version 6 vorgesehen. Die Anpassungen zwischen den festnetzspezifischen Protokollen und GSM werden durch das GTP realisiert.

Ein wesentliches Merkmal von GPRS wird durch die Kontextaktivierung *(Attachment Procedure)* erfüllt. Mit Hilfe der entsprechenden Funktionen kann sich ein mobiles Endgerät in den Paketdatendienst ein- beziehungsweise ausbuchen, ein eingebuchter Teilnehmer kann bei Bedarf mit dem Internet kommunizieren. Die Kosten orientieren sich im Wesentlichen an der Menge der übertragenen Pakete.

Um die insgesamt zur Verfügung stehende (Funk-) Kapazität möglichst effizient zu nutzen, kann ein physikalischer Kanal grundsätzlich von mehreren Teilnehmern im Vielfach genutzt werden. Zur Kontrolle des Medienzugriffs wird daher, wie im LAN-Bereich üblich, die Schicht 2 um die Medienzugriffsschicht *(Medium Access Control, MAC)* erweitert. Wesentliche Funktionen der GPRS-MAC-Teilschicht betreffen die Auflösungen von kollidierenden Paketwünschen, das Multiplexen sowie die Reservierungsstrategie unter Berücksichtigung der vereinbarten Dienstgüte. Zur Steigerung der Datenrate können einem Teilnehmer gleichzeitig mehrere physikalische (TCH-) Kanäle, zeitlich befristet, zugewiesen werden.

Beide, Medienzugriffsschicht und Verwaltung der Mobilität, bilden die zentralen Innovationen der GPRS-Spezifikation. In Abschnitt 7.4 beziehungsweise 7.5 werden die relevanten UMTS-Aspekte näher erläutert.

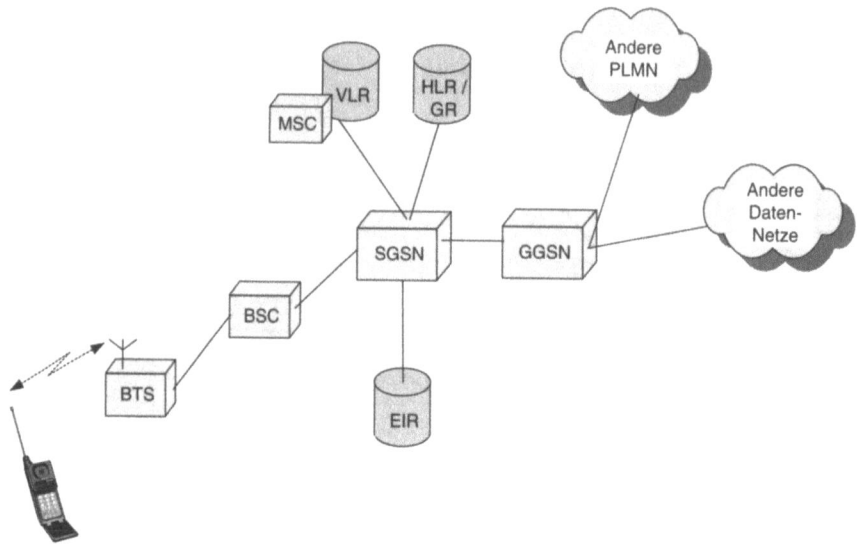

Abbildung 7.7: GPRS-Architektur

7.1.3.6 Migration

Die Vorteile der architektonischen Innovationen kommen bereits in der Übergangsphase von GSM nach UMTS zur Geltung. In Kapitel 6.3 wird die ETSI-Sichtweise auf dieses Modell erläutert. Während dieser Übergangszeit kann ein *(Dual Mode)* UMTS-Endgerät, welches die U_u-Schnittstelle bedienen kann, wahlweise über das GSM- beziehungsweise UMTS-Zugangsnetz angebunden werden.

In Abbildung 7.8 wird einer der möglichen Migrationspfade aufgezeigt. In diesem Fall erfüllt das GSM-System zwei Funktionen. Zum einen können die, in der Telekommunikation üblichen, kanalvermittelten (Sprach-) Dienste unterstützt werden. Dazu wird die aus *Mobile Switching Center (MSC)* und *Gateway MSC* bestehende Infrastruktur verwendet. Zum anderen können mit Hilfe des GPRS-Backbones die im Internet üblicherweise vorkommenden paketorientierten Dienste angeboten werden.

Bei der in Abbildung 7.8 erläuterten Struktur wird primär der kapazitive Engpass adressiert. Tatsächlich wird der neue Funkzugang einzig zur Erhöhung der verfügbaren Kapazität genutzt, oder genauer zur Erhöhung des verfügbaren Frequenzspektrums. Diese Konfiguration erlaubt nicht die Verwendung der innovativen UMTS-Dienste, da die Infrastruktur unverändert bleibt. Die Verträglichkeit zwischen dem UMTS-Zugang und dem GSM-Kernnetz wird durch die Interworking-Funktionen der Phase 2+ für Sprach- und Datensegmente garantiert.

In Abbildung 7.9 wird eine Migrationsmöglickeit aufgezeigt, die kurzfristig innovative UMTS Datendienste (und natürlich die entsprechenden notwendigen Bitraten) unterstützt. Die vollständige UMTS-Infrastruktur, Zugang und Kernnetz, wird mit der

7.1 Evolution

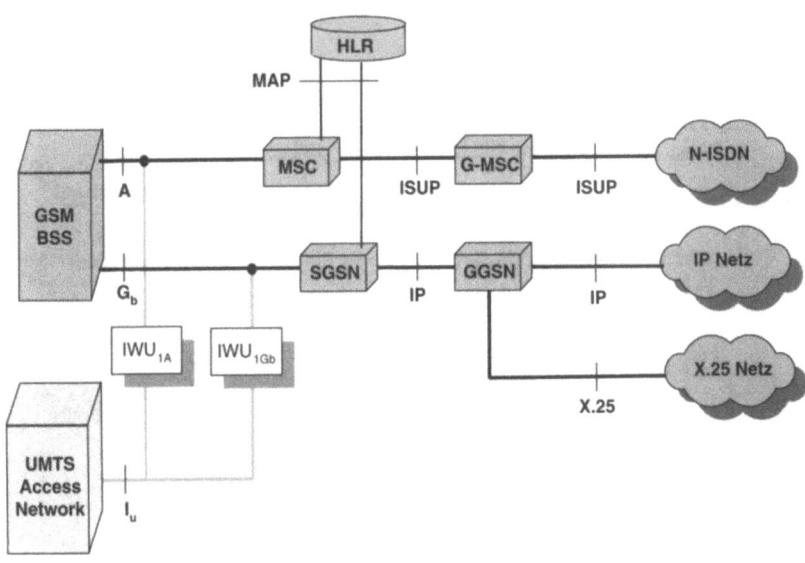

Abbildung 7.8: Kapazitätsorientiertes Migrationsszenario

existierenden GSM-Infrastruktur integriert. Dabei wird in GSM der duale Charakter (GPRS) beibehalten. Das UMTS-Kernnetz unterstützt sowohl kanal- als auch paketorientierte Dienste.

7.1.4 Standardisierung und Zeitplan

An der Standardisierung der Mobilfunknetze der dritten Generation ist eine Vielzahl von Organisationen mit unterschiedlichen Zielen und Interessen beteiligt. Ausgehend von den Vorgaben der ITU standardisiert zur Zeit das *Third Generation Partnership Project (3GPP)* das UMTS-System. Das *Third Generation Partnership Project 2 (3GPP2)* hat ähnliche Aufgaben für *CDMA200* übernommen. Das 3GPP2 sieht im Gegensatz zum 3GPP ein IP-basiertes Netz als einzige Grundlage für jeglichen Datenverkehr.

Direkte Mitglieder der 3GPP sind die Standardisierungsorganisationen der verschiedenen Regionen wie etwa die ETSI in Europa, T1 in USA oder TTC (Telecommunication Technology Committee) in Japan. Mitglieder dieser Organisationen sind wiederum Industriefirmen, die sich in der Standardisierung engagieren. In den geplanten 3G-Systemen werden viele Technologien genutzt, die bereits von eigenen Standardisierungsgremien betreut werden. Dazu zählen das Internet *(IETF)* oder ATM *(ATM Forum)*. Das 3GPP hält daher zu diesen Gremien ebenfalls Kontakt.

Schließlich gibt es die Interessengemeinschaften der GSM- und UMTS-Betreiber, die ebenfalls Einfluss auf die Standardisierung nehmen, wobei oft kommerzielle Überlegungen im Vordergrund stehen. So versucht beispielsweise das *UMTS Forum*, möglichst große Frequenzblöcke für die Betreiber von UMTS-Netzen zu begründen, um auf diese Weise weniger Geld für die Infrastruktur investieren zu müssen. Das 3GPP hat mittlerweile auch die Betreuung der GSM-, GPRS- und EDGE-Standards übernommen.

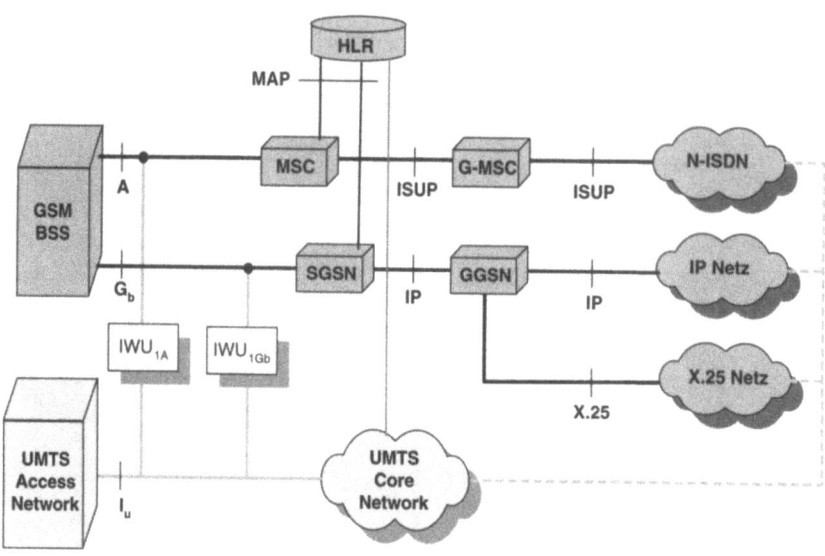

Abbildung 7.9: Dienstorientiertes Migrationsszenario

Die Standardisierung von UMTS erfolgt wie bei GSM in mehreren Stufen. Die erste Stufe wird Release 99 *(R99)* genannt und stellt die Grundlage für die ersten Systeme in Europa und Japan. Die ersten verfügbaren Endgeräte werden auf R99 basieren, aber nicht die hohen Erwartungen bezüglich Datenraten von annähernd 2 Mbit/s bieten. In R99 ist ein Festnetz ähnlich dem von GSM Phase 2+ vorgesehen. An diesem Festnetz ist das neue UMTS-Funkzugangsnetz angeschlossen. Die Datenraten werden zunächst mit denen aus ISDN vergleichbar sein. Neue Mechanismen zur Dienststeuerung wie *Open Service Architecture (OSA)* und *Virtual Home Environment (VHE)* werden erst später verfügbar sein.

Aktuelle GSM-Betreiber, die nun zu UMTS migrieren wollen, müssen die Kapazitäten ihrer Festnetze parallel zum Aufbau des neuen Funknetzes ausbauen, da es sonst zu Engpässen in diesem Bereich kommen kann. In Tabelle 7.1 wird die Struktur des UMTS-Standards Release 99 gezeigt. Mit der Integration des GSM-Standards in den Arbeitsbereich des 3GPP wird auch hier die Nummerierung verändert. Die alten GSM-Nummern werden um 40 vor dem Komma erhöht, die Nachkommastellen werden dreistellig. Aus dem Standard GSM 04.08 wird also ab R2000 GSM 44.008.

Die UMTS-Standards entsprechen denen des GSM-Standards, sind aber in der Nummerierung um 20 erniedrigt. Die Nachkommastellen sind ebenfalls dreistellig. Insgesamt ergibt sich also ab sofort nur noch eine Serie von Standardisierungsdokumenten. Die Serien 21-35 beschäftigen sich mit UMTS, während die Serien 41-53 den GSM-Standard umfassen.

Die Versionsnummern 3.n.m der Dokumentenserien beschreiben Release 99. Im September 2000 wurde beschlossen, das Nummerierungsschema zu ändern. Da die Nachfolgeversion R2000 nicht wie beabsichtigt im Jahr 2000 fertiggestellt werden konnte, wurde R2000 in zwei Teile, Release 4 (R4) und Release 5 (R5), aufgeteilt. Die Versionsnummern

7.1 Evolution

Tabelle 7.1: Struktur des Standards R99

	GSM vor R4	GSM nach R4	UMTS R99+
Requirements	01.xx	41.xxx	21.xxx
Service Aspects	02.xx	42.xxx	22.xxx
Tech. Realization	03.xx	43.xxx	23.xxx
Signaling (UE-NW)	04.xx	44.xxx	24.xxx
UTRA Aspects	05.xx	45.xxx	25.xxx
CODECs	06.xx	46.xxx	26.xxx
Data	07.xx	47.xxx	27.xxx
Signaling (RSS-CN)	08.xx	48.xxx	28.xxx
Signaling (Intra-FN)	09.xx	49.xxx	29.xxx
Management	10.xx	50.xxx	30.xxx
USIM/SIM	11.xx	51.xxx	31.xxx
O&M	12.xx	52.xxx	32.xxx
Security Aspects	13.xx	53.xxx	33.xxx
Test Specs			34.xxx
Security Algorithm			35.xxx

4.n.m und 5.n.m werden von R4 beziehungsweise R5 abgedeckt. Zur Zeit wird überlegt, R99 in R3 umzubenennen. In R4 sind zur Steuerung der Dienstgüte ATM-Verbindungen im Festnetz vorgesehen. Des Weiteren werden auch Ausführungsumgebungen wie SAT und MExE sowie die Dienstarchitektur OSA weiterentwickelt, siehe dazu auch Kapitel 6. In R5 ist ein völlig neues Festnetzkonzept geplant. Das bisherige GSM-Festnetz soll durch ein vollständig IP-basiertes Festnetz ersetzt werden, siehe dazu Kapitel 7.5.

In Deutschland wurden die Lizenzen bereits vergeben, die neuen Betreiber beschäftigen sich zur Zeit mit dem Aufbau der entsprechenden Netze. Einige Netzbetreiber planen bereits zur CeBIT 2002 die Aufnahme des kommerziellen Betriebes. Allerdings ist zu erwarten, dass zu diesem Zeitpunkt weder Endgeräte noch Infrastruktur ausreichend vorhanden sind. Daher erscheint ein Netzstart eher Ende 2002 beziehungsweise Anfang 2003 realistisch. Aufgrund der enormen Kosten für die Entwicklung und die Lizenzen existiert allerdings ein großer Druck, UMTS möglichst schnell einzuführen.

Bei einer geschätzten Anzahl von circa 100000 Antennen (für alle sechs Netzbetreiber zusammen) stellt die Suche nach geeigneten Standorten ein großes Problem dar, und könnte den geplanten kommerziellen Start von UMTS verzögern. Im Juni 2001 hat die *Regulierungsbehörde für Telekommunikation und Post (RegTP)* den Lizenzinhabern erlaubt, beim Aufbau der Netze Antennenstandorte gemeinsam zu nutzen, solange sie die Hoheit über ihr Netz behalten. Auf diese Weise kann die Zahl der benötigten Standorte zumindest in der Anfangsphase erheblich reduziert werden. In diesem Zusammenhang ist von Kostenersparnissen in Höhe von 20% und mehr die Rede.

In anderen europäischen Ländern treten die gleichen Probleme auf. In Spanien wurde beispielsweise der Start in den Lizenzbedingungen vom 1. August 2001 auf den 1. Juni 2002 verschoben.

7.2 Architektur

Der prinzipielle Aufbau von UMTS basiert auf einer physikalischen Trennung einzelner Bereiche, die in UMTS auch *Domänen* genannt werden. In Abbildung 7.10 wird die entsprechende Architektur dargestellt. In der Abbildung werden auch die entsprechenden Schnittstellen gezeigt. Das Kernnetz *(Core Network Domain, CND)* ist eine integrale

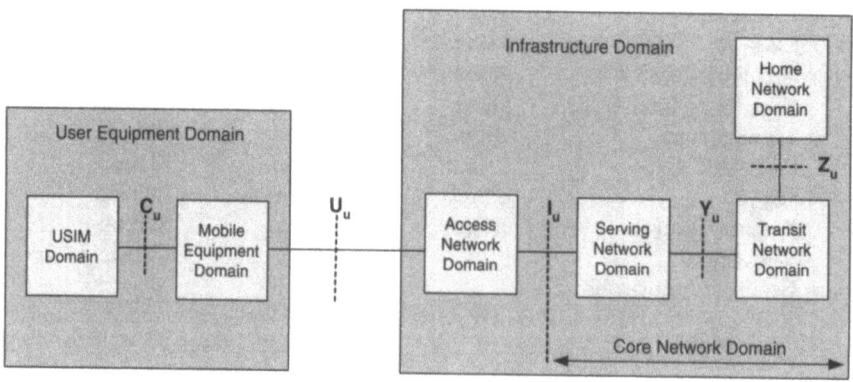

Abbildung 7.10: UMTS-System-Architektur

Plattform, die aus verschiedenen Transportebenen (GSM, N-ISDN beziehungsweise Internet) bestehen kann, die über Netzübergänge *(Interworking Unit, IWU)* miteinander verbunden sind. Das Kernnetz ist in die Teilbereiche *Serving Network Domain (SND)*, *Home Network Domain (HND)* und *Transport Network Domain (TND)* unterteilt. Das Kernnetz ist über die SND an der Schnittstelle I_u mit dem Zugangsnetz verbunden. Die ortsabhängigen Funktionen, die zur Verfolgung der Bewegung eines Teilnehmers im Netz benötigt werden, sind im SND angesiedelt. Die SND erfüllt des Weiteren die Aufgabe der Vermittlung von leitungs- oder paketvermittelten Verbindungen. Die Schnittstelle zu anderen Netzen wird im Wesentlichen vom TND realisiert. Die HND enthält die wesentlichen Funktionen zur Realisierung von Diensten der sogenannten Dienstanbieter *(Service Provider)*. In der HND sind alle Funktionen zur Implementierung von Diensten des Transportnetzes angesiedelt, die nicht vom SND angeboten werden. Diese Dienste unterstützen die Verwaltung von wichtigen Teilnehmerinformationen, oder sonstiger Funktionen, die einen festen, vom aktuellen Aufenthaltsort des Teilnehmers unabhängigen Bezug haben.

In UMTS existiert neben der physikalischen Sichtweise auch eine funktionale Trennung, bei der mehrere (funktionale) Aspekte zu einer Einheit *(Stratum)* zusammengefasst werden. Ein Dienst beziehungsweise ein Dienstaspekt, welcher innerhalb eines Bereichs (Domain) beziehungsweise mehrerer Bereiche angeboten wird, wird durch Gruppierung *(Stratum)* einzelner Funktionen (Protokolle) realisiert. In UMTS werden die folgenden *Strata* unterschieden: *Application Stratum*, *Home Stratum*, *Serving Stratum* und *Transport Stratum* inklusive des *Access Stratums*.

Aus der Sicht des Anwenders wird UMTS in verschiedenen Rollen wahrgenommen. In Abbildung 7.11 wird dabei die Rolle des Nutzers *(User)*, der Person, welche UMTS-Dienste

7.2 Architektur

nutzt, und die des Teilnehmers *(Subscriber)* unterschieden, der Person, welche den Vertrag mit dem entsprechenden Dienstanbieter geschlossen hat. Der Zugangsnetzbetreiber

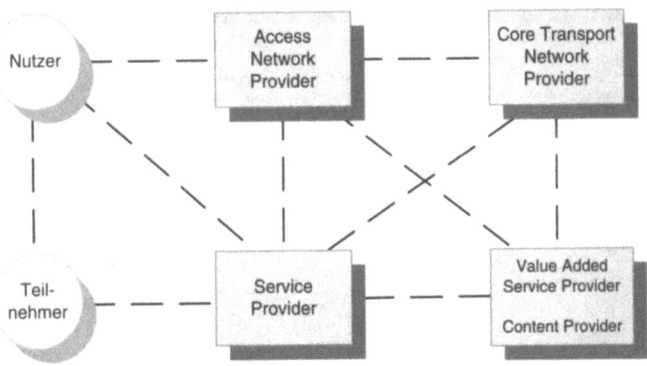

Abbildung 7.11: UMTS-Markt

(Access Network Operator) bietet dem Nutzer die wesentlichen Netzzugangsfunktionen sowie wichtige Netzdienste. Eine wesentliche Funktion betrifft dabei die Mobilität. Der Dienstanbieter *(Service Provider)* stellt im Prinzip die organisatorische Schnittstelle zum Teilnehmer dar. Er verwaltet die Teilnehmerdaten beziehungsweise sorgt für die Bereitstellung der vertraglich vereinbarten Dienste. Der Dienstanbieter kümmert sich insbesondere um die Gebührenerfassung und kommuniziert mit dem Teilnehmer. Der Kernnetzbetreiber *(Core Transport Network Operator)* stellt die notwendige Übertragungskapazität zur Verfügung und realisiert wichtige Mobilitätsfunktionen. Dazu gehört die Bestimmung des Aufenthaltsortes und die Authentifizierung der Teilnehmer. Mehrwertdienstanbieter *(Value Added Service Provider)* und *Content Provider* bieten zusätzliche Dienste aber auch konkrete Anwendungsinhalte an.

7.2.1 Domänen

Alle zur Verschlüsselung und Authentifikation des mobilen Endgerätes gegenüber dem Netz erforderlichen Informationen und Funktionen sind im *User Identity Module (USIM)* enthalten. Das USIM ist auf einer SIM-Karte untergebracht, die Verbindung mit dem Endgerät erfolgt über die Schnittstelle C_u. Das mobile Endgerät ist über die Luftschnittstelle U_u mit dem Zugangsnetz im Infrastrukturbereich verbunden. Genau wie in GSM enthält das Endgerät sowohl die zur Funkübertragung notwendigen Funktionen *(Mobile Termination, MT)* als auch die Teilnehmerendeinrichtung *(Terminal Equipment, TE)* zur Realisierung der Ende-zu-Ende-Verbindungen zwischen Anwendungen.

Die Aufgabe des Zugangsnetzes *(Access Network Domain)* besteht darin, den Teilnehmern den Zugang zum UMTS-Netz zu ermöglichen, und damit die Kommunikation mit dem Transportnetz zu realisieren. In UMTS wird kein bestimmtes Zugangsnetz erwartet. Das Zugangsnetz ist typischerweise durch ein *UMTS Terrestrial Radio Access Network (UTRAN)* oder durch ein Funkteilsystem in GSM (GSM-BSS) realisiert, kann aber auch mit Hilfe von DECT implementiert werden.

Während im UTRAN Bereich die Einführung von W-CDMA einige, teilweise erhebliche Änderungen in der Netzstruktur zur Folge hat, basiert der Kernbereich im Wesentlichen auf einer Weiterentwicklung des bestehenden GSM Kernnetzes. In Abbildung 7.12 wird dieser Sachverhalt veranschaulicht. Bei der schrittweisen Entwicklung des Kernnetzes

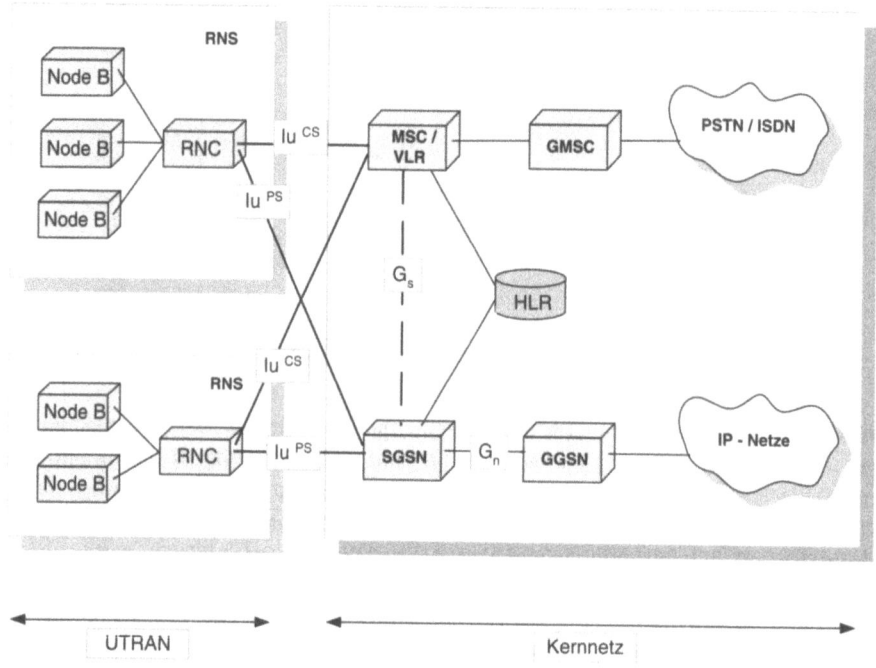

Abbildung 7.12: Netzarchitektur UMTS

können prinzipiell zwei Funktionsgruppen unterschieden werden. Das leitungsvermittelte Kernnetz *(Circuit Switched Core, CS Core)* besteht aus den Hauptelementen MSC (Mobile Service Switching Centre), HLR (Home Location Register) und GMSC (Gateway MSC), wobei das VLR (Visitor Location Register) im MSC angesiedelt wird. Das paketvermittelte Kernnetz *(Packet Switched Core, PS Core)* wird gebildet aus SGSN (Serving GPRS Support Node) und GGSN (Gateway GPRS Support Node).

Beide Varianten, CS Core und PS Core basieren auf verschiedenen Backbonenetzen. CS Core benötigt zur Übertragung von Sprachverkehr typischerweise ein leitungsvermitteltes Fernsprechnetz wie ISDN. PS Core erfordert eine paketvermittelte Technologie, die typischerweise in der IP-Welt (Internet) verwendet wird. Beide Kernnetztypen werden insbesondere über verschiedene Schnittstellen mit dem Zugangsnetz verbunden. Zu diesem Zweck ist das entsprechende Interface I_u in zwei Bereiche zerteilt, I_u^{CS} und I_u^{PS}. Die entsprechenden Elemente sind aus GSM beziehungsweise GPRS bekannt und können mit einem erweiterten Funktionsumfang für UMTS weiterverwendet werden.

Aus der Abbildung 7.12 wird insbesondere die Struktur im Zugangsbereich erkennbar, welche aus mehreren *Radio Network Subsystems (RNS)* besteht, die von einem *Radio Network Controller (RNC)* gesteuert werden. Ein RNC kontrolliert in der Regel mehrere, für die Funkübertragung in einer oder mehreren Zellen verantwortliche Knoten *Node B*.

7.2.2 Strata

In Abbildung 7.13 beziehungsweise 7.14 werden die funktionalen Flüsse *(Strata)* zwischen den einzelnen Komponenten in UMTS gezeigt. Durch gestrichelte Linien angedeutete Protokolle sind nicht in UMTS spezifiziert.

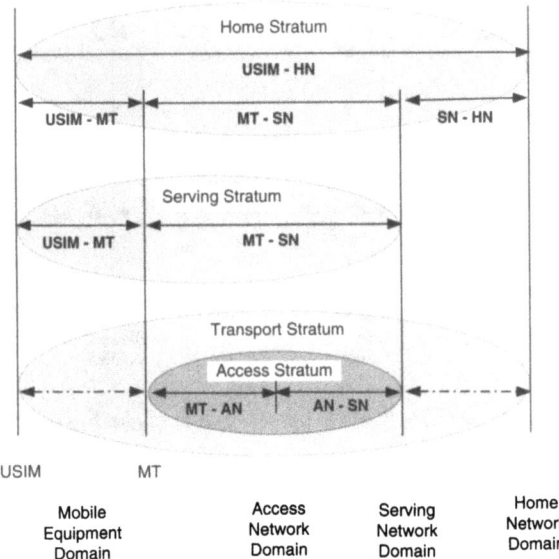

Abbildung 7.13: UMTS Strata

Das *Transport Stratum* unterstützt den Transport von Daten und Signalisierungsinformationen und zwar zwischen den beteiligten Endteilnehmern beziehungsweise zwischen der USIM und dem HND. Das Transportstratum berücksichtigt vorwiegend Fragestellungen zur Darstellung (Übertragungsformat), enthält darüber hinaus Mechanismen zur Fehlerbehandlung, Verschlüsselung, Daten- und Ratenanpassung und zum Transcoding. Optional werden auch Aspekte zur Allocation von Betriebsmitteln und der lokalen Wegewahl an den unterschiedlichen Schnittstellen angeboten.

Das *Access Stratum* enthält alle funkspezifischen Funktionen, es beschreibt also die Art und Weise wie das physikalische Medium verwendet wird, um die Information zwischen dem Endgerät und der Infrastruktur auszutauschen. Neben Diensten zur Funkübertragung werden auch Dienste zur Verwaltung der Funkressourcen angeboten. Das Access Stratum enthält insbesondere Protokolle für die Bereiche *MT - AN (Mobile Termination - Access Network)* und *AN - SN (Access Network - Serving Network)*. Der erste Bereich unterstützt den Austausch von Funkdaten, die zur Koordinierung der Verwendung der entsprechenden Funkbetriebsmittel zwischen Endgerät (MT) und Zugangsnetz benötigt werden. Der MT - AN Bereich ist unabhängig von der konkreten Funktechnologie, und bietet Funktionen zum Gebrauch der Funkressourcen in der AND aus der Sicht der SND.

Das *Serving Stratum* enthält alle Protokolle und Funktionen zur Wegewahl und Übertragung von Daten, die entweder vom Teilnehmer oder vom Netz generiert sein können.

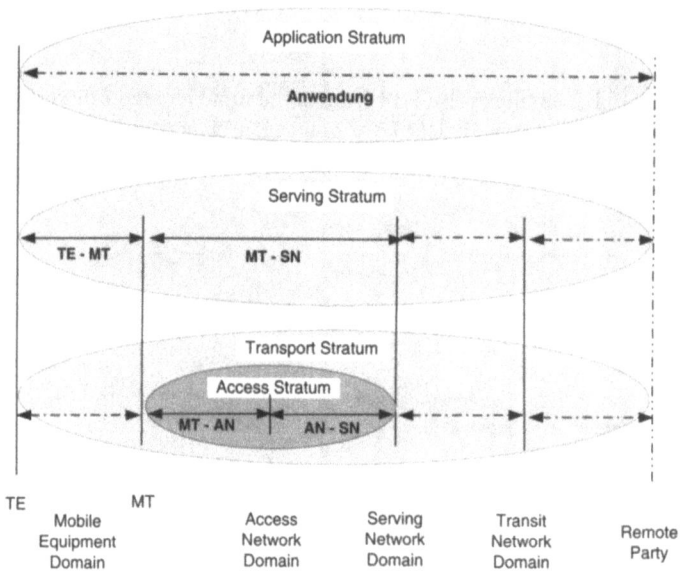

Abbildung 7.14: UMTS Strata mit Remote Party

Start und Ziel können in demselben oder in verschiedenen Netzen liegen. Des Weiteren sind in diesem Stratum telekommunikationsspezifische Dienste angesiedelt. Das Serving Stratum enthält Protokolle für die Bereiche *USIM - MT*, *MT - SN* und *TE - MT*. Der erste Bereich *(USIM - Mobile Termination)* unterstützt den Zugang zu teilnehmerspezifischen Informationen zur Verwendung im Endgerät. Im zweiten Protokollbereich *(Mobile Termination - Serving Network)* wird dem mobilen Endgerät Information aus der SND angeboten. Der dritte Bereich *(Terminal Equipment - Mobile Termination)* unterstützt den Austausch von Steuerungsinformationen zwischen der Endeinrichtung und der Funkkomponente im mobilen Endgerät.

Das *Home Stratum* enthält Protokolle und Funktionen zur Speicherung und Manipulation von Teilnehmerdaten sowie zur Behandlung von möglichen personalisierten Diensten *(Home Network Specific Services)*. Darüber hinaus bietet das Home Stratum Funktionen an, die von anderen (fremden) Domänen verwendet werden können, um im Bedarfsfall die Rolle der eigenen HND einzunehmen. Alle teilnehmerbezogenen Daten sind im Home Stratum angesiedelt, wie beispielsweise Gebühreninformationen, Authentifizierung oder auch Daten zur Verwaltung der Mobilität. Das Home Stratum enthält die folgenden Protokolle: *USIM - HN*, *USIM - MT*, *MT - SN* und *SN - HN*. Das *USIM - Home Network* Protokoll unterstützt die Koordinierung von teilnehmerspezifischen Informationen zwischen USIM und HND. Das *USIM - Mobile Termination* Protokoll versorgt das mobile Endgerät mit Teilnehmerdaten beziehungsweise Betriebsmitteln, damit dieses anstelle der HND agieren kann. Das *Mobile Termination - Serving Network* Protokoll unterstützt den Austausch von Teilnehmerdaten zwischen mobilem Endgerät und SND. Das *Serving Network - Home Network* Protokoll bietet den SND Zugang zu HND-spezifischen Daten und Betriebsmitteln. Mit Hilfe dieser Daten kann die SND im Bedarfsfall Aktionen der HND ausführen. Dieses Protokoll spielt eine entscheidende Rolle bei der Realisierung der VHE-Dienste.

7.2.3 Dienstgüte

Die Kernnetze werden sich aller Voraussicht nach in mehreren Schritten zu *All-IP*-Netzen entwickeln. Mit dem 3GPP Release 99 sind die vorhandenen GSM-Kernnetze für CS und PS so erweitert worden, dass über UTRAN standardisierte Dienste realisiert werden können. VHE oder Multimediadienste sind zwei typische Beispiele in diesem Zusammenhang. Genau wie in GSM werden in UMTS-Netzen nach dem 3GPP Release 99 Sprachverbindungen und zeitkritische Datenverbindungen über das CS Core abgewickelt, paketorientierte Datendienste werden über das PS Core mit Hilfe von GPRS vermittelt und übertragen.

Mit dem 3GPP Release 00 wird die Basis für sogenannte All-IP-Netze gelegt [80]. In diesem Zusammenhang sind auch Mechanismen zur Behandlung der Dienstgüte *(Quality of Service, QoS)* definiert, die zur Ende-zu-Ende Übertragung von zeitkritischen Anwendungen wie Sprache oder Videotelefonie über paketvermittelte IP-Netze geeignet sind. Für GSM Netzbetreiber, die über CS Core Elemente, wie MSC und HLR verfügen, und diese auch für den Betrieb des GSM Netzes weiter verwenden wollen, stellt ein sogenanntes Hybridnetz eine kostengünstige Alternative dar, weil dieses Netz die größte Flexibilität bietet. Dieser Sachverhalt wird in Abbildung 7.15 dargestellt. In einem hy-

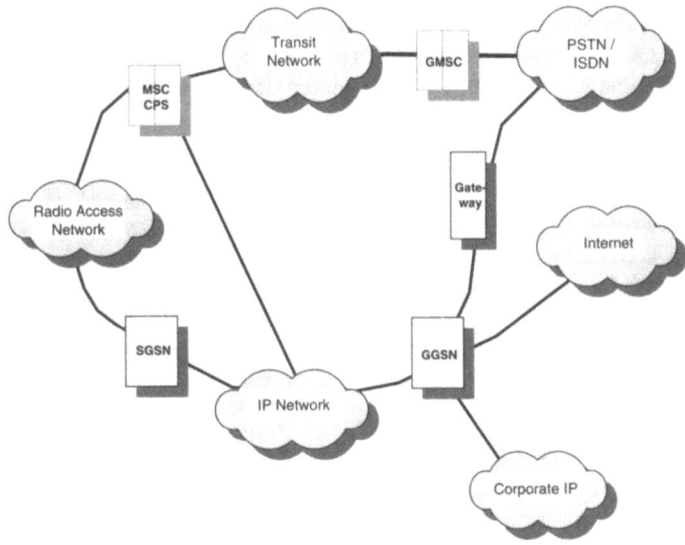

Abbildung 7.15: Hybrides Kernnetz

briden Kernnetz lassen sich Massenanwendungen wie Sprache (GSM/UMTS) über die MSC bedienen, während die anspruchsvolleren Geschäftskunden in zunehmendem Maße IP-basierende Dienste über das PS Kernnetz abwickeln können. Somit wird eine langfristige Migration von CS nach PS optimal unterstützt.

Für zukünftige UMTS-Netze, die aller Voraussicht nach gänzlich auf der IP-Technologie basieren werden, ist der Aspekt der Dienstgüte von immanenter Bedeutung. In diesem Zusammenhang müssen Garantien gegeben werden können, die sich auf die der Anwendung zugewiesene Bitrate, die maximale Zeitverzögerung und die maximale Abweichung von der mittleren Verzögerung (Jitter) beziehen.

Traditionelle IP-Netze unterstützen nur eine einzige Dienstklasse *Best Effort*, bei der Pakete verloren gehen können und Zeitverzögerungen nicht kontrolliert werden. Im Gegensatz zu der in Telefonnetzen üblichen Leitungsvermittlung werden Ressourcen nur bei Bedarf verwendet. Für zeitkritische Dienste, wie Sprache, wurde daher eine neue Architektur unter dem Namen *Integrated Services (IntServ)* definiert. Ziel dieser Architektur ist es, die Vorteile beider Vermittlungsvarianten zu kombinieren, um eine effiziente Ausnutzung der Betriebsmittel mit Garantien für zeitkritische Dienste bieten zu können.

Bei der IntServ-Architektur wird für jede einzelne Verbindung *(Flow)* die Dienstgüte garantiert. Ein Flow muss dabei als Sequenz von zusammenhängenden IP-Paketen verstanden werden. Mit Hilfe des *Ressource Reservation Protocols (RSVP)* können beim Verbindungsaufbau Dienstparameter verhandelt werden. Die eingestellte Dienstgüte wird während der Verbindung (Übertragungsphase) durch Bereitstellung entsprechender Betriebsmittel in den Komponenten, wie Kanalübertragungskapazität und Prozessor- beziehungsweise Warteschlangenkapazität, garantiert. Zur effizienten Nutzung der Ressourcen in den Komponenten wurde ein sogenannter Soft-State eingeführt, der den Flow aktuell charakterisiert. Ein Flow, der lange Zeit keine Pakete mehr versendet hat, erhält einen weniger wichtigen Soft-State. Flows, die keine Pakete mehr versenden, werden logisch abgebaut, indem der Soft-State gelöscht wird. Durch diese individuelle Behandlung aller Flows entsteht ein nicht unerheblicher Aufwand für die beteiligten Router. Da allerdings nicht alle Netze oder Komponenten RSVP unterstützen, kann eine Dienstgüte zwischen Sender und Empfänger nicht immer garantiert werden.

Aus den oben erwähnten Motiven wird RSVP vorwiegend im Bereich lokaler Netze eingesetzt und weniger im Bereich der Weitverkehrsnetze. Der Aufwand, die Kontrolle der vereinbarten Dienstgüte für jede einzelne Verbindung vorzunehmen, ist sehr hoch. Aus diesem Grund kann diese Architektur auch nicht auf beliebig große Netze skaliert werden. Daher wurde die weniger komplexe *Differential Services*-Architektur *(DiffServ)* entwickelt, die besonders für Weitverkehrsnetze geeignet erscheint. Mit Hilfe der DiffServ-Architektur wird der notwendige Signalisierungsverkehr drastisch reduziert. Dazu werden die einzelnen *Flows* in Dienstklassen gruppiert, die insbesondere auch die Belastung der beteiligten Routerlast reduzieren.

Jeder Flow, der eine Domain betritt, wird durch einen Grenzrouter *(Border Router, BR)* in eine Dienstklasse klassifiziert. Auf diese Weise wird eine konsistente Behandlung innerhalb der Domain durch die internen Transitrouter *(Transit Router, TR)* ermöglicht. Die differenzierte Behandlung der verschiedenen Klassen erfolgt insbesondere durch die Zuordnung der entsprechenden IP-Pakete in die der Dienstklasse zugehörigen Warteschlange. Flows werden dabei durch einen entsprechenden Wert im DS *(Differential Service)* Feld des entsprechenden IP-Paketes charakterisiert. Die Qualitätsbehandlung von IP-Paketen durch die netzinternen Router erfolgt auf der Basis des DS-Wert. Auf diese Weise entfällt der Aufwand zur Aktualisierung des Soft-State für jeden Flow.

Aufgrund der geringen Komplexität kann eine solche DiffServ-Architektur prinzipiell in jedem Netz angewendet werden. Insbesondere die Beschränkungen in der Netzgröße fallen weg. Darüber hinaus bietet die DiffServ-Architektur die Möglichkeit, eindeutige DS-Werte für die in UMTS vorgesehenen Dienstklassen vorzusehen, um auf diese Weise in jedem Netz dieselbe Dienstgüte anbieten zu können. Die Freiheit, die DS-Werte beziehungsweise die zugeordnete Dienstgüte beliebig wählen zu können, hat allerdings den Nachteil, dass verschiedene Netzbetreiber nicht dieselbe Qualität anbieten müssen.

Eine Kombination von beiden Varianten, IntServ für kleine Netze wie Intranets oder Unternehmensnetze, zusammen mit DiffServ für Weitverkehrsnetze erscheint ebenfalls möglich. Um eine Kooperation der Netze zu ermöglichen, müssen insbesondere Abbildungsvorschriften zwischen beiden Architekturen definiert werden. Eine erfolgreiche Umsetzung beider Varianten erfordert sicherlich aufwendige Absprachen der Hersteller beziehungsweise Netzanbieter untereinander.

7.3 Funknetz

Die Informationsübertragung über die Funkschnittstelle erfolgt in UMTS mit Hilfe einer Kombination der Vielfachzugriffsverfahren *Time Division Multiple Access (TDMA)*, *Frequency Division Multiple Access (FDMA)* und *Code Division Multiple Access (CDMA)*. Die beim Codevielfachzugriff verwendete Bandspreiztechnik *(spread spectrum)* verfolgt das Ziel, aus einem schmalbandigen Signal für die Übertragung ein breitbandiges Signal zu erzeugen, das deutlich unempfindlicher ist gegen frequenzselektive Störungen durch Interferenzen. Dabei wird das Signal eines Teilnehmers spektral auf ein Vielfaches seiner ursprünglichen Bandbreite gespreizt.

In UMTS sind zwei unterschiedliche CDMA-Varianten vorgesehen. Im (größeren) symmetrischen Frequenzbereich wird *W-CDMA (Wideband CDMA)* verwendet. In diesem Zusammenhang wird ein Frequenzduplexverfahren *(Frequency Duplex Division, FDD)* eingesetzt. Netzbetreiber, die UMTS-Dienste über FDD anbieten wollen, benötigen dazu allerdings eine minimale Bandbreite von 2 mal 5 MHz. Im asymmetrischen Frequenzbereich wird eine Zeitmultiplexvariante verwendet. Mit Hilfe von *Time Duplex Division (TDD)* wird die *TD-CDMA*-Variante realisiert. In beiden Varianten beträgt die konstante Bruttoübertragungsrate 3.84 MChips pro Sekunde. Die möglichen Spreizfaktoren variieren zwischen 1 und 512 je nach Verwendungsrichtung und CDMA-Variante. Mit Hilfe der Spreizfaktoren kann in UMTS die dem Dienst zugewiesene Bitrate flexibel eingestellt werden, wobei eine höhere Bitrate durch einen niedrigeren Spreizfaktor erzielt wird.

Eine detaillierte Beschreibung des Funknetzes kann in den einschlägigen Standardisierungsdokumenten nachgeschlagen werden [88, 89, 92, 91, 94].

7.3.1 CDMA

Grundlegend für dieses Verfahren ist die Übertragung eines schmalbandigen Funksignals in einem breiten Frequenzspektrum. Jedem Teilnehmer wird die gesamte Bandbreite des Systems für die komplette Zeitdauer einer Verbindung zur Verfügung gestellt. Diese Nutzung ist nicht ausschließlich, alle Teilnehmer einer Funkzelle verwenden gleichzeitig das vollständige Frequenzband. Die Trennung der einzelnen Teilnehmersignale erfolgt mittels eines Codierschemas, welches in gewisser Weise mit einer Kombination aus FDMA und TDMA vergleichbar ist, siehe dazu auch Kapitel 3.4.3.

Die CDMA zugrunde liegende Technologie lässt sich mit Hilfe einer einfachen Analogie gut veranschaulichen. Dazu wird das folgende Szenario angenommen. In einem Konferenzsaal sollen gleichzeitig drei Vorträge gehalten werden. Die drei Sprecher verwenden dazu unterschiedliche Sprachen, in unserem Fall beispielsweise Englisch, Spanisch und Deutsch. Jeder Teilnehmer beherrscht nur eine der drei Sprachen, so dass er während der Veranstaltung die anderen Vorträge nur als Hintergrundgeräusche wahrnimmt und daher dem eigenen Vortrag gut folgen kann. Dasselbe Prinzip wird auch in CDMA verwendet. Die Verschlüsselung der Information erfolgt dabei durch geeignete Codes, die nur vom Empfänger entschlüsselt werden können. Die Informationsanteile anderer Codes werden auf diese Weise unterdrückt beziehungsweise zu einem großen Anteil reduziert, so dass die eigene Kommunikation kaum gestört wird.

7.3.1.1 Codespreizung

Die beim Codevielfachzugriff verwendete Bandspreiztechnik *(spread spectrum)* verwendet zur Übertragung ein deutlich breitbandigeres Signal als notwendig. Die Wirkung dieser Spreizung wird in Abbildung 7.16 gezeigt, wobei $b(t)$ das eigentliche Datensignal und $c(t)$ das dem Teilnehmer zugeordnete Codesignal darstellt. Die entsprechenden spektralen Leistungsdichten werden mit $B(f)$ beziehungsweise $C(f)$ beschrieben, die Faltungsfunktion wird durch das Symbol „*" dargestellt.

Im Zusammenhang mit Verfahren zur Codespreizung muss zwischen dem *Spreizgewinn (Processing Gain)* und dem Spreizfaktor unterschieden werden. Der Spreizgewinn P_G bezeichnet das Verhältnis zwischen der zur Übertragung genutzten Bandbreite f_C und der Bandbreite des Datensignals f_b, also $P_G = f_C/f_b$. Der Spreizfaktor S_F wird durch die Anzahl der *Chips* beschrieben, die zur Darstellung eines Bits notwendig sind, siehe dazu auch Kapitel 3.4.3. Mit Hilfe der Spreizung wird das Signal mit einem der Verbindung zugewiesenen Code multipliziert, der typischerweise orthogonal zu den anderen Verbindungs- beziehungsweise Teilnehmercodes ist. In der Regel ist der Spreizgewinn größer als der Spreizfaktor, er umfasst alle die Übertragung betreffenden Aspekte wie Kanalcodierung und Verschachtelung. Obwohl beide Begriffe die Breitbandspreizung betreffen, haben sie doch unterschiedliche Bedeutungen. Durch den Spreizgewinn wird insbesondere die Fähigkeit beschrieben, Interferenzen zu reduzieren. Der Spreizfaktor hingegen formuliert die Anzahl der maximal verfügbaren Codes und bestimmt damit die maximale Anzahl der Teilnehmer, die gleichzeitig im Netz bedient werden können.

Um auf der Empfängerseite das Informationssignal aus dem übertragenen Signal zu bestimmen, wird das empfangene Signal mit demselben (dem Teilnehmer zugeordneten) Code $c(t)$ multipliziert. Dieser Vorgang wird auch Entspreizung *(Despreading)* genannt, siehe Kapitel 3.4.3. Mit Hilfe eines Tiefpassfilters wird die entsprechende Signalkomponente selektiert. Um diese Operation durchführen zu können, muss der Empfänger den Code des Senders kennen. Dies kann beispielsweise beim Verbindungsaufbau erfolgen, bei dem der Code des Senders mitgeliefert wird.

Eines der wichtigen Ziele von CDMA ist die Unterdrückung von Interferenzen, die durch andere, gleichzeitig stattfindende Gespräche verursacht werden können. Dieser Sachverhalt wird in Abbildung 7.17 illustriert. In diesem Zusammenhang wird angenommen, dass das übertragene breitbandige Signal eine schmalbandige Interferenzstörung erfährt. Mit Hilfe der Entspreizungsfunktion kann die ursprüngliche Information rekonstruiert werden.

7.3 Funknetz

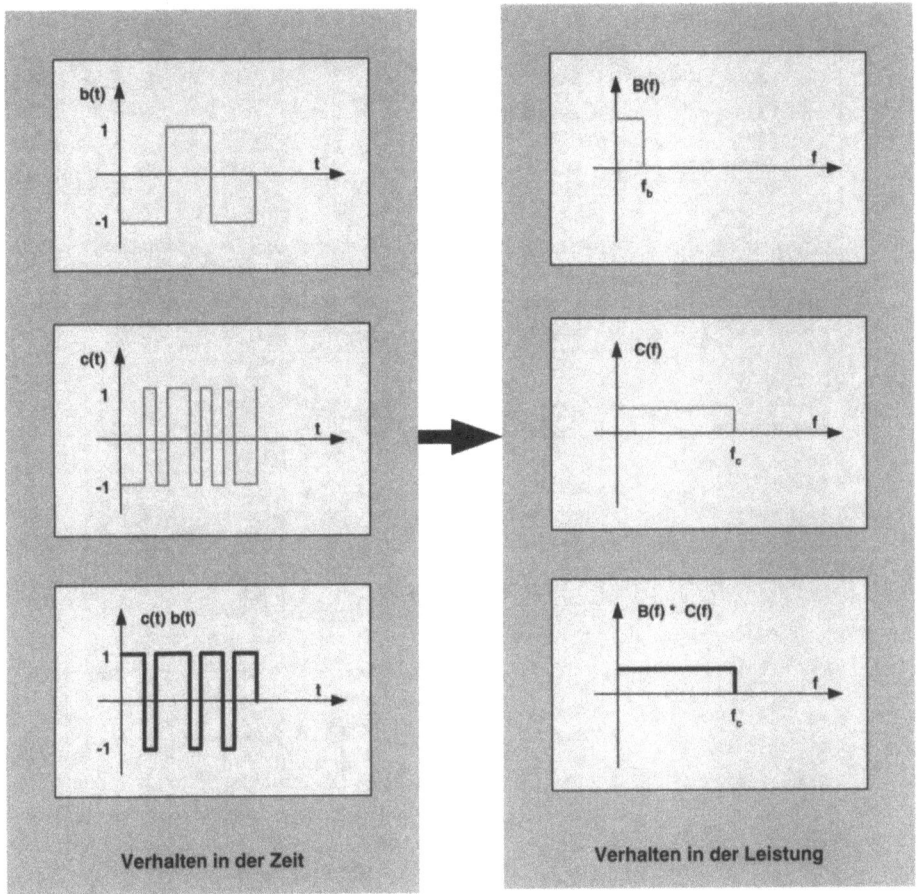

Abbildung 7.16: Breitbandspreizung

Durch die Multiplikation mit dem entsprechenden Code $c(t)$ wird nicht nur die Information rekonstruiert, sondern auch das schmalbandige Interferenzsignal mit der höheren Chiprate multipliziert. Auf diese Weise erfolgt eine Bandspreizung des Interferenzsignals mit gleichzeitiger Reduktion der spektralen Leistungsdichte. Mit Hilfe einer Tiefpassfilterung mit der Bandbreite f_b wird das ursprüngliche Informationssignal wiederhergestellt. Die Leistung des Interferenzsignals wird um einen dem Spreizgewinn entsprechenden Faktor reduziert.

Der Sachverhalt der Interferenzunterdrückung findet auch für den Fall einer breitbandigen Interferenzstörung seine Anwendung. In diesem Zusammenhang kann angenommen werden, dass die entsprechende Störung durch eine zweite breitbandige Kommunikation verursacht werde, die anstelle von $c(t)$ den Code $c'(t)$ verwendet. Nach der Entspreizung bleibt genau wie im vorherigen Fall das Interferenzsignal breitbandig, da das Produkt beider Codes $c'(t)\ c(t)$ immer noch eine breitbandige Sequenz mit Bandbreite f_C darstellt. Durch entsprechende Tiefpassfilterung kann die Interferenz wieder zum größten Anteil eliminiert werden.

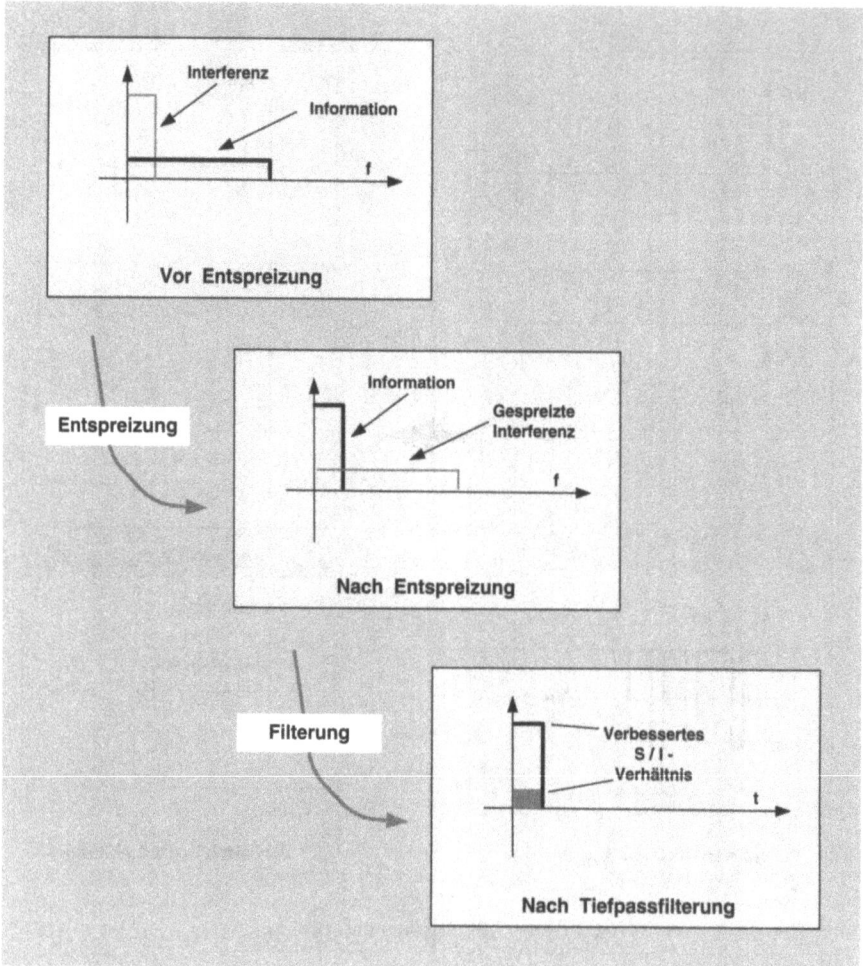

Abbildung 7.17: Interferenzunterdrückung bei CDMA

7.3.1.2 Verwürfelung

Die Trennung von (physikalischen) Kanälen derselben Trägerfrequenz erfolgt in CDMA mit Hilfe von Spreizcodes. Fest- beziehungsweise Mobilstationen werden voneinander durch Verwürfelung *(Scrambling)* der Chipfolge getrennt. Die Verwürfelung erfolgt nach der Spreizung. Durch die Verwürfelung wird die Chiprate nicht verändert. In Abbildung 7.18 wird dieser Sachverhalt illustriert.

Mit Hilfe der Verwürfelung können insbesondere die Signale unterschiedlicher Feststationen auseinander gehalten werden. In diesem Fall können sogar die verschiedenen Quellen, Feststation beziehungsweise Mobilstation, denselben Spreizcode verwenden, und doch voneinander separiert werden. Im Up- und Downlink werden verschiedene Verwürfelungscodes verwendet.

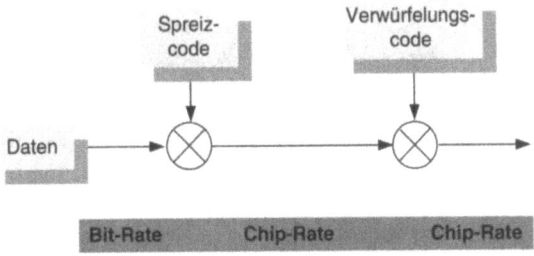

Abbildung 7.18: Spreizung und Verwürfelung

Im FDD-Modus werden Verwürfelungscodes mit langer oder kurzer Periode verwendet. Durch diese Verwürfelung wird die Orthogonalität der Codekanäle einer Station untereinander nicht beeinflusst. Die Chipfolgen der einzelnen Stationen untereinander sind nach dem Verwürfeln nur quasi-orthogonal. Es existieren unabhängig von ihrer Periode je 2^{24} komplexwertige kurze und lange Codes.

Im TDD-Modus existieren 128 verschiedene reellwertige Verwürfelungscodes der Länge 16.

7.3.1.3 Variable Spreizfaktoren

Kanäle eines Senders werden durch orthogonale Codes mit variablen Spreizfaktoren *(Orthogonal Variable Spreading Factor, OVSF)* unterschieden. OVSF-Codes verwenden unterschiedliche Übertragungsraten und Spreizfaktoren und verhalten sich auch bei verschiedenen Spreizfaktoren orthogonal zueinander.

OSVF-Codes sind Walsh-Sequenzen und werden aus dem einelementigen Einheitscode $C_1(1) = [1]$ erzeugt. Die Walsh-Sequenzen ergeben sich aus den Zeilen der Hadamard-Matrix und werden durch Rekursion gebildet, wobei $H_1 = 0$, $\bar{H}_N$ die Negation von H_N und N eine Potenz von zwei sein muss:

$$H_{2N} = \begin{pmatrix} H_N & H_N \\ H_N & \bar{H}_N \end{pmatrix}$$

Sämtliche Walsh-Sequenzen der gleichen Matrix sind untereinander orthogonal. Sie werden bei einem Wertevorrat von $\{0, 1\}$ Modulo-2 addiert oder bei bipolarer Betrachtungsweise multipliziert. Im Folgenden wird zur Erzeugung der beiden Matrizen H_2 und H_4 die Vorschrift aus Gleichung 7.2 verwendet:

$$H_2 = \begin{pmatrix} 0 & 0 \\ 0 & 1 \end{pmatrix} \quad und \quad H_4 = \begin{pmatrix} 0 & 0 & 0 & 0 \\ 0 & 1 & 0 & 1 \\ 0 & 0 & 1 & 1 \\ 0 & 1 & 1 & 0 \end{pmatrix}$$

C_N kennzeichnet den Satz von N Spreizcodes mit einer Länge von N Chips, welcher rekursiv mit Hilfe der Walsh-Sequenzen erzeugt wird. Daher wird jeder Code mit einem Spreizfaktor N aus einem Code mit dem Spreizfaktor $N/2$ erzeugt. Die Menge der so

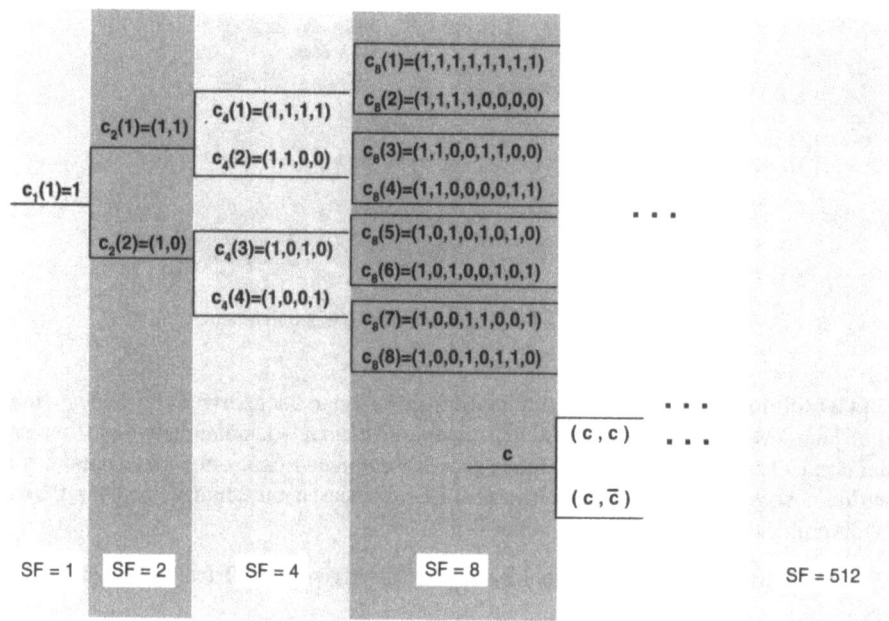

Abbildung 7.19: OVSF-Codes

erzeugten Codes lässt sich am besten in einer Baumstruktur zeigen, siehe dazu Abbildung 7.19.

Im FDD-Modus existieren OVSF-Codes bis zu einer Länge von $N = 512 = 2^9$ Chips. In jeder k-ten Ebene steht eine Menge von 2^k Spreizcodes mit einer Länge von 2^k Chips zur Verfügung, wobei k die Werte 0 bis 9 annehmen kann. Ein Bit eines Kanals mit kleinster Bitrate R_{min} wird mit einem Spreizcode maximaler Länge $N = 2^n$ gespreizt.

Codes verschiedener Ebenen sind nur dann orthogonal zueinander, wenn sich der kürzere Code nicht im längeren wiederfindet. Dies ergibt sich aus der Konstruktion, ein Code im Codebaum wird durch Vervielfältigung eines Codes der niedrigeren Ebene erzeugt. Daher verhalten sich zwei Codes verschiedener Ebenen im Codebaum nur dann orthogonal zueinander, wenn keiner der beiden Codes einen Erzeugercode des anderen darstellt. Aufgrund dieser Beschränkung ist die Anzahl der möglichen Codes abhängig von der Bitrate und dem Spreizfaktor eines physikalischen Kanals. Falls in Abbildung 7.19 die Zuweisung des orthogonalen variablen Spreizcodes $C_8(5)$ erfolgt, haben alle (abgehenden) Codes der unteren Ebenen diesen Code als Erzeugercode. Daher dürfen die Codes $C_{16}(9)$ und $C_{16}(10)$ beziehungsweise $C_{32}(21)$ bis $C_{32}(24)$ nicht an Teilnehmer vergeben werden, die eine niedrigere Bitrate benötigen. Umgekehrt können die Codes $C_4(3)$ und $C_2(2)$ nicht an Teilnehmer mit einer höheren Bitrate vergeben werden.

Verwendet ein Teilnehmer den Spreizfaktor 1, so existiert kein weiterer Code, der diesen Code nicht als Erzeugercode hat, der Teilnehmer verwendet dann den Kanal exklusiv. Verwendet ein Teilnehmer aber beispielsweise den Spreizfaktor 2, so kann ein weiterer Teilnehmer den Spreizfaktor 2 oder zwei weitere Teilnehmer den Spreizfaktor 4 verwenden.

Im TDD-Modus sind die OVSF-Codes komplexwertig und werden durch Zusammenfassung zweier aufeinanderfolgender Chips zu einem komplexen Symbol erzeugt.

7.3.1.4 FDD- und TDD-Modus

Der Vielfachzugriff erfolgt im FDD-Modus durch eine Kombination aus CDMA und FDMA. Der entsprechende Sachverhalt wird in Abbildung 7.20 illustriert. Die Signa-

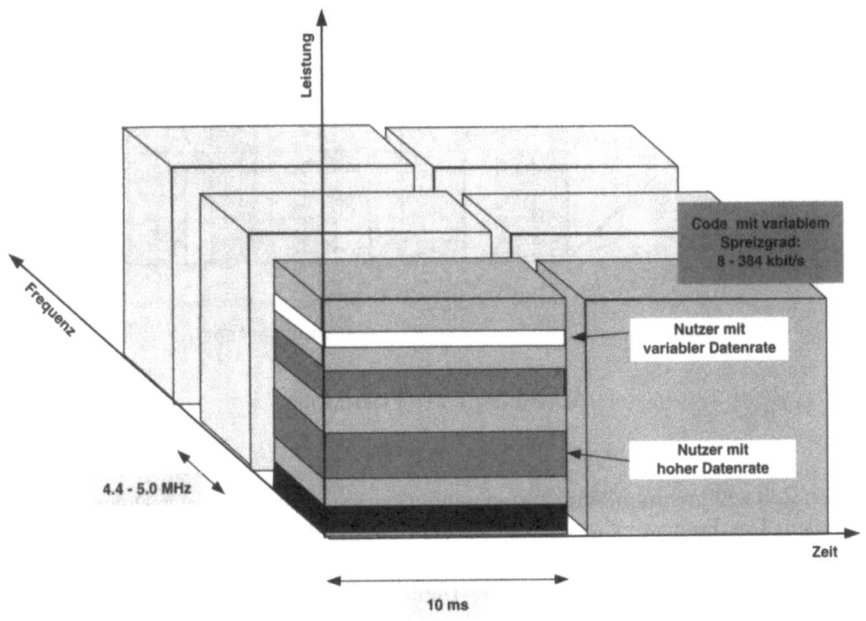

Abbildung 7.20: FDD-Modus

le der einzelnen Teilnehmer werden durch unterschiedliche Spreizcodes beziehungsweise verschiedene Übertragungsfrequenzen voneinander getrennt. Der Abstand zweier benachbarter FDMA-Kanäle beträgt jeweils 5 MHz, dieser Abstand kann in 200 kHz-Schritten auf bis zu 4,4 kHz verringert werden, um einen größeren Frequenzabstand zu den benachbarten Frequenzbändern zu erreichen. Ein typischer FDMA-Kanal ist zeitlich in Rahmen der Länge 10 ms unterteilt, wobei jeder Rahmen aus 15 Zeitschlitzen besteht. Die zeitliche Trennung wird zur Realisierung von periodischen Funktionen realisiert und nicht, wie bei TDMA-Systemen üblich, zur Trennung von Teilnehmersignalen. Diese Funktionen betreffen Leistungssteuerung, Handover aber auch die Anpassung der Übertragungsrate. Die flexible Anpassung der Übertragungsrate wird durch die Änderung des Spreizcodes realisiert, kann aber auch durch Multicode-Verfahren erreicht werden.

Im TDD-Modus erfolgt der Vielfachzugriff durch eine Kombination aus CDMA und TDMA. Genau wie im FDD-Modus ist ein TDMA-Rahmen in 15 Zeitschlitze unterteilt, die insgesamt eine Dauer von 10 ms ergeben. Wie in Abbildung 7.21 erkennbar, können in jedem der 15 Zeitschlitze bis zu 16 CDMA-Kanäle realisiert werden. Um eine optimale Zuordnung der Funkkanäle bei stark unsymmetrischem Verkehr zu erreichen, können die

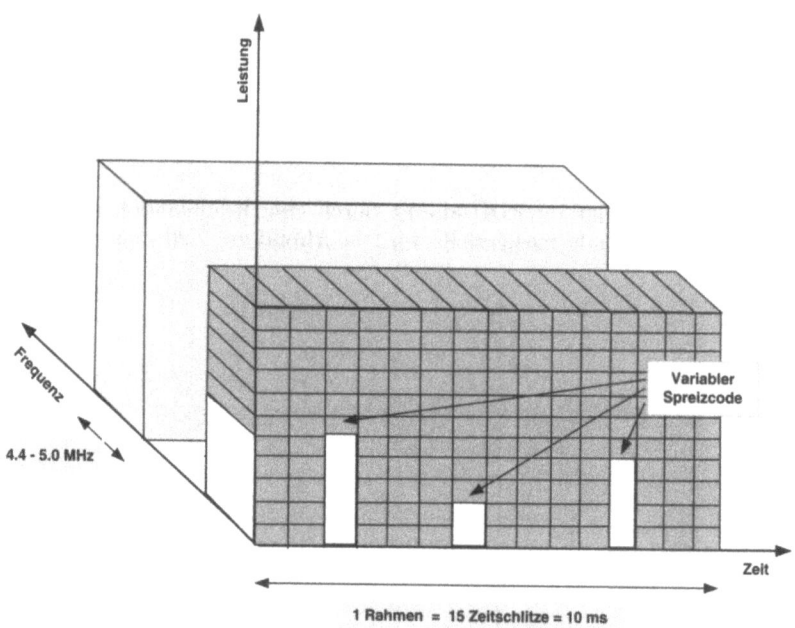

Abbildung 7.21: TDD-Modus

einzelnen Zeitschlitze unabhängig voneinander entweder im Up-, oder Downlink verwendet werden. Der Frequenzabstand zweier FDMA-Kanäle liegt wieder zwischen 4,4 MHz und 5,0 MHz. Durch Verwendung von Multislot- beziehungsweise Multicode-Verfahren kann im TDD-Modus eine variable Übertragungsrate erreicht werden.

7.3.2 Kapazität von CDMA-Systemen

Aufgrund der in CDMA-Systemen verwendeten orthogonalen Spreizcodes können in der Theorie Störungen durch Interferenzen ausgeschlossen werden. In der praktischen Anwendung können aufgrund der nicht immer vorhersagbaren Ausbreitungsbedingungen die Eigenschaften orthogonaler Codes nicht vollständig garantiert und damit Interferenzen nicht immer vermieden werden.

Im Gegensatz zu reinen TDMA- und FDMA-Verfahren beziehungsweise der Kombination von beiden gibt es in CDMA grundsätzlich keine Beschränkung in den Funkressourcen. Jedesmal wenn ein neues Gespräch im System hinzugenommen wird, ergibt sich eine geringe Verschlechterung der Qualität der bereits etablierten Verbindungen. Einem Gesprächswunsch sollte daher nur dann entsprochen werden, wenn der gesamte Interferenzpegel eine bestimmte Schwelle nicht überschreitet. In Abhängigkeit der aktuellen Funkbedingungen kann auch bei Überschreiten dieser Schwelle eine ausreichende Qualität für alle Verbindungen kurzfristig sichergestellt sein. CDMA-Systeme besitzen daher die Qualitätseigenschaft der *Soft Degradation*.

7.3 Funknetz

In CDMA fällt der Leistungssteuerung *(Power Control)* eine besondere Bedeutung zu. Eine Mobilstation, die von der entsprechenden Feststation nicht hinreichend gut gehört wird, kann die Qualität der Verbindung durch eine Erhöhung der gesendeten Leistung verbessern. Dieses Verhalten würde allerdings eine Verschlechterung der Qualität der restlichen Verbindungen bedeuten. Im optimalen Fall werden im Uplink alle Mobilstationen mit derselben Leistung von der Feststation empfangen. Aus der Sicht der Mobilstation steht die bei der Feststation empfangene Leistung im umgekehrten Verhältnis zur aktuellen Entfernung. Zur Lösung dieses Problems *(Near-Far Effect)* wird in CDMA eine komplexe Leistungssteuerung im Uplink angewendet mit dem Ziel, dass alle im Uplink empfangenen Signale ungefähr dieselbe Leistung besitzen.

Obwohl die Leistungssteuerung sowohl für Up- als auch Downlink gleichermaßen relevant ist, erscheint die Steuerung im Uplink ungleich kritischer. Im Uplink empfängt zu einem Zeitpunkt eine einzelne Feststation Signale von vielen Mobilstationen. Für die Feststation ergibt sich daher die Schwierigkeit, möglichst alle Signale hinreichend gut detektieren zu können. Im Downlink empfängt jede Mobilstation Signale von nur einigen wenigen Feststationen.

Aufgrund dieser Ausführungen wird deutlich, dass zur Ermittlung der Systemkapazität von CDMA eine genaue Schätzung der Systeminterferenz vorliegen muss. In diesem Zusammenhang ist das Signalstörverhältnis *(Carrier-to-Interference Ratio)* C/I des Dienstes, dessen Kapazität ermittelt werden soll, von zentraler Bedeutung.

7.3.2.1 Kapazität im Uplink

Zur Vereinfachung wird zunächst der Fall einer isolierten Funkzelle beziehungsweise Feststation mit idealer Leistungssteuerung angenommen, bei der alle Signale mit derselben Leistung empfangen werden. Des Weiteren wird ein einzelner Dienst betrachtet, der von N Teilnehmern gleichzeitig genutzt wird. Jeder Teilnehmer sendet dabei mit einer Leistung C, die restlichen $N-1$ Teilnehmer tragen insgesamt mit dem Interferenzwert $C \cdot (N-1)$ zum Signal bei. Damit ergibt sich das folgende Signalstörverhältnis C/I:

$$\frac{C}{I} = \frac{C}{C \cdot (N-1)} = \frac{1}{N-1} \qquad (7.2)$$

Zur Garantie der gewünschten Dienstqualität muss ein vorgegebenes Signalstörverhältnis $\frac{P_S}{I_0}$ (mindestens) eingehalten werden. P_S beschreibt dabei die Leistung, die vom Sender zur Übertragung eines Bits aufgewendet wird. Die spektrale Interferenz wird mit I_0 bezeichnet. Zusammen mit Gleichung 7.2 ergibt sich insgesamt der folgende Sachverhalt:

$$\frac{P_S}{I_0} = \frac{C/R}{I/W} = \frac{W}{R} \cdot \frac{C}{I} = \frac{W}{R} \cdot \frac{1}{N-1} \qquad (7.3)$$

W entspricht dabei der Chiprate und R der Bitrate der Informationsquelle. Das Verhältnis W/R bezeichnet den Spreizfaktor beziehungsweise den Spreizgewinn. Zur Bestimmung der Anzahl der Teilnehmer, die gleichzeitig in einer Funkzelle bedient werden können, kann Gleichung 7.3 wie folgt umgeformt werden:

$$N \approx \frac{W}{R} \cdot \frac{1}{\frac{P_S}{I_0}} \qquad (7.4)$$

Mit Gleichung 7.4 folgt, dass die Anzahl der Teilnehmer, die ein CDMA-System gerade noch bedienen kann, sowohl durch Erhöhung des Spreizfaktors als auch durch Verkleinerung des minimalen Signalstörverhältnisses verbessert werden kann.

Bei der Ermittlung der Kapazität muss allerdings auch der Nutzungsgrad des jeweiligen Dienstes berücksichtigt werden. Da CDMA die zu übertragende Information über das gesamte Frequenzspektrum verteilt, hat jede Dienstpause einer anderen Verbindung eine Reduktion der Interferenz zur Folge. Falls mit G der mittlere Nutzungsgrad bezeichnet wird, ergibt sich auf diese Weise eine Verbesserung der Kapazität um den Faktor $\frac{1}{G}$. Bei der Sprachübertragung zum Beispiel beträgt dieser Wert typischerweise nicht mehr als 0.5. Durch Verwendung von Gruppenantennen mit entsprechender Richtcharakteristik kann die Interferenz ebenfalls reduziert werden. Die Kapazität eines Sektors (Teilzelle) erhöht sich dabei um einen Faktor g_S, welcher der Anzahl der Sektoren in einer Funkzelle entspricht. Für einen Sektor ergibt sich auf diese Weise insgesamt die folgende Kapazität:

$$N \approx \frac{W}{R} \cdot \frac{1}{\frac{P_S}{I_0}} \cdot \frac{1}{G} \cdot g_S \qquad (7.5)$$

Bisher wurde nur der Fall einer einzelnen Funkzelle betrachtet. Die Kapazität wurde in Abhängigkeit der Anzahl der Teilnehmer innerhalb der Zelle ermittelt. Zur Berücksichtigung der Interferenz zwischen Zellen wird im einfachsten Fall ein Faktor f berücksichtigt. Dieser Faktor bezeichnet das Verhältnis der Interzellen- zur Intrazellen-Interferenz, also dem Verhältnis der Interferenz, die von Außen erfahren wird, zur Interferenz, die innerhalb der Zelle produziert wird. Für das Makrozellenszenario liegen typische Werte von f im Bereich um den Wert 0.5. Dieser Wert hängt sehr stark von der entsprechenden Einsatzumgebung ab, die geeignete Schätzung von f ist nicht trivial.

Bei der Planung von realen Netzen muss also die Kapazität zusätzlich um den Faktor $(1+f)$ reduziert werden. Insgesamt ergibt sich für den Fall eines einzelnen Dienstes die folgende Kapazität, wobei der Faktor $(1+f)$ auch als Frequenzwiederholungsfaktor interpretiert werden kann:

$$N \approx \frac{W}{R} \cdot \frac{1}{\frac{P_S}{I_0}} \cdot \frac{1}{G} \cdot g_S \cdot \frac{1}{1+f} \qquad (7.6)$$

7.3.2.2 Kapazität im Downlink

Die Schätzung der Kapazität im Downlink erfolgt in einer nachgelagerten Planungsphase. Dazu muss ebenfalls das C/I-Verhältnis betrachtet werden. Die Kapazität wird allerdings nicht anhand konkreter Formeln ermittelt. Stattdessen wird für einen generischen Teilnehmer das notwendige Signalstörverhältnis ermittelt und anschließend überprüft, ob die zugehörige Feststation genügend Leistung besitzt, um die benötigte Qualität zu erbringen.

Im Gegensatz zur Situation im Uplink gibt es nun wenige Störer (Feststationen), die üblicherweise mit einer höheren Leistung senden als Mobilstationen. Die Störer (Feststationen) sind im Gegensatz zum Uplink nicht über das gesamte Zellgebiet verteilt, sondern natürlicherweise auf wenige feste Orte beschränkt. Daher können Interferenzen aufgrund der Orthogonalität nahezu ausgeschlossen beziehungsweise stark reduziert angenommen werden.

7.3.3 Funkschnittstelle

In Tabelle 7.2 sind die wichtigen Charakteristika der Funkschnittstelle zusammengefasst, die in den folgenden Abschnitten näher erläutert werden.

Tabelle 7.2: Charakteristische Funkparameter in UMTS

Zugriffsverfahren	FDD	TDD
Chiprate	3.84 Mchip/s	3.84 Mchip/s
3 Kanalabstand	4.4 - 5.0 MHz	4.4 - 5.0 MHz
Rahmendauer	10 ms	10 ms
Anzahl der Zeitschlitze pro Rahmen	15	1 - 14
Modulation	QPSK	QPSK
Spreizfaktoren Uplink	4 - 256	1 - 16
Spreizfaktoren Downlink	4 - 512	1 oder 16

Innerhalb der Funkschnittstelle bietet die Bitübertragungsschicht der darüberliegenden MAC-Schicht über ihre Dienstzugangspunkte Transportdienste an. Die Performance-Aspekte der Funkschnittstelle sind in der 25.1-Serie des 3GPP spezifiziert, in der entsprechenden 25.2-Serie wird die Bitübertragungsschicht beschrieben. Die von der Bitübertragungsschicht angebotenen Transportkanäle unterscheiden sich unter anderem in der Art und Weise der Datenübertragung beziehungsweise in der zur Verfügung gestellten Dienstgüte.

Innerhalb der Bitübertragungsschicht werden die Transportkanäle auf physikalische Kanäle abgebildet. Jedem Transportkanal wird ein Transportformat zugeordnet, mit dessen Hilfe die Abbildung auf die physikalischen Kanäle beschrieben wird. Unter anderem wird durch ein Transportformat die Kanalcodierung, die Verschachtelung und die Bitrate festgelegt.

Zur Erleichterung der Entwicklung von Dualmode FDD/TDD Endgeräten wurde bei der Spezifikation der Luftschnittstelle eine größtmögliche Harmonisierung der beiden Komponenten angestrebt. Aus Tabelle 7.2 wird deutlich, dass die Spezifikation in beiden Fällen nahezu identisch ist. Im Folgenden werden die charakteristischen Merkmale der FDD-Komponente ausführlich erläutert, und die Unterschiede bezüglich TDD angezeigt.

7.3.3.1 Transportkanäle

In UTRAN erfolgt die Datenübertragung an der Luftschnittstelle über sogenannte Transportkanäle. Mit Hilfe der Transportkanäle werden periodisch ein oder mehrere Transportblöcke gleichzeitig übertragen, die Menge dieser Blöcke wird *Transport Block Set (TBS)* genannt. Jedes TBS wird durch ein sogenanntes *Transport Format (TF)* beschrieben, welches über einen Index, den sogenannten *Transport Format Indicator (TFI)* referenziert wird. Die Transportblöcke innerhalb eines TBS sind gleich groß, zur Übertragung wird derselbe Fehlercode verwendet. Im *Transport Format Combination Indicator (TFCI)* ist die TFI Information der in der physikalischen Schicht verwendeten Kanäle zusammen-

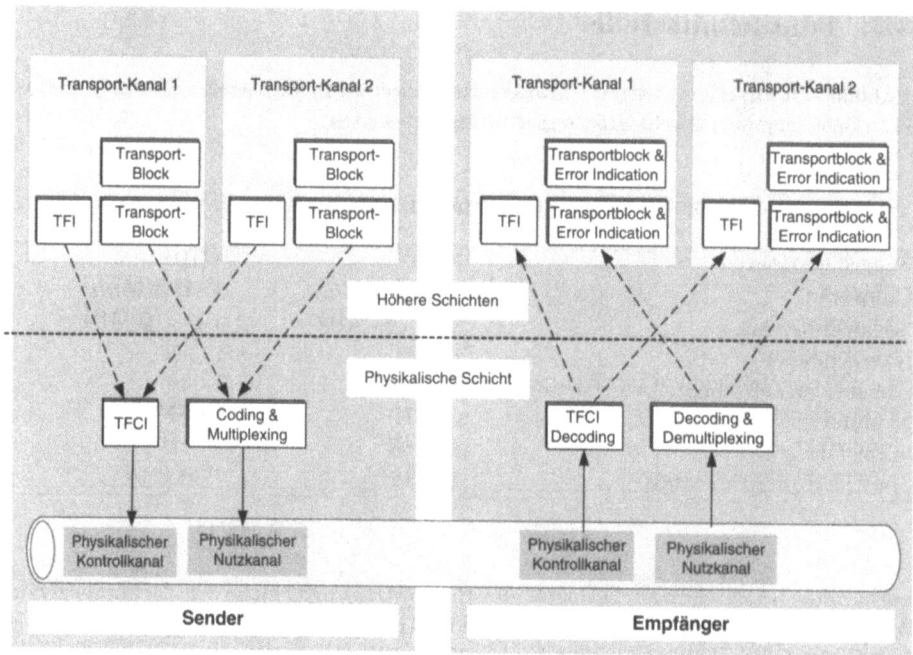

Abbildung 7.22: Transportkanäle

gefasst. Der TFCI wird dem Empfänger in der physikalischen Schicht signalisiert. In Abbildung 7.22 werden beispielhaft zwei Transportkanäle auf einen physikalischen Kanal abgebildet, wobei für jeden Transportblock eine Fehlerbehandlung aktiviert wird. Die Anzahl der Transportblöcke kann in beiden Transportkanälen grundsätzlich unterschiedlich sein. Zu einem Zeitpunkt müssen nicht alle Transportkanäle aktiv sein.

Ein *Coded Composite Transport Channel (CCTrCh)* wird üblicherweise gebildet aus einem Signalisierungskanal und einem oder mehreren Nutzkanälen. Für eine laufende Verbindung existieren in der Regel mehrere solcher CCTrCh, wobei allerdings nur ein einzelner Signalisierungskanal in der physikalischen Schicht angeboten wird.

Die Transportkanäle werden in dedizierte und gemeinsame Transportkanäle eingeteilt. Die dedizierten Transportkanäle werden üblicherweise über einen physikalischen Kanal eindeutig einem Teilnehmer zugewiesen. In diesem Fall wird durch den Code, die Frequenz und im TDD-Modus zusätzlich durch den Zeitschlitz der jeweilige Transportkanal eindeutig identifiziert. Gemeinsame Transportkanäle erfordern im Gegensatz dazu eine eindeutige Identifizierung der einzelnen Teilnehmer, um sie auf diese Weise voneinander unterscheiden zu können.

7.3.3.2 Dedizierte Transportkanäle

Sowohl im Uplink als auch im Downlink wird im Wesentlichen ein einzelner dedizierter Kanaltyp verwendet. Der *Dedicated Channel (DCH)* ist ein bidirektionaler Transportkanal, der einem Teilnehmer beziehungsweise einer Teilnehmerendeinrichtung *(User Equip-*

ment, UE) exklusiv zur Verfügung steht. Über einen DCH können sowohl (Nutz-) Daten als auch Signalisierungsinformationen übertragen werden.

Im Gegensatz zu GSM, bei dem es zu jedem dedizierten Verkehrskanal (TCH) einen assoziierten Kontrollkanal gibt, werden in UTRAN über den DCH sowohl Nutz- (Sprachrahmen) als auch Signalisierungsinformationen (Befehle zur Leistungssteuerung beziehungsweise Handover) übertragen. In UTRAN ist ein separater Transportkanal nicht nötig, da mit Hilfe von CDMA variable Bitraten und Dienstmultiplexing möglich ist.

Im FDD-Modus teilt im Uplink ein Teilnehmer mit Hilfe des *Fast Uplink Signaling Channels (FAUSCH)* dem Zugangsnetz UTRAN mit, dass ein neuer DCH benötigt wird. Der Teilnehmer wird innerhalb des dedizierten Kanals durch den verwendeten Spreizcode und den Zugriffszeitpunkt identifiziert. Als Anforderung genügt daher die Übertragung einer Ein-Bit-Nachricht.

Im TDD-Modus kann ein Teilnehmer zusätzlich als Zwischenstation (Relay) verwendet werden. In diesem Modus *(Opportunity Driven Multiple Access, ODMA)* wird der *ODMA Dedicated Channel (ODCH)* zum Transport der entsprechenden Daten verwendet. Der ODCH ist genau wie der DCH ein bidirektionaler Transportkanal.

Bei DCH und ODCH kann die Übertragungsrate alle 10 ms verändert werden. Beide Transportkanäle können in der gesamten Zelle oder auch nur in Teilen einer Zelle bei Verwendung von gerichteten Antennen verwendet werden.

7.3.3.3 Gemeinsame Transportkanäle

Der *Broadcast Channel (BCH)* wird im Downlink zur Rundsendung von Systeminformationen in einer Funkzelle verwendet.

Ebenfalls im Downlink wird der *Forward Access Channel (FACH)* zur Übertragung von Signalisierungsinformationen verwendet, und zwar in solchen Situationen, in denen dem System der Aufenthaltsort (Zelle) des mobilen Teilnehmers bekannt ist. Genau wie in GSM kann der FACH zur Übertragung kleiner Datenmengen verwendet werden (Short Message Service).

Der *Paging Channel (PCH)* wird im Downlink zur Rundsendung von Signalisierungsinformationen verwendet. In diesem Fall ist dem System der Aufenthaltsort (Zelle) des mobilen Teilnehmers nicht bekannt. Über den PCH wird beispielsweise der Funkruf realisiert beziehungsweise Benachrichtigungsinformationen übermittelt. Mit Hilfe des PCH können ebenfalls kleine Datenmengen übertragen werden.

Über den *Synchronisation Channel (SCH)* werden im Downlink Informationen zur Synchronisation zwischen mobilem Teilnehmer und Feststation übermittelt. Der SCH wird nur im TDD-Modus angeboten, im FDD-Modus wird jeder einzelne physikalische Kanal zur eigenen Synchronisation herangezogen.

Im Uplink wird vornehmlich für den Zufallszugriff eines mobilen Teilnehmers der *Random Access Channel (RACH)* verwendet. Da alle mobilen Teilnehmer um diesen Kanal konkurrieren, können in der Regel Kollisionen auf diesem Transportkanal auftreten. Der RACH wird auch zur Übertragung kleiner, nicht-zeitkritischer Signalisierungs- oder Nutzdaten verwendet.

Der *ODMA Random Access Channel (ORACH)* wird nur im TDD-Modus für den Zufallszugriff im Uplink im Relay-Betrieb verwendet. Genau wie der RACH ist der ORACH kollisionsbehaftet.

Im Uplink wird im FDD-Modus zur Übertragung von Datenpaketen der *Common Packet Channel (CPCH)* verwendet. Mehrere mobile Teilnehmer einer Zelle konkurrieren um die Übertragungskapazität des CPCH. Der CPCH ist daher ähnlich wie RACH und ORACH kollisionsbehaftet. Innerhalb einer Verbindung ist dem CPCH immer ein dedizierter Kanal im Uplink zugeordnet, um die entsprechende notwendige Signalisierungsinformation (Leistungssteuerung) zu übertragen.

Im TDD-Modus entspricht der *Uplink Shared Channel (USCH)* dem CPCH. Der USCH wird im Uplink zur Übertragung von Datenpaketen verwendet.

Im Downlink wird der *Downlink Shared Channel (DSCH)* zur Übertragung von Datenpaketen verwendet. Die Übertragungskapazität des DSCH wird von mehreren Teilnehmern gleichzeitig verwendet und von der Feststation reguliert.

Der BCH wird wie SCH und PCH in der gesamten Zelle übertragen. Der FACH kann in der gesamten Zelle oder auch nur in Teilen einer Zelle bei Verwendung von gerichteten Antennen verwendet werden. Der RACH muss immer in der gesamten Zelle verfügbar sein. Der CPCH erlaubt wie der FACH den Einsatz gerichteter Antennen. Genau wie der SCH besitzt der BCH eine (geringe) feste Übertragungsrate. Die Übertragungsrate des FACH kann in Intervallen von 10 ms geändert werden.

7.3.3.4 Abbildung auf physikalische Kanäle

Die Abbildung der Transportkanäle auf die physikalischen Kanäle wird in Tabelle 7.3 gezeigt. Wie aus der Tabelle ersichtlich, gibt es keine eindeutigen Zuordnungen. Vielmehr sind eine Reihe von physikalischen Kanälen definiert, die nicht einem einzelnen Transportkanal zugewiesen sind.

Ein Teil der physikalischen Kanäle wird nur zur Kommunikation innerhalb der physikalischen Schicht benötigt. Zu diesen Kanälen gehören unter anderem der *Common Pilot Channel (CPICH)*, der *Dedicated Physical Control Channel (DPCCH)*, der *Acquisition Indication Channel (AICH)* und der *Paging Indication Channel (PICH)*.

Der *Common Pilot Channel (CPICH)* überträgt im Downlink in verschiedenen Zellen die gleiche vordefinierte Codesequenz. Mit Hilfe des CPICH wird die Makrodiversität im Downlink realisiert. Dazu wird die gleiche vordefinierte Codesequenz übertragen.

Der *Dedicated Physical Control Channel (DPCCH)* wird zur Signalisierung zwischen Partnerinstanzen der Bitübertragungsschicht im Uplink verwendet. Über ihn werden nur Informationen der Bitübertragungsschicht übertragen, für jede Verbindung in der Schicht 1 gibt es genau einen DPCCH.

Der *Acquisition Indication Channel (AICH)* wird im Downlink verwendet, um den Erfolg eines Zufallszugriffs auf dem PRACH oder PCPCH zu signalisieren.

Tabelle 7.3: Zuordnung von Transport- und physikalischen Kanälen

Transportkanal	Zugehöriger physikalischer Kanal	Modus
BCH	Primary Common Control Physical Channel (P-CCPCH)	Beliebig
	Common Pilot Channel (CPICH)	FDD-Modus
SCH	Physical Synchronisation Channel (PSCH)	Beliebig
FACH	Secondary Common Control Physical Channel (S-CCPCH)	Beliebig
PCH	S-CCPCH	Beliebig
RACH	Physical Random Access Channel (PRACH)	Beliebig
ORACH	PRACH	FDD-Modus
CPCH	Physical Common Packet Channel (PCPCH)	FDD-Modus
USCH	Physical Uplink Shared Channel (PUSCH)	TDD-Modus
DSCH	Physical Downlink Shared Channel (PDSCH)	Beliebig
DCH	Dedicated Physical Data Channel (DPDCH)	Beliebig
ODCH	ODMA - Dedicated Transport Channel (DPDCH)	TDD-Modus
	Dedicated Physical Control Channel (DPCCH)	FDD-Modus
	Acquisition Indication Channel (AICH)	FDD-Modus
	Paging Indication Channel (PICH)	Beliebig

Der *Paging Indication Channel (PICH)* wird zur Realisierung des Funkrufes ebenfalls im Downlink verwendet. Ein PICH ist immer einem S-CCPCH zugewiesen, über den der PCH übertragen wird.

Die physikalischen Kanäle basieren auf einer Rahmenstruktur *(Frame)*, welche aus 15 Zeitschlitzen besteht und insgesamt eine Länge von 10 ms aufweist. Jeder Zeitschlitz besitzt also eine Länge von 10/15 ms und trägt eine bestimmte Anzahl von Symbolen, die in Abhängigkeit der dem Dienst zugewiesenen Bitrate schwanken kann. Jedes Symbol wird mit einer Anzahl von Chips multipliziert, so dass insgesamt eine konstante Chiprate von 2560 Chips pro Zeitschlitz erzielt wird. Die Anzahl der Chips wird durch den dem Dienst zugewiesenen Spreizfaktor bestimmt. Insgesamt 72 Rahmen werden zu einem Superrahmen *(Superframe)* von einer Länge von 720 ms zusammengefasst.

Im Vergleich zu GSM haben im TDD-Modus die Aspekte Funkressource und Zeitschlitz eine ähnliche Bedeutung. Im FDD-Modus trifft diese Interpretation nicht mehr zu. In diesem Fall werden die verschiedenen physikalischen Kanäle entsprechend der CDMA-Technologie gleichzeitig in allen Zeitschlitzen übertragen. Ein Zeitschlitz besitzt daher die Bedeutung eines atomaren Zeitraums, über den die Leistung konstant gehalten werden muss. Dieser Sachverhalt wird in Abbildung 7.23 erläutert. Ein Rahmen stellt die kleinste Einheit dar, bei dem die verwendete Bitrate unverändert bleibt. Die Bitrate kann nur zwischen zwei aufeinanderfolgenden Rahmen verändert werden. Dieser Sachverhalt wird in Abbildung 7.24 dargestellt.

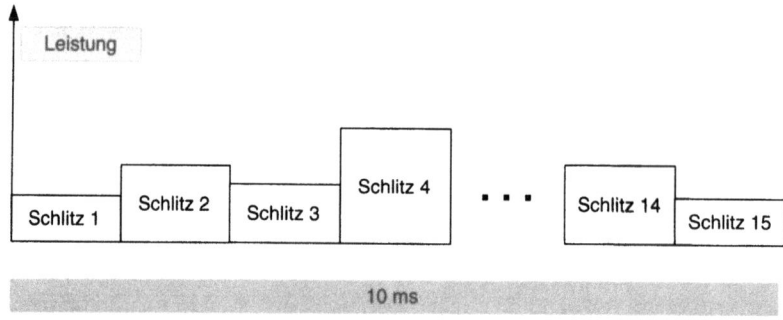

Abbildung 7.23: Leistungssteuerung auf der Basis der Zeitschlitze

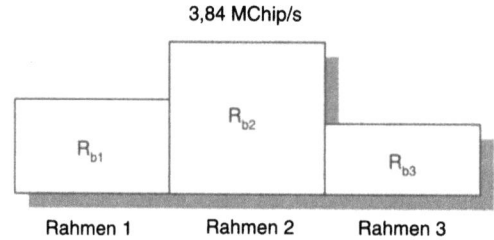

Abbildung 7.24: Bitraten-Anpassung auf der Basis der Rahmen

In UTRAN wird mit einer konstanten Chiprate von 3.84 MChip/s übertragen, siehe auch Tabelle 7.2. Zur Übertragung von Diensten mit variabler Bitrate muss ein geeigneter Spreizfaktor verwendet werden. Je größer der gewählte Spreizfaktor, desto geringer fällt die zugewiesene Bitrate aus, siehe auch Abschnitt 7.3.1.3. Im FDD-Modus kann ein Spreizfaktor von mindestens 4 und höchstens 512 eingestellt werden. Im TDD-Modus sind Werte zwischen 1 und 16 möglich. Dabei ist zu beachten, dass aufgrund des verwendeten Codebaums nur Spreizfaktoren möglich sind, die sich als Potenz von zwei darstellen lassen.

Im FDD-Modus wird die physikalische Signalisierungsinformation, die mit jedem dedizierten Kanal DPDCH assoziiert ist, im DPCCH Kanal übertragen, und zwar in jedem Zeitschlitz. In den Abbildungen 7.25 und 7.26 wird der entsprechende Sachverhalt im Uplink beziehungsweise im Downlink gezeigt.

Zur Synchronisation werden dedizierte Pilotsymbole verwendet. Diese Symbole werden auch zur Schätzung der aktuellen Interferenz verwendet beziehungsweise zur Bestimmung der notwendigen Befehle zur Leistungssteuerung. In Abschnitt 7.3.3.1 wurde bereits der *Transport Format Combination Indicator (TFCI)* eingeführt. Dieses Feld wurde eigens zur Berücksichtigung von multimedialen Diensten eingeführt. Mit Hilfe des TFCI kann dem Empfänger in der physikalischen Schicht der verwendete Diensttyp zusammen mit den Codierdaten signalisiert werden.

Die Befehle zur Leistungssteuerung können zwischen den Beteiligten mit Hilfe des *Transmit Power Control (TPC)* ausgetauscht werden. Dabei wird von der A-Seite die Qualität

7.3 Funknetz

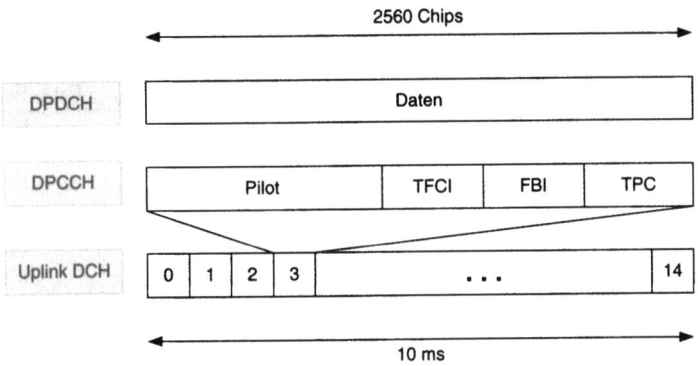

Abbildung 7.25: Struktur dedizierter Kanal im Uplink

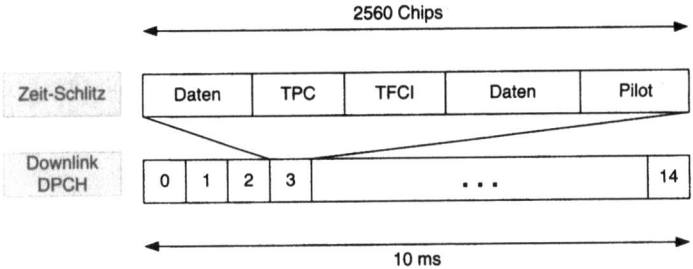

Abbildung 7.26: Struktur dedizierter Kanal im Downlink

des von der B-Seite empfangenen Signals ermittelt. Im Anschluss daran kann die A-Seite der B-Seite Informationen zur Anpassung der Leistung senden, damit die gewünschte Qualität bei A erreicht wird. Die *Feedback Information (FBI)* hat eine ähnliche Bedeutung wie der TPC.

Zum korrekten Empfang der gemeinsamen physikalischen Kanäle werden entsprechende Signalisierungsinformationen auf dem PICH, AICH und dem *Common Pilot Channel* übertragen.

Wie in Abbildung 7.25 beziehungsweise Abbildung 7.26 erkennbar, gehört im Uplink zu jeder Schicht-1-Verbindung genau ein DPCCH und eine Anzahl von DPDCH. Im Downlink existiert allerdings nur ein dedizierter DPCH. Im Uplink (DPDCH) kann der Spreizfaktor über den Parameter k mit Hilfe des Terms $256/2^k$ berechnet werden, im Downlink (DPCH) wird der Spreizfaktor über $512/2^k$ ermittelt.

Tabelle 7.4 gibt eine Übersicht über die gültigen Spreizfaktoren und die daraus resultierenden Übertragungsraten für den DPDCH im Uplink im FDD-Modus. Wie in der Tabelle ersichtlich, trägt ein DPDCH Burst zwischen 10 und 640 Bit pro Zeitschlitz. Bei 15 Zeitschlitzen pro Rahmen und einer Rahmendauer von 10 ms ergibt dies bei einem maximalen Spreizfaktor von 256 eine minimale Übertragungsrate von 15 kbit/s. Die maximale Übertragungsrate eines DPDCH beträgt 960 kbit/s, der standardgemäße

Tabelle 7.4: FDD-Uplink: Mögliche Konfigurationen von DPDCH

Format [k]	Bitrate [kbps]	Spreizfaktor	Bits/Rahmen	Bits/Schlitz
0	15	256	150	10
1	30	128	300	20
2	60	64	600	40
3	120	32	1200	80
4	240	16	2400	160
5	480	8	4800	320
6	960	4	9600	640

Referenzkanal zur Sprachübertragung mit 12.2 kbit/s netto hat den Spreizfaktor 64 und eine Bruttobitrate von 60 kbit/s.

Der DPCCH, welcher ausschließlich zur Signalisierung zwischen den physikalischen Schichten notwendig ist, benötigt eine Übertragungskapazität von 15 kbit/s. Daher wird für den DPCCH der Spreizfaktor 256 verwendet. Datenraten von mehr als 960 kbit/s sind nur durch die gleichzeitige Verwendung mehrerer DPDCHs möglich. Sowohl im Inphasezweig als auch im Quadraturzweig der Modulation steht die Menge der OVSF-Codes je einmal zur Verfügung, da die DPDCHs nicht nur durch Code und Frequenz, sondern auch durch die Phasenlage der Trägerschwingung bestimmt sind. Durch Parallelisierung von maximal sechs DPDCHs kann theoretisch eine maximale Übertragungsrate von 5740 kbit/s brutto realisiert werden. Im Standard sind allerdings nur mobile Endgeräte beschrieben, die eine maximale Bruttoübertragungsrate von 1920 kbit/s erreichen können.

Im Downlink führt der Spreizfaktor 4 zu einer (Brutto-) Übertragungsrate des DPCH von 1920 kbit/s, die minimale Übertragungsrate von 15 kbit/s ist mit dem Spreizfaktor 512 erzielbar. Die maximal erzielbare Übertragungsrate für eine Verbindung hängt unter anderem von der Fähigkeit der Mobilstation ab, mehrere DPCHs gleichzeitig dekodieren zu können. Da einige Spreizcodes des OSVF-Codes von anderen physikalischen Kanälen belegt werden, wie beispielsweise dem CPICH, und da bei Multicode-Übertragung alle DPCHs den gleichen Spreizfaktor haben müssen, ist eine maximale Übertragungsrate mit drei parallelen DPCHs erreichbar, die jeweils den Spreizfaktor 4 haben. Eine solche Konfiguration ist auch im Standard zur Realisierung eines 2 Mbit/s Trägerdienstes vorgesehen.

Es ist leicht einzusehen, dass ein 2 Mbit/s Trägerdienst, also eine Nettodatenrate von 2 Mbit/s, nur mit einem Codierfaktor von mindestens 1/3 realisierbar ist, da die Bruttorate selbst bei Multicodeübertragung kleiner als 6 Mbit/s ist, und neben den Nutz- auch Signalisierungsdaten übertragen werden müssen. Ein größerer Codierfaktor bedeutet automatisch einen geringeren Fehlerschutz, der nur bei guten Ausbreitungs- und Interferenzbedingungen ausreichend ist.

Einer Feststation, die einen Verwürfelungscode verwendet, steht die Menge der OVSF-Codes genau einmal zur Verfügung. Wegen der bereits beschriebenen Einschränkungen bei der Wahl der Spreizcodes aus dem Codebaum wird deutlich, dass die maximale Gesamtübertragungsrate der Feststation der maximalen Übertragungsrate pro Verbindung entspricht, wobei die entsprechenden Multicode-Fähigkeiten des mobilen Endgerätes vorausgesetzt werden. Das bedeutet, dass sich alle Mobilstationen einer Zelle die maximale Nutzdatenrate von etwa 2 Mbit/s teilen. Zur Erhöhung der Zahl der verfügbaren OVSF-Codes besteht zwar die Möglichkeit, im Downlink mehr als einen Verwürfelungscode gleichzeitig zu verwenden. Allerdings geht auf diese Weise gleichzeitig die Orthogonalität der Signale mit verschiedenen Verwürfelungscodes verloren.

Im TDD-Modus wird die Signalisierungsinformation der physikalischen Schicht zusammen mit dem DPDCH im Zeitmultiplex übertragen. Die Signalisierung besteht dabei aus der Übertragung einer bekannten Sequenz (Midambel), die jeweils in der Mitte eines Zeitschlitzes übertragen wird zusammen mit den Feldern für TFCI und TPC. Die Midambel wird zur Ermittlung des Funkträgers verwendet, die anderen Felder haben dieselbe Bedeutung wie im FDD-Modus.

7.3.3.5 Multiplexing

Zur gleichzeitigen Übertragung von mehreren Diensten mit unterschiedlichen Dienstparametern können in UMTS mehrere Transportkanäle auf einen oder mehrere physikalische Kanäle gemultiplext werden.

Die Qualitätsanforderungen betreffen im Wesentlichen die Fehlerrate und die Ende-zu-Ende Verzögerung. Mit Hilfe der Fehlerrate wird die maximale Rate angegeben, die vom Dienst gerade noch toleriert werden kann, die Verzögerung gibt den Zeitraum an, der maximal zwischen Versand und Empfang des Datenpaketes liegen darf.

Die Wahl der Fehlercodierung, Verschachtelungstiefe aber auch die Anzahl der möglichen Wiederholungen von Datenpaketen hat natürlich einen wesentlichen Einfluss auf die gewünschte Qualität. Durch eine Erhöhung der Verschachtelungstiefe wird beispielsweise die Fehleranfälligkeit verringert, die zeitliche Verzögerung allerdings erhöht.

Die gleichzeitige Übertragung von dedizierten Kanälen mit unterschiedlichen Dienstgüten wird in Abbildung 7.27 veranschaulicht. Die von den höheren Schichten empfangenen Transportblöcke werden entsprechend der vereinbarten Dienstgüte (fehler-) codiert. Falls die zeitlichen Vorgaben *(Delay Budget)* es zulassen, erfolgt anschließend eine Verschachtelung auf Inter-Rahmen Basis. Die entsprechende Länge der ersten Verschachtelung ist mit 20, 40 oder 80 ms festgelegt. Die Verschachtelungsperiode hängt vom *Transmission Time Intervall (TTI)* ab, mit dem die Häufigkeit der Paketankünfte (höherer Schichten) angegeben wird. Die Startpunkte von TTIs verschiedener Transportkanäle sind aufeinander abgestimmt. Mit Hilfe des *Rate Matching* wird die Anzahl der zu übertragenen Bits auf die Anzahl der verfügbaren Bits angepasst. Dazu werden Verfahren der Punktierung beziehungsweise Wiederholung verwendet. Bei der Punktierung werden im Wesentlichen einige der durch die Fehlercodierung hinzugefügten (weniger wichtigen) Redundanzbits wieder entfernt.

Die Multiplexoperation der unterschiedlichen Transportkanäle erfolgt seriell, auf der Basis Rahmen-nach-Rahmen. Bei dieser Operation trägt jeder Transportkanal jeweils Datenblöcke der Länge von 10 ms bei. Falls mehr als ein physikalischer Kanal (Spreizcode) benötigt wird, erfolgt zusätzlich eine Segmentation der benötigten physikalischen Kanäle. Dabei werden im Wesentlichen die ankommenden Daten gleichmäßig auf mehrere Spreizcodes verteilt. Die zweite Verschachtelung erfolgt innerhalb der 10 ms langen Funkrah-

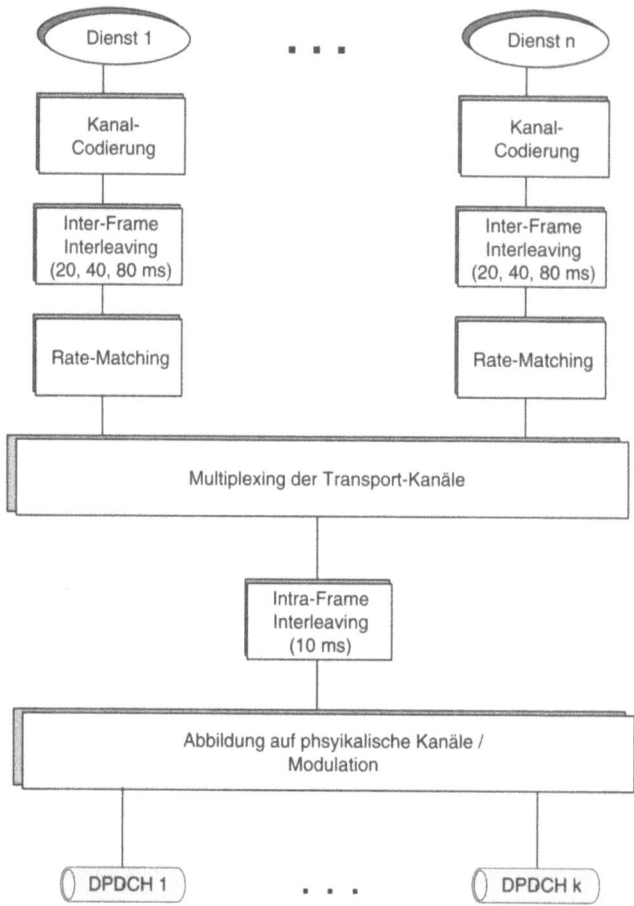

Abbildung 7.27: Multiplexen von Diensten mit verschiedenen Anforderungen

men. Die Intra-Rahmen Verschachtelung erfolgt für jeden physikalischen Kanal einzeln. Dabei handelt es sich um einen Block-Verschachteler, der jeweils auf 30 Spalten Inter-Spalten Permutationen ausführt. Die bei der Verschachtelung produzierten Bits werden direkt auf die physikalischen Kanäle abgebildet. Die auf diese Weise produzierte Anzahl von Bits entspricht dabei genau der Anzahl, die von dem Spreizfaktor des entsprechenden Rahmens übertragen werden kann. Anschließend erfolgt die Modulation.

7.3.3.6 Modulator

Die Spreizung des Datensignals erfolgt vor der Modulation auf die Trägerfrequenz. Im FDD-Modus werden im Uplink und Downlink unterschiedliche Modulationsverfahren angewendet. Die Modulationsrate ist 3.84 Mchip/s, wobei aufgrund des vierwertigen Modulationsverfahrens pro Modulationsschritt je zwei Chips übertragen werden. Die Bruttochiprate ist daher doppelt so groß wie die Modulationsrate.

Im Downlink wird die klassische *QPSK (Quadrature Phase Shift Keying)* Modulation verwendet. In Abbildung 7.28 wird ein Datenstrom empfangen, der sich aus dem Zeitmultiplex der physikalischen Kanäle DPDCH und DPCCH zusammensetzt. Bits mit geradem

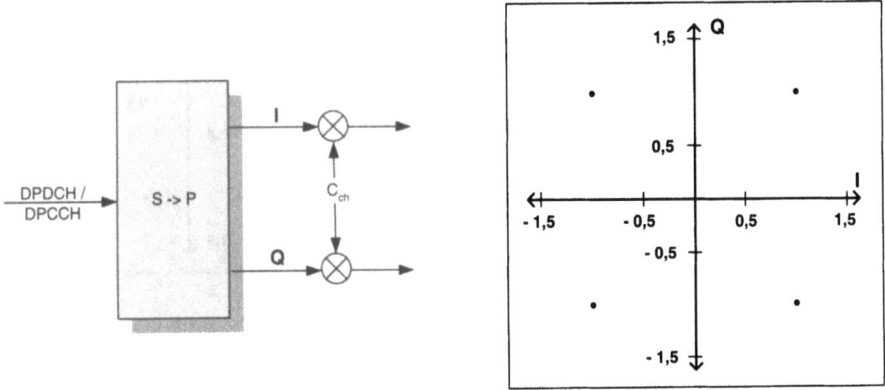

Abbildung 7.28: Downlink Modulation mit übertragener Signalkonstellation

Index werden auf den Inphase- und Bits mit ungeradem Index auf den Quadraturzweig gemultiplext. Die beiden daraus entstehenden Bitströme werden jeweils mit einem reellwertigen OVSF-Code gespreizt (C_{CH}). Die Spreizung erfolgt durch Multiplikation des bipolaren Codes mit der bipolaren Repräsentation der Bitfolge. Dabei werden DTX-Indikatoren *(Discontinuous Transmission)* auf den Wert Null abgebildet und deshalb nicht beziehungsweise mit der Leistung Null übertragen.

Bei der anschließenden Verwürfelung mit einem komplexwertigen Code wird jedes Symbol jeweils mit einem Faktor gewichtet und aufaddiert. Jedes (komplexwertige) Symbol besteht aus je einem Bit aus Inphase- und Quadraturzweig. Das so entstandene Signal wird mit einer QPSK-Modulation bei einer konstanten Chiprate von 3.84 MChips/s übertragen.

Im Gegensatz zum Uplink werden im Downlink nur einwertige Symbole übertragen. Jeder physikalische Kanal DPDCH beziehungsweise DPCCH wird mit einem eigenem OVSF-Code gespreizt und anschließend mit einem Amplitudenfaktor gewichtet. Die Gewichtung erfolgt zum Ausgleich der Leistungen der physikalischen Kanäle bei unterschiedlichen Spreizfaktoren. Die gespreizten und gewichteten Kanäle werden danach auf die Inphase- und Quadraturkomponente eines komplexen Basisbandsignals gemultiplext. In der Regel werden unterschiedliche Spreizcodes C_I und C_Q verwendet, die auch unterschiedliche Spreizfaktoren besitzen können. Der für DPCCH verwendete Spreizfaktor beträgt immer 256. Hingegen kann der für DPDCH verwendete Spreizfaktor in Abhängigkeit der aktuellen Datenrate die Werte zwischen 4 und 256 annehmen. In Abbildung 7.29 wird der entsprechende Sachverhalt gezeigt. Die resultierende komplexwertige Chipfolge wird dann mit einem komplexwertigen langen oder kurzen Verwürfelungscode verwürfelt und schließlich mit QPSK-moduliert und mit einer konstanten Chiprate von 3.84 MChips/s übertragen. Da alle DPDCH und DPCCH entweder auf den Quadratur- oder Inphasezweig der Modulation gemultiplext werden, wird durch dieses Verfahren jeder physikalische Kanal für sich allein betrachtet durch eine *Binary Phase Shift Keying (BPSK)-* Modulation übertragen.

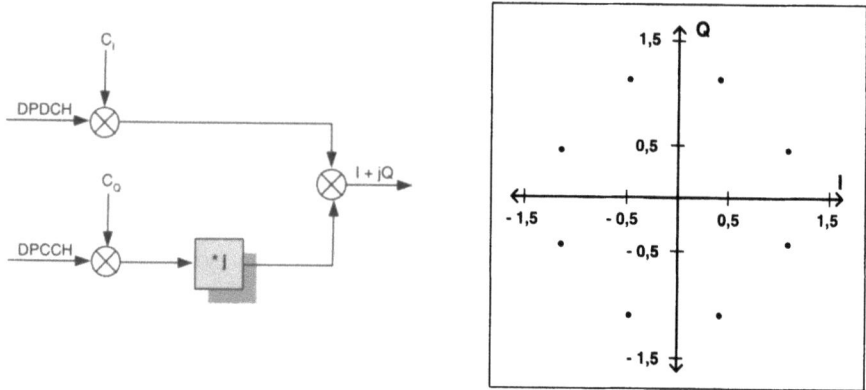

Abbildung 7.29: Uplink Modulation mit übertragener Signalkonstellation

Ein wesentlicher Unterschied bei der Modulation beider Richtungen ergibt sich aus der Tatsache, dass im Uplink beide Kanäle DPCCH und DPDCH unabhängig voneinander, im Downlink dagegen im Zeitvielfachzugriff übertragen werden. Auf diese Weise kann im Uplink für den Fall von Dienstpausen mit Hilfe von DTX unnötige Interferenz auf die anderen Verbindungen vermieden werden. Im Downlink macht die Anwendung von DTX keinen Sinn, da in diesem Fall zumindest die gemeinsamen (Synchronisations-) Kanäle kontinuierlich übertragen werden müssen.

Im TDD-Modus wird im Uplink dieselbe QPSK Modulation verwendet wie im Downlink. Allerdings können im Downlink bis zu 16 DPCH *(Dedicated Physical Channel)* gleichzeitig übertragen werden, im Uplink nur zwei.

7.3.3.7 Empfänger

Die in Mobilfunknetzen typischen, durch Intersymbolinterferenzen hervorgerufenen Signalverzerrungen ergeben sich aufgrund der Mehrwegeausbreitung. Zur Lösung des Problems werden in GSM sogenannte Entzerrer beziehungsweise Equalizer eingesetzt, siehe auch Kapitel 2.7.

In Breitbandsystemen wie CDMA sind die durch die zeitliche Dispersion verursachten Effekte weniger gravierend, da mit Hilfe der verwendeten Spreizfaktoren die möglichen zeitlichen Überlagerungen eliminiert werden können. Obwohl im UMTS Standard keine Vorgaben gemacht werden, haben sich in der Praxis zwei Empfängervarianten bewährt, der *Rake Receiver* und die *Joint Detection*.

Der Rake-Empfänger basiert auf der Annahme der statistischen Unabhängigkeit der möglichen Echos aufgrund von Mehrwegeausbreitung. Im Wesentlichen besteht ein solcher Empfänger aus mehreren unabhängigen Empfangseinrichtungen, die alle auf verschiedene Replikationen des Signals eingestellt sind. Durch Entspreizung wird jeweils aus dem empfangenen Signal die Information extrahiert. Dabei werden, wie in CDMA üblich, die Informationen anderer Verbindungen als Störung interpretiert und verworfen. Durch

Vergleich mit einem Referenzsignal kann anschließend die Phasenverschiebung für einzelne Signale ermittelt werden. Die (gewichtete) Summe liefert dann das gesuchte Signal.

Bei der Joint Detection mit *Interference Cancellation* werden alle Signale als Informationsträger interpretiert. Dazu müssen die Spreizcodes aller aktuell im System eingebuchten Teilnehmer beim Empfänger bekannt sein. Da im Prinzip diese Information zur Verfügung steht, können auf diese Weise die Signale aller Teilnehmer beim Empfänger gleichzeitig demoduliert und entspreizt werden. Allerdings ergibt sich auf diese Weise eine enorme Komplexität beim Empfänger, die mit der Anzahl der Teilnehmer (Anzahl der Spreizcodes) exponentiell ansteigt. Daher wird diese Variante bevorzugt bei TDD-Verfahren angewendet, da hier eher kleinere Spreizfaktoren benutzt werden. Ein wesentlicher Vorteil dieser Verfahren ergibt sich aus der Eigenschaft, die Interferenz explizit eliminieren zu können. Dies ermöglicht eine weniger komplexe Leistungssteuerung zur Behebung des sogenannten Nah-Fern-Problems.

7.3.4 Prozeduren der physikalischen Schicht

In der physikalischen Schicht sind viele, für den Betrieb wesentliche Prozeduren angesiedelt. Wichtige Beispiele sind die schnelle Leistungssteuerung und der Zufallszugriff. Daneben gibt es auch Prozeduren zum Paging, Messungen im Zusammenhang mit Handover aber auch Übertragung mit Hilfe von Diversität.

7.3.4.1 Leistungssteuerung

Beim FDD-Modus sind drei verschiedene Arten der Leistungssteuerung *(Power Control)* vorgesehen, *Open Loop Power Control*, *Closed Loop Power Control* und *Outer Loop Power Control*. Wie in Abschnitt 7.3.2 erläutert, ist in einem CDMA-System zur Lösung des Nah-Fern-Problems unbedingt eine geeignete Leistungssteuerung erforderlich.

Open Loop Power Control wird nur im Uplink für die initiale Anmeldung (Zufallszugriff) im Netz verwendet. Die Leistung, mit welcher der PRACH im Uplink ausgestrahlt wird, erfolgt auf der Basis der im Downlink empfangenen Leistung. Dazu wird die im Downlink von der zugeordneten Feststation empfangene Leistung im Broadcast-Kanal als Schätzung für den Pfadverlust im Uplink herangezogen.

Da diese Schätzung nicht sehr genau ist, erfolgt während des Gesprächs mit Hilfe des *Closed Loop Power Control* eine genauere Steuerung der aktuellen Leistung. In Abbildung 7.30 wird der entsprechende Sachverhalt graphisch dargestellt. Die Einstellung der Leistung erfolgt auf der Basis eines Zeitschlitzes der Länge von 10 ms. Die entsprechende Prozedur misst das im Uplink gemessene Signal-zu-Interferenz-Verhältnis C/I und vergleicht es mit einem Schwellenwert $(C/I)_S$. In Abhängigkeit des Ergebnisses des Vergleichs werden der Feststation entsprechende Befehle (DPCCH) zur Erhöhung beziehungsweise Reduktion übertragen. Die typischen Parameter schwanken im Bereich zwischen 0.5 bis 1.5 dB.

Beim *Outer Loop Power Control* wird der Schwellenwert C/I_R geeignet angepasst. Im Vergleich zum *Closed Loop Power Control* erfolgt hier die Anpassung über einen wesentlich längeren Zeitraum und basiert auf der Qualität der Verbindung, die kontinuierlich

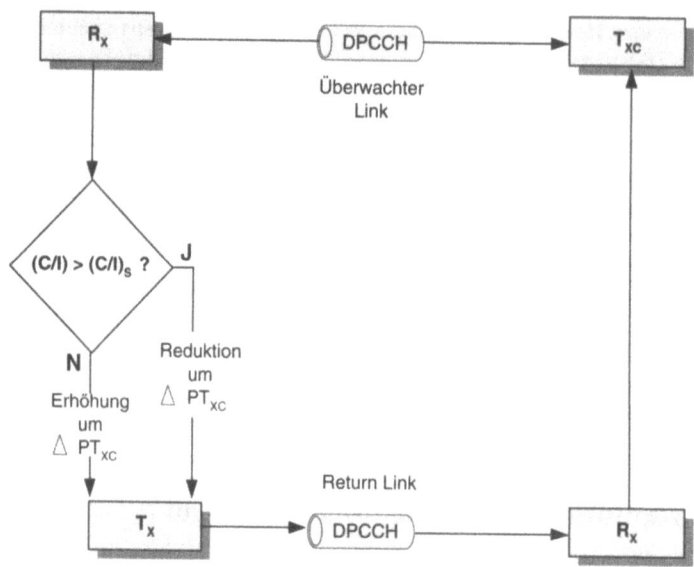

Abbildung 7.30: Prinzip der Steuerung im Closed Loop Power Control

beobachtet wird. Anpassungen ergeben sich in der Regel nur aufgrund von Veränderungen in der Umgebung beziehungsweise Aktionen im *Radio Ressource Management*.

Die Leistungssteuerung wird mit zunehmender Geschwindigkeit immer schwieriger, da die gemessene Kanalsituation mit der tatsächlichen Situation nicht mehr korreliert ist. Bei Geschwindigkeiten über 100 km/h überwiegen sogar die negativen Effekte der Leistungssteuerung.

Im TDD-Modus ergeben sich wesentlich geringere Anforderung an die Leistungssteuerung. Aufgrund der Übertragung im Zeitvielfachen gibt es evidenterweise keine Interferenz zwischen unterschiedlichen Zeitschlitzen. Zur Reduktion von Störungen beziehungsweise Vermeidung von unnötiger Leistung erfolgt im TDD-Modus ebenfalls eine Leistungssteuerung. Die Bedeutung der Leistungssteuerung kann in diesem Fall mit der in GSM-Systemen verglichen werden. In UMTS werden im TDD-Modus dieselben (drei) Varianten wie im FDD-Modus angewendet.

7.3.4.2 Paging

Zur Realisierung der Paging Prozedur existieren sogenannte Paging-Gruppen. Ein mobiler Teilnehmer, der sich im Netz mit Hilfe des *Paging Channels (PCH)* angemeldet hat, wird einer solchen Gruppe zugeordnet und über einen *Paging Indicator (PI)* identifiziert. Für den Fall, dass Nachrichten für den Teilnehmer vorliegen, wird diese Paging-Information in periodischen Zeitabständen im *Paging Indicator Channel (PICH)* angezeigt.

Ein Teilnehmer, der seinen PI detektiert, entpackt den nachfolgenden PCH-Rahmen, der im S-CCPCH übertragen wird, um festzustellen, ob für ihn Nachrichten vorliegen oder nicht. In Abbildung 7.31 wird der entsprechende Sachverhalt graphisch dargestellt.

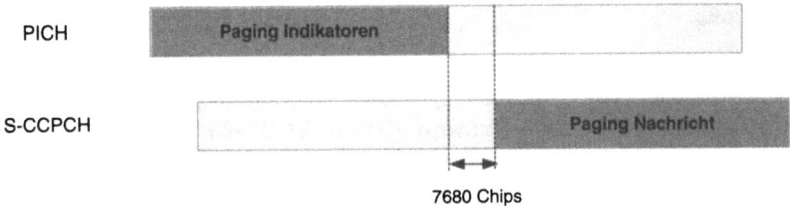

Abbildung 7.31: PICH und PCH

In der Regel wächst mit der Größe der Paging-Gruppe auch die Wahrscheinlichkeit, dass ein Teilnehmer unnötigerweise aufgeweckt wird. Umgekehrt kann auf diese Weise die Anzahl der insgesamt im Netz angemeldeten Teilnehmer erhöht werden.

7.3.4.3 Uplink Common Packet Channel

In einem FDMA beziehungsweise TDMA System können Kollisionen nur während der initialen Phase (Erstzugriff über RACH) entstehen. Im Gegensatz dazu sind in einem CDMA System Kollisionen jederzeit auf den relevanten Uplink Kontrollkanälen *Uplink Common Packet Channel (CPCH)* möglich.

Ein Teilnehmer, der Kontakt zum Zugangsnetz wünscht, muss zunächst den BCH interpretieren, um die aktuell verfügbaren CPCH Subkanäle herauszufinden. Auf diese Weise erfährt er insbesondere die konkreten Verwürfelungscodes und Signaturen dieser Kanäle. Anschließend wird aus der Menge der verfügbaren Subkanäle beziehungsweise Signaturen einer zufällig ausgewählt.

Zur Schätzung der Sendeleistung wird genau wie bei der RACH Prozedur (Open Loop Power Control) die im Downlink gemessene Leistung herangezogen. Eine 1 ms lange CPCH Präambel wird gesendet, wobei die ausgewählte Signatur verwendet wird. Anschließend muss das mobile Endgerät den *Acquisition Indication Channel (AICH)* dekodieren, um auf diese Weise interpretieren zu können, ob die Feststation die zuvor gesendete Präambel detektiert hat. Das Endgerät wiederholt diesen Vorgang, bis der AICH erfolgreich dekodiert werden konnte. Dabei wird jedesmal die Leistung, mit der die CPCH Präambel an die Feststation gesendet wird, erhöht. Die Schrittweite wird von der Feststation vorgegeben und ist ein Vielfaches von 1 dB. Die Präambel wird jeweils im nächsten verfügbaren Zeitschlitz gesendet.

Bis zu diesem Punkt gibt es keine wesentlichen Unterschiede zwischen der Verwendung des CPCH und des initialen Zugriffs mit Hilfe des RACH. Beim Erstzugriff würde das mobile Endgerät anschließend über den RACH die eigentliche Nachricht versenden, die in der Regel 10 ms oder 20 ms lang ist. Zur Reduktion der Kollisionswahrscheinlichkeit wird bei der Verwendung des CPCH nach der erfolgreichen Detektion des AICH eine *Collision Detection (CD)* Präambel mit derselben Leistung gesendet, wobei aus der verfügbaren

Menge der freien Signaturen zufällig eine ausgewählt wird. Daraufhin erwartet das mobile Endgerät eine Bestätigung von der Feststation und zwar auf dem *CD Indication Channel (CD-ICH)*. Erst nach dem erfolgreichen Empfang beginnt das Endgerät mit der eigentlichen Datenübertragung, die im Gegensatz zum initialen Zugriff mehrere Rahmen lang sein kann.

Zur Reduktion von Interferenzen wird auf dem CPCH eine schnelle Leistungssteuerung (Closed Loop Power Control) angewendet. Die Übertragung auf dem CPCH muss natürlich begrenzt werden, da im Prinzip auf dem CPCH kein Handover unterstützt wird. Um unnötige Fehlversuche der mobilen Endgeräte zu vermeiden, teilt die Feststation mit Hilfe eines separaten physikalischen Kanals, *CPCH Status Indication Channel (CSICH)*, den Status der verschiedenen CPCHs mit. Für den Fall, dass alle CPCHs belegt sind, wird das mobile Endgerät Zugriffsversuche unterlassen. Auf diese Weise werden die in Betrieb befindlichen CPCHs geschont und damit der Durchsatz insgesamt erhöht.

7.3.4.4 Zellenauswahl

Die Funkzellen im asynchronen UTRAN verwenden alle verschiedene Verwürfelungscodes. Zur Auswahl einer Funkzelle kann also eine Mobilstation innerhalb eines Zeitraums von 10 ms unmöglich alle (512) möglichen Codes durchsuchen. Stattdessen erfolgt in UTRAN die Zellenauswahl über die beiden Synchronisationskanäle *Primary Synchronisation Channel (Primary SCH)* und *Secondary Synchronisation Channel (Secondary SCH)*.

Der Primary SCH verwendet in jeder Funkzelle denselben Spreizcode der Länge von 256 Chips. Der SCH verwendet immer nur 256 Chips der insgesamt 2560 zur Verfügung stehenden Chips. Das mobile Endgerät versucht sich auf diesen Spreizcode zu synchronisieren. Da dieser Spreizcode in jedem Zeitschlitz identisch ist, entspricht der detektierte Peak auch der Zeitschlitzgrenze. Dieser Sachverhalt wird in Abbildung 7.32 graphisch erläutert.

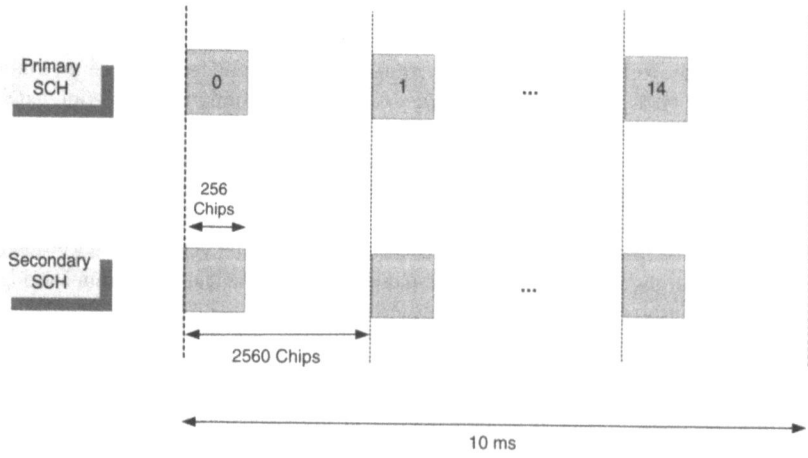

Abbildung 7.32: Primary und Secondary SCH

Wie in Abbildung 7.32 erkennbar, werden Primary und Secondary SCH parallel ausgestrahlt. Der Secondary SCH verwendet unterschiedliche Codewörter. Insgesamt stehen 64 verschiedene Codegruppen zur Verfügung. Mit Hilfe dieser Codegruppen wird insbesondere auch die Zuordnung zu einer Gruppe von Funkzellen verknüpft. Die Codegruppen werden durch die in den 256 Chips ausgestrahlten Informationen des Primary SCH gekennzeichnet.

Auf der Basis der für den Primary SCH erkannten Zeitschlitzgrenzen (Peaks) kann nun die Mobilstation den konkreten Code des Secondary SCH erfassen. Dazu müssen insbesondere alle 15 Zeitschlitze erfasst werden. Damit kann insgesamt auch eine Synchronisation auf der Basis der Rahmen erfolgen.

Für den physikalischen SCH existiert keine Abbildung auf einem Transportkanal, da die Übertragung der Codewörter nur zum Zwecke der Zellenauswahl erfolgt. Der SCH wird auf dem *Primary Common Control Physical Channel* gemultiplext.

7.3.4.5 Diversität

In einem CDMA-System können prinzipiell in jeder Nachbarzelle alle Kanäle wiederverwendet werden. Ein Gespräch zwischen einem mobilen Teilnehmer und dem Funknetz kann daher über mehrere unterschiedliche Funkverbindungen realisiert werden. Diese in UMTS angebotene Makrodiversität erlaubt die Durchführung asynchroner Handover, die auch Soft-Handover genannt werden. Im Vergleich zu GSM wird mit dieser neuen Variante wesentlich die Stabilität der Verbindung beim Zellenwechsel erhöht. Zur Realisierung der Diversität existieren in UMTS grundsätzlich zwei Methoden. Im *Closed Loop Modus* erfolgt, ähnlich wie beim Power Control, eine Steuerung über Feedback-Informationen. Im *Open Loop Modus* wird eine direkte Form der Diversität realisiert.

7.3.4.6 Handover

Im FDD-Modus werden drei Handover-Varianten unterschieden, *Intra-Mode Handover*, *Inter-Mode Handover* und *Inter-System Handover*. Beim *Intra-Mode Handover* existieren *Soft Handover*, *Softer Handover* und *Hard Handover*, bei dem nochmals zwischen *Intra-* oder *Inter-Frequenz Handover* unterschieden wird. Mit Hilfe des *Inter-Mode Handovers* ist ein Wechsel in den TDD-Modus möglich. Ein Wechsel in ein GSM-System kann mit Hilfe eines *Inter-System Handovers* realisiert werden.

Die Bedeutung der verschiedenen Handover-Varianten für die physikalische Schicht ergibt sich insbesondere aus den Anforderungen, welche Werte gemessen beziehungsweise wie diese Werte zur Verfügung gestellt werden. Im Folgenden wird der Ablauf eines Soft Handovers beispielhaft erläutert.

In UTRAN ist die Implementierung des konkreten Handover-Algorithmus und damit auch die Wahl der entsprechenden Parameter nicht explizit festgelegt. Üblicherweise wird die auf einem Spreizcode gemessene Leistung und die über das gesamte Band gemessene Leistung beziehungsweise das Verhältnis von beiden Werten als Handoverkriterium herangezogen.

Diese Werte werden auf dem *Common Pilot Channel (CPICH)* gemessen. Die *Received Signal Code Power (RSCP)* bezeichnet die auf dem Pilotkanal empfangene Leistung, die sich nach der Entspreizung ergibt. Der *Received Signal Strength Indicator (RSSI)* bezeichnet die auf dem insgesamt zur Verfügung stehenden Breitband empfangene Leistung. Das Verhältnis RSCP/RSSI stellt ein geeignetes Maß zur Ermittlung der Verbindungsgüte dar.

Des Weiteren spielen bei der Handoverentscheidung Informationen zur zeitlichen Verzögerung eine entscheidende Rolle. In UTRAN wird eine asynchrone CDMA Variante verwendet. Um eine kohärente Signalkombination im Rake Receiver zu ermöglichen, ist eine zeitliche Justierung der Übertragungsverzögerung beim Soft Handover nötig. Dieser Sachverhalt wird in Abbildung 7.33 graphisch erläutert. Die neue Feststation passt ihr

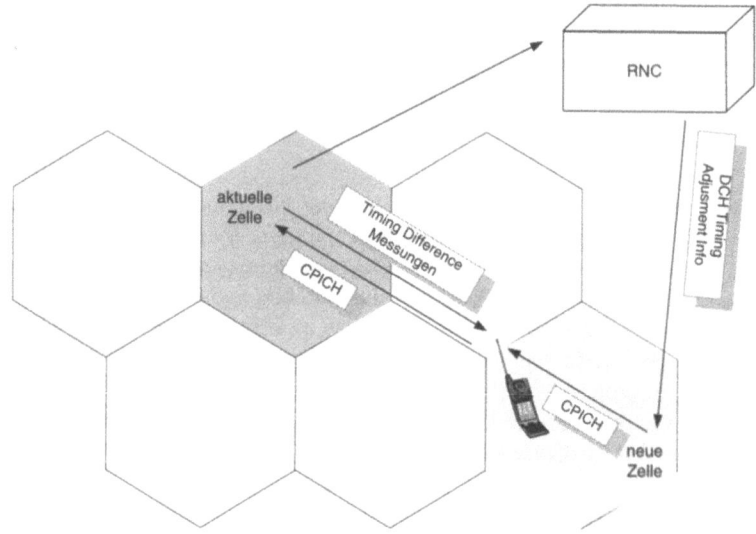

Abbildung 7.33: Zeitmessungen beim Soft Handover

Zeitverhalten im Downlink in Schritten von 256 Chips an. Dazu wird die Information verwendet, die vom RNC empfangen wird. Wenn sich beide Zellen in einem Fenster der Größe von höchstens 10 ms bewegen, kann das relative Zeitverhalten in der primären Verwürfelungsphase erfolgen, da die verwendete Codeperiode 10 ms beträgt. Im anderen Fall muss das Endgerät die *System Frame Number (SFN)* im *Primary CCPCH* dekodieren. Dieser Vorgang dauert ungleich länger und ist wesentlich fehleranfälliger.

7.4 Zugangsnetz

In UMTS wird das terrestrische Funkzugangsnetz *UTRAN (UMTS Terrestrial Radio Access Network)* genannt [102]. Das Zugangsnetz sorgt für die Bündelung des von den Feststationen verursachten mobilen Funkverkehrs. Mit Hilfe des Kernnetzes können Verbindungen zwischen den einzelnen Bereichen des Zugangsnetzes hergestellt werden. Die Rolle des UTRAN wird in Abbildung 7.34 gezeigt.

7.4 Zugangsnetz

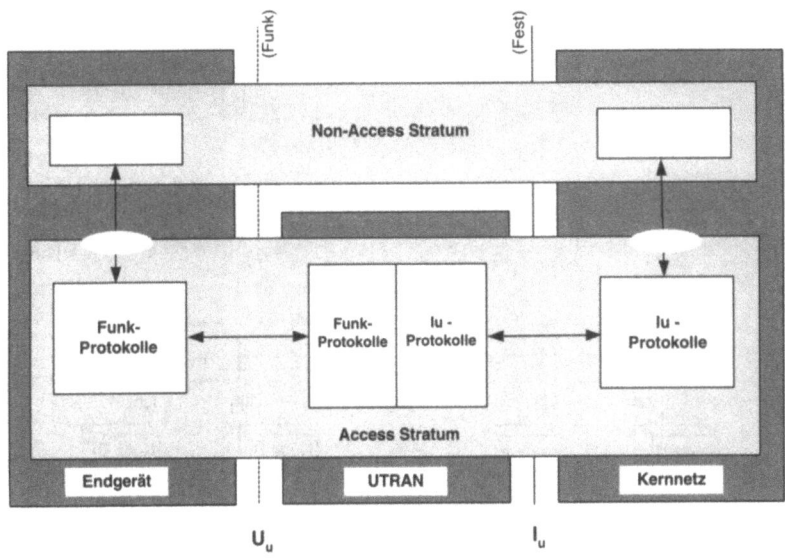

Abbildung 7.34: Funktionale Architektur in UMTS

Ein neuer Aspekt in UMTS betrifft die Unabhängigkeit der Funkschnittstelle von den anderen Komponenten im System. Diese Forderung wird durch die Aufteilung der relevanten Protokolle in die logische Bereiche UMTS *Access Stratum* und *Non Access Stratum* erfüllt. Die Protokolle im Access Stratum betreffen die verwendete Funktechnologie. Dagegen umfasst das Non Access Stratum die vom Zugangsnetz unabhängigen Anteile.

Eine detaillierte Beschreibung des Funknetzes kann in den einschlägigen Standardisierungsdokumenten nachgeschlagen werden [95, 102, 103].

7.4.1 Komponenten in UTRAN

Durch die Aufteilung der Protokolle in die beiden Bereiche Access und Non Access Stratum kann theoretisch ein Mobilfunknetz realisiert werden, welches verschiedene Technologien im Zugangsbereich verwendet. Im Kernnetz müssen die verwendeten Funktechnologien nicht bekannt sein, stattdessen enthält das Kernnetz beziehungsweise das Non Access Stratum vorwiegend Funktionen zur Verbindungskontrolle und zum Mobilitätsmanagement. Innerhalb eines einzelnen Zugangssegments wird hingegen die Mobilität vom Access Stratum eigenständig verwaltet. Im Wesentlichen entsprechen die im Access Stratum verfügbaren Primitiven der Menge der im UTRAN implementierten Funktionen.

In Abbildung 7.34 wird deutlich, dass das Zugangsnetz durch zwei relevante Schnittstellen begrenzt wird, der Funkschnittstelle U_u und der Schnittstelle I_u zum Kernnetz. Abbildung 7.35 zeigt die Architektur im UTRAN im Detail, siehe auch Abbildung 7.12. UTRAN besteht aus einer Menge von *Radio Network Subsystemen (RNSs)*, welche über die I_u Schnittstelle an das Kernnetz angeschlossen sind. Ein RNS besteht aus einer Überwachungseinheit *RNC (Radio Network Controller)* und einem oder mehreren Knoten

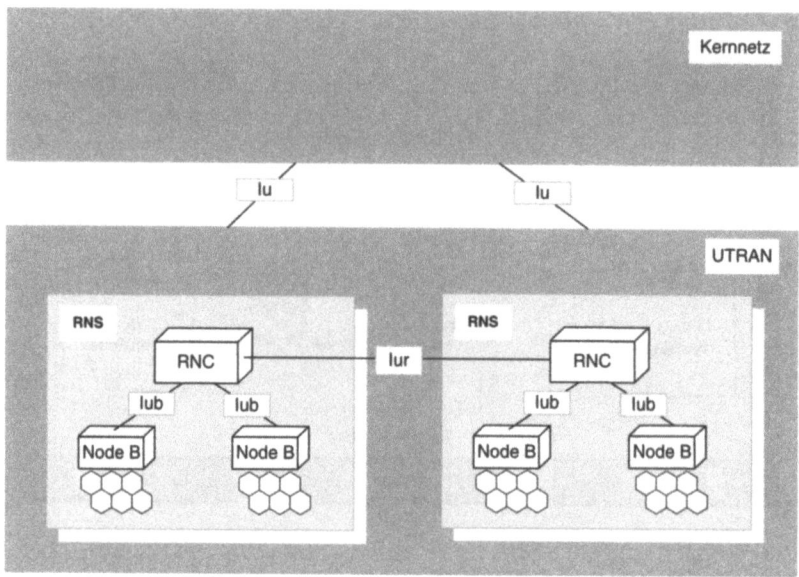

Abbildung 7.35: Komponenten und Schnittstellen in UTRAN

(Nodes B), die mittels des I_{ub} Interfaces verbunden sind. In der Regel wird von einem Node B eine Menge von Funkzellen verwaltet. Verschiedene RNCs sind untereinander über die I_{ur} Schnittstelle verbunden.

Innerhalb des UTRAN ist der RNC für die Verwaltung der Funkbetriebsmittel zuständig. Ein RNC hat sowohl eine Schnittstelle mit dem Kernnetz, üblicherweise mit einem MSC und einem SGSN, als auch zum *Radio Ressource Control*, welches die Nachrichten und die Funktionen zwischen mobilem Endgerät und UTRAN definiert. Der RNC entspricht in GSM logisch dem BSC.

Ein mobiles Endgerät wird üblicherweise von zwei RNC Varianten verwaltet, von genau einem *Serving RNC*, welcher für die gesamte Dauer der Verbindung zuständig bleibt und für das Endgerät die I_u Verbindung terminiert, und möglicherweise von zusätzlichen RNCs, die weitere Funkzellen für das mobile Endgerät verwalten, sogenannte *Drift* RNCs. Drift RNCs werden insbesondere zur Realisierung von Makrodiversität benötigt.

Die wesentliche Aufgabe des *Node B* ist die Realisierung der physikalischen Funkschnittstelle. Diese Aufgabe umfasst unter anderem Codierung, Verschachtelung, Ratenanpassung und Spreizung. Daneben werden auch einige Aufgaben des *Radio Ressource Managements* realisiert, wie beispielsweise *Inner Loop Power Control*. Node B entspricht in GSM logisch der Feststation.

In dieser Architektur stellt der RNC die Grenze zwischen dem Funkbereich und dem restlichen Netzwerk dar. Die Funkprotokolle, die von den mobilen Endgeräten angestoßen werden, terminieren innerhalb des RNC. Die in diesem Zusammenhang vorgesehenen Funkprotokolle beschreiben das Verhalten zwischen Endgerät und Feststation und die dazu benötigten Mechanismen zur Verwaltung der entsprechenden Betriebsmittel.

Ein Vorteil dieser Architektur ergibt sich aus der Skalierbarkeit des RNS. Darüberhinaus bietet UTRAN im Gegensatz zu GSM die Möglichkeit der Mobilitätsverwaltung innerhalb des Access Stratums. Beide Komponenten, Node B und RNC unterstützen Handover und Makrodiversität. Die Eigenschaft der Makrodiversität ist in CDMA Systemen von besonderer Bedeutung, siehe dazu Abschnitt 7.1.3.3.

Beide Funktionen, Handover und Makrodiversität, können sowohl auf der untersten Ebene (Node B) aber auch auf der RNC Ebene ausgeführt werden. Im zweiten Fall wird insbesondere die I_{ur} Schnittstelle verwendet, wenn die Zellen in verschiedenen RNC-Bereichen allokiert sind. Ein Handover kann natürlich auch zwischen zwei RNS erfolgen, wobei allerdings eine Beteiligung des Kernnetzes mit Hilfe der I_u Schnittstelle erforderlich ist. Dagegen ist eine Umsetzung der Makrodiversität über RNC-Grenzen hinweg nicht möglich, da die Funkprotokolle auf den Einflussbereich eines einzelnen RNCs begrenzt sind.

Im Gegensatz zu GSM basieren die auf den Schnittstellen I_u, I_{ub} und I_{ur} eingesetzten Transportprotokolle auf der ATM Technologie. Alle Funkprotokolle auf den Schnittstellen I_{ub} und I_{ur} beziehungsweise leitungsvermittelte Nutzdaten *(Circuit Service)* auf der Schnittstelle I_u verwenden *ATM Adaptation Layer 2 (AAL2)*. Zum Transport paketvermittelter Nutzdaten *(Packet Service)* über die Schnittstelle (I_u) wird das Internet-Protokoll (IP) zusammen mit der schwächeren *AAL5*-Variante verwendet.

7.4.2 Protokollarchitektur in UTRAN

Bei der Konzeption der Protokollarchitektur in UTRAN wurde sehr viel Wert auf eine flexible Struktur gelegt, so dass zu einem späteren Zeitpunkt partielle Veränderungen möglich sind, ohne dass die restlichen Anteile angepasst werden müssen. In Abbildung 7.36 wird die Protokollarchitektur gezeigt. Die Protokollstruktur besteht aus zwei horizontalen Schichten *(Horizontal Layers)* und zwei beziehungsweise vier vertikalen Ebenen *(Vertical Planes)*.

Alle UTRAN-relevanten Aspekte sind in der Funknetzschicht *(Radio Network Layer)* angesiedelt. Die in der Transportschicht *(Transport Network Layers)* realisierten, standardisierten Protokolle werden von UTRAN transparent genutzt, also ohne UTRAN-spezifische Anpassungen. Mit Hilfe des Transport Network Layers werden den höheren Schichten zwei Typen von Transportkanälen *(Bearer)* angeboten.

Die Transportkanäle werden in den vertikalen Ebenen verwendet. Man unterscheidet bei den vertikalen Ebenen prinzipiell die *User-Plane* und die *Control-Plane*. Die erste Ebene wird zum Transport von Nutzinformationen verwendet, die zweite zur Übertragung von Signalisierungsinformationen.

In der User-Plane wird alle Information vom beziehungsweise zum Teilnehmer übertragen. Dies beinhaltet beispielsweise codierte Sprachsamples aber auch Pakete aus einer Internetverbindung. Die User-Plane unterhält sowohl den eigentlichen Datenstrom *(Data Stream)* als auch die dazu benötigten Datenkanäle *(Data Bearer)*. Darüberhinaus enthält die *Transport Network User Plane* auch die Signalisierungs-Kanäle *(Signaling Bearer)* für die Anwendungsprotokolle. Die Datenübertragung basiert auf einer Kombination von AAL2 und ATM (I_{ur}, I_{ub} und I_u) beziehungsweise IP, AAL5 und ATM (I_u).

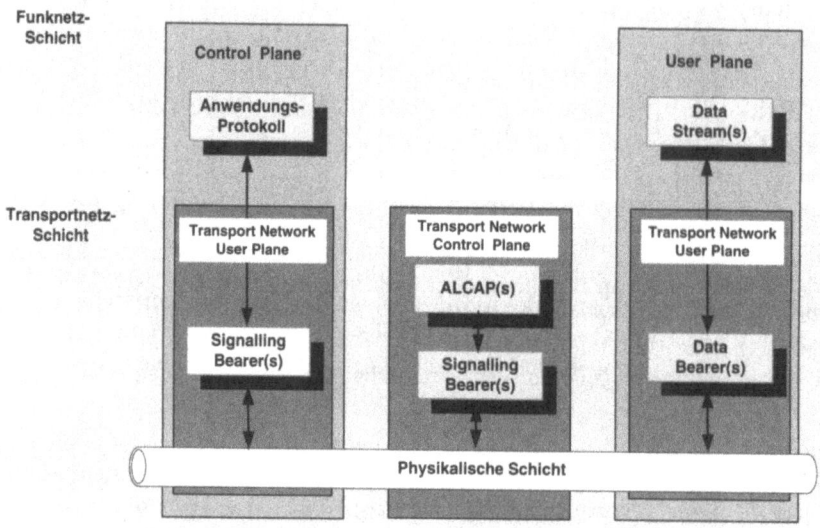

Abbildung 7.36: Protokollarchitektur in UTRAN

In der Control-Plane wird mit Hilfe der Signalisierungskanäle (Signaling Bearer) alle UMTS-spezifische Signalisierung übertragen. Die Signalisierung basiert auf einer Kombination von SS#7, AAL2 und ATM beziehungsweise IP, AAL5 und ATM. Im Wesentlichen wird für jede der drei Schnittstellen ein eigenes Anwendungsprotokoll verwendet. Auf dem I_u Interface wird der *Radio Access Network Application Part (RANAP)* benutzt. Der *Radio Network System Application Part (RNSAP)* wird auf dem I_{ur} verwendet. NBAP *(Node B Application Protocol)* wird auf I_{ub} benutzt. Zum Transport der Anwendungsprotokollnachrichten wird der Signalisierungskanal herangezogen. Die *Transport Network Control Plane* wird für die Signalisierung innerhalb der Transport Schicht verwendet.

Die *Transport Network Control Plane* beinhaltet insbesondere das *Access Link Control Application Protocol (ALCAP)*, welches zur Etablierung von Transportkanälen *(Data Bearer)* in der User-Plane beziehungsweise in ALCAP-eigenen Signalisierungskanälen benötigt wird. Die *Transport Network Control Plane* kooperiert zwischen Control- und User-Plane. Durch die Einführung dieser Ebene kann das Anwendungsprotokoll im RNC vollständig von der Technologie entkoppelt werden, welche zur Datenübertragung *(Data Bearer)* in der User-Plane verwendet wird.

Eine detaillierte Beschreibung der erwähnten Protokolle kann in den entsprechenden Standards [102] nachgeschlagen werden. Die Daten- beziehungsweise Signalisierungskanäle (Bearer) können sowohl statisch als auch dynamisch eingerichtet werden. Im statischen Fall wird die Verbindung mit Hilfe von Managementprozeduren aufgebaut, im dynamischen Fall erfolgt der Aufbau bei Bedarf auf der Basis der Information, die während der Signalisierung übertragen wird. Im zweiten Fall wird in der Regel ALCAP verwendet.

7.4.3 AAL in UTRAN

Bei der Standardisierung wurde beschlossen, in UTRAN einen flexiblen Transportmechanismus zu verwenden mit dem Ziel, die verfügbare Bitrate bei Bedarf dynamisch verschiedenen Kombinationen von multimedialen Verkehren anzupassen. Für die Signalisierung kann die im ATM Forum definierte *ATM Adaptation Layer 5 (AAL5)* Variante herangezogen werden. Dagegen mussten für die Übertragung von Nutzinformation, insbesondere zum Transport von Sprachdaten, einige Anpassungen durchgeführt werden.

Die AAL5 Variante wird typischerweise zur Realisierung von verbindungslosen Diensten verwendet und bietet eine einfache, aber effiziente Adaptionsschicht. In AAL5 sind mehrere Diensttypen vorgesehen. Im Wesentlichen kann zwischen einem zuverlässigen und einem unzuverlässigen Dienst entschieden werden. Der zuverlässige Typ arbeitet mit garantierter Zustellung und verwendet zur Vermeidung von Überläufen Mechanismen der Flußsteuerung. Beim anderen Typ gibt es keine Garantie der Zustellung. Optional können mit Hilfe einer Prüfsummenbildung fehlerhaft gesendete Zellen erkannt und verworfen werden.

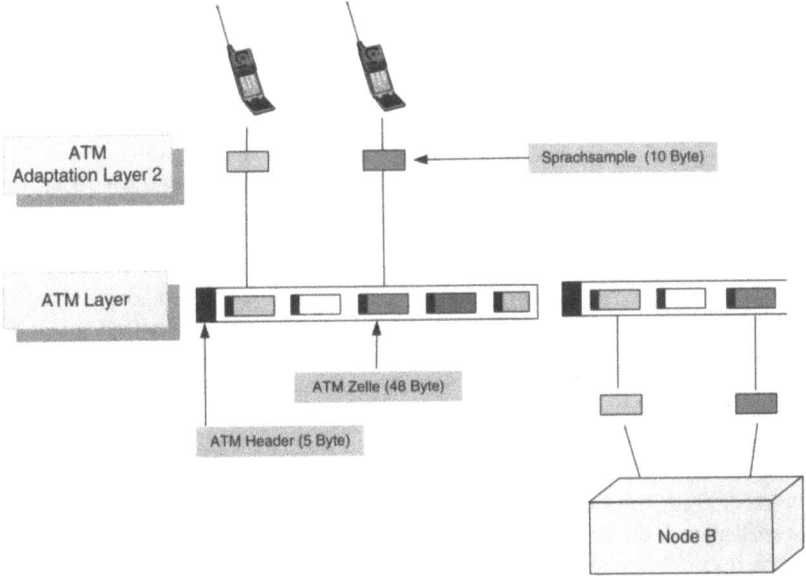

Abbildung 7.37: AAL2 Multiplexing

Die durch AAL2 realisierte Adaptionsschicht ist primär konzipiert für verbindungsorientierte Echtzeitdienste mit variabler Bitrate. Diese Dienste stellen strenge Anforderungen an die maximal tolerablen zeitlichen Verzögerungen. Mit Hilfe von AAL2 kann die benötigte Bandbreite erheblich reduziert werden, was insbesondere im Mobilfunkbereich eine besondere Bedeutung spielt. Die AAL2 Variante kommt typischerweise bei Anwendungen mit stark schwankender Bitrate, wie beispielsweise komprimiertes Audio oder Video, zum Einsatz. Im entsprechenden Standard ist allerdings keine Möglichkeit vorgesehen, mehrere Gespräche in einer Verbindung zu multiplexen.

Die für den Mobilfunkbereich angepasste AAL2 Variante ist insbesondere um den Aspekt des Multiplexens erweitert. Im Mobilfunk werden üblicherweise Sprachverbindungen mit einer Bitrate von 8 kbit/s komprimiert. Der typische Abstand zweier aufeinanderfolgender Rahmen beträgt 10 ms. Im Wesentlichen würde also jede 10 ms ein Sprachsample der Größe von 80 Bit zur Übertragung anstehen. Vor dem Hintergrund, dass die Größe einer ATM-Zelle, die in der ATM Adaptionsschicht übertragen wird, eine Nutzdatengröße von 48 Bytes (384 Bit) besitzt, erscheint eine solche Vorgehensweise nahezu verschwenderisch. Ohne den Overhead des ATM-Headers (5 Byte) zu berücksichtigen, würde auf diese Weise nur ein Fünftel der verfügbaren Bitrate zur Sprachübertragung verwendet.

Zur Lösung dieses Problems können mehrere Teilnehmersprachverbindungen auf einen Zellstrom gemultiplext werden. Eine Zelle wird dazu in mehrere Teilzellen aufgeteilt, wobei jede Teilzelle einer Sprachverbindung zugewiesen ist. Das aktuelle Sprachsample einer Verbindung wird in genau eine Teilzelle gepackt. Zur Identifikation muss jeder Teilzelle (Sprachsample) ein eigener (zusätzlicher) Teilheader zugewiesen werden. Mit Hilfe dieser Teilheader können Sender und Empfänger die Zuordnung der Sprachsamples in einer Sprachverbindung herstellen. In Abbildung 7.37 wird diese Form des Multiplexens gezeigt.

7.4.4 Funkprotokolle in UTRAN

Die zur Etablierung, Modifikation und Freigabe von Funkkanaldiensten *(Radio Bearer)* benötigten Funkprotokolle sind in Abbildung 7.38 zusammen mit den wichtigen Schnittstellen illustriert.

In der untersten (physikalischen) Schicht *(PHY)* wird unter anderem der UTRA FDD/TDD Dienst realisiert. Die physikalische Schicht bietet der darüberliegenden Schicht 2 ihre Übertragungsdienste über Transportkanäle an. Die Transportkanäle sind im Wesentlichen durch die Art und Weise der Übertragung charakterisiert. In der UTRA FDD Variante wird die Schicht 2 in zwei Teilschichten zerlegt, dem *Medium Access Control (MAC)* und dem *Radio Link Control (RLC)*. In der Schicht 2 werden in der User Plane zusätzlich zwei weitere Dienst-abhängige Protokolle angeboten, das *Packet Data Convergence Protocol (PDCP)* und das *Broadcast Multicast Control Protocol (BMC)*. Die MAC-Dienste werden dem RLC mit Hilfe von logischen Kanälen angeboten. Logische Kanäle werden durch den Übertragungstyp charakterisiert. In der Schicht 3 wird vornehmlich ein Protokoll realisiert, das *Radio Ressource Control (RRC)*, welches nur den Bereich der Control-Plane abdeckt. Die Anderen, in der Schicht 3 realisierten Funktionen wie Verbindungsverwaltung (Call Control), Mobilitätsverwaltung (Mobility Management), Kurznachrichtendienste (SMS) und ähnliches sind in UTRAN transparent und gehören nicht zum Bereich der Funkprotokolle.

In Abbildung 7.38 wird insbesondere erkennbar, dass das Access Stratum beide Ebenen, Control- und User-Plane, umfasst. Die Aufgabe der Signalisierung (Control-Plane) besteht darin, geeignete Verbindungen zum Transport von Nutzinformation (User-Plane) aufzubauen beziehungsweise aufrechtzuerhalten. In diesem Zusammenhang ist die Schicht 2 maßgeblich für die Realisierung der Signalisierung zuständig. Im Gegensatz dazu decken die beiden anderen Schichten 1 und 2 beide Ebenen ab, Signalisierung und Nutzdaten.

7.4 Zugangsnetz

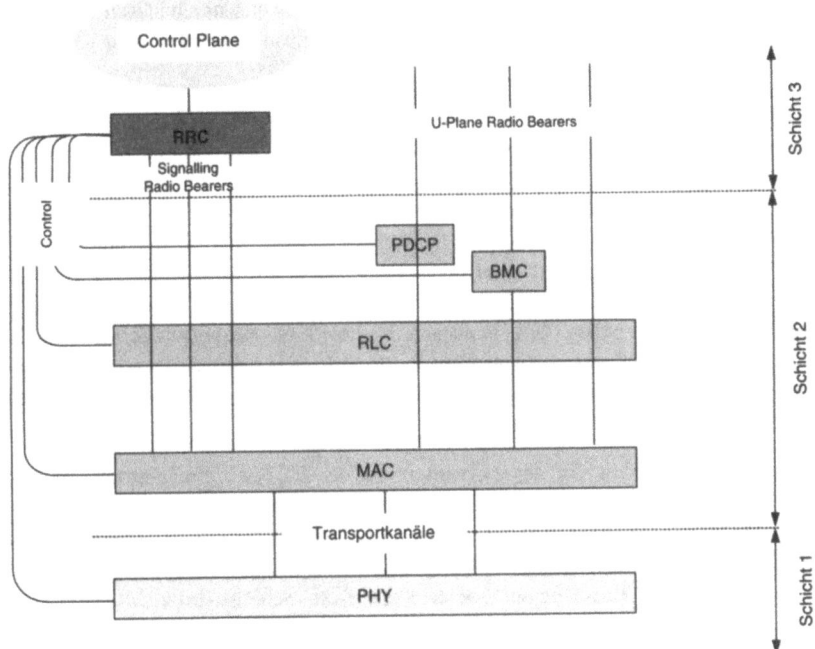

Abbildung 7.38: Funkprotokolle mit Schnittstellen in UTRAN

Die MAC-Schicht regelt den gleichzeitigen Zugriff auf das gemeinsame (Funk-) Medium und ist von zentraler Bedeutung. Der Zugriff auf die MAC-Schicht erfolgt im Wesentlichen paketvermittelt. Diese Art der Vermittlung ist durch eine hochratige Bitübertragung während kurzer Zeitintervalle charakterisiert. Zur effizienten Nutzung der Funkbetriebsmittel werden aktuell nicht benutzte Zeitintervalle von anderen Verbindungen zur Übertragung herangezogen. In diesem Sinne kann das in UMTS realisierte MAC-Verfahren als optimierte Paketübertragung mehrerer Teilnehmer interpretiert werden.

In der RLC-Schicht werden typischerweise Dienste zur zuverlässigen Übertragung angeboten. Fehlerhafte beziehungsweise verworfene Pakete werden mit Hilfe der Methoden der Fehlererkennung und Fehlerbehandlung in RLC korrigiert. Darüberhinaus wird in der RLC-Schicht ein Verschlüsselungsdienst unterstützt, welcher für den Fall, dass dieser nicht bereits in der MAC-Schicht realisiert wurde, in Anspruch genommen werden kann.

Das *Packet Data Convergence Protocol (PDCP)* wird nur für Paketdienste angewendet. Mit Hilfe von PDCP kann der Versand von PDUs mit verschiedenen Modi realisiert werden. Man unterscheidet dabei bestätigte, nicht-bestätigte und transparente Varianten. Zur Realisierung werden im Wesentlichen die Netzwerk-PDUs auf eine RLC-Instanz abgebildet. Die weiteren Funktionen dieses Protokoll betreffen die Kompression beziehungsweise Dekompression der Netzwerk-PDU-Header.

Zur Übertragung von Broadcast- beziehungsweise Multicastnachrichten, die von einer Zellen-Broadcast-Zentrale gesendet werden, wird das *Broadcast Multicast Control Protocol (BMC)* verwendet.

Die Funktionen zur Steuerung der Funkbetriebsmittel sind in der Schicht 3 angesiedelt. Die in der RRC-Schicht realisierten Funktionen spielen eine wesentliche Rolle, da sie zum einen die unteren Schichten (PHY, MAC und RLC) steuern und verwalten, zum anderen die Eingabeparameter für das *Radio Ressource Management (RRM)* zur Verfügung stellen. Auf der Basis der Dienstanforderungen der darüberliegenden Schichten und der aktuell verfügbaren Funkbetriebsmittel in der Funkzelle, weist die RRC-Schicht der Verbindung einen Funkkanal *(Radio Bearer)* zu, der die geforderte Bitrate und Dienstgüte (QoS) erfüllt. Des Weiteren ist die RRC-Schicht während des Netzbetriebes für die Überwachung von bereits eingerichteten Verbindungen zuständig. Dazu werden unter anderem verschiedene Messberichte von der darunterliegenden MAC- und PHY-Schicht ausgewertet, und falls notwendig eine Veränderung vorgeschlagen.

In Abbildung 7.39 werden die Interaktionen der in UTRAN realisierten Teilschichten graphisch verdeutlicht. Aus der Abbildung wird ersichtlich, dass die RRC-Schicht für die Überwachung beziehungsweise Steuerung der darunterliegenden Schichten zuständig ist. Diese Arbeiten umfassen die Zuweisung und Verwaltung aller erforderlichen Funkbetriebsmittel. Der RRM-Manager wird also in der RRC-Schicht implementiert, er enthält

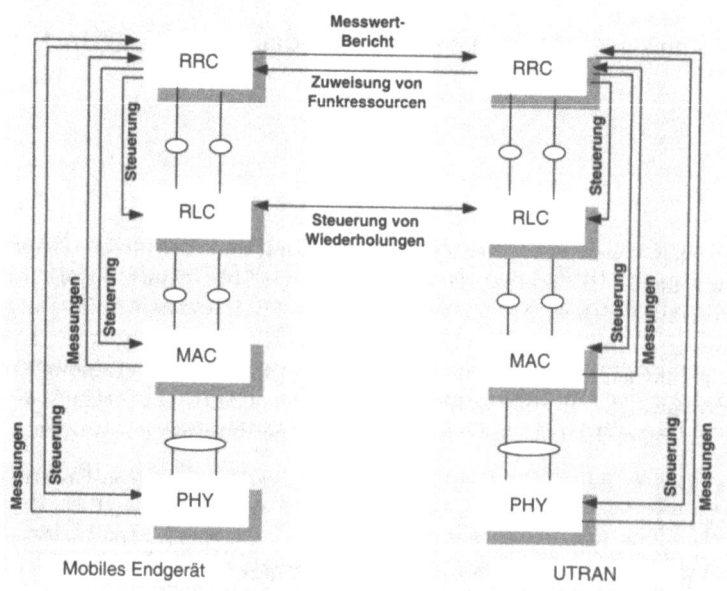

Abbildung 7.39: Interaktionen in UTRAN

alle Algorithmen und Prozeduren für die Verwaltung der Funkressourcen in den betroffenen Teilschichten. Zu diesem Zweck tauscht die RRC-Schicht mit allen Teilschichten PHY, MAC und RLC Signalisierungsinformationen aus. Umgekehrt benötigt die RRC-Schicht aktuelle Messwerte zum Zustand der Funkressourcen von der PHY- und

MAC-Schicht. Obwohl das RRM vornehmlich in der Schicht 3 angesiedelt ist, muss die Aufgabe der Verwaltung der Funkressourcen schichtübergreifend interpretiert werden. In Abschnitt 7.4.10 wird das RRM näher erläutert.

7.4.5 Medium Access Control

In der MAC-Schicht werden die logischen Kanäle auf die Transportkanäle abgebildet [97]. Während die Transportkanäle eher die Art und Weise der Übertragung betreffen, beziehen sich die logischen Kanäle mehr auf die Art der Information, die transportiert wird. Die wesentliche Aufgabe der MAC-Schicht besteht in der Regulierung des Vielfachzugriffs auf das Betriebsmittel Funkkanal. Dazu wird in der MAC-Schicht die dynamische Zuordnung der Funkbetriebsmittel realisiert.

Darüberhinaus ist die MAC-Schicht für die Auswahl eines geeigneten Transportformats (TF) für jeden Transportkanal zuständig. Die Auswahl erfolgt in Abhängigkeit der augenblicklichen Rate der logischen Kanäle. Zur Auswahl des Transportformats muss das *Transport Format Combination Set (TFCS)* berücksichtigt werden, welches von der Zugangskontrolle *(Admission Control)* für jede Verbindung einzeln definiert wird.

7.4.5.1 MAC-Architektur

Die MAC-Schicht besteht aus drei logischen Komponenten *MAC-b*, *MAC-c/sh* und *MAC-d*, die in Abbildung 7.40 dargestellt sind.

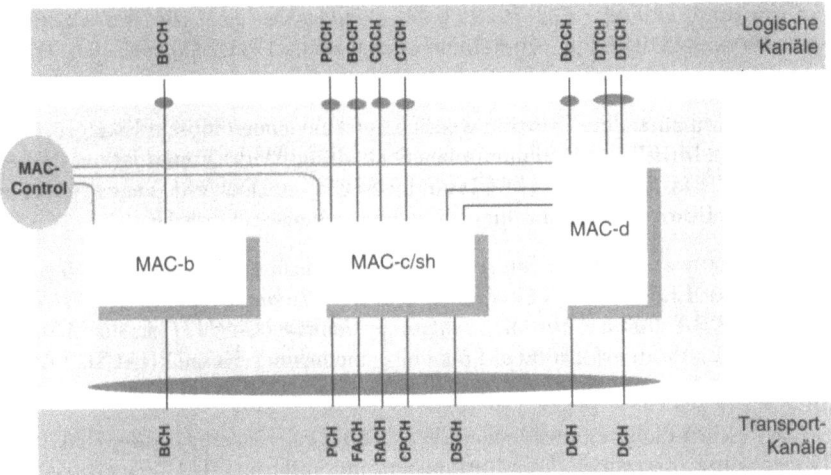

Abbildung 7.40: Architektur der MAC-Schicht

In der MAC-b Teilschicht wird der *Broadcast Channel (BCH)* behandelt. Jedes mobile Endgerät *(User Equipment, UE)* enthält genau eine MAC-b-Instanz. Für jede Funkzelle ist in UTRAN ebenfalls genau eine solche MAC-b Instanz allokiert, die im Node B angesiedelt ist.

Die gemeinsam genutzten *(common* beziehungsweise *shared)* Kanäle werden in der MAC-s/sh Teilschicht bearbeitet. Zu diesen Kanälen gehören *Paging Channel (PCH), Forward Link Access Channel (FACH), Random Access Channel (RACH), Uplink Common Packet Channel (CPCH)* und *Downlink Shared Channel (DSCH)*. Für jedes mobile Endgerät ist genau eine MAC-c/sh Instanz vorgesehen, die alle gemeinsamen Kanäle verwendet. Für jede Funkzelle ist in UTRAN ebenfalls genau eine solche MAC-c/sh Instanz vorgesehen, die im RNC allokiert ist. Bei der Architektur ist zu beachten, dass der logische BCCH auf verschiedene Transportkanäle, BCH beziehungsweise FACH, abgebildet werden kann. Da das Format des MAC-Headers des logischen BCCHs vom benutzten Transportkanal abhängt, sind in der Abbildung zwei BCCH-Instanzen abgebildet. Für den logischen PCCH existiert kein MAC-Header. Die einzige Aufgabe der MAC-Schicht besteht darin, die Daten, die im PCCH empfangen werden, an den PCH weiterzuleiten.

In der MAC-d Teilschicht werden die dedizierten Kanäle *(Dedicated Channels, DCH)* behandelt, die zu einem Zeitpunkt einem mobilen Endgerät zugeordnet sind. Für jeden DCH gibt es genau eine MAC-Instanz im Endgerät und genau eine solche Instanz in UTRAN (Serving RNC).

7.4.5.2 MAC-Funktionen

Wie bereits erwähnt, stellt die Abbildung der logischen Kanäle auf die physikalischen Transportkanäle eine wichtige MAC-Funktion dar. Dazu muss auch insbesondere ein geeignetes Transportformat ausgewählt werden. Im Einzelnen bietet die MAC-Schicht die folgenden Funktionen der RLC-Schicht an.

Bei der Prioritätssteuerung *(High Bit Rate* beziehungsweise *Low Bit Rate)* mehrerer Datenflüsse eines mobilen Endgerätes können verschiedene Prioritäten bei den Transportformaten der unterschiedlichen Flüsse eingestellt werden.

Des Weiteren kann auch die Priorität zwischen verschiedenen mobilen Endgeräten ausgehandelt werden. Mit Hilfe eines dynamischen Scheduling Algorithmus, der auf die gemeinsam genutzten Transportkanäle (FACH und DSCH) im Downlink angewendet werden kann, kann eine Bevorzugung einzelner Teilnehmer eingestellt werden.

Zur Identifikation von mobilen Endgeräten auf gemeinsamen Transportkanälen wird die Identifikation des Endgerätes *(Cell Radio Network Temporary Identity C-RNTI* beziehungsweise *UTRAN Radio Network Temporary Identity U-RNTI)* in den MAC-Header eingefügt. Dies ist dann erforderlich, falls ein gemeinsamer Kanal (RACH, FACH oder auch CPCH) Daten von dedizierten logischen Kanälen (DCCH, DTCH) überträgt.

In der MAC-Schicht können verschiedene Dienste auf gemeinsame Kanäle (RACH, FACH, CPCH) gemultiplext werden. Das Multiplexen innerhalb der MAC-Schicht ist auch für mehrere dedizierte Kanäle möglich. Innerhalb der physikalischen Schicht können völlig verschiedene Dienste auch mit unterschiedlichen Dienstgüten gemultiplext werden. Dagegen können beim Multiplexen innerhalb der MAC-Schicht nur Dienste derselben Dienstgüte berücksichtigt werden.

Des Weiteren wird die Auslastung der MAC-Schicht durch die RLC-Schicht gemessen. Die entsprechenden Werte werden an die RLC-Schicht gesendet. Die MAC-Schicht empfängt von der RLC-Schicht RLC-PDUs zusammen mit Statusinformationen über die Datenmenge, die sich im RLC-Puffer befindet. Auf diese Weise, kann die MAC-Schicht die Datenmenge des entsprechenden Transportkanals mit den vom RLC gesetzten Schwellwerten vergleichen. Für den Fall, dass diese Werte zu stark voneinander abweichen, wird von der MAC-Schicht ein Messbericht an die RLC-Schicht gesendet. Die RLC-Schicht kann allerdings auch verlangen, in periodischen Zeitabständen informiert zu werden.

Aufgrund der Angaben durch die RLC-Schicht kann die MAC-Schicht veranlasst werden, dynamisch den Typ der Transportkanäle zu verändern.

Für den Fall, dass ein Funkkanal den transparenten RLC-Modus verwendet, muss die Verschlüsselung in der MAC-Schicht realisiert werden, und zwar in der MAC-d Instanz. Die Verschlüsselungsdetails werden in [106] beschrieben.

Für die Übertragung im RACH können verschiedene Dienstzugangsklassen *(Access Service Class, ASC)* definiert werden. Dazu können die PRACH-Betriebsmittel (Zugangszeitschlitze und Preamble Signature) auf verschiedene Zugangsklassen aufgeteilt werden. Auf diese Weise können verschiedene Prioritäten zur Nutzung des RACHs vergeben werden. Insgesamt sind maximal 8 verschiedene ASCs möglich. Die MAC-Schicht zeigt der physikalischen Schicht die mit einer PDU assoziierten ASCs an.

7.4.5.3 Logische Kanäle

Die Datenübertragungsdienste der MAC-Schicht werden über die logischen Kanäle den darüberliegenden Schichten angeboten. Für die unterschiedlichen Diensttypen ist eine Menge von logischen Kanälen vorgesehen. Generell werden zwei Arten von logischen Kanälen unterschieden, Signalisierungskanäle und Verkehrskanäle.

Die von MAC angebotenen logischen Signalisierungskanäle sind *Broadcast Control Channel (BCCH), Paging Control Channel (PCCH), Dedicated Control Channel (DCCH)* und *Common Control Channel (CCCH)*. Bei den Verkehrskanälen wird nur der *Dedicated Traffic Channel (DTCH)* und *Common Traffic Channel (CTCH)* unterschieden.

Der BCCH wird nur im Downlink verwendet, und zwar zur Rundsendung von Informationen zur Systemkontrolle.

Der PCCH wird ebenfalls nur im Downlink verwendet. Mit Hilfe des PCCHs wird Paging Information zum Auffinden von mobilen Teilnehmern übermittelt.

Während der Verbindungsaufbauphase wird vom RRC ein DCCH zwischen genau einem mobilen Endgerät und dem RNC eingerichtet. Der DCCH ist ein bidirektionaler (Down- und Uplink) Punkt-zu-Punkt-Kontrollkanal, der zur Übertragung von dedizierter Information für die Verbindungskontrolle verwendet wird.

Die Signalisierungsinformation zwischen Netz und mobilen Endgeräten erfolgt mit Hilfe des CCCHs, welcher ebenfalls im Down- und Uplink verwendet werden kann. Dieser logische Kanal wird immer auf die RACH/FACH Transportkanäle abgebildet. Der CCCH benötigt einen langen UTRAN-UE Bezeichner (U-RNTI), der auch die Adresse der Serving RNC (SRNC) enthält. Auf diese Weise kann im Uplink jede Nachricht zur korrekten SRNC übertragen werden, auch für den Fall, dass die empfangende RNC nicht die SRNC des mobilen Teilnehmers (UE) sein sollte.

Zur Übertragung von Nutzdaten wird einem mobilen Endgerät ein DTCH zugeordnet. Der DTCH ist ein Punkt-zu-Punkt Kanal, der sowohl im Uplink als auch im Downlink existieren kann.

Zur Übertragung von dedizierter Teilnehmerinformation wird der CTCH verwendet. Der CTCH kann sich an alle Teilnehmer beziehungsweise an eine Gruppe von spezifizierten UEs richten. Der CTCH ist ein Punkt-zu-Mehrpunkt Kanal, der nur im Downlink verwendet wird.

Die Abbildung der logischen Kanäle auf die Transportkanäle wird in Abbildung 7.41 dargestellt. In der Abbildung sind insbesondere auch die möglichen Zuordnungen zwischen logischen und Transportkanälen erkennbar.

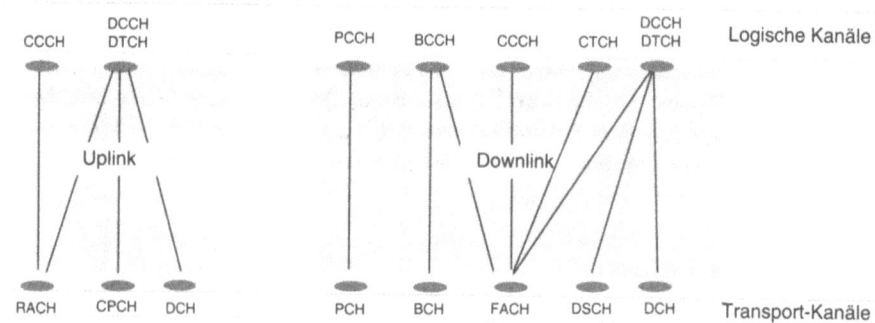

Abbildung 7.41: Abbildung der logischen Kanäle auf Transportkanäle

7.4.5.4 Beispiel

Zum besseren Verständnis wird in diesem Abschnitt beispielhaft die Verarbeitung eines Datums in der MAC-Schicht erläutert. In Abbildung 7.42 wird dieser Sachverhalt vereinfacht dargestellt. Bei diesem Beispiel wird eine MAC-PDU, die zuvor von den logischen Kanälen DCCH oder DTCH empfangen wurde, an den FACH Transportkanal weitergeleitet. Die Aufbereitung der MAC PDU wird in der rechten Bildhälfte gezeigt.

Nach dem Empfang eines Datenpaketes durch den logischen Kanal DCCH/DTCH wird zunächst die Auswahl des Kanaltyps in der MAC-Schicht angestoßen. Im Beispiel wird der FACH Transportkanal ausgewählt.

Im nächsten Schritt wird von der Multiplexeinheit ein C/T-Feld hinzugefügt, um den logischen Kanal anzuzeigen, von dem das Datum stammt. Für gemeinsame Transportkanäle wird dieses Feld immer benötigt, für dedizierte Transportkanäle (DCH) nur für den Fall, dass mehrere logische Kanäle auf einen einzigen Transportkanal abgebildet werden. Das C/T-Feld besteht aus 4 Bits. Es sind also insgesamt bis zu 15 logische Kanäle gleichzeitig über einen Transportkanal übertragbar. Der Wert „1111" ist für zukünftige Zwecke reserviert.

Zur Steuerung des Schedulings der Transportkanäle muss das Prioritätstag für FACH und DSCH in der MAC-d Teilschicht gesetzt und von der MAC-s/sh Teilschicht verwendet

7.4 Zugangsnetz

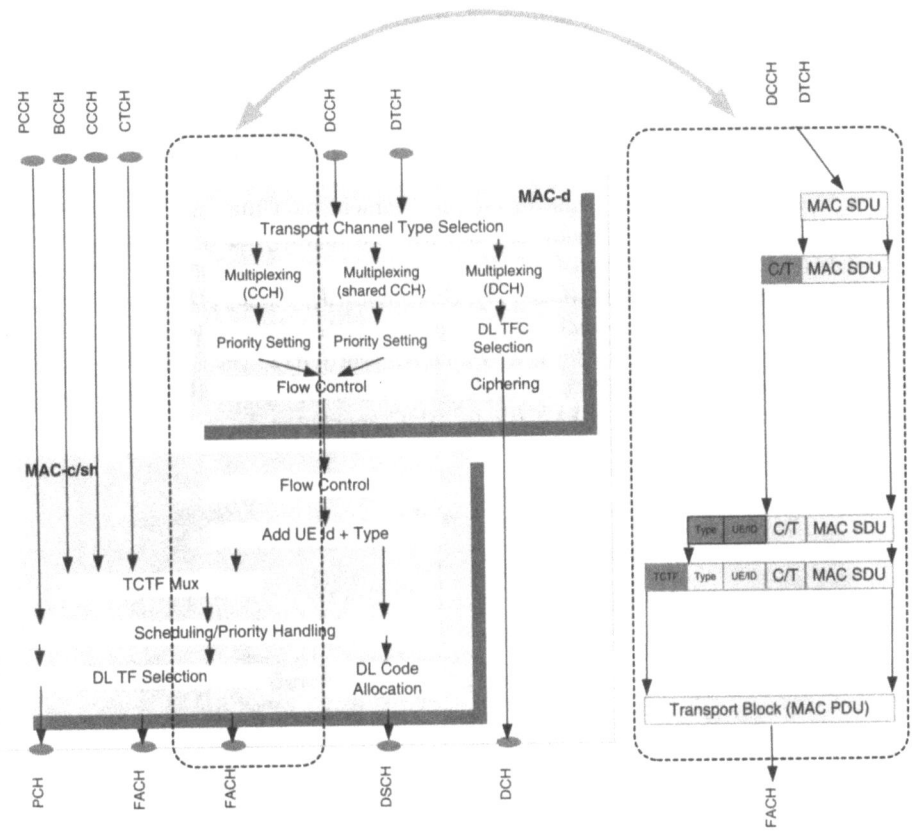

Abbildung 7.42: Bearbeitung innerhalb der MAC-Schicht

werden. Die Priorität kann für FACH für jeden Teilnehmer (UE) einzeln gesetzt werden, für DSCH sogar für jede PDU.

Um den notwendigen Pufferbedarf zwischen den Teilschichten MAC-d und MAC-s/sh zu begrenzen, wird auf der I_{ur} Schnittstelle eine Flusskontrollfunktion realisiert. Die beiden MAC-Teilschichten können auch in verschiedenen RNCs untergebracht sein.

Nachdem die Daten von der MAC-d Teilschicht empfangen wurden, wird in der MAC-s/sh Teilschicht zunächst eine Identifikation des mobilen Endgerätetyps angehängt, die aus 2 Bit besteht. Des Weiteren wird die Identifikation des Teilnehmers (UE-Id) und das *Target Channel Type Field (TCTF)* hinzugefügt. Die UE-Id kann aus 16 Bit (C-RNTI) beziehungsweise 32 bit (U-RNTI) bestehen. Das TCTF besteht in dem Beispiel aus 2 Bit und wird zur Trennung der logischen Kanaltypen auf dem Transportkanal verwendet. Für den Fall des Transportkanals FACH sind die logischen Kanäle BCCH, CCCH, CTCH oder auch DCCH/DTCH möglich.

Die MAC-PDU kann nun der Scheduling/Prioritäts-Komponente zugestellt werden. Diese Komponente hat die Aufgabe, die exakte Zeit zu bestimmen, zu der die PDU der Schicht

1 über den FACH Transportkanal übergeben wird. Dabei wird insbesondere auch das zu verwendende Transportformat übergeben.

7.4.6 Radio Link Control

In der RLC-Schicht werden Funktionen zur Segmentation und zur Fehlerbehandlung (Wiederholung von Paketen) realisiert und den darüberliegenden Schichten angeboten [98]. Jede RLC-Instanz wird von der RRC-Schicht kreiert und in einem der drei folgenden Modi konfiguriert: *Transparent Mode (Tr)*, *Unacknowledged Mode (UM)* und *Acknowledge Mode (AM)*. Der in der Control-Plane angebotene RLC-Dienst wird *Signaling Radio Bearer (SRB)* genannt. Der in der User-Plane realisierte RLC-Dienst heißt *Radio Bearer (RB)*. Für den Fall, dass die Protokolle PDCP beziehungsweise BMC verwendet werden, wird der RB-Dienst direkt von PDCP oder BMC angeboten.

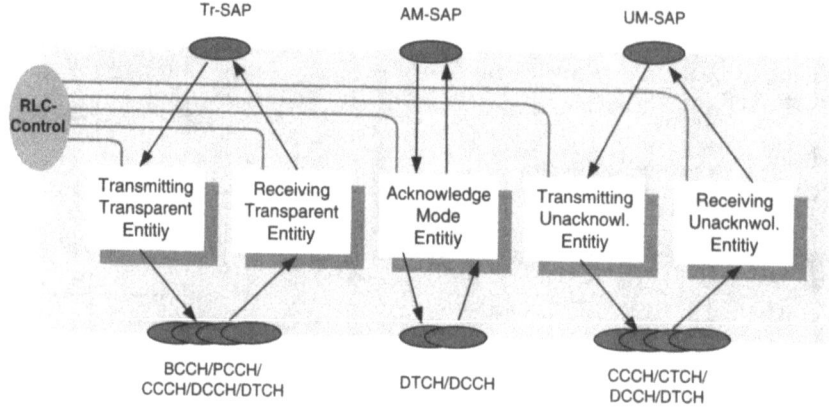

Abbildung 7.43: Architektur der RLC-Schicht

Die RLC-Architektur wird in Abbildung 7.43 schematisch dargestellt. Die AM-Komponenten arbeiten im bidirektionalen Modus, die beiden anderen Komponenten, Tr und UM erlauben nur eine unidirektionale Übertragung. Bei allen drei Varianten wird die Fehlererkennung als CRC-Prüfsumme in der physikalischen Schicht durchgeführt, lediglich das Ergebnis der CRC-Prüfsumme zusammen mit den entsprechenden Daten wird der RLC-Schicht übergeben.

7.4.6.1 Transparenter Modus

Im transparenten Modus wird den Daten der darüberliegenden Schichten kein Protokolloverhead hinzugefügt. Fehlerhafte Daten werden entweder entfernt oder als solche markiert. Für den Fall der Übertragung von kontinuierlichen Daten (Streaming Class) werden die Daten der höheren Schichten nicht segmentiert. Falls die Daten der höheren Schicht aufgeteilt (Segmentation) beziehungsweise wieder zusammengesetzt werden sollen (Reassembly), ist während der Verbindungsaufbauphase eine entsprechende Verhandlung zur Dienstgüte notwendig.

7.4.6.2 Unbestätigter Modus

In diesem Modus wird kein Protokoll zur Wiederholung verwendet, die Übertragung der Daten kann daher nicht garantiert werden. Auch hier werden empfangene, fehlerhafte Daten entweder entfernt oder als fehlerhaft markiert. Auf der Senderseite wird ein Timer mit lokalem Effekt verwendet. RLC SDUs (RLC Service Data Units), die innerhalb eines vorgegebenen Zeitraums nicht übertragen werden konnten, werden aus dem Übertragungspuffer entfernt. In dem PDU-Format (Protocol Data Unit) ist insbesondere auch ein Sequenznummernfeld vorgesehen. Auf diese Weise kann die Integrität der Daten der höheren Schicht gewährleistet werden. Des Weiteren sind in der PDU die für die Realisierung des Segmentations- beziehungsweise Reassemblyvorgangs benötigten Felder vorgesehen.

Da ein Zusammenhang zwischen Up- und Downlink nicht nötig ist, wird der unbestätigte Modus nur unidirektional angeboten. Der unbestätigte Modus wird beispielsweise zur Signalisierung bestimmter RRC-Instanzen verwendet. In diesem Fall ist das Protokoll zur Steuerung der Wiederholung Bestandteil der entsprechenden RRC-Prozeduren. Als typischer Vertreter einer Dienstklasse, welche den unbestätigten Modus verwendet, kann *Voice over IP (VoIP)* genannt werden.

7.4.6.3 Bestätigter Modus

Im bestätigten Modus werden übliche Verfahren zur Steuerung der Wiederholung von Datenübertragungen *(Automatic Repeat Request, ARQ)* verwendet. Die Steuerung der Dienstqualität, der Anzahl der tolerablen Datenverluste, gegenüber der zeitlichen Verzögerung erfolgt in der RRC-Schicht. Dazu kann beispielsweise die Anzahl der maximalen Wiederholungen konfiguriert werden.

RLC-Instanzen, die im bestätigten Modus arbeiten, sind bidirektional und benutzen üblicherweise ein *Huckepackverfahren*, um bei der Datenübertragung in der Rückrichtung Informationen zum Status der Übertragung in der anderen Richtung mitzusenden. In diesem Fall kann die RLC-Instanz so konfiguriert werden, dass die Daten entweder in Reihenfolge beziehungsweise ohne Berücksichtigung der Reihenfolge der darüberliegenden Schicht ausgeliefert werden.

Der bestätigte Modus wird üblicherweise zur Übertragung von paketorientierten Diensten verwendet, wie beispielsweise Internet-Browsing beziehungsweise das Versenden von E-Mail. In diesem Modus kann auch Signalisierungsinformation zum Status der Verbindung ausgetauscht werden.

7.4.6.4 RLC-Funktionen

Die wesentlichen Funktionen, die von der RLC-Schicht angeboten werden, betreffen die Datenübertragung. Wie bereits im vorstehenden Unterabschnitt erläutert, kann die Übertragung der Daten in einem der drei beschriebenen Modi (transparent, unbestätigt oder bestätigt) erfolgen. Die Datenübertragung wird durch das Setzen von QoS-Parameter gesteuert.

Die weiteren Funktionen betreffen das Aufteilen *(Segmentation)* beziehungsweise Zusammensetzen *(Reassembly)* von Daten. Diese Funktionen werden insbesondere bei Diensten mit variabler Bitrate benötigt. In diesem Fall werden PDUs der höheren Schicht in kleinere Einheiten *(RLC Payload Units, PUs)* zerlegt beziehungsweise aus kleineren Einheiten zusammengesetzt. Eine RLC PDU überträgt genau eine solche PU. Die Größe der RLC PDUs wird entsprechend der kleinsten Bitrate des Dienstes gesetzt, welcher die entsprechende RLC-Instanz nutzt. Für den Fall, dass zu einem aktuellen Zeitpunkt der Dienst eine höhere als die kleinste Bitrate verwendet, müssen während eines Übertragungszeitraums mehrere RLC PDUs übertragen werden.

Neben der eigentlichen Fehlerbehandlung und Reihenfolgekontrolle werden in der RLC-Schicht auch Funktionen zur Flusskontrolle implementiert.

Schließlich werden in dieser Schicht auch Funktionen zur Verschlüsselung angeboten, die allerdings nur für die Fälle der unbestätigten beziehungsweise bestätigten Übertragung zur Verfügung stehen. Von einigen Unterschieden einmal abgesehen, wird in der RLC-Schicht derselbe Verschlüsselungsalgorithmus verwendet wie in der MAC-Schicht. Der Unterschied betrifft den zeitveränderlichen Eingabeparameter *COUNT-C*.

7.4.7 Packet Data Convergence Protocol

Das *Packet Data Convergence Protocol (PDCP)* existiert nur in der User-Plane und zwar nur im Zusammenhang mit der Realisierung von paketorientierten Diensten *(Packet Service Domain)* [99]. Im Wesentlichen werden vom PDCP Funktionen zur Kompression angeboten. Auf diese Weise kann die für Internetdienste benötigte spektrale Effizienz für die Datenübertragung erheblich verbessert werden. Im 3GPP Release-99 [99] werden verschiedene Verfahren zur Headerkompression festgelegt.

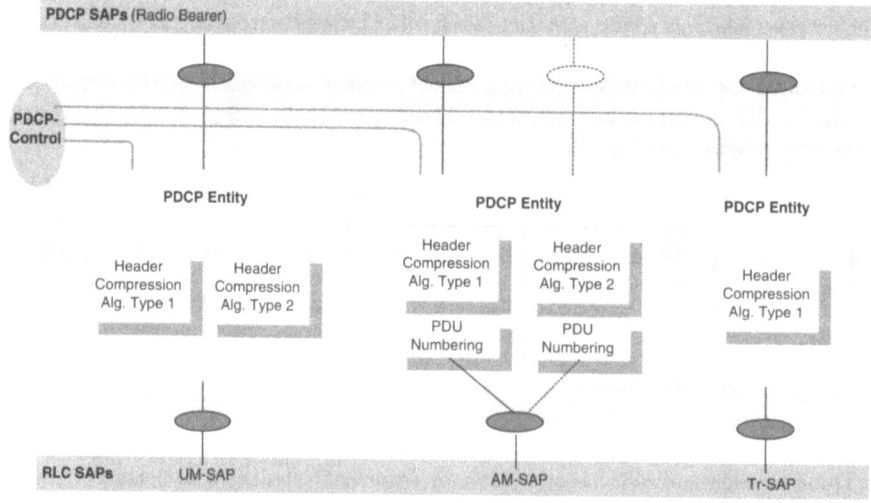

Abbildung 7.44: PDCP-Architektur

Um zu verdeutlichen, warum es angebracht ist, gerade den Header eines IP-Pakets zu komprimieren, können die folgenden Werte herangezogen werden. Dazu wird beispielsweise der Telefondienst über IP betrachtet. In diesem Fall besteht der Header des zusammengesetzten RTP/UDP/IP-Pakets mindestens aus 40 Byte, wobei sich dieser Wert auf die IP-Version 4 bezieht. Falls IPv6 verwendet wird, beträgt dieser Wert sogar 60 Byte. Die Werte der entsprechenden Nutzdaten (Payload) für die Telefonpakete betragen höchstens 20 Byte, häufig auch weniger.

In Abbildung 7.44 wird die Architektur der PDCP-Schicht gezeigt. Das Multiplexen mehrerer Radio Bearer in der PDCP-Schicht ist zur Zeit nicht Bestandteil des 3GPP Standards, wird aber als mögliche Erweiterung zukünftiger Versionen diskutiert. In der Abbildung wird die Multiplexfähigkeit der Radio Bearer illustriert, die entsprechende PDCP-Instanz besitzt zwei SAPs, und wird auf eine einzige bestätigte RLC-Instanz *(AM SAP)* abgebildet. Jede PDCP-Instanz kann im Prinzip verschiedene Algorithmen zur Headerkompression umfassen. Umgekehrt können verschiedene PDCP-Instanzen denselben Algorithmus unterstützen. Der zu verwendende Algorithmus zusammen mit den entsprechenden Parametern wird während der Aufbauphase des Radio Bearers verhandelt und der PDCP-Schicht mitgeteilt. Eine Rekonfiguration während der Verbindungsphase ist ebenso möglich.

Um eine verlustlose Reallokation der Serving RNC zu garantieren, müssen den PDUs der PDCP-Schicht Nummern zugewiesen werden. Eine PDCP-Instanz, die in einem solchen Modus konfiguriert wird, überträgt die PDU-Nummer zusammen mit dem unbestätigten PDCP-Paket der neuen Serving RNC. Diese Funktionalität ist nur realisierbar, wenn die RLC-Schicht im bestätigten Modus arbeitet und eine Übertragung mit garantierter Reihenfolge gewährleistet ist.

7.4.8 Broadcast/Multicast Control Protocol

Das *Broadcast/Multicast Control Protocol (BMCP)* existiert ebenfalls nur in der User-Plane [100]. Dieses Protokoll wird zur Anpassung der Broadcast und Multicast Mitteilungen benötigt, und zwar zwischen der Broadcast-Domäne und der Funkschnittstelle. In der aktuellen 3GPP Version ist nur der SMS Rundruf *(SMS Cell Broadcast, SMS CB)* Dienst vorgesehen, der dieses Protokoll verwendet. Dieser Dienst benutzt den unbestätigten RLC Modus, wobei der logische CTCH Kanal verwendet wird, welcher auf den FACH Transportkanal abgebildet wird. Jede SMS Rundrufmitteilung wird genau einem geographischen Bereich zugeführt. Die Abbildung des entsprechenden Zielgebietes auf die einzelnen Funkzellen wird vom RNC realisiert.

Das BMC Protokoll besitzt keine spezielle logische Architektur, wie in Abbildung 7.45 deutlich wird. Die relevanten Aufgaben des BMCP betreffen die Speicherung und das Scheduling der Rundmitteilungen im RNC. Auf der Teilnehmerseite wird durch das BMCP auch die Weiterleitung der Rundmitteilungen an die oberen Schichten geregelt. Vor allem wird mit Hilfe des BMCP die Verwaltung geeigneter Kapazitäten in den Funkzellen gesteuert. Dazu wird insbesondere der CCTH konfiguriert, die verwendeten Transportkanäle müssen allen Teilnehmereinrichtungen bekannt gemacht werden. Das RRC verwendet den BCH, um die relevante Systeminformation allen Teilnehmern mitzuteilen.

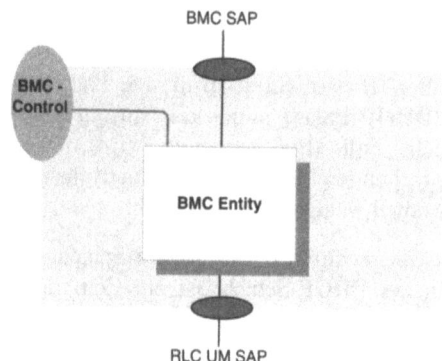

Abbildung 7.45: BMC-Architektur

7.4.9 Radio Ressource Control

Der größte Anteil an Signalisierungsnachrichten, welcher zwischen den Teilnehmerendeinrichtungen (UE) und dem Zugangsnetz (UTRAN) ausgetauscht wird, betrifft das *Radio Ressource Control Protocol (RRC)*. Mit Hilfe des RRC werden alle notwendigen Parameter zum Aufbau, Abbau und zur Modifikation von Schicht 2 und Schicht 1 Verbindungen übertragen. Während der Verbindung wird die Mobilität der Teilnehmerendeinrichtungen durch die RRC-Signalisierung geregelt. Dazu werden Messwerte erfasst, Handover durchgeführt und Informationen zur Lokalisierung aktualisiert.

Die Nutzdaten der RRC-Nachrichten enthalten Signalisierungsinformationen höherer Schichten, welche die drei Bereiche *Mobility Management (MM)*, *Connection Management (CM)* und *Service Management (SM)* betreffen. Eine ausführliche Beschreibung findet sich in [101].

7.4.9.1 RRC-Architektur

In Abbildung 7.46 wird die logische Architektur des RRC gezeigt, die im Wesentlichen aus den vier funktionalen Einheiten *Dedicated Control Function Entity (DCFE)*, *Paging and Notification Control Function Entity (PNFE)*, *Broadcast Control Function Entity (BCFE)* und *Routing Function Entity (RFE)* besteht.

Die auf eine Teilnehmerendeinrichtung bezogene Signalisierung und Steuerung wird von der DCFE verwaltet. Im Serving RNC existiert für jeden Teilnehmer, der eine Verbindung mit diesem RNC unterhält, eine eigene DCFE-Instanz. Typischerweise verwendet DCFE den bestätigten RLC-Modus (AM-SAP). Allerdings werden einige Nachrichten (z.B. RRC Connection Release) über den unbestätigten RLC-Modus (UM-SAP) beziehungsweise (z.B. Cell Update) über den transparenten Modus (Tr-SAP) versendet.

Die Benachrichtigung der Teilnehmer, die zu einem aktuellen Zeitpunkt keine Verbindung unterhalten *(Idle Mode)*, wird von der PNFE durchgeführt. Innerhalb des RNC gibt es für jede vom RNC kontrollierte Funkzelle zumindest eine solche PNFE. Üblicherweise ver-

7.4 Zugangsnetz

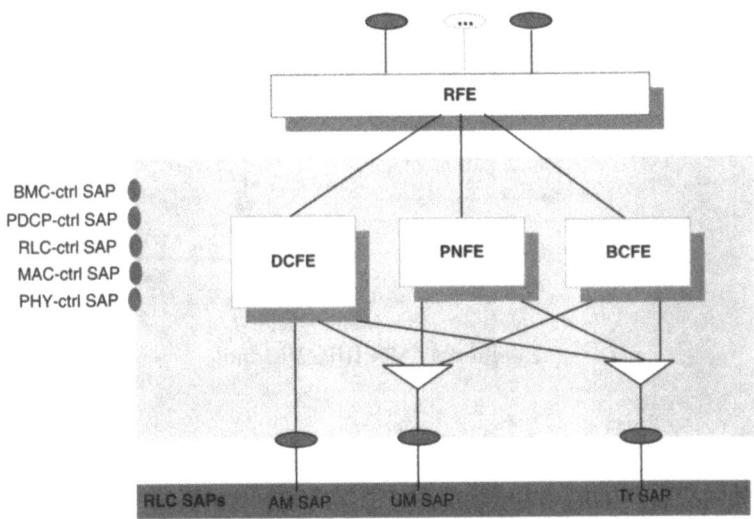

Abbildung 7.46: RRC-Architektur

wendet die PFNE den logischen Kanal über den transparenten Zugang, die Spezifikation erlaubt allerdings auch den unbestätigten Zugang.

Die Systeminformation wird mit Hilfe der BCFE allen Beteiligten mitgeteilt. Für jede Funkzelle des RNC ist mindestens eine solche BCFE vorgesehen. Die BCFE verwendet entweder den logischen BCCH oder FACH. Üblicherweise wird dazu der transparente RLC-Modus benutzt. Die Spezifikation sieht auch den Zugang über UM-SAP vor.

Obwohl die vierte Komponente in der Abbildung 7.46 außerhalb des RRC-Protokolls angesiedelt ist, wird sie dennoch zum Access Stratum gezählt und gehört logisch in die RRC-Schicht. Die Aufgabe der RFE ist die Wegewahl von Nachrichten höherer Schichten (Non Access Stratum). Auf der Teilnehmerseite müssen die geeigneten MM- beziehungsweise CM-Einheiten angesprochen werden, auf der UTRAN-Seite die verschiedenen Kernnetzbereiche. Jede dieser höheren Nachrichten wird einer RRC *Direct Transfer* Nachricht im *Huckepackverfahren* hinzugefügt.

7.4.9.2 RRC-Zustände

Ein mobiles Endgerät kann prinzipiell einen der beiden Zustände *Idle Mode* und *Connected Mode* einnehmen. Der Zustand Connected kann dabei in sogenannte Dienstzustände weiter verfeinert werden. In Abbildung 7.47 sind diese Zustände zusammen mit den entsprechenden Übergängen aufgeführt. Die einzelnen Dienstzustände sind insbesondere durch den aktuell vom Endgerät verwendeten physikalischen Kanal charakterisiert.

Ein mobiles Endgerät nimmt nach dem Einschalten den Idle Mode an. Dabei erfolgt die Einbuchung in das entsprechende Mobilfunknetz (PLMN) entweder automatisch oder manuell. Des Weiteren wählt das Endgerät eine geeignete Funkzelle innerhalb des PLMNs und startet eine Synchronisation auf die entsprechenden Signalisierungskanäle. Die Zel-

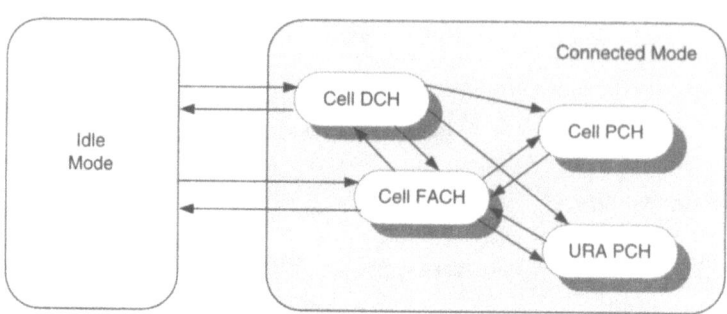

Abbildung 7.47: RRC Zustände

lenauswahl wurde ausführlich in Abschnitt 7.3.4.4 erläutert. Nach erfolgreicher Auswahl kann das mobile Endgerät Systeminformationen und Zellenrundmitteilungen empfangen.

Im Idle Mode wird das mobile Endgerät durch Non-Access Stratum Bezeichner wie beispielsweise IMSI, TMSI und P-TMSI identifiziert. Der Idle Mode wird nur dann verlassen, wenn die Anforderung erfolgt, eine RRC-Verbindung aufzubauen.

Wird ein dedizierter physikalischer Kanal dem Endgerät zugewiesen, so wird der *Cell_DCH* Zustand eingenommen. In diesem Fall ist das mobile Endgerät seinem Serving RNC bekannt. Diese Zuordnung erfolgt entweder auf Zellebene oder auf einer aktiven Menge von Zellen. In diesem Zustand führt das Endgerät Messungen durch und sendet Messwertberichte auf der Basis der empfangenen Signalisierungsinformation an seinen RNC. Der DSCH kann in diesem Zustand ebenfalls verwendet werden. Endgeräte mit speziellen Fähigkeiten können auch den FACH empfangen, um auf diese Weise Systeminformation zu lesen.

Einem Endgerät, welches sich aktuell im *Cell_FACH* Zustand befindet, ist kein dedizierter physikalischer Kanal zugeordnet. Stattdessen können RACH und FACH Kanäle verwendet werden, um Signalisierungsinformation beziehungsweise geringe Mengen von Nutzdaten zu versenden. Das Endgerät kann in diesem Zustand auch den BCH nach Systeminformation abhören, der CPCH kann ebenfalls verwendet werden. In diesem Zustand nimmt das mobile Endgerät üblicherweise eine Zellenauswahl (Cell Reselection) vor. Nach erfolgreicher Auswahl wird eine entsprechende *Cell Update* Nachricht an den RNC gesendet. Auf diese Weise kann der RNC den Aufenthaltsort des mobilen Endgerätes auf Funkzellenebene mitverfolgen.

Ein Endgerät, welches sich aktuell im *Cell_PCH* Zustand befindet, ist der Serving RNC immer noch auf Zellebene bekannt. Allerdings kann das Endgerät nur noch über den Paging Kanal PCH angesprochen werden. Dieser Zustand wird üblicherweise eingenommen, um den Batterieverbrauch zu verringern. Im Gegensatz zum Cell_FACH Zustand erfolgt die Überwachung des PCH mit Hilfe von DTX. Des Weiteren kann das Endgerät auch Systeminformation auf dem BCH abhören. Ein Endgerät, welches in diesem Zustand einen Zellenwechsel vornimmt, wechselt kurzzeitig in den *Cell_FACH* Zustand, um dem RNC den Zellenwechsel mitzuteilen. Danach wird wieder der ursprüngliche *Cell_PCH* Zustand eingenommen.

Der *URA_PCH* Zustand ist mit dem *Cell_PCH* Zustand vergleichbar, wobei allerdings nach einem Zellenwechsel keine *Cell Update* Nachricht verschickt wird. Stattdessen wird vom BCH die *UTRAN Registration Area (URA)* gelesen. Nur wenn sich beim Zellenwechsel auch die URA verändert, wird die Serving RNC benachrichtigt. Dazu wird die *URA Update* Nachricht verwendet. Eine Funkzelle kann in der Regel in mehreren URAs enthalten sein. Auf diese Weise werden in Grenzgebieten, die von mehreren RNCs kontrolliert werden, Ping-Pong-Effekte vermieden.

Wenn die RRC-Verbindung abgebaut wird oder wenn ein Fehler auftritt, nimmt das mobile Endgerät wieder den Idle Mode ein.

7.4.9.3 RRC-Funktionen

Der relevante Signalisierungsanteil zwischen mobilem Endgerät und UTRAN wird in der RRC-Schicht abgewickelt. Aus diesem Grund sind in dieser Schicht eine große Anzahl von Funktionen realisiert. Die meisten dieser Funktionen sind Bestandteil des *Radio Ressource Managements*, welches in Abschnitt 7.4.10 erläutert wird. Allerdings werden viele der entsprechenden Nachrichten von der RRC-Schicht übertragen. Aus diesem Grund werden im Folgenden einige wichtige Funktionen vorgestellt.

RRC-Verbindungen Der Aufbau einer RRC-Verbindung beziehungsweise eines Signaling Radio Bearers zwischen dem mobilen Endgerät und dem RNC wird vom Endgerät durch eine Anforderung aus den höheren (Non-Access Stratum) Schichten initiiert. In Abbildung 7.48 wird der entsprechende Aufbau graphisch illustriert. Im netzorientierten Fall muss diesem Ablauf eine RRC Paging Nachricht vorangestellt werden.

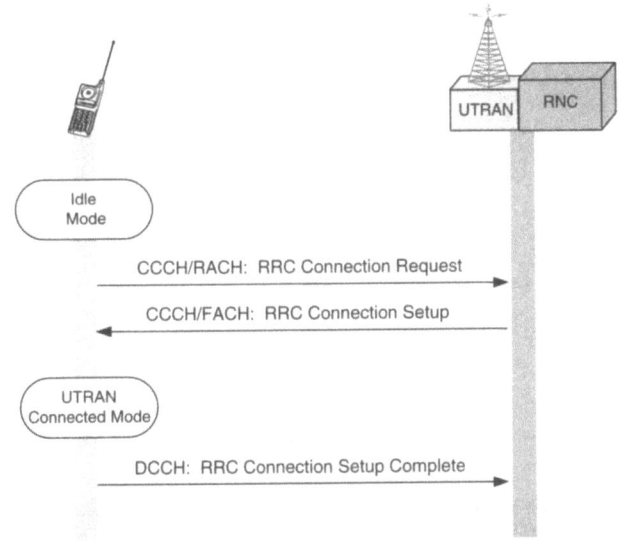

Abbildung 7.48: Aufbau einer RRC-Verbindung

Als Resultat einer Anforderung des Non-Access Stratums muss eine Signalisierungsverbindung zwischen dem mobilen Endgerät und dem Kernnetz hergestellt werden, die zusammen aus RRC- und I_u-Verbindung gebildet wird. Das mobile Endgerät initiiert die Prozedur zum Verbindungsaufbau nur im Idle Mode. Zwischen Endgerät und UTRAN kann es maximal eine RRC-Verbindung geben. Mehrere Signalisierungsverbindungen zwischen Kernnetz und Endgerät teilen sich die einzige RRC-Verbindung. Die Kanäle in der Abbildung beziehen sich entweder auf logische- oder Transportkanäle.

Messungen Die vom mobilen Endgerät durchzuführenden Messungen werden über RRC-Protokolle vom RNC gesteuert. Dabei werden die zu messenden Werte, der Zeitpunkt der Messung und die Art und Weise der Berichterstattung spezifiziert.

Die Steuerung der Messungen wird im Standard sehr flexibel geregelt. Der Serving RNC kann im Prinzip den Beginn, das Ende oder die Modifikation einer Reihe von parallelen Messungen im Endgerät veranlassen. Insbesondere kann jede dieser Messungen und die Form der Berichterstattung an den RNC individuell eingestellt werden.

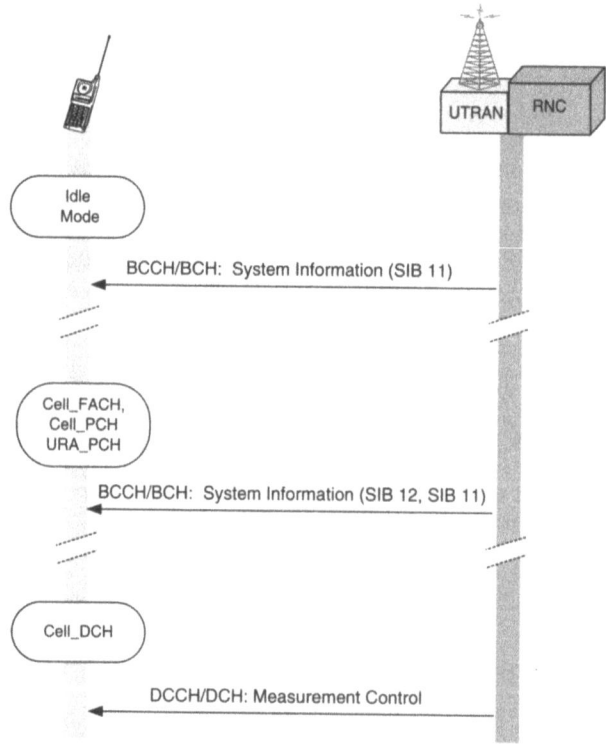

Abbildung 7.49: Messprozedur

Die Nachrichten zur Steuerung der Messung werden auf dem logischen BCCH gesendet, welcher auf den BCH Transportkanal abgebildet wird. Üblicherweise wird die auf dem Broadcast Kanal übertragene Systeminformation in sogenannte *System Information Blocks (SIBs)* gruppiert, welche Informationen zu einem speziellen Thema zusammenfassen. Die Systeminformationen zur Steuerung der Messungen sind in SIBs vom Typ 11 und Typ 12 enthalten. Eine Mobilstation, die sich im Cell_DCH befindet, kann auch über eine dedizierte *Measurement Control* Nachricht angesprochen werden. In Abbildung 7.49 sind die verschiedenen Fälle dargestellt.

Die Nachrichten zur Messteuerung enthalten die folgenden Parameter: *Measurement Identity Number, Measurement Command, Measurement Type, Measurement Objects, Measurement Quantity, Measurement Reporting Criteria* und *Reporting Mode*.

Mögliche Messkommandos sind Aufbau, Modifikation oder Abbau der Messung. Insgesamt werden 7 Typen von Messungen unterschieden. Dabei kann unter anderem die Qualität im Downlink gemessen werden (z.B. *Downlink Transport Channel Block Error Rate*), aber auch Verkehrsmessungen im Uplink sind möglich (z.B. *RLC Buffer Payload* für jeden Radio Bearer). Des Weiteren können auch Werte zur Leistungssteuerung gemessen werden. Typische Werte berücksichtigen die Sendeleistung beziehungsweise die empfangene Signalstärke auf den physikalischen Funkkanälen. Die Messungen im Downlink können dieselbe Frequenz, andere Frequenzen innerhalb der aktiven Menge aber auch Frequenzen anderer Zugangsnetze (z.B. GSM) betreffen. Bei den Kriterien, welche den Messvorgang steuern, kann zwischen periodischer und ereignisorientierter Messung ausgewählt werden. Das mobile Endgerät kann veranlasst werden, die Messwerte mit Hilfe des bestätigten oder unbestätigten RLC-Modus zu übertragen.

Die Messberichte werden vom Endgerät initiiert, sobald die Kriterien zur Berichterstattung erfüllt sind, wie in Abbildung 7.50 gezeigt. Das Endgerät verschickt einen *Measurement Report*, der insbesondere die *Measurement Identity Number* zusammen mit den Messergebnissen enthält. Die *Measurement Report* Nachricht kann nur im Cell_DCH Zu-

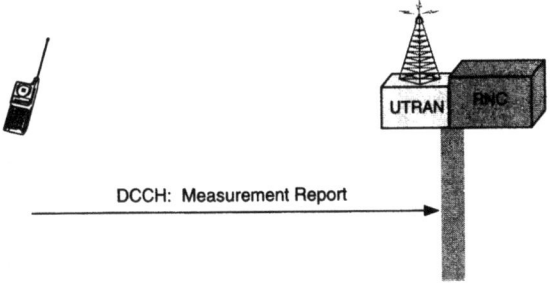

Abbildung 7.50: Messberichte Prozedur

stand versendet werden. Im Cell_FACH Zustand können nur Verkehrsmesswerte versendet werden. In den Zuständen Cell_PCH und URA_PCH können ebenfalls Verkehrsmesswerte versendet werden, das Endgerät muss dazu allerdings kurzfristig den Cell_DCH Zustand eingenommen haben.

Active Set Update Ein mobiles Endgerät, welches sich im Cell_DCH Zustand befindet, kann mit Hilfe der *Active Set Update* Prozedur die aktuelle Menge der aktiven Feststationen, welche die Verbindung zwischen dem Endgerät und dem UTRAN realisieren, anpassen. In Abbildung 7.51 wird dieser Sachverhalt gezeigt. Im Prinzip können drei Funktionen realisiert werden: Hinzufügen, Löschen einer Funkverbindung und eine

Kombination von beiden Funktionen. Die maximale Anzahl der aktiven Funkverbindungen, die parallel unterhalten werden können, beträgt 8. Mit Hilfe des entsprechenden Update-Kommandos können prinzipiell alle 8 Funkverbindungen gelöscht werden.

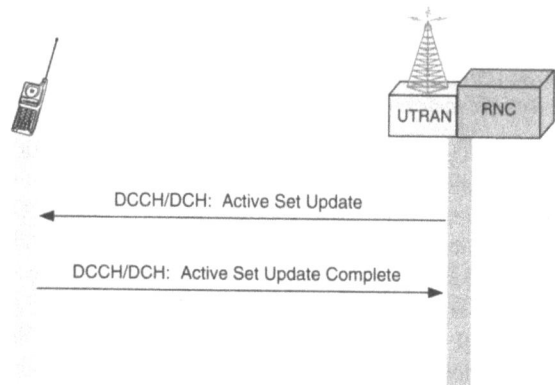

Abbildung 7.51: Active Set Up Prozedur

Hard Handover Für den Fall, dass Makrodiversität nicht unterstützt wird, kann mit Hilfe der *Hard Handover* Prozedur die aktuelle Funkzelle bei gleichbleibender Frequenz gewechselt werden. Der Wechsel der aktuell verwendeten Funkfrequenz, welche zwischen Endgerät und UTRAN verwendet wird, ist ebenso möglich. Mit Hilfe dieser Prozedur kann auch ein Wechsel zwischen den beiden Modi FDD und TDD veranlasst werden. Ein Hard Handover Kommando ist nur im Zustand Cell_DCH möglich.

Inter-System Handover Bei einem Inter-System Handover können zwei Fälle unterschieden werden. Ein mobiles Endgerät wechselt aus UTRAN in ein anderes PLMN beziehungsweise aus einem anderen PLMN in UTRAN. In Abbildung 7.52 ist die entsprechende Prozedur für den ersten Fall aufgezeigt. Diese Art von Handover ist nur dann möglich, wenn das mobile Endgerät zum aktuellen Zeitpunkt mindestens einen *Radio Access Bearer* für die *Circuit Switched* Domain in Verwendung hat.

In der Abbildung 7.52 ist das Zielsystem ein GSM-Netz. Die Spezifikation erlaubt allerdings auch Handover in andere PLMNs. Die Inter-System Handover Prozedur ist aus den beiden Zuständen Cell_DCH und Cell_FACH heraus möglich. Das Endgerät empfängt die notwendigen Nachbarzellparameter entweder über eine *System Information* Nachricht oder eine *Measurement Control* Nachricht. Diese Werte sind nötig, um potentielle GSM Nachbarzellen zu bewerten. Auf der Basis aller Parameter wird im RNC die Handoverentscheidung getroffen. Nachdem die entsprechenden Betriebsmittel von GSM BSS reserviert sind, überträgt der RNC eine *Handover From UTRAN Command* Nachricht an das mobile Endgerät, welches im Huckepackverfahren ein *GSM Handover Command* trägt. Danach übernimmt das RRC Protokoll in GSM die Kontrolle im mobilen Endgerät und sendet eine *GSM Handover Access* Nachricht an den entsprechenden GSM BSC. Schließlich initiiert das GSM BSS nach erfolgreichem Abschluss des Handovervorgangs die Freigabe der für das Endgerät reservierten Betriebsmittel in UTRAN.

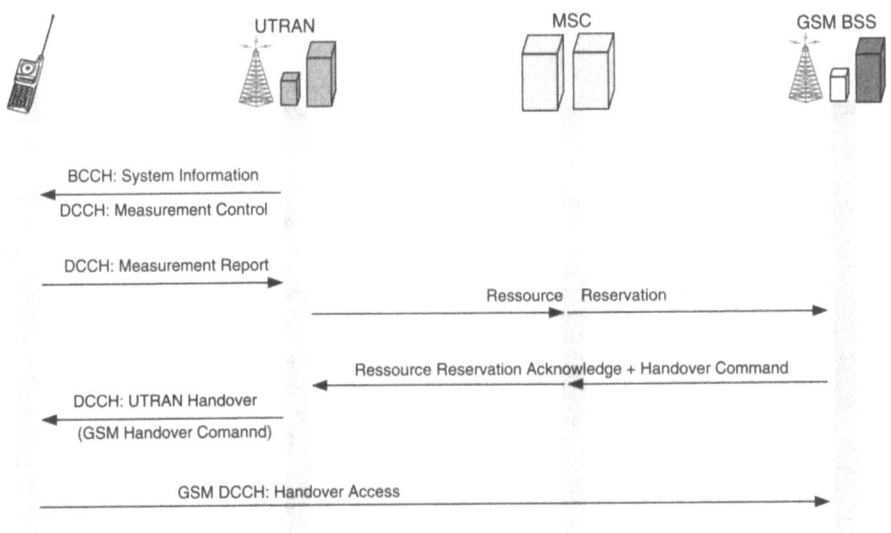

Abbildung 7.52: Inter-System Handover Prozedur

Cell Update Die Gründe für die *Cell Update* Prozedur sind vielfältig. Üblicherweise erfolgt ein Cell Update, wenn eine neue Funkzelle ausgewählt wurde. Daneben kann diese Prozedur als Folge eines vom UTRAN initiierten Paging Kommandos erfolgen. Die Anforderung in periodischen Abständen beziehungsweise aufgrund eines Fehlers ist ebenso möglich. In Abbildung 7.53 wird der typische Ablauf gezeigt.

Die von UTRAN gesendete *Cell Update Confirm* Nachricht enthält in der Regel Informationen zur Mobilität, wie beispielsweise die neue *Radio Network Temporary Identity (RNTI)*. In diesem Fall antwortet das Endgerät mit einer *UTRAN Mobility Information Confirm* Nachricht, so dass nun der RNC davon ausgehen kann, dass die neuen Identifikatoren vom Endgerät verwendet werden.

Die vom RNC gesendete *Cell Update Confirm* Nachricht kann unter anderem auch Kommandos zur Freigabe beziehungsweise Rekonfiguration eines Radio Bearers enthalten. Kommandos zur Rekonfiguration des logischen- beziehungsweise Transportkanals sind auch möglich. In diesen Fällen muss das Endgerät mit den entsprechenden *Complete* Nachrichten antworten.

7.4.10 Radio Ressource Management

Im *Radio Ressource Management (RRM)* sind alle Prozeduren und Algorithmen zur effizienten Verwendung der von der Funkschnittstelle angebotenen Betriebsmittel zusammengefasst [103]. Mit Hilfe des RRM kann die geforderte Dienstgüte sichergestellt werden und gleichzeitig die Systemkapazität maximiert werden.

Die wesentlichen Aufgaben des RRM betreffen Leistungssteuerung *(Power Control)*, Zellenauswahl *(Cell Selection)*, Zugangskontrolle *(Admission Control)*, Handover, Verkehrs-

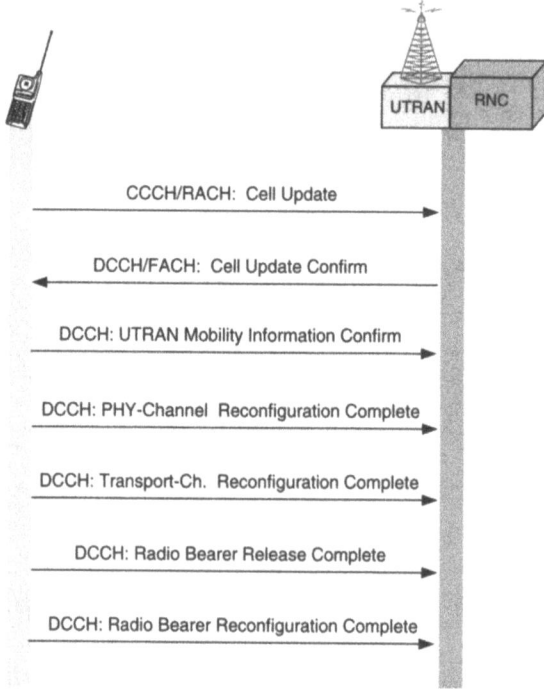

Abbildung 7.53: Cell Update Prozedur

auslastung *(Load Control)* und Funktionen zum Scheduling von Paketen. Zur Implementierung des RRM wird im Wesentlichen die RRC-Schicht verwendet. Alle darunter liegenden Schichten PHY, MAC und RLC werden mit Hilfe des RRM überwacht beziehungsweise koordiniert.

Beim Betrieb von CDMA-basierten Mobilfunknetzen kommt der Leistungssteuerung eine besondere Bedeutung zu. Dieser Sachverhalt wurde bereits in Abschnitt 7.3.4.1 diskutiert. Es ist klar, dass alle wichtigen RRM-Aufgaben in enger Beziehung zur Leistungssteuerung zu sehen sind. In den folgenden Unterabschnitten werden die Aspekte der Zellenauswahl, Zugangskontrolle und Handover näher erläutert.

7.4.10.1 Zellenauswahl

Eine im Idle Mode befindliche Mobilstation, die also aktuell eingebucht, aber an keinem Gespräch beteiligt ist, muss immer mit mindestens einer Feststation assoziiert sein. Falls zu einem späteren Zeitpunkt die Mobilstation eine Verbindung aufbauen will beziehungsweise vom Netz dazu aufgefordert wird, kann die Kommunikation mit dem Netz über die assoziierte Feststation stattfinden.

Eine Mobilstation, die sich in ein Mobilnetz anmeldet (einbucht), muss zunächst eine Funkzelle auswählen, mit der sie sich assoziieren kann. Bei einer im Netz bereits eingebuchten Mobilstation kann aufgrund der Mobilität der Vorgang der Assoziierung beim

Wechsel der Funkzelle erneut notwendig werden. Bei der Entscheidung, mit welcher Feststation eine Assoziierung stattfinden soll, spielt die Leistung eine entscheidende Rolle. Um die benötigte Leistung zu reduzieren, sollte eine Assoziierung möglichst immer mit der Feststation erfolgen, von der die stärkste Sendeleistung empfangen wird *(Best Choice)*. In der Regel kann dies aber nicht garantiert werden. Stattdessen kann die Assoziierung mit (irgend-) einer ausreichenden Feststation erfolgen, falls eine spätere Umleitung der Verbindung zur *besten* Feststation vom Mobilnetz sichergestellt ist.

Bei einem CDMA basierten Mobilnetz kann im Gegensatz zu einem FDMA/TDMA Netz, wie beispielsweise GSM, die Frage nach der besten Feststation nicht so einfach geklärt werden. In GSM beispielsweise wird eine Mobilstation der Feststation zugeordnet, von der sie die stärkste Signalstärke empfängt. Falls diese belegt ist, also alle an der Feststation verfügbaren Funkkanäle aktuell von anderen Mobilstationen verwendet werden, kann das Netz die Mobilstation einer Nachbarzelle zuweisen. Da in der Regel der Pfadverlust zu einer Nachbarzelle größer ist, wird so die Qualität im Downlink an der Mobilstation verschlechtert. Darüber hinaus wird die von der Mobilstation verursachte Interferenz (im Uplink) erhöht, da bei der Planung des Netzes die Verwendung des Nachbarkanals (Frequenz beziehungsweise Zeitschlitz) nicht vorgesehen war.

In einem CDMA-basierten System bedingt das Problem der Zellenauswahl eine durchaus höhere Komplexität. Tatsächlich besteht in UMTS die wichtigste Aufgabe des Radio Ressource Managements darin, die insgesamt im Uplink ausgestrahlte Leistung zu minimieren. Dabei muss insbesondere das Nah-Fern-Problem geeignet berücksichtigt werden, siehe auch Abschnitt 7.3.4.1. Eine Mobilstation sollte daher mit der Feststation assoziiert werden, mit der eine Kommunikation mit minimaler Leistung möglich ist. Im Gegensatz zu GSM muss das nicht immer die Feststation sein, von der die stärkste Signalstärke empfangen wird *(Best Server)*. Damit das von der Mobilstation versendete Signal korrekt decodiert werden kann, muss die an der Feststation empfangene Signalstärke nur hinreichend gross sein, und zwar im Verhältnis zu den anderen an der Feststation empfangenen Signalen.

Die von der Mobilstation ausgestrahlte Sendeleistung ist also eine von der aktuellen Last (der Feststation) abhängige Funktion. Die aktuellen Kanalbedingungen spielen dabei ebenso eine Rolle. Zur Lösung des Zuordnungsproblems muss als Funktion der aktuellen Last die Summe aller Ausbreitungsverluste und der gemessene Interferenzpegel minimiert werden. Die Feststation, welche diese Bedingungen erfüllt, wird in CDMA *Best Choice* genannt.

7.4.10.2 Zugangskontrolle

In UMTS verursacht die Hinzunahme einer neuen Mobilstation immer eine graduelle Verschlechterung der Systemqualität. Inwieweit eine solche Qualitätsverschlechterung toleriert und damit der neuen Mobilstation der Zugang erlaubt werden kann, hängt im Wesentlichen von der aktuellen Funksituation und Auslastung aus. Die genaue Anzahl der Mobilstationen, die vom Netz bedient werden können, ist nicht a-priori bekannt. Man spricht daher von *Soft Capacity*. Im Gegensatz dazu ist in GSM die Anzahl der verfügbaren Funkkanäle (Frequenzen und Zeitschlitze) a-priori bekannt. Falls zu einem Zeitpunkt die der Feststation fest zugewiesenen Kanäle vergeben sind, können in der

Regel keine weiteren Verbindungen angenommen werden. Man spricht in diesem Fall von *Hard Capacity*.

Insbesondere verursacht jede Mobilstation, die nicht der besten Feststation zugeordnet wird, insgesamt eine Verschlechterung der Systemqualität. Die Entscheidung, ob eine neue Mobilstation beziehungsweise Verbindung vom System noch toleriert werden kann, wird in UMTS von der Zugangskontrolle *(Admission Control)* getroffen. Um die Systemqualität insgesamt sicherzustellen, kann es passieren, dass ein neuer Wunsch abgelehnt wird, obwohl noch Funkbetriebsmittel verfügbar sind.

Das Problem der Zugangskontrolle wird durch die in UMTS verwendete Makrodiversität entschärft. Falls eine im Netz bereits eingebuchte Mobilstation über die assoziierte Feststation keine Verbindung erhalten würde, könnte trotzdem die Verbindung unter Umständen mit Hilfe einer anderen Feststation aus der Menge der aktiven Feststationen aufgebaut werden.

Die bei der Zugangskontrolle benutzten Algorithmen verwenden eine Reihe von unterschiedlichen Kriterien. Dabei spielt natürlich die maximal tolerable Interferenz im gesamten System die entscheidende Rolle. Eine Mobilstation, welcher der Zugang beziehungsweise eine neue Verbindung gestattet wird, verursacht eine Erhöhung der Interferenz. Als Folge wird die im Uplink an der Feststation empfangene, vom angeforderten Dienst abhängige Sendeleistung erhöht.

Die Anzahl der Mobilstationen beziehungsweise Verbindungen, die von der Feststation maximal bedient werden können, hängt nur von der maximalen Sendeleistung ab, die von der Feststation im Downlink ausgestrahlt werden kann. Aufgrund der im Downlink verwendeten orthogonalen Codes lassen sich alle Signale korrekt dekodieren.

Zur Lösung der Zugangskontrolle können bei der Netzplanung Zugangsentscheidungen a-priori getroffen werden. Dazu können Schätzungen der Dienstprofile der Benutzer herangezogen werden. Um während des Netzbetriebes trotzdem eine flexible Kontrolle zu erlauben, kann beim Zugang die Dienstgüte zwischen Netz und Mobilstation verhandelt werden. Als Resultat kann beispielsweise die Mobilstation zur Reduktion der Systemleistung eine geringere Bitrate akzeptieren.

7.4.10.3 Soft Handover

In Abschnitt 7.1.3.2 wurde der Zusammenhang zwischen Makrodiversität und Soft Handover bereits erläutert. Die Realisierung eines Soft Handovers wird erst durch die Makrodiversität möglich. Mit Hilfe von Soft Handovern kann insbesondere die insgesamt im System ausgestrahlte Sendeleistung reduziert und damit letztendlich die Systemkapazität erhöht werden.

Die beim Soft Handover verwendeten Algorithmen hängen im Wesentlichen ab von der Art wie die Messwerte erhoben werden und die eigentliche Durchführung realisiert wird, siehe auch Abschnitt 7.3.4.6. Im Folgenden wird eine einfache Variante zur Verwaltung der Menge der aktiven Feststationen *(Active Set)* erläutert.

Ein mobiles Endgerät, das einer Menge von aktiven Feststationen zugeordnet ist, empfängt von jeder dieser Stationen ein Referenzsignal. Falls nun während einer bestimmten Zeitdauer ΔT von einer Feststation j ein Leistungspegel empfangen wird, der deutlich unter dem Signalpegel liegt, der von der besten Feststation j_{best} empfangen wird, wird j aus der Menge der aktiven Feststationen entfernt. Der Unterschied wird durch einen Schwellwert spezifiziert, auf dem zusätzlich eine Hysterese berücksichtigt wird.

Im umgekehrten Fall wird im Wesentlichen eine neue Feststation j zur Menge der Aktiven hinzugefügt, falls die maximale Anzahl noch nicht erreicht ist. Falls die Menge der aktiven Feststationen bereits vollständig ist, wird die neue Feststation f_{new} während der Zeitdauer ΔT mit der aktuell schlechtesten f_{worst} in der Menge verglichen. Falls sich diese um einen bestimmten Schwellwert zugunsten der neuen Feststation unterscheidet, wird die schlechteste f_{worst} durch die neue Feststation f_{new} ausgetauscht.

7.5 Kernnetz

Wie in Kapitel 7.2 bereits ausgeführt wurde, besteht die Architektur von UMTS aus Zugangs- und Kernnetz. Zur Realisierung des Kernnetzes können prinzipiell zwei Ansätze herangezogen werden. Beim leitungsvermittelten Kernnetz *(Circuit Switched Core, CS Core)* sind im Wesentlichen die aus GSM bekannten Hauptelemente MSC (Mobile Service Switching Centre), HLR (Home Location Register) und GMSC (Gateway MSC) vorgesehen, wobei das VLR (Visitor Location Register) im MSC angesiedelt ist. Das paketvermittelte Kernnetz *(Packet Switched Core, PS Core)* besteht aus den aus GPRS bekannten Komponenten, SGSN (Serving GPRS Support Node) und GGSN (Gateway GPRS Support Node). Mit Hilfe eines erweiterten Funktionsumfanges können alle Elemente in UMTS weiterverwendet werden.

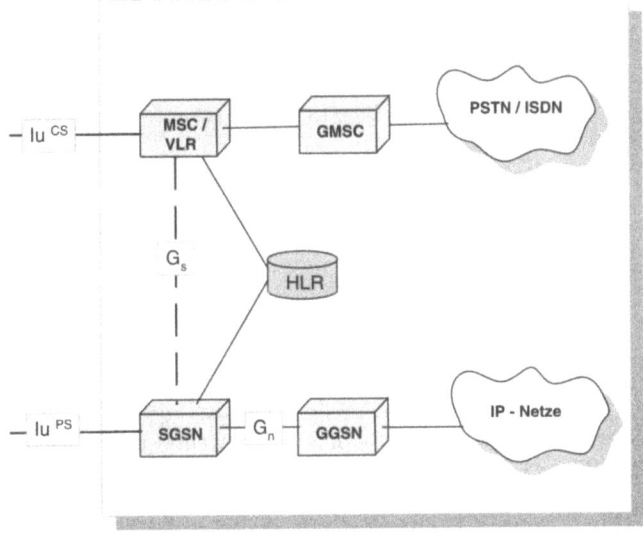

Abbildung 7.54: UMTS-Kernnetz

In Abbildung 7.54 sind beide Varianten dargestellt. Das leitungsvermittelte Kernnetz benötigt zur Übertragung von Sprachverkehr typischerweise ein leitungsvermitteltes Fernsprechnetz (ISDN). Beim paketvermittelten Kernnetz wird selbstverständlich eine paketvermittelte Technologie verwendet, die typischerweise im Internet vorgefunden wird. Die Anbindung mit dem Zugangsnetz erfolgt über verschiedene Schnittstellen. Das entsprechende Interface I_u wurde dazu in die beiden Teilschnittstellen I_u^{CS} und I_u^{PS} aufgeteilt.

7.5.1 Leitungsvermitteltes Kernnetz

Die leitungsvermittelte Variante entspricht zu einem großen Anteil der in GSM verwendeten Architektur. Um die neue, auf CDMA basierende Funkschnittstelle bedienen zu können, muss das GSM-Zugangsnetz BSS durch UTRAN ersetzt werden. Daher wird in der Regel eine *UMTS MSC (UMSC)* mit beiden Kernnetztypen ausgestattet. Die restlichen Schnittstellen und Signalisierungsprotokolle können größtenteils aus GSM übernommen werden. In Abbildung 7.55 wird diese Variante graphisch dargestellt.

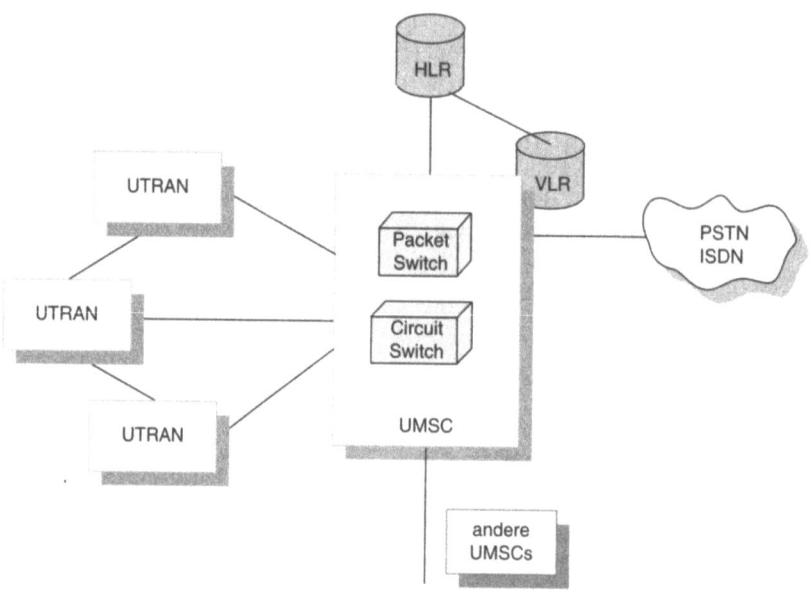

Abbildung 7.55: Leitungsvermitteltes Kernnetz

Die relevante Veränderung im Vergleich mit GSM stellt die neue, auf der Funkschnittstelle verwendete Technologie dar, siehe auch Abschnitt 7.1.3. Die auf CDMA basierte Funkschnittstelle ermöglicht höhere Bitraten und unterstützt damit auch flexiblere Dienste. Im Gegensatz zu GSM, bei dem im Wesentlichen ein Sprachkanal der Bitrate von 9.6 kBit/s angeboten wird, sollen hier Bitraten unterstützt werden, die deutlich über den in aktuellen Festnetzen üblichen 64 kBit/s liegen.

In den folgenden Unterabschnitten werden die relevanten Besonderheiten des leitungsvermittelten Kernnetzes diskutiert. Diese betreffen die im Transportnetz verwendete Technologie, die bezüglich des Handovers eingeführten Innovationen (Streamlining), die Positionierung des Transcoders und die beim Multimedia Call Control verwendeten Verfahren.

7.5.1.1 Transportnetz

In UMTS ist von Anfang an eine Kooperation mit internetartigen Netzen vorgesehen. Daher muss im Prinzip jedes Kernnetz neben der leitungsvermittelten Kernnetzvariante auch Paketvermittlung unterstützen. Im Gegensatz zu GPRS, welches als eigenständiges Netz separat neben GSM entwickelt wurde, sollen in UMTS Telefonie und Datendienste in ein einziges Netz integriert werden. Das verwendete Transport- und Vermittlungsnetz muss diesem Sachverhalt unbedingt Rechnung tragen.

Eine Transporttechnologie, die flexible Datenübertragung beliebiger Bitraten erlaubt und gleichzeitig auch zeitkritische (Telefonie-) Dienste unterstützt, kann nur ATM heißen. In den Abschnitten 7.4.2 und 7.4.3 wurde dieser Sachverhalt bereits ausführlich beschrieben.

7.5.1.2 Streamlining

Bei der Umsetzung eines Handovers ist in UMTS im Gegensatz zu GSM eine Beteiligung des MSCs in Echtzeit nicht notwendig. Aufgrund der in UTRAN eingeführten I_{ur} Schnittstelle, welche zwei RNCs miteinander verbindet, kann der unmittelbare Handover ohne direkte Kommunikation mit dem MSC erfolgen. In Abbildung 7.35 in Abschnitt 7.4.1 werden die Komponenten von UTRAN erläutert. Da beim Handover die MSC nicht synchronisiert werden muss, kann der Handovervorgang in UTRAN erheblich einfacher und dadurch deutlich schneller umgesetzt werden.

In Abbildung 7.56 ist ein solcher, sogenannter *Streamlining Handover* skizziert. Ein mobiles Endgerät, welches einen Handover durchführen will, verwendet die I_{ur} Schnittstelle, um die Verbindung vom aktuellen RNC zum neuen RNC weiterzuleiten *(Streamlining)*. Erst danach wird die Verbindung im MSC vom alten RNC auf den neuen RNC weitervermittelt. Der Aufbau der Teilverbindung vom UMSC zum neuen RNC beziehungsweise der Abbau der Teilverbindung zum alten RNC kann anschließend, in Nicht-Echtzeit erfolgen.

Durch die Verzögerung der Weitervermittlung im UMSC können auch die sogenannten Pingpongeffekte vermieden werden. Ein mobiles Endgerät, welches sich in einem GSM Netz an der Grenze zwischen zwei benachbarten BSCs bewegt, würde unter gewissen Umständen für einen kurzen Zeitraum mehrere Weitervermittlungen zwischen den beiden beteiligten BSCs am MSC erfordern. Dies liegt daran, dass ein in GSM initiierter Handover immer sofort auch im MSC durchgeführt werden muss. In Abbildung 7.57 ist ein solcher Inter-BSC Handover in GSM gezeigt.

7.5.1.3 Transcoder

Die zur Verfügung stehende Funkressource stellt in allen Mobilfunksystemen ein begrenztes Betriebsmittel dar. Um eine effiziente Nutzung des Frequenzspektrums zu erreichen, sollte die Sprachcodierung auf der Funkschnittstelle mit dem größtmöglichen Kompressionsfaktor erfolgen. Während in GSM durch die Sprachcodierung eine feste Bitrate von 13 kbit/s erzielt wird, sind die neuen Codecs in UMTS in der Lage, eine variable Bitrate zu erreichen, die im Bereich zwischen 4 und 13 kbit/s liegt.

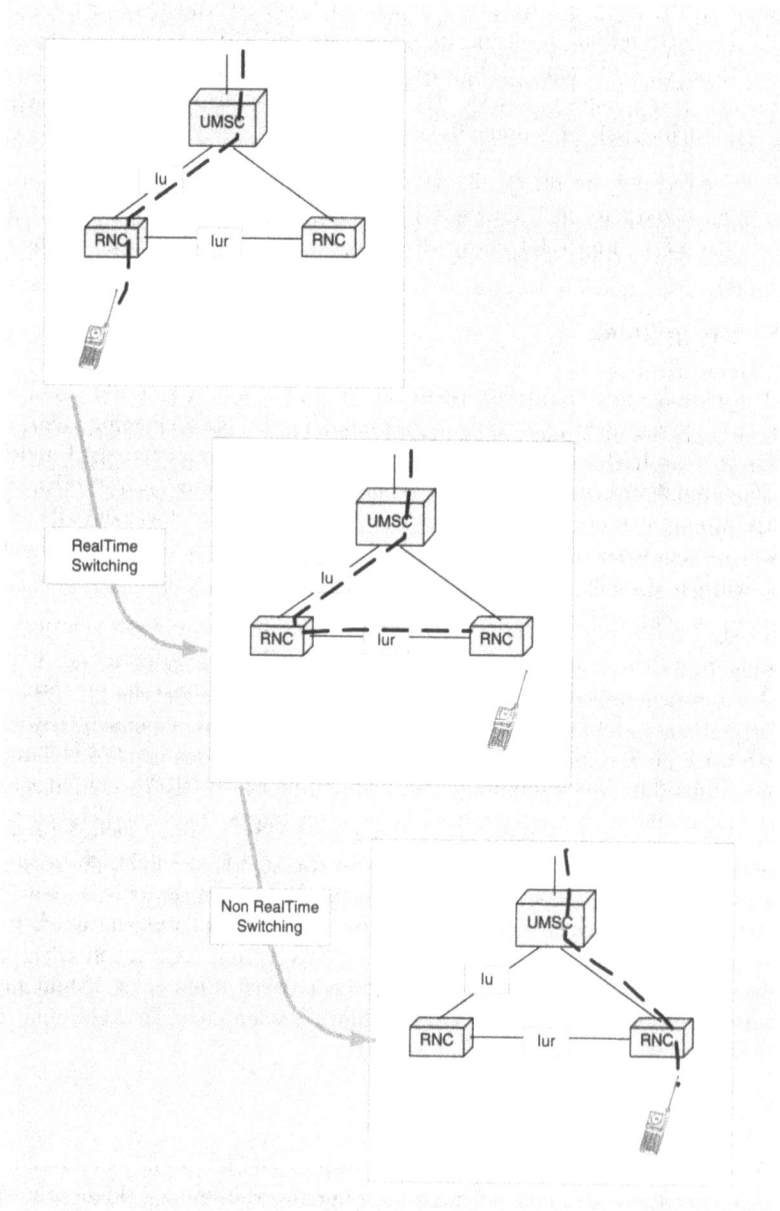

Abbildung 7.56: Streamlining Handover in UMTS

7.5 Kernnetz

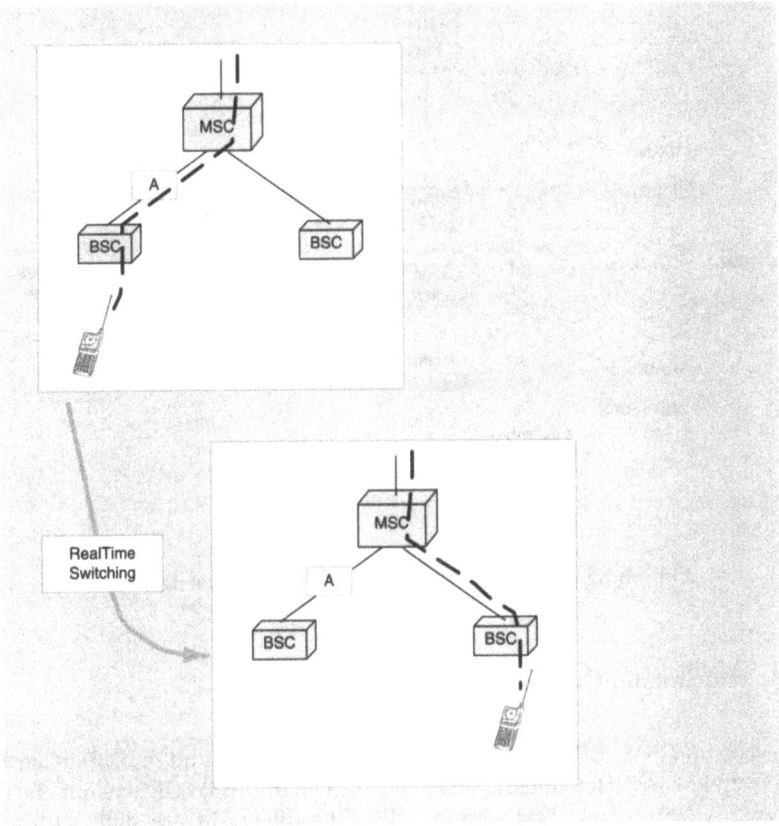

Abbildung 7.57: Inter-BSC Handover in GSM

Innerhalb der Festnetze wird üblicherweise eine Bitrate von 64 kbit/s (PCM) verwendet. Damit eine Kommunikation zwischen beiden Netzen, Mobil- und Festnetz, möglich ist, müssen insbesondere auch die Bitraten angepasst werden. Aus der Sicht des Mobilfunknetzes ist es günstiger, diese Anpassung so spät wie möglich vorzunehmen, also an der Grenze des Mobilfunksystems. Innerhalb des mobilen Netzes sollte nur die kleinere Bitrate verwendet werden. Die günstigste Positionierung der Transcoder wird in Abbildung 7.58 illustriert. Im Gegensatz dazu findet in GSM das Transcoding im MSC statt. Die Transportnetze, welche die einzelnen MSCs miteinander verbinden, müssen dazu also 64 kbit/s zur Verfügung stellen.

Die in UMTS übliche Positionierung der Transcoder hat allerdings auch einen Nachteil. Der Vorteil, die Bandbreite im mobilen Netz möglichst effizient zu nutzen, muss mit einem homogenen Transportnetz erkauft werden. Statt wie in GSM üblich zwischen den MSCs die bekannte PCM-Struktur zu verwenden, muss nun überall im mobilen Transportnetz die auf der ATM-Technologie aufbauende AAL2-Variante verwendet werden.

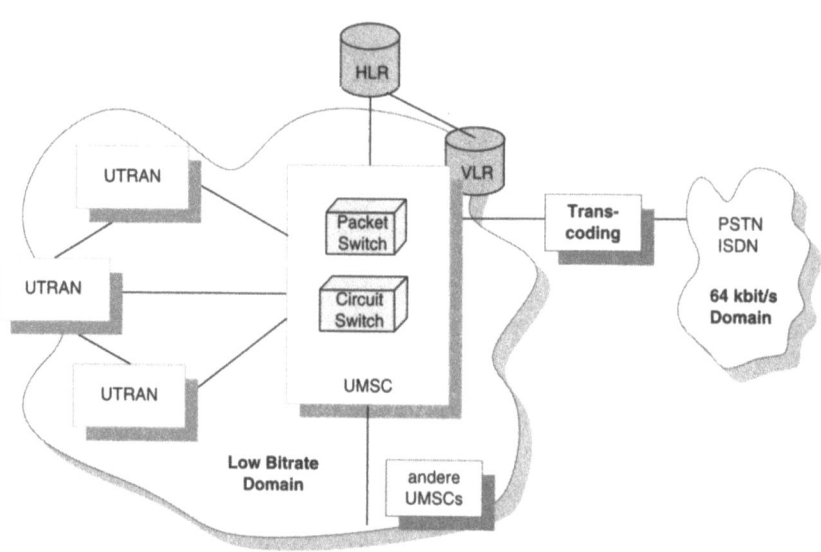

Abbildung 7.58: Positionierung der Transcoder in UMTS

7.5.1.4 Multimedia Call Control

Im Gegensatz zu GSM, welches eine maximale Bitrate von 9 kbit/s (Datendienst) beziehungsweise 13 kbit/s (Telefondienst) anbietet, können in UMTS Dienste mit einer Bitrate von bis zu 2 Mbit/s unterstützt werden. Mit Hilfe dieser Bitrate sind natürlich mobile Sitzungen denkbar, die eine ganze Reihe von unterschiedlichen Medien verwenden. Beispielsweise kann während einer Telefonverbindung zusätzlich eine Videoverbindung dazugeschaltet und gleichzeitig eine Datei übertragen werden.

Um eine flexible Handhabung mobiler Sitzungen zu ermöglichen, ist in UMTS eine Erweiterung der Verbindungskontrolle notwendig. Mit Hilfe einer solchen multimedialen Verbindungskontrolle *(Multimedia Call Control)* wird es möglich, ganze Bündel von Verbindungen zu schalten beziehungsweise während einer laufenden Sitzung einzelne Verbindungen aufzubauen, zu modifizieren und zu entfernen. Bei der Modifikation einer bereits etablierten Verbindung kann im Wesentlichen die Dienstgüte verändert werden.

Um dem Anspruch einer Multimedia Call Control gerecht zu werden, gibt es im Grunde nur zwei Möglichkeiten. Dazu kann entweder ein eigener Standard neu entwickelt oder ein bereit existierender Standard wiederverwendet werden.

Bei dem in UMTS verwendeten Ansatz wurde eine Kombination von *GSM Call Control* und der *H.324*-Protokollfamilie wiederverwendet. Eine Sitzung zwischen zwei Parteien wird mit Hilfe von GSM Call Control eingerichtet und entspricht in etwa dem aktuellen Aufbau einer herkömmlichen Gesprächsverbindung. Um verschiedene Medien (Audio, Video, Data) während einer Sitzung hinzuzufügen, zu modifizieren beziehungsweise zu entfernen, kann beispielsweise das H.323-Protokoll verwendet werden. Die übergeordnete H.324-Protokollfamilie wird häufig im Internet zur Verwaltung von multimedialen Anwendungen herangezogen.

7.5.2 Paketvermitteltes Kernnetz

Ein großer Anteil der im aktuellen GPRS (Global Packet Radio System) verwendeten Funktionen und Elemente wird nahezu unverändert in UMTS, in der paketvermittelten Variante, verwendet. Die GPRS-Architektur wurde bereits in Abschnitt 7.1.3.5 vorgestellt. Von der ETSI entworfen, ist das Ziel von GPRS die Bereitstellung eines integrierten Standards für leitungs- und paketorientierte Vermittlung. In den USA wurde GPRS von der *Telecommunication Industry Association (TIA)* als Standard für die auf TDMA/136 basierenden Datendienste übernommen.

Mit Hilfe von GPRS können Datenpakete versendet und empfangen werden. Auf diese Weise kann bereits in GSM der effiziente Zugang zu IP-basierten Netzen über die Funkschnittstelle unterstützt werden. In den folgenden Unterabschnitten wird zunächst ein Überblick des GPRS Netzes vorgestellt. Anschließend werden die, im Verhältnis zu GPRS in UMTS realisierten Innovationen erläutert. Schließlich wird die zukünftige All-IP-Netzarchitektur diskutiert [80].

7.5.2.1 Überblick des GPRS Netzes

In Abbildung 7.59 wird die logische Architektur gezeigt. Im Wesentlichen wird die bekannte GSM-Netzarchitektur für den Paketdienst um drei Netzelemente erweitert.

Der *Gateway GPRS Support Node (GGSN)* ist die Schnittstelle zu externen Netzen *(Packet Data Networks, PDNs)*. Vom SGSN kommende GPRS-Pakete werden beispielsweise in IP oder X.25 konvertiert. In der Gegenrichtung werden die Paketprotokolladressen ausgewertet, auf die IMSI der jeweiligen Mobilstationen umgesetzt und an den zuständigen SGSN gesendet.

Das Interworking findet im *Serving GPRS Support Node (SGSN)* statt, welcher zur funktionalen Unterstützung der Mobilstationen beiträgt. Der SGSN ist innerhalb eines gewissen Zuständigkeitsbereichs für die Zustellung der Datenpakete von und zu den Mobilstationen verantwortlich. Zu seinen Aufgaben gehört insbesondere das Mobilitätsmanagement *(Mobility Management)* und das Management der logischen Verbindungen *(Logical Link Management)*.

Die Routing- und teilnehmerspezifische Information wird im *GPRS-Register (GR)* gespeichert. Das *GR* kann als Teilbereich des GSM-HLR interpretiert werden. Zur Mobilitätsverwaltung wird der Eintrag im HLR um einen Verweis auf den aktuellen SGSN des GPRS-Teilnehmers erweitert (GR). Die GPRS-spezifischen Teilnehmerdaten und die aktuelle Adresse des verwendeten Paketprotokolls *(Packet Data Protocol PDP)* werden ebenfalls dort gespeichert.

Die Dienstzentralen zur Abwicklung der Kurzmitteilungen *(Short Message Service GMSC, SMS-GMSC)* müssen ebenfalls geeignet angepasst werden.

Der eigentliche Datenverkehr wird in GPRS also über den SGSN abgewickelt, das MSC wird nur zur Signalisierung verwendet. Bei der Aufteilung der Funktionalitäten zwischen MSC und SGSN spielen wirtschaftliche Überlegungen eine große Rolle. Ein SGSN kann einem einzelnen MSC zugeordnet werden beziehungsweise auch mehrere MSCs versorgen. Im Prinzip können für die SGSNs auch eigene Versorgungsbereiche definiert werden,

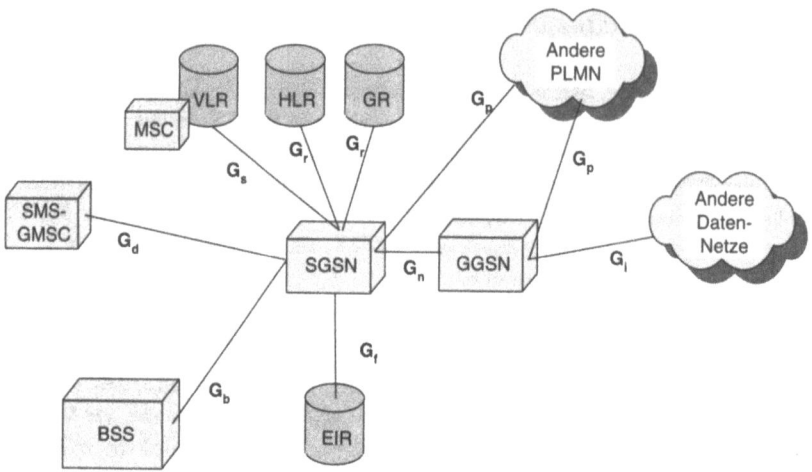

Abbildung 7.59: Logische GPRS Architektur

welche weitgehend unabhängig von denen der MSCs sind. Alle GSNs sind über ein IP-basiertes GPRS-Transportnetz miteinander verbunden. Innerhalb dieses Netzes werden die PDN-Pakete von den GSNs gekapselt und untereinander mittels des *GPRS Tunnelling Protocols (GTP)* übertragen (getunnelt).

Im Vergleich zu GSM werden mit Rücksicht auf das veränderte Teilnehmerverhalten die Lokalisierungszonen in einem GPRS-Netz wesentlich kleiner gestaltet. Der typische mobile Internetnutzer zeigt eher ein nomadisches Bewegungsverhalten, welches durch seltene Veränderung der aktuellen Position charakterisiert ist. Die Veränderung des Aufenthaltsorts kann mit einem Umzug verglichen werden, während des Vorgangs ist die Aufrechterhaltung der Verbindung in der Regel nicht erforderlich. In GPRS werden diese Zonen *Routing Area (RA)* genannt.

Schnittstellen Mit Hilfe der G_b-Schnittstelle wird das BSS mit dem SGSN verbunden. Über die G_n und G_p-Schnittstellen werden Nutz- und Signalisierungsdaten zwischen *GPRS Support Nodes (GSNs)* übertragen. Die G_n-Schnittstelle wird verwendet, um SGSN und GGSN im gleichen PLMN zu verbinden. Falls SGSN und GGSN in verschiedenen Mobilfunknetzen liegen, wird die G_p-Schnittstelle benutzt.

Die G_n- und G_p-Schnittstellen sind auch zwischen zwei SGSNs definiert. Dies erlaubt den SGSNs, sich gegenseitig Teilnehmerdaten mitzuteilen, wenn eine Mobilstation vom Zuständigkeitsbereich eines SGSN in den eines anderen SGSNs wechselt.

Für die Abfrage und Überprüfung der Geräteidentität (IMEI) einer sich anmeldenden Mobilstation steht dem SGSN die G_f-Schnittstelle zur Verfügung.

Mit Hilfe der G_i-Schnittstelle wird das Mobilfunknetz mit externen, öffentlichen oder privaten PDNs verbunden. Typische Beispiele sind Internet beziehungsweise firmeninternes Unternehmensnetz (Intranet), dabei werden Schnittstellen zu IP (IPv4 und IPv6) und X.25-Netzen unterstützt.

7.5 Kernnetz

Die G_r-Schnittstelle wird zum Austausch von aufenthaltsbezogenen Teilnehmerdaten und zum Teilnehmermanagement verwendet. Mit Hilfe dieser Schnittstelle informiert der SGSN das HLR/GR über den aktuellen Aufenthaltsort der GPRS-Mobilstation. Immer wenn sich eine Mobilstation am SGSN anmeldet, übergibt das HLR/GR dem SGSN teilnehmerspezifische Daten.

Die G_s-Schnittstelle verbindet die Datenbanken des SGSN mit denen des MSC/VLR. Über diese Schnittstelle können erweiterte Funktionen und Registereinträge ausgetauscht werden, um eine effiziente Kombination von paket- und leitungsvermittelten Diensten zu unterstützen. Beispiele sind gemeinsame Aufenthaltsaktualisierungen, Paginganforderungen und Anmeldeprozeduren.

Zum Austausch von SMS-Nachrichten über GPRS ist die G_d-Schnittstelle definiert, welche das *SMS Gateway MSC (SMS-GMSC)* mit dem SGSN verbindet.

Geräteklassen In einem GSM/GPRS-System können simultan herkömmliche leitungsvermittelte GSM-Dienste (Sprache) und paketvermittelte Datenübertragung genutzt werden. Insgesamt sind drei Klassen von Mobilstationen definiert.

Eine Mobilstation der Klasse A kann simultan GPRS-Dienste und herkömmliche GSM-Dienste nutzen. Dazu stehen bei Bedarf jeweils mindestens ein Zeitschlitz für die Übertragung zur Verfügung.

Eine Mobilstation der Klasse B kann sich für beide Dienstvarianten anmelden und überwacht auch die Signalisierungskanäle des GPRS und der anderen GSM Dienste. Allerdings ist die gleichzeitige Nutzung eingeschränkt. Im Prinzip kann nur ein Dienst gleichzeitig genutzt werden.

Eine Mobilstation der Klasse C kann sich zu einem Zeitpunkt nur für eine Dienstvariante entscheiden. Für diese Klasse ist jedoch die Möglichkeit vorgesehen, SMS-Nachrichten jederzeit empfangen zu können.

An- und Abmeldung Damit eine Mobilstation Dienste im GPRS nutzen kann, muss sie sich zunächst ins GPRS-Netz einbuchen. Dazu meldet sie sich bei einem SGSN an. Das Netz überprüft die Zugangsberechtigung der Mobilstation und kopiert daraufhin die teilnehmerspezifischen Daten vom HLR in den SGSN und weist der Mobilstation eine *Packet Temporary Mobile Subscriber Identity (P-TMSI)* zu. Dieser Vorgang wird *GPRS Attach* genannt.

Für Mobilstationen, die GPRS- und herkömmliche GSM-Dienste verwenden, sind kombinierte *GPRS/IMSI Attach* Prozeduren möglich. Zum Abmelden einer Mobilstation vom GPRS-Netz wird die *GPRS Detach* Prozedur verwendet. Diese Prozedur kann auch vom Netz (SGSN oder HLR) eingeleitet werden.

Kontextaktivierung Nach einem durchgeführten GPRS Attach können Datenpakete mit externen Paketdatennetzen (PDN) ausgetauscht werden. Dazu muss die Mobilstation eine oder mehrere Adresse(n) des PDN beantragen, eine sogenannte PDP-Adresse *(Packet Data Protocol Address)*. Jede dieser PDP-Adressen wird durch einen PDP-

Kontext beschrieben, welcher den PDP-Typ, die PDP-Adresse der Mobilstation, die gewünschte Dienstgüte und die Adresse des als Zugangspunkt dienenden GGSN enthält.

Als PDP-Typ ist beispielsweise IPv4 möglich, die entsprechende IP-Adresse der Mobilstation könnte wie folgt aussehen 193.43.17.49. Der PDP-Kontext wird in der Mobilstation, dem SGSN und dem GGSN gespeichert. Eine Mobilstation mit einem aktiven Kontext kann Datenpakete senden und empfangen, sie ist also im externen PDN bekannt. Zur Weiterleitung der Datenpakete zwischen Mobilstation und dem GGSN wird die Abbildung zwischen den Adressen PDP und IMSI benötigt.

PDP-Adressen können statisch oder dynamisch zugeordnet werden. Falls einer Mobilstation von ihrem Heimatnetzbetreiber von Anfang an eine permanente PDP-Adresse zugewiesen wird, spricht man von einer statischen Zuteilung. Im dynamischen Fall wird eine PDP-Adresse erst bei Bedarf, also bei der Aktivierung eines PDP-Kontextes zugeteilt. Der GGSN ist in diesem Fall sowohl für die Zuteilung als auch Löschung der PDP-Adressen zuständig.

In Abbildung 7.60 wird der Ablauf der Aktivierung eines PDP-Kontextes, verursacht durch die Mobilstation, gezeigt. Mit Hilfe der ersten Nachricht ACTIVATE PDP CONTEXT REQUEST wird der SGSN von der Mobilstation über den gewünschten PDP-Kontext informiert. Der entsprechende Parameter PDP ADDRESS ist leer für den Fall dass eine dynamische Adresse zugewiesen werden soll. Im Anschluß daran werden die in GSM üblichen Sicherungsmaßnahmen durchgeführt. Dazu gehört unter anderem die Authentifikation des Teilnehmers. Falls der Zugang erlaubt ist, wird vom SGSN eine CREATE PDP CONTEXT REQUEST Nachricht an den GGSN gesendet. Der GGSN erzeugt in seiner PDP-Kontexttabelle einen neuen Eintrag, der ihm später erlaubt, PDP-Pakete zwischen dem SGSN und dem externen PDN zu routen. Der GGSN bestätigt dies an den SGSN mit der Nachricht CREATE PDP CONTEXT RESPONSE. Dabei wird wenn nötig, die von der GGSN dynamisch erzeugte PDP-Adresse mitgeteilt. Der SGSN kann daraufhin ebenfalls seine PDP-Kontexttabelle aktualisieren und bestätigt die Aktivierung an die Mobilstation mit der ACTIVATE PDP CONTEXT ACCEPT Nachricht.

Routing Beim Entwurf von mobilen Paketdatennetzen kommt der Realisierung der Mobilitätsverwaltung beziehungsweise Wegewahl (Routing) eine entscheidende Bedeutung zu. In Abbildung 7.61 ist ein Beispiel gezeigt. Die beiden Intra-PLMN Transportnetze werden von verschiedenen GPRS-Netzbetreibern betrieben. Zur Verbindung der beiden Netze ist sowohl ein Inter-PLMN-Transportnetz als auch ein PDN vorgesehen. Auf den zwischen PLMN und Inter-PLMN-Transportnetz platzierten *Border Gateways* werden unter anderem Sicherheitsfunktionen zum Schutz vor unerlaubtem Zugriff auf die privaten Intra-PLMN-Transportnetze angeboten.

Bei einer von der Mobilstation initiierten Übertragung werden die von der Mobilstation ankommenden Pakete von dem SGSN gekapselt und mit Hilfe des PDP-Kontextes über das GPRS Transportnetz an den passenden GGSN weitergeroutet. Dieser veranlasst die Weiterleitung an das PDN, in welchem die netzspezifischen Routingverfahren angewendet werden, um das Paket an den GGSN der Empfängerseite weiterzuleiten. Dieser überprüft den der Zieladresse zugeordneten Routingkontext und bestimmt so den zugeordneten SGSN und die relevante Tunnellinginformation. Jedes Paket wird anschließend

7.5 Kernnetz

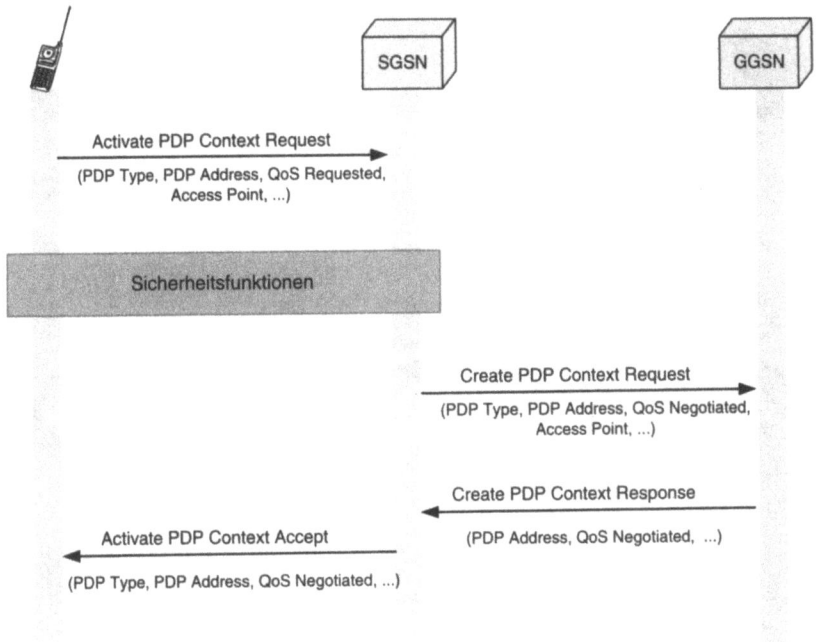

Abbildung 7.60: PDP-Kontextaktivierung

wieder gekapselt und zum SGSN getunnelt, welcher schließlich das Paket der Mobilstation zustellen kann.

In der anderen Richtung werden Pakete durch das PDN zum GGSN geleitet. Dort wird der der Zieladresse der Mobilstation zugeordnete Routingkontext überprüft. Der korrespondierende SGSN kann dann nach der zugehörigen Tunnellinginformation abgefragt, das Paket gekapselt und zum SGSN getunnelt werden. Die beim SGSN eintreffenden Pakete können schließlich zur Mobilstation weitergeleitet werden.

Zwischen zwei GGSNs beziehungsweise zwischen Mobilstation und SGSN werden unterschiedliche Schemata zur Datenkapselung verwendet. Zwischen den GGSNs werden die Pakete mit Hilfe des einheitlichen *GPRS Tunnelling Protocols (GTP)* gekapselt. Auf diese Weise können beliebige Protokolle im PDN *(Packet Data Protocols, PDP)* verwendet werden, auch wenn sie nicht von allen SGSNs unterstützt werden. Zur Entkoppelung der Schicht 2 Protokolle von den Vermittlungsprotokollen wird zwischen Mobilstation und SGSN eine eigene Datenkapselung angewendet.

Mobilitätsverwaltung Während einer GPRS-Sitzung werden die Vereinbarungen zwischen Mobilstation und Netz ständig aktualisiert. In Abbildung 7.62 wird das Zustandsmodell einer Mobilstation für das Mobilitätsmanagement gezeigt. Im Zustand IDLE ist die Mobilstation nicht erreichbar. Der Zustand READY kann nur durch ein GPRS Attach erreicht werden. Im Zustand READY kann die Mobilstation Datenpakete versenden und empfangen. Wenn die Mobilstation für einen längeren Zeitraum kein Datenpaket

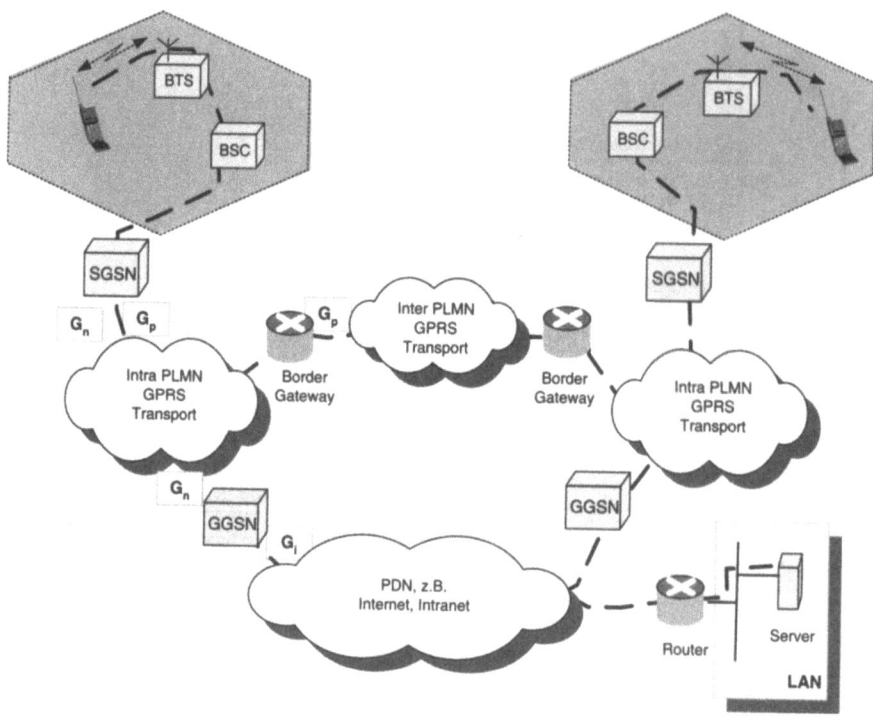

Abbildung 7.61: Beispiel eines GPRS Netzes

sendet oder empfängt, läuft der READY Timer ab und die Mobilstation geht in den Zustand STANDBY. Während im Zustand READY die Mobilstation den SGSN über jeden Zellenwechsel informiert, wird die Aufenthaltsinformation im Zustand STANDBY nur dann aktualisiert, wenn die sogenannte *Routing Area (RA)* gewechselt wird. Dieses Gebiet stellt in der Regel eine Untermenge der in GSM definierten *Location Areas (LAs)* dar. Die Anzahl der zugehörigen Zellen kann vom Netzbetreiber frei definiert werden.

Damit die aktuelle Zelle, in der sich die Mobilstation aufhält, gefunden werden kann, müssen Mobilstationen im Zustand STANDBY mit Hilfe eines Pagings gesucht werden. Im Gegensatz dazu ist das Paging für Mobilstationen im Zustand READY nicht nötig.

Wenn eine Mobilstation, die sowohl GPRS- als auch herkömmliche GSM-Dienste nutzt, in eine neue LA wechselt, treten kombinierte RA/LA-Updates auf. Dabei sendet die Mobilstation einen ROUTING AREA UPDATE REQUEST an den SGSN und zeigt diesem mit Hilfe des Parameters *Update Type* an, dass ein LA-Update erforderlich ist. Die Nachricht wird dann vom SGSN an das VLR weitergeleitet.

Eine Mobilstation, die in eine neue RA wechselt, sendet ebenfalls einen ROUTING AREA UPDATE REQUEST an den zugeordneten SGSN. Als Parameter wird nun die *Routing Area Identity (RAI)* der alten RA mitgesendet. Das BSS fügt den *Cell Identifier (CI)* der neuen Zelle der Nachricht hinzu. Daraus kann der SGSN die RAI der neuen RA ableiten. Im Wesentlichen können zwei Fälle unterschieden werden. Im Falle eines Intra-SGSN

7.5 Kernnetz

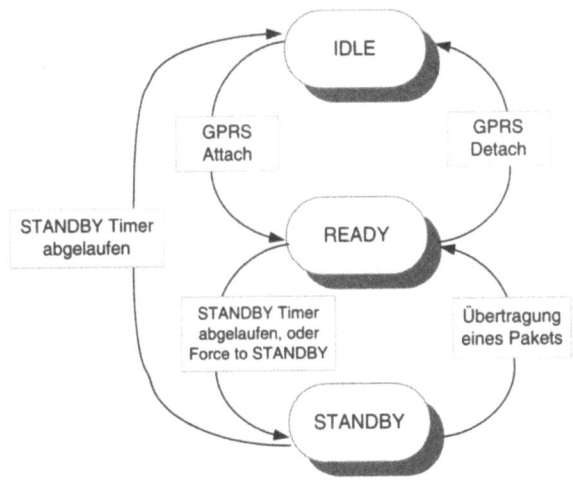

Abbildung 7.62: Zustandsmodell einer GPRS-Mobilstation

sind neue und alte RA demselben SGSN zugeordnet, im Inter-SGSN-Fall wird die neue RA von einem anderen SGSN verwaltet.

In Abbildung 7.63 wird der *Intra-SGSN Routing Area Update* gezeigt. In diesem Fall verfügt der SGSN bereits über die Daten des Teilnehmers. Daher kann der SGSN sofort dem Teilnehmer mit Hilfe der ROUTING AREA UPDATE ACCEPT Nachricht eine neue P-TMSI zuteilen. Da der Routingkontext unverändert bleibt, müssen weitere Netzkomponenten wie beispielsweise GGSN und HLR nicht informiert werden.

Im Fall eines Inter-SGSN fordert der neue SGSN den alten SGSN auf, ihm die entsprechenden PDP-Kontexte mitzuteilen. Im Anschluß daran kann der neue SGSN die beteiligten GGSN über den neuen Routingkontext des Teilnehmers informieren. Das HLR und gegebenenfalls das MSC/VLR werden ebenfalls über die neue SGSN-Nummer des Teilnehmers benachrichtigt.

Dienstgüte Innerhalb des GPRS sind vier Parameter zur Dienstgüte *(Quality of Service, QoS)* vorgesehen, die mit jedem PDP-Kontext verknüpft sind. Die Parameter betreffen die Dringlichkeit *(Service Precedence, Priority)*, die Verzögerung *(Delay)*, die Zuverlässigkeit *(Reliability)* und den Durchsatz *(Throughput)*.

Unter normalen Betriebsbedingungen versucht das Netz, die bezüglich der Dienstgüte getroffenen Vereinbarungen aller Teilnehmer (-Profile) einzuhalten. Mit Hilfe der *Dienstpriorität (Service Precedence Class)* kann die relative Wichtigkeit spezifiziert werden, die gewünschte Dienstgüte auch bei besonders kritischen Bedingungen, wie beispielsweise aktuell hoher Last, einzuhalten. Es existieren drei Stufen: Hohe, normale und niedrige Priorität. So werden zum Beispiel bei starker Netzbelastung zunächst die Pakete niedriger Priorität verworfen.

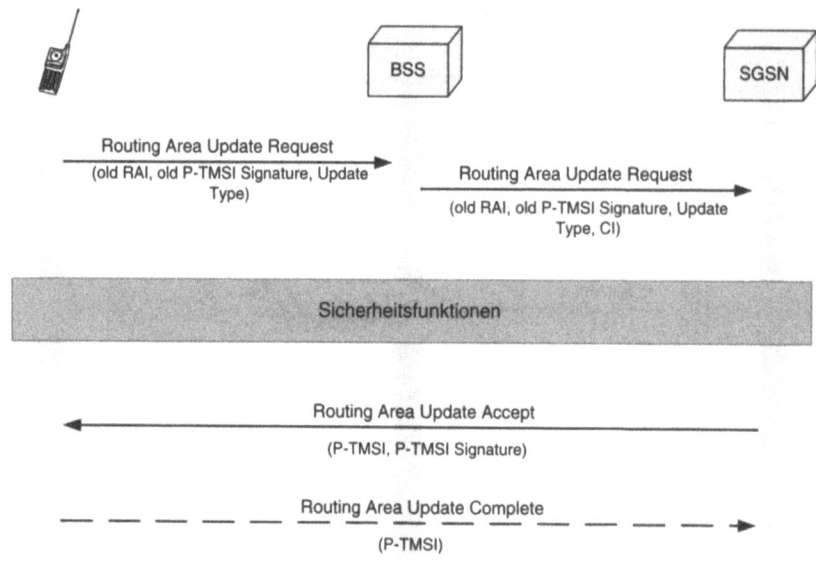

Abbildung 7.63: Intra-SGSN Routing Area Update

Mit Hilfe der Parameter zur *Verzögerung (Delay)* werden die maximalen Werte für die mittlere Verzögerung *(Mean Delay)* und für die Verzögerung, die in 95% aller Fälle unterschritten wird *(95-Percentile Delay)* spezifiziert. Die Verzögerung wird durch die Ende-zu-Ende Laufzeit zwischen zwei kommunizierenden GPRS-Teilnehmern beziehungsweise zwischen einer GPRS-Mobilstation und der G_i-Schnittstelle zum externen PDN beschrieben. Die entsprechende Zeit berücksichtigt die gesamte Verzögerung innerhalb des GPRS-Netzes. Dies umfasst die Zeit, die zur Anforderung und Zuweisung eines Funkkanals benötigt wird, die Übertragung über den Funkkanal und die Laufzeit im GPRS-Transportnetz. Verzögerungen außerhalb des GPRS-Netzes bleiben davon unberücksichtigt. In GPRS sind vier unterschiedliche Verzögerungsklassen *(Delay Classes)* definiert. In Tabelle 7.5 sind diese Klassen und deren Verzögerungswerte für ein 128 Byte beziehungsweise 1024 Byte langes Paket aufgelistet.

Tabelle 7.5: Verzögerungsklassen in GPRS

Klasse	128 Byte		1024 Byte	
	Mittlere Verzögerung	95% Verzögerung	Mittlere Verzögerung	95% Verzögerung
1	< 0.5 s	< 1.5 s	< 2 s	< 7 s
2	< 5 s	< 25 s	< 15 s	< 75 s
3	< 50 s	< 250 s	< 75 s	< 375 s
4	unbestimmt (Best Effort)	unbestimmt (Best Effort)	unbestimmt (Best Effort)	unbestimmt (Best Effort)

7.5 Kernnetz

Die *Zuverlässigkeit (Reliability)* eines Dienstes gibt die von der Anwendung erforderlichen Charakteristika zur Übertragung an. Sie bezieht sich dabei auf die Wahrscheinlichkeiten für verlorengegangene, doppelt oder in falscher Reihenfolge eingehende Datenpakete, sowie für Pakete, die unerkannt verfälscht werden. In GPRS sind drei Zuverlässigkeitsklassen *(Reliability Classes)* definiert. In Tabelle 7.6 sind die entsprechenden Parameter dargestellt.

Tabelle 7.6: Zuverlässigkeitsklassen in GPRS

Klasse	Wahrscheinlichkeiten für			
	verloren- gegangenes Paket	dupliziertes Paket	falsche Reihenfolge	verfälschtes Paket
1	10^{-9}	10^{-9}	10^{-9}	10^{-9}
2	10^{-4}	10^{-5}	10^{-5}	10^{-6}
3	10^{-2}	10^{-5}	10^{-5}	10^{-2}

Der Teilnehmerdurchsatz wird im Rahmen einer Menge von Durchsatzklassen *(Throughput Classes)* spezifiziert. Mit Hilfe dieser Klassen kann die zu erwartende Bandbreite für einen angeforderten PDP-Kontext charakterisiert werden. Der Durchsatz wird durch Spitzenwert *(Maximum/Peak Bit Rate)* und mittleren Wert *(Mean Bit Rate)* definiert.

UMTS-paketvermittelte Netzarchitektur Die Struktur der paketvermittelten Variante in UMTS entspricht im Wesentlichen der von GPRS, wobei im Grunde nur das Zugangsnetz BSS durch das auf CDMA basierende UTRAN ersetzt wird. In Abbildung 7.12 wird die entsprechende Architektur in UMTS gezeigt. Mit Hilfe der neuartigen I_u Schnittstelle kann das Zugangsnetz wahlweise die paketvermittelte (I^{PS}) beziehungsweise leitungsvermittelte Variante (I^{CS}) im Kernnetz ansprechen.

7.5.2.2 Innovationen in UMTS

Im Wesentlichen basiert UMTS auf einer Weiterentwicklung von GPRS. Bei der Anpassung des heutigen GPRS auf UMTS spielen die Bereiche der Mobilitätsverwaltung und die Kontrolle der Dienstgüte eine wichtige Rolle. In diesem Zusammenhang muss dem Aspekt der Datennetze eine immer größer werdende Bedeutung beigemessen werden. Es wird davon ausgegangen, dass sich das Internet als das Transportnetz in UMTS entwickeln wird. Die in den entsprechenden Arbeitsgremien *IETF (Internet Engineering Task Force)* vorgeschlagenen Arbeiten müssen nicht nur auf den Kernbereich in UMTS angepasst werden. Diese neuen Mechanismen haben insbesondere auch Auswirkungen auf die Funktionen und Protokolle in UTRAN.

Internet Mobility Management In den einschlägigen IETF gibt es zur Zeit Überlegungen, das mobile IP Protokoll *(MIP)* auch zur Mobilitätsverwaltung in UMTS anzuwenden [81]. In Abschnitt 7.1.3.4 wurde das MIP bereits kurz vorgestellt. Mit Hilfe des MIP können Rechner im Internet an verschiedenen Standorten betrieben werden. Dabei wird immer dieselbe Internetadresse verwendet. Beim MIP wird im Wesentlichen ein mobiles Endgerät *(Mobile Node)* und zwei spezielle Router, *Home Agent* und *Foreign Agent*, unterschieden.

In Abbildung 7.64 wird anhand eines Beispiels ein solches Szenario gezeigt. Die Existenz des Home Agenten in einem Netz erlaubt einem mobilen Endgerät, sich in ein anderes Netz zu bewegen. Der Besuch eines für das mobile Endgerät fremden Netzes wird erst durch den Foreign Agent ermöglicht. Ein Rechner (Host), der zu einem aktuellen Zeitpunkt Datenpakete mit einem mobilen Endgerät austauscht, wird in diesem Zusammenhang *Corresponding Node* genannt.

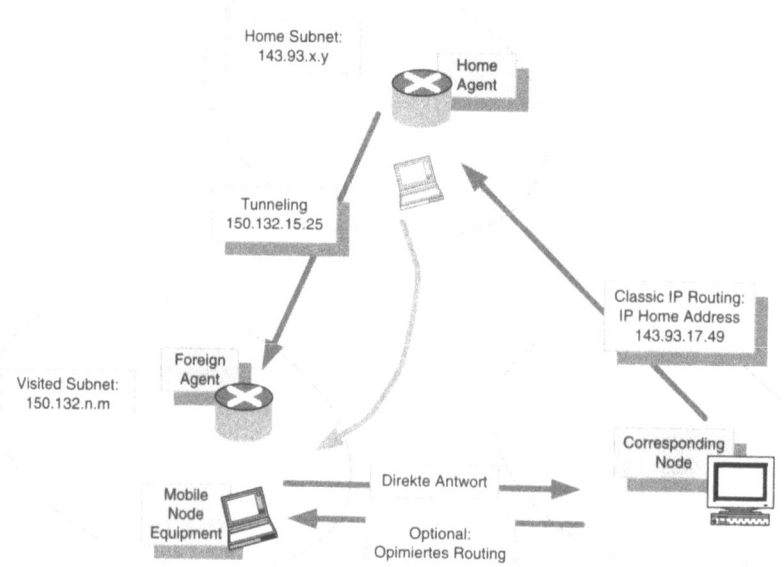

Abbildung 7.64: MIP

Mit Hilfe des MIP werden einem mobilen Endgerät zwei IP Adressen zugewiesen. Zur Identifikation wird die Heimatadresse *(Home Address)* verwendet, die zweite Adresse *(Care-Of-Address)* wird zur Weiterleitung der Datenpakete verwendet. Zur Realisierung der Care-Of-Address gibt es zwei Möglichkeiten. Entweder wird dazu die Adresse des Foreign Agenten verwendet, oder dem mobilen Endgerät wird eine temporäre IP Adresse zugeteilt.

Ein mobiles Endgerät kann mit Hilfe des *Agent Discovery Protocols* die Adresse des Foreign Agents ermitteln, welcher bereit ist, ihn aufzunehmen. Um sich gegenseitig die Existenz anzuzeigen, tauschen dazu die Agenten (Home und Foreign) untereinander in periodischen Zeitabständen Multicast oder Broadcast *(Agent-Advertisement)*-Nachrichten aus. Ein mobiles Endgerät kann optional eine solche Information mit Hilfe einer expliziten Anforderung *(Agent Solicitation)* verlangen. Mit Hilfe einer Agent-Advertisement-Nachricht kann also das mobile Endgerät die Adresse des Foreign Agenten und die aktuelle Care-Of-Address erfahren. Anschließend informiert das mobile Endgerät seinen Home Agenten und teilt gleichzeitig die Gültigkeitsdauer der neuen Adresse mit. Daraufhin kann der Home Agent den Umzug abschließen, wobei ein Zeiger von der Heimatadresse des mobilen Endgerätes auf die Care-Of-Address installiert wird.

Alle Datenpakete, die vom Corresponding Node an das mobile Endgerät versendet werden, werden vom Home Agent als gekapselte Daten mit Hilfe eines Tunnels an den Foreign Agent weitergeleitet. Dazu wird das ursprüngliche IP-Paket in ein neues IP-Paket verpackt, welches nun die Care-Of-Address als Sendeadresse enthält. Der Foreign Agent empfängt das gekapselte Datenpaket, entpackt das ursprüngliche IP-Paket und sendet dieses an das mobile Endgerät weiter.

In der anderen Richtung sendet das mobile Endgerät seine Datenpakete zum Corresponding Node auf direktem Weg zurück. Dazu werden die im aktuell aufgesuchten Netz verfügbaren Router herangezogen. Um die Netzkapazität effizienter zu nutzen, kann mit Hilfe des ICMPs *(Internet Control Message Protocol)* ein *Re-Direct* erfolgen, so dass Folgepakete, die vom Corresponding Node in der ursprünglichen Richtung versendet werden, ebenfalls auf direktem Weg an das mobile Endgerät geroutet werden.

Die in UMTS verwendeten Mobilitätsaspekte basieren auf den in GSM eingeführten Mechanismen, bei denen im Wesentlichen das MIP nicht berücksichtigt wird. Bei der Weiterentwicklung von UMTS wird ein schrittweiser Ansatz verfolgt. In einer ersten Stufe werden die in UMTS verwendeten Mobilitätsmechanismen unverändert benutzt. Lediglich zur Verwaltung der Mobilität zwischen verschiedenen Systemen, wie beispielsweise einem LAN und UMTS, wird das MIP herangezogen. In diesen Fällen kann mit Hilfe eines MIP-Handovers keine unterbrechungsfreie Übertragung garantiert werden. In einer zweiten und dritten Stufe können die mobilen IP Mechanismen auch in UMTS verwendet werden, um eine effizientere Adressierung zu erreichen. Dabei wird nun die Mobilität zwischen verschiedenen GGSNs beziehungsweise SGSNs realisiert. In diesen Situationen sind unterbrechungsfreie, auf MIP basierende Handover während einer Datenübertragung ebenso denkbar.

Dienstgüte Üblicherweise sind Ende-zu-Ende Verbindungen durch eine bestimmte Dienstgüte *(Quality of Service, QoS)* charakterisiert. Um innerhalb von UMTS Aussagen zur Dienstgüte vornehmen zu können, muss ein Trägerdienst (Funkkanal), welcher den Dienst zwischen Quelle und Senke realisiert, mit spezifizierten Charakteristika eingerichtet werden. Bei der Definition der entsprechenden Dienstgüteklassen *(QoS Classes)* in UMTS müssen insbesondere die Einschränkungen berücksichtigt werden, die sich aufgrund der Funkschnittstelle ergeben [79].

Wegen der unterschiedlichen, für die Funkübertragung typischen Fehlercharakteristika ist es nicht sinnvoll komplexe Mechanismen vorzusehen, wie sie in festgebundenen Netzen üblich sind. Die in zellularen Funknetzen angebotenen QoS Mechanismen müssen im Wesentlichen robust sein und zugleich eine akzeptable Auflösung sicherstellen. In UMTS sind die folgenden Dienstgüteklassen vorgesehen: *Conversational Class*, *Streaming Class*, *Interactive Class* und *Background Class*.

Diese Dienstgüteklassen unterscheiden sich im Wesentlichen durch die bezüglich der Verzögerung erlaubten Abweichungen. Diese Anforderungen sind in der Conversational Class am höchsten und nehmen bezüglich der anderen Klassen zunehmend ab. In der Background Class werden im Prinzip keine Aussagen zur Verzögerung getroffen.

Die *Conversational Class* wird für Echtzeitverbindungen herangezogen. Typische Anwendungen sind herkömmliche Sprachübertragung, Sprachübertragung im Internet und Videokonferenz. Die Anforderungen für diese Anwendungen beziehen sich sowohl auf die absolute Übertragungszeit als auch auf die Abweichung davon. Die im UMTS verursachte Verzögerungszeit sollte so klein wie möglich sein. Die Abweichung von der mittleren Verzögerung sollte ebenfalls klein sein. Bei mehreren solcher Verbindungen sollte insbesondere die relative Verzögerung möglichst konstant bleiben. Die entsprechenden Parameter werden im Wesentlichen durch die menschliche Wahrnehmung definiert.

Im Gegensatz zur Conversational Class wird die *Streaming Class* nur zur Übertragung unidirektionaler Dienste verwendet. In der Regel erfolgt die Übertragung von einem Netzserver zum Teilnehmer. Typische Beispiele dieser Klasse sind *Video on Demand* aber auch *Web Radio*. Bei den zeitlichen Anforderungen spielt die absolute Verzögerung eine eher untergeordnete Rolle. Im Wesentlichen muss beim Teilnehmer lediglich ein zeitlich konstanter Datenstrom sichergestellt werden.

Bei der *Interactive Class* kann der Teilnehmer Daten beziehungsweise Dienste von einem entfernten Server anfordern. Typische Anwendungen sind Web-Browsing und Datenbankanfragen. Im Prinzip werden von dieser Klasse alle Dienste mit Zugang auf entfernte Server abgedeckt. Die wichtigen Anforderungen dieser Klasse betreffen Antwortzeit *(Round-Trip Delay)* und Datenintegrität. Der Teilnehmer, der eine entsprechende Anwendung startet, sollte in einer bestimmten Zeit eine Antwort erhalten, wobei eine bestimmte, in der Regel niedrige Bitfehlerrate sichergestellt sein sollte.

Die *Background Class* unterscheidet sich von der *Interactive Class* im Wesentlichen nur in der tolerablen Antwortzeit. In der Regel werden von einer Anwendung, die einen solchen Dienst anfordert, überhaupt keine Anforderungen bezüglich maximaler Antwortzeit erwartet. Die Anforderungen an die Datenintegrität sind genau wie bei der Interactive Class von großer Bedeutung. Beispiele für die Background Class sind das Versenden von elektronischen Nachrichten (Email) und Kurzmitteilungen (SMS). Weniger wichtige Datenbankanfragen können ebenfalls in dieser Klasse angesiedelt sein.

Die in den beiden weniger priorisierten Dienstgüteklassen, Interactive Class und Background Class, geforderte höhere Anforderung an die Datenintegrität kann aufgrund der geringen zeitlichen Anforderungen mit Hilfe von Wiederholungsmechanismen (ARQ) erreicht werden.

Multimedia Service Management In UMTS sind neuartige multimediale Dienste für beide, leitungsvermittelte und paketvermittelte, Kernnetzvarianten vorgesehen. In diesem Zusammenhang muss die Verbindungskontrolle *(Call Control)* funktional erweitert werden. Während einer Verbindung müssen mehrere Medienströme geeignet verwaltet werden. Dies betrifft beispielsweise den Wechsel von einer herkömmlichen Sprachverbindung zu einer Videoverbindung und möglicherweise wieder zurück.

In UMTS wird dazu das Multimedia Call Control Modell aus H.323 verwendet. Dabei wird insbesondere der H.323 Standard mit der für GSM entwickelten Signalisierung kombiniert beziehungsweise mit der in GPRS definierten Sitzungssteuerung *(PDP Context Establishment)*. Dieser Entscheidung liegt die Überlegung zu Grunde, für UMTS möglichst keine eigenen neuen Protokolle zu entwerfen und darüber hinaus möglichst einen globalen Markt zu schaffen, der von vielen Herstellern (Endgeräte und Infrastruktur) versorgt werden kann.

Das Multimedia Service Management Protokoll wird im Prinzip transparent auf den beiden Vermittlungsvarianten angeboten. In Abbildung 7.65 wird der Zusammenhang beider Multimediaprotokolltypen gezeigt. Die Funktionen und Protokolle zum Management von Multimediadiensten müssen im mobilen Endgerät für beide Varianten, Call Control *(CC)* und Session Management *(SM)* angeboten werden. Im Kernnetz müssen jeweils nur die relevanten Komponenten verfügbar sein. Im Fall der paketvermittelten Variante müssen daher im H.323 Gateway insbesondere die dazu benötigten Multimediaprotokolle zur Verfügung gestellt werden. Des Weiteren sollte erwähnt werden, dass die Funktionen der Multimediaprotokolle beide Ebenen betreffen, Signalisierung und Nutzdaten.

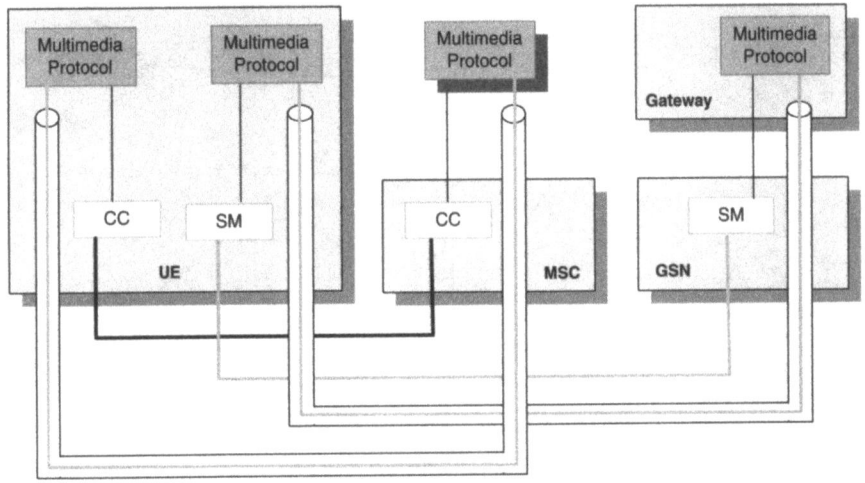

Abbildung 7.65: Multimedia Service Management

7.5.2.3 All-IP-Netze

Die von 3GPP standardisierte Netzarchitektur für den UMTS Start (Release 99) ist aus heutiger Sicht und mit dem heutigen Stand der Technik die optimale Architektur für den Einstieg in die Mobilfunknetze der dritten Generation [80].

Wie in heutigen GSM Netzen besteht auch die Release 99 Architektur im Kernnetzbereich aus einem leitungsvermittelten Anteil (CS) und einem paketvermittelten Anteil (PS). Der leitungsvermittelte Anteil ist dabei im Wesentlichen eine Weiterentwicklung des MSC und des HLR aus GSM, während der paketvermittelte Anteil auf GPRS mit SGSN und GGSN aufbaut.

Im Hinblick auf die Kostensenkung für den zukünftig überwiegenden Datentransport durch diese Netze, ergeben sich allerdings einige Verbesserungsmöglichkeiten. Wenn in Zukunft mobile Datendienste dominieren werden, sollte die Netzarchitektur darauf optimiert werden. Wie im Festnetzbereich werden auch hier das Internet Protokoll (IP) und IP-basierende Netzelemente vorherrschen. Somit können die Netzelemente größtenteils auf offenen Computing- und Routing-Plattformen realisiert werden, was die Kosten für die Anschaffung und Wartung senkt.

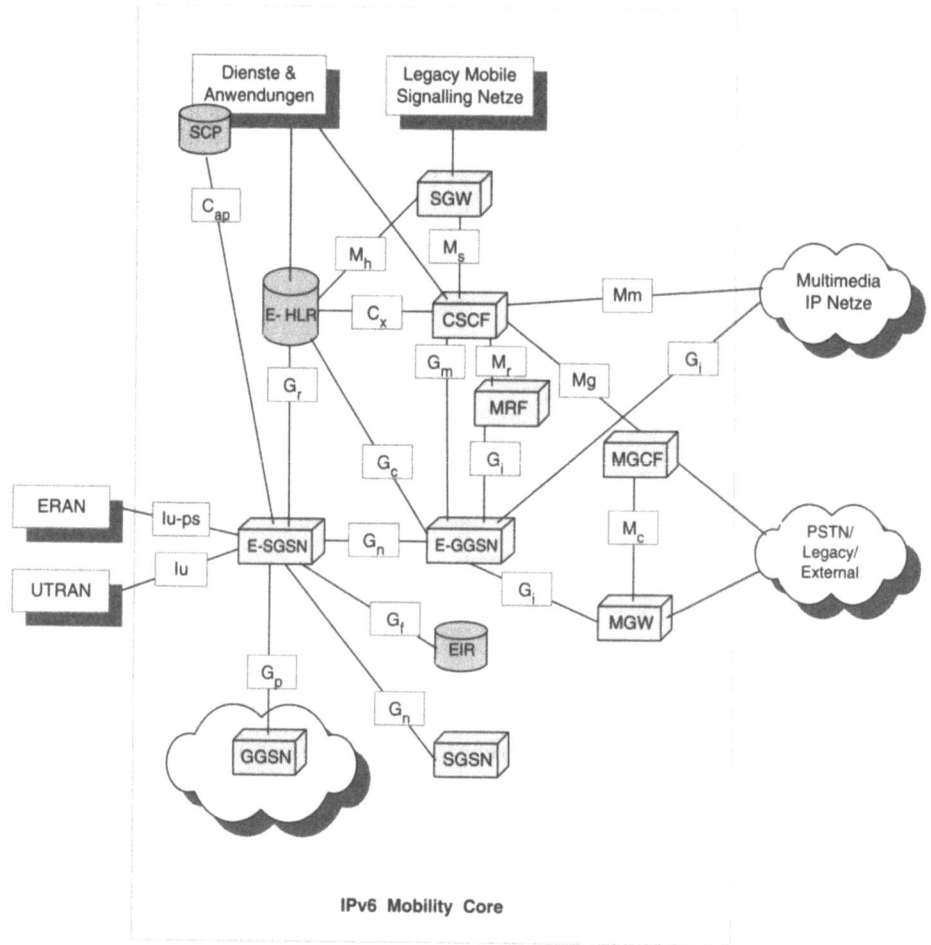

Abbildung 7.66: All-IP Architektur

Weitere Kosten können durch eine Reduktion der Komplexität der Netzelemente eingespart werden. Dazu kann beispielsweise ein MSC in zwei weniger komplexe Einheiten zerlegt werden, welche die Übertragungs- *(Gateway Plane)* und Steuerungsebene *(Control Plane)* betreffen. Dies erlaubt die Skalierung der Netze in kleineren Schrittweiten. Kapazität kann immer dort zusätzlich bereitgestellt werden, wo sie benötigt wird. Engpässe in einem Bereich (z.B. Übertragungsbereich) und Überkapazitäten in einem anderen Bereich (z.B. Steuerungsbereich) können mit solch einer Architektur einfacher vermieden werden. Der Netzbetreiber kann damit auf Änderungen in seinem Verkehrsprofil, welches sich beispielsweise durch neue erfolgreiche Dienste ergibt, schneller reagieren.

Marktanalysen gehen davon aus, dass mittelfristig der Verkehr im Netz durch mobile Datendienste so sehr über den herkömmlichen Sprachverkehr überwiegen wird, dass Sprachverkehr nur noch als Overhead zum Datenverkehr interpretiert werden muss. In diesem Fall ist es günstiger, den gesamten Verkehr kostenoptimiert über die IP-basierenden Netzkomponenten abzuwickeln, Sprache also als *VoIP (Voice over IP)* oder IP Telefonie. Dieser Endausbau wird *All-IP* genannt. Beim Netzbetrieb muss dann nur noch eine Art von Netz berücksichtigt werden, so dass weitere Kostenersparnisse damit verbunden werden können.

Die Grundlage für diese Art einer kostengünstigen Netzarchitektur wird in den 3GPP Release 2000 beziehungsweise Releases 4 und 5 standardisiert und wird in Abbildung 7.66 illustriert. Bei dieser Architektur sind zwei verschiedene Zugangsnetze vorgesehen, UTRAN und *ERAN (EDGE Radio Access Network)*, siehe dazu auch Kapitel 6.3.3. Des Weiteren sind zusätzliche, weniger komplexe Netzelemente vorgesehen, die eine kostengünstige Kooperation mit IP-basierenden Komponenten (IPv6) ermöglichen.

Die *Call State Control Function (CSCF)* Komponente ist für die Verbindungssteuerung, die Dienstvermittlung, die Abbildung der Adressen und die Verhandlung bezüglich der verwendeten Codectypen zuständig. Die *Media Gateway Control Function (MGCF)* stellt die Signalisierungsschnittstelle zwischen dem IP-basierenden UMTS Netz und leitungsvermittelten, externen Netzen dar. Die entsprechende Schnittstelle für Telefonverkehr wird mit Hilfe der *Media Gateway Function (MGW)* umgesetzt. Die Funktionen, die nötig sind um Multiparty Verbindungen und Konferenzverbindungen aufzubauen, werden von der *Multimedia Ressource Function (MRF)* Komponente angeboten. Die Anpassung der unterschiedlichen Signalisierungsprotokolle SS#7 und IP-basierten Signalisierung wird durch die *Signaling Gateway Function (SGW)* ermöglicht.

Des Weiteren müssen auch die Funktionen der heutigen UMTS Release 99 Netzkomponente erweitert werden, so dass integrierte Dienste IP-basierend mit Hilfe der GSNs und HLR Elemente realisiert werden können.

Literaturverzeichnis

[1] Abramson, N.: *Devolpment of the ALOHANET*; IEEE Transactions on Information Theory, Vol. 31, pp 119-123, März 1985.

[2] ATM Forum: http://www.atmforum.com.

[3] Arnbek, J.C.: *The (R)evolution of Wireless Digital Networks*; IEEE Communications Magazine, Vol. 31, pp 74-82, September 1993.

[4] Barnes, D.: *ETSI and Type Approval Activities for UMTS*; in 7th IEE European Conference on Mobile Personal Communications, pp 205-209, Venue, The Brighton, UK. December 1993.

[5] Bertesekas, D, Gallager, R.: *Data Networks*; 2. Auflage, Englewood Cliffs, Prentice Hall, NY, 1992.

[6] Black, U.D.: *Data Link Protocols*; Prentice Hall, Englewood Cliffs, NJ 1993.

[7] Bluetooth Consortium: http://www.bluetooth.com.

[8] Bocker, P.: *ISDN - Das dienstingetrierende digitale Nachrichtennetz: Konzept, Verfahren, Systeme*; Springer Verlag, Berlin 1990.

[9] Bossert, M.: *D-Netz-Grundlagen - Funkübertragung in GSM-Systemen*; Teil 1 und 2, Funkschau, Heft 22 und 23, 1991.

[10] Conrads, D.: *Datenkommunikation: Verfahren, Netze und Dienste*; Viewg-Verlag, 3. Auflage, 1996.

[11] Cox, D.C, Reudnik, D.O.: *The Behaviour of Dynamic Channel Assignment Mobile Communications Systems*; IEEE Transactions on Communications, Vol-20, S. 471-479 1972.

[12] De Prycker, M.: *Asynchronous Transfer Mode*, Prentince Hall Verlag, München, 1996.

[13] David, K., Benkner, T.: *Digitale Mobilfunksysteme*; B.G: Teubner Verlag, 1996.

[14] DIN: *Frequenz- und Wellenlängebereiche*; Deutsch Elektrotechnische Komission im DIN und VDE, 1985.

[15] Duque-Anton, J.M.: *Anwendung stochastischer Verfahren zur Lösung statischer und dynamischer Kanalvergabeprobleme in Mobilfunknetzen*; VDI Verlag, 1995.

[16] Duque-Anton, J.M., Rüber, B., Killat, U.: *Extending Kohonen's Self-Organizing Mapping for Adaptive Resource Managemetn in Cellurlar Radio Networks*; IEEE Transactions on Vehicular Technology, Vol 46, No 3, August 1997.

[17] Eberspächer, J., Vögel, H.-J.: *GSM: Global System for Mobile Communication*; Teubner-Verlag, Stuttgart-Leipzig, 2. Auflage, 1999.

[18] ETSI: http://www.etsi.org.

[19] ETSI: *Framework for Services Supported by the Universal Mobile Telecommunications System (UMTS)*; Draft UMTS ETR 04-01, ETSI, September 1995.

[20] Falciasecca, G., Frullone, M., Riva, G., Sentinelli, M., Serra, M.: *Investigation on a Dynamic Channel Allocation For High Capacity Mobile Radio Systems*; IEEE Conference on Vehicular Technology, Dener, USA, Vol-41, No 14, June 1989.

[21] Furuya, Y, Akaiwa, Y.: *Channel Segregation, a Distributed Adaptive Channel Allocation Scheme for Mobile Communications Systems*; Digital Mobile Radio Conference DMR II, Stockholm, S. 311-315, 1987.

[22] GSM-Recommendations 03.12, *Location Registration Procedures*.

[23] GSM-Recommendations 05.08, *Radio Subsytem Link Control*.

[24] GSM-Recommendations 05.10, *Radio Subsystem Synchronistion*.

[25] GSM Association: http://www.gsmworld.com.

[26] Halpern, S.W.: *Re-Use Partioning in Cellular Systems*; IEEE, Vehicular Technology Conference, S. 322-327, 1983.

[27] Hata, H.: *Empirical Formula for Propagation Loss in Land Mobile Radio Services*; IEEE, Transactions on Vehicular Technology, Vol 29, S. 317-325, 1980.

[28] Hatziliadis, G, Walke, B., Mende, W.: *CELLPAC, A Packet Radio Protocol Applied to the Cellular GSM Mobile Radio Network*; IEEE, Vehicular Technology Conference, 1991.

[29] Holma, H., Toskala, A.: *WCDMA for UMTS: Radio Access For Third Generation Mobile Communications*; J. Wiley and Sons, 2000.

[30] Humphrey, M.: *ATM Handbook*, McGraw-Hill, New York, 1997.

[31] van der Heijden, M.: *Understanding WAP: Wireless Applications, Devices and Services*; Artech House Mobile Communications, 2000.

[32] Ikegami, F., Yoshida, S., Takeuchi, T., Umehira, M.: *Propagation Factors Controlling Mean Field Strength on Urban Streets*; IEEE, Transactions on Vehicular Technology, Vol 32, S. 68-84, 1984.

[33] IEEE Com. Mag.: *The (R)evolution of Wireless Digital Networks*; IEEE Communications Magazine, Special Issue on on ACTS Mobile Programme in Europe, Vol. 36, No 2, pp 80-136, 1998.

[34] ITU-T Empfehlungen, Serie E: *E: International Telephone Service Operation*.

[35] ITU-T Empfehlungen, Serie F: *F: International Telephone Conference Systems*.

[36] ITU-T Empfehlungen, Serie G: *G: General Characteristics of International Telephone Connections and Circuits*.

[37] ITU-T Empfehlungen, Serie I: *I: Integrated Services Digital Network*.

[38] ITU-T Empfehlungen, Serie Q: *Q: General Recommendations on Telephone Switching and Signalling*.

[39] ITU-T Empfehlungen, Serie X: *X: Data Communications Network*.

[40] ITU-T Empfehlungen, Serie V: *V: Interfaces*.

[41] Kleinrock, L.: *Queuing Systems*; Vol.1: Theory, New York, London, Sydney, Toronto, J. Wiley and Sons, 1975.

[42] Lebherz, M, Wiesbeck, W.: *Beurteilung des Reflexions- und Schirmungsverhalten von Baustoffen*; Sonderdruck aus: Bauphysik, Band 12, 1990.

[43] Lee, W.C.L.: *Mobile Communications Engineering*; McGrwa-Hill Book Company, New-York, St. Louis, 1982.

[44] Lee, W.C.L.: *Mobile Communications Design Fundamentals*; Howard & Sams, Inianapolis, 1986.

[45] Lee, W.C.L.: *Mobile Cellular Telecommunication Systemes*; McGrwa-Hill Book Company, New-York, 1989.

[46] Lin, S., Costello, D.J.: *Error Control Coding: Fundamentals and Applications*; Vol. 1 of Computer Applications in Electrical Engeneering Series, Prentice-hall, Englewood Cliffs, New Jersey, 1983.

[47] Macario, R.C.V.: *Cellular Radio Systems*; Norwood: Artech House Inc., 1993.

[48] MacDonaal, V.H.: *The Cellular Concept*; Bell System Technical Journal, Vol. 58, No. 1, 1979.

[49] Mouly, M., Pautet, M.-B.: *The GSM System for Mobile Communications*; M. Mouly und M.B. Pautet Eigenverlag, Rue Louise Nrunneau 49, F-91129 Palaisau, 1992.

[50] Namme, G.N., Philips, J.A.: *Personal Wireless Communications with DECT and PWT*; Artech House Mobile Communications Library, 1998.

[51] Okumura, Y., Ohmore, E., Kawano, T., Fukuda, K.: *Field Strength and Its Variability in VHF and UHF Land-Mobile Radio Service*; Rec., Vol 16, S. 825-873, 1968.

[52] Papadakis, N., Kanatas, A.G., Paliatsos, A., Constantinou, P.: *Microcellular Propagation Measurements and Modelling at 1.8 GHz*; In: Wireless Networks - Catching the Mobile Future, Personal, Indoor and Mobile Radio Communications PIMRX '94. The Hague, The Netherlands, S. 15-19, September 1994.

[53] Parsons, J.D..: *The Mobile Radio Propagation Channel*; Prentech Press Publishers, London, 1992.

[54] Pätzold, A.: *Mobilfunkkanäle*; Vieweg Verlag, 2000.

[55] Perkins, C.E.: *Mobile IP: Design Principles and Practices*; Reading MA: Addison-Wesley, 1998.

[56] Proakis, J.G.: *Digital Communications*; McGraw-Hill Book Company, New York, 1989.

[57] Roberts, L.: *Extensions of Packet Communications Technology to a Hand Held Personal Terminal*; Proceedings Spring Joint Computer Conference, AFIPS, S. 295-298 1972.

[58] Schneier, B.: *Applied Cryptography*, 2. Auflage, John Wiley, New York, 1996.

[59] SCN Education B.V.:*Mobile Networking with WAP*, Vieweg, Braunschweig/Wiesbaden, 2000.

[60] Sengoku, M., Kurate, M., Dajitani, Y.: *Rearrangements in a Small Cell Mobile Radio System*; IEEE Conference on Vehicular Technology, Dener, USA, Vol-39, No 12, June 1991.

[61] Stallings, W.: *Local and Metropolitan Area Networks*; 4. Auflage, Macmillan, New York, 1994.

[62] Stallings, W.: *Data and Computer Communications*; 4. Auflage, Macmillan, New York, 1994.

[63] Sklar, B.: *Digital Communications: Fundamentals and Applications*; Prentice-Hall, Englewood Cliffs, New Jersey, 1988.

[64] Steele, R.: *Mobile Radio Communications*; Pentench Press Ltd, London, 1992.

[65] Steele, R.: *Mobile Radio Communications*; IEEE Press, 1995.

[66] Suzuki, H.: *A Statistical Model for Urban Radio Propagation*;IEEE Transaction on Communications, Vol 25, 1977.

[67] Stüber, G.L.: *Principles of Mobile Communications*;Kluwer Academic Publishers, Boston, Dodrecht, London, 1996.

[68] Tanenbaum, H.W.: *Computer-Netzwerke*; dritte revidierte Auflage, Prentice Hall, 1998.

[69] Tran-Gia, P.: *Analytische Leistungsbewertung verteilter Systeme*; Berlin, Heidelberg, New York, Springer, 1996.

[70] Tuttlebe, A.S.: *Cordless Telecommunications in Europe: The Evolution of Unlicensed PCS*; Springer, 1997.

[71] UMTS Forum: *Sprectrum for IMT 2000*; Technical Report, UMTS Forum, October 1997.

[72] Walfish, J., Bertoni, H.L.: *A Theoretical Model of UHF Propagation in Urban Environment*; IEEE Antennas and Propagation, Vol 36, No 32, December, 1988.

[73] Walke, B.: *Mobilfunknetze und ihre Protokolle, Band I + II*; B.G: Teubner Verlag, 1999.

[74] ATM Forum: http://www.wapforum.org.

[75] Wiart, J.: *Micro-Cellular Modelling when Base Station Antenna is below Roof Tops*; In Proceedings 44th Vehicular Technology Conference, Creating Tomorrow's Mobile Systems, Stockholm, Sweden, IEEE, S. 8-10, June 1994.

[76] ATM Forum: http://www.wapforum.org/DTD/wml_1.1xml

[77] Zhang, M, Yum, T.S..: *Comparisions of Channel Assignements Strategies in Cellular Mobile Telephone Systems*; IEEE ICC'89, Boston, June 1989.

[78] 3GPP TS 23.060 V3.0.1 (2000-03): *General Packet Radio Service (GPRS) Service Description, Stage 2* 1999.

[79] 3GPP TS 23.107 V3.0.1 (2000-03): *Quality of Service, Concept and Architecture* 1999.

[80] 3GPP TR 23.922 V3.0.1 (2000-03): *Architecture for All IP Network* 1999.

[81] 3GPP TR 23.923 V3.0.1 (2000-03): *Combined GSM and Mobile IP Mobility Handling in UMTS IP CN* 1999.

[82] 3GPP TR 23.925 V3.0.1 (2000-03): *UMTS Core Network Based ATM Transport* 1999.

[83] 3GPP TR 23.930 V3.0.1 (2000-03): *Iu Principles* 1999.

[84] 3GPP TS 25.101 V3.3.0 (2000-06): *UE Radio Transmission and Reception (FDD)* 1999.

[85] 3GPP TS 25.102 V3.2.0 (2000-03): *UTRA (UE) TDD, Radio Transmission and Reception* 1999.

[86] 3GPP TS 25.104 V3.2.0 (2000-03): *UTRA (BS) FDD, Radio Transmission and Reception* 1999.

[87] 3GPP TS 25.105 V3.2.0 (2000-03): *UTRA (BS) TDD, Radio Transmission and Reception* 1999.

[88] 3GPP TS 25.201 V3.2.0 (2000-03): *Physical Layer, General Description* 1999.

[89] 3GPP TS 25.211 V3.2.0 (2000-03): *Physical Channels and Mapping of Transport Channels onto Physical Channels (FDD)* 1999.

[90] 3GPP TS 25.212 V3.2.0 (2000-03): *Multiplexing and Channel Coding (FDD)* 1999.

[91] 3GPP TS 25.213 V3.2.0 (2000-03): *Spreading and Modulation (FDD)* 1999.

[92] 3GPP TS 25.221 V3.2.0 (2000-03): *Physical Channels and Mapping of Transport Channels onto Physical Channels (TDD)* 1999.

[93] 3GPP TS 25.222 V3.2.1 (2000-05): *Multiplexing and Channel Coding (TDD)* 1999.

[94] 3GPP TS 25.223 V3.2.0 (2000-03): *Spreading and Modulation (TDD* 1999.

[95] 3GPP TS 25.301 V3.2.0 (2000-03): *Radio Interface Protocol Architecture* 1999.

[96] 3GPP TS 25.306 V3.0.0 (2000-12): *UE Radio Access Capabilities* 1999.

[97] 3GPP TS 25.321 V3.2.0 (2000-03): *MAC Protocol Specification* 1999.

[98] 3GPP TS 25.322 V3.2.0 (2000-03): *RLC Protocol Specification* 1999.

[99] 3GPP TS 25.323 V3.2.0 (2000-03): *PDCP Protocol Specification* 1999.

[100] 3GPP TS 25.324 V3.2.0 (2000-03): *BMC Protocol Specification* 1999.

[101] 3GPP TS 25.331 V3.2.0 (2000-03): *RRC Protocol Specification* 1999.

[102] 3GPP TS 25.401 V3.2.0 (2000-03): *UTRAN Overall Description* 1999.

[103] 3GPP TR 25.922 V3.0.1 (2000-03): *Radio Resource Management Strategies* 1999.

[104] 3GPP TR 25.925 V3.0.1 (2000-03): *Radio Interface for Broadcast/Multicast Services* 1999.

[105] 3GPP TR 25.990 V3.2.0 (2000-03): *Vocabulary* 1999.

[106] 3GPP TS 33.102 V3.2.0 (2000-03): *Security Architecture* 1999.

[107] 3GPP TS 33.105 V3.2.0 (2000-03): *Security: Cryptographic Algorithm Requirements* 1999.

Abkürzungen

3GPP	Third Generation Partnership Project
A3	Authentifikationsalgorithmus
A5,A8	Verschlüsselungsalgorithmen
AAL	ATM Adaptation Layer
AB	Access Burst
Abis	BTS - BSC Interface
ACSE	Association Control Service Element
ABM	Asynchronous Balance Mode
ADM	Asynchronous Disconnected Mode
AGCH	Access Grant Channel
AICH	Acquisition Indication Channel
ALCAP	Access Link Control Application Protocol
AMR	Adaptive Multirate Codec
ANSI	American National Standardization Institute
ARQ	Automatic Repeat Request
AS	Active Set
ASE	Application Service Element
ASIC	Application Specific Integrated Circuit
ATM	Asynchronous Transfer Mode
AuC	Authentication Center
BAIC	Barring of All Incoming Calls
BAOC	Barring of All Outgoing Calls
BCC	Base Station Controller Code
BCCH	Broadcast Control Channel
BCH	Broadcast Channel
BER	Bit Error Rate
BCF	Base Station Control Functions
BFI	Bad Frame Indication
B-ISDN	Broadband-ISDN
Bm	Mobiler B-Kanal
BOIC	Barring of Outgoing International Calls
BPSK	Binary Phase Shift Keying
BS	Base Station
BSC	Base Station Controller
BSIC	Base Station Identity Code
BSS	Base Station Subsystem
BSSAP	Base Station System Application Part
BSSMAP	Base Station System Management Application Part
BTS	Base Station Transceiver System

BTSM	Base Transceiving Station Management
CB	Cell Broadcast
CC	Call Control
CCCH	Common Control Channel
CCPCH	Common Control Physical Channel
CDMA	Code Division Multiple Access
CFB	Call Forwarding on Mobile Subscriber Busy
CFNRc	Call Forwarding on Mobile Subscriber Busy Not Reachable
CFNRy	Call Forwarding on No Reply
CFU	Call Forwarding Unconditional
CGI	Common Gateway Interface (Script)
CLIP	Calling Number Identification Presentation
CLIR	Calling Number Identification Restriction
CI	Cell Identity
CM	Connection Management
CN	Core Network
Codec	Coder/Decoder
CPCH	Common Packet Channel
CPICH	Common Pilot Channel
CRC	Cyclic Redundancy Check
CS	Circuit Service
CSCF	Call State Control Function
DCH	Dedicated Channel
DCCH	Dedicated Control Channel
DECT	Digital Enhanced Cordless Telecommunication
Dm	Mobiler D-Kanal
DPCCH	Dedicated Physical Control Channel
DPDCH	Dedicated Physical Data Channel
DRNC	Drift RNC
DSCH	Downlink Shared Channel
DS	Direct Sequencing
DSU	Data Service Unit
DTAP	Direct Transfer Application Part
DTMF	Dual Tone Multiple Frequency
DTCH	Dedicated Traffic Channel
DTX	Discontinuous Transmission
EDGE	Enhanced Data Rates for Global Evolution
EFR	Enhanced Full Rate (Codec)
EIR	Equipment Identity Register
ERAN	EDGE Radio Access Network
ETSI	European Telecommunications Standards Institute
FA	Foreign Agent
FACCH	Fast Associated Control Channel
FB	Frequency Correction Burst
FCAPS	Fault, Configuration, Accounting, Performance, Security
FCCH	Frequency Correction Channel
FDD	Frequency Division Duplex
FDMA	Frequency Division Multiple Access

FEC	Forward Error Correction
FH	Frequency Hopping
FPLMTS	Future Public Land Mobile Telecommunication System
GGSN	Gateway GPRS Support Node
GMM	Global Multimedia Mobility
GMSC	Gateway MSC
GMSK	Gaussian Minimum Shift Keying
GPS	Global Positioning System
GPRS	General Packet Radio Service
GSC	GSM Speech Codec
GSM	Global System for Mobile Communication
GSN	GPRS Support Node
GTP	GPRS Tunneling Protocol
HDLC	High Level Data Link Control
HLR	Home Location Register
HSCSD	High Speed Circuit Switched Data
HTML	Hypertext Markup Language
HTTP	Hypertext Transfer Protocol
ICMP	Internet Control Message Protocol
IEEE	Institute of Electrical and Electronics Engineers
IETF	Internet Engineering Task Force
IMEI	International Mobile Equipment Identity
IMSI	International Mobile Subscriber Identity
IMT-2000	International Mobile Telecommunications-2000
IN	Intelligent Network
INAP	IN Application Part
IP	Internet Protocol
IPv4	Internet Protocol Version 4
IPv6	Internet Protocol Version 6
ISDN	Integrated Services Digital Network
ISO	International Standards Organization
ISP	Intermediate Services Part, Internet Service Provider
ITU	International Telecommunications Institut
IWF	Interworking Function
Kc	Cipher/Decipher Key
Ki	Subscriber Authentication Key
LA	Location Area
LAC	Location Area Code
LAI	Location Area Identifier
LAN	Local Area Network
LAPD	Link Access Procedure D-Channel
LAPDm	LAPD mobile
LEO	Low Earth Orbiting Satellite
LLC	Logical Link Control
LMSI	Local Mobile Subscriber Identity
LPC	Linear Predictive Coding
LTP	Long Term Prediction
MAC	Medium Access Control

MAIO	Mobile Allocation Index Offset
MAP	Mobile Application Part
MExE	Mobile Station Execution Environment
MGCF	Media Gateway Control Function
MGW	Media Gateway Function
MIP	Mobile IP
MM	Mobility Management
MMI	Man Machine Interface
MoU	Memorandum of Understanding
MRF	Multimedia Resource Function
MS	Mobile Station
MSC	Mobile Services Switching Center
MSIN	Mobile Subscriber Identification Number
MSS	Mobile Satellite System
MSRN	Mobile Station Roaming Number
MSISDN	Mobile Subscriber ISDN
MT	Mobile Termination
MTP	Message Transfer Part
NB	Normal Burst
NCC	Network Colour Code
NE	Network Element
NMT	Nordic Mobile Telephone
ODCH	ODMA Dedicated Transport Channel
ODMA	Opportunity Driven Multiple Access
OMAP	Operation, Maintenance and Administration Part
OMC	Operation and Maintenance Center
ORACH	ODMA Random Access Channel
OS	Operating System
OSI	Open System Interconnection
PAD	Packet Assembler/Disassembler
PAGCH	Packet Associated Control Channel
PCH	Paging Channel
PCCH	Paging Control Channel
PCM	Pulse Code Modulation
PCPCH	Physical Common Packet Channel
PCS	Personal Communication System
PDN	Packet Data Network
PDP	Packet Data Protocol
PDSCH	Physical Downlink Shared Channel
PDU	Protocol Data Unit
PICH	Paging Indication Channel
PIN	Personal Identity Number
PHS	Personal Handy Phone
PLMN	Public Land Mobile Network
PN	Pseudo Noise
PRACH	Packet Random Access Channel
PS	Packet Service
PSK	Phase Shift Keying

PSTN	Public Switched Telephone Network
PUK	PIN Unblocking Key
PUSCH	Physical Uplink Shared Channel
QoS	Quality of Service
QPSK	Quadrature Phase Shift Keying
RA	Rate Adaption, Routing Area
RAB	Radio Access Bearer
RB	Radio Bearer
RACH	Random Access Channel
RAI	Routing Area Identifier
RAN	Radio Access Network
RANAP	Radio Access Network Application Part
RAND	Zufallszahl
RFCH	Radio Frequency Channel
RLC	Radio Link Control
RLP	Radio Link Protocol
RNC	Radio Network Controller
RNS	Radio Network Subsystem
RNSAP	Radio Network Subsystem Application Part
RR	Radio Ressource Management
RRC	Radio Resource Control
RRM	Radio Resource Management
RSVP	Resource Reservation Protocol
RTP	Real Time Protocol
RTSP	Real Time Streaming Protocol
SACCH	Slow Associated Control Channel
SAP	Service Access Point
SAPI	SAP Identifier
SAT	SIM Application Toolkit
SB	Synchronisation Burst
SCCP	Signalling Connection Control Part
SCCH	Synchronisation Control Channel
SCH	Synchronisation Channel
SCP	Service Control Point
SDCCH	Stand-Alone Dedicated Control Channel
SDMA	Space Division Multiple Access
SDU	Service Data Unit
SGSN	Serving GPRS Support Node
SGW	Signalling Gateway Function
SIB	System Information Block
SIM	Subscriber Identity Module
SMS	Short Message Service
SNR	Signal to Noise Ratio
SRES	Authentifikator
SRNS	Serving RNS T
SS#7	Signalling System Number 7
TA	Timing Advance, Terminal Adapter
TAC	Type Approval Code

TCAP	Transaction Capabilities Application Part
TCH	Traffic Channel
TCP	Transmission Control Protocol
TCTF	Target Channel Type Field
TDD	Time Division Duplex
TDMA	Time Division Multiple Access
TFCI	Transport Format Combination Indicator
TFCS	Transport Format Combination Set
TFI	Transport Format Indicator
TMSI	Temporary Mobile Subscriber Identity
TMN	Telecommunication Management Network
TPC	Transmission Power Control
TRAU	Transcoder/Rate Adaptor Unit
TRX	Transceiver (Transmitter/Receiver)
UDP	User Datagram Protocol
UE	User Equipment
Um	Luftschnittstelle
UMSC	UMTS MSC
UMTS	Universal Mobile Telecommunication System
URAN	UMTS Radio Access Network
USCH	Uplink Shared Channel
USSD	Unstructured Supplementary Service Data
UTRA	UMTS Terrestrial Radio Access
VAD	Voice Activity Detection
VAS	Value-Added Services
VHE	Virtual Home Environment
VLR	Visitor Location Register
WAE	Wireless Application Environment
WAP	Wireless Application Protocol
WARC	World Administrative Radio Conference
W-CDMA	Wideband CDMA
WDP	Wireless Datagram Protocol
WLL	Wireless Local Loop
WML	Wireless Markup Language
WSP	Wireless Session Protocol
WTA	Wireless Telephone Application
WTAI	Wireless Telephone Application Interface
WTP	Wireless Transaction Protocol
WTLS	Wireless Transport Layer Security
XML	Extensible Markup Language

Sachwortverzeichnis

A_{bis}-Schnittstelle, 75
C_u Schnittstelle, 213
I_u Schnittstelle, 202
I_u^{CS}, 214
I_u^{PS}, 214
I_{ub} Schnittstelle, 248
I_{ur} Schnittstelle, 248
U_u Schnittstelle, 213
U_m-Schnittstelle, 75
8PSK, 188

A-Netz, 10
AAL, 195
AAL2, 206, 249
AAL5, 249
Abschattung, 18, 51
    Abschattungsraum, 20
Acknowledgement, 28
Active Set, 202, 274
Active Set Update, 269
Adaptive Frame Alignment, 130
Adaptive Multirate Codec, 187
Admission Control, 255, 271
Adressierung, 78
AGCH, 120, 138, 144
AICH, 232, 243
ALCAP, 250
ALOHA, 39
American National Standardization Institute, 1
Anchor-MSC, 143
Ankunftsrate, 40, 55
ANSI, *siehe* American National Standardization Institute
Antennengewinn, 14
Anwendungsschicht, 26
Application Layer, 26
ARQ, *siehe* Automatic Repeat Request
Asynchronous Transfer Mode, 195
ATM, *siehe* Asynchronous Transfer Mode
AuC, *siehe* Authentication Center
Aufenthaltsaktualisierung, 89

Aufenthaltsbereich, 76, 81
    Wechsel eines, 92
Aufenthaltsbezogene Dienste, 175
Aufenthaltsinformation, 81
Ausbreitung, 13
Ausbreitungsart, 13
Ausbreitungsbedingungen, 15
Ausbreitungseigenschaften, 27
Authentification Center, 75
Automatic Repeat Request, 103

Bündelfehler, 17, 27
Bündelfunk, 6
Bündelgewinn, 60
Bandbreite, 17, 30
Base Station Controller, 75
Base Station Subsystem, 75
Base Transceiving Station, 75
BCCH, 81, 116, 119, 149, 257
BCFE, 264
BCH, 231, 255
Bedienrate, 55
Betreiberteilsystem, *siehe* Operation and Management Subsystem
Betriebsfunk, 6
Beugung, 19
BFI, 134
Bitübertragungsschicht, 24
Bitfehlerhäufigkeit, 28
Bitratenanpassung, 102
Bitverschachtelung, 136
Blockcode, 138
Bluetooth, 192
BMC, 252
BMCP, 263
BPSK, 239
BSC, *siehe* Base Station Controller
BSIC, 81
BSS, *siehe* Base Station Subsystem
BSSAP, 95
BSSMAP, 95
BSSOMAP, 95
BTS, *siehe* Base Transceiving Station

BTSM, 96
Burst, 114
    Access Burst, 117
    Bitwertigkeit, 114
    Dummy Burst, 116
    Error, 17
    Formate, 114
    Frequency Correction Burst, 115
    Guard Period, 114
    Normal Burst, 115
    Power Ramp, 115
    Synchronisation Burst, 116
    Tail Bits, 115
    Trainingssequenz, 115

C-Netz, 10
Call Control, 95
Card Deck, 179
CB, *siehe* Zellenrundfunk
CCCH, 119, 257
CCH, 120
CCPCH, 232
    Primary CCPCH, 246
    Secondary CCPCH, 233
CCTrCH, 230
CDMA, 200, 219
Cell Selection, 271
CI, 78
Closed Loop Power Control, 241
Cluster, 45
Clustergröße, 45
Codec, 67
Codesignal, 220
Codespreizung, 220
Codevielfachzugriff, 35
Codevielfachzugriffsverfahren, 200
Connection Management, 95, 264
Core Network, 202
Core Network Domain, 212
Core Transport Network Operator, 213
CPCH, 232
CPICH, 232
CRC, *siehe* Cyclic Redundancy Check
CS Core, 214
CTCH, 257
Cyclic Redundancy Check, 28

Dämpfung, 14
Darstellungsschicht, 25

Data Link Layer, 25
Data Stream, 249
Datenrahmen, 25
DCCH, 119, 120, 256, 257
DCFE, 264
DCH, 230
DECT, *siehe* Digital Enhanced Cordless Telecommunication
Deregulierung, 1
Deutsches Institut für Normung, 1
Dienst, 23
Dienstbenutzer, 23
Diensterbringer, 23
Dienstgüte, 25
Digital Enhanced Cordless Telecommunication, 4
DIN, *siehe* Deutsches Institut für Normung
Direct Sequence, 35
Direktwellen, 13
Dispersion, 20
Downlink, 111
DPCCH, 232
DPCH, 235
DPDCH, 234
Drahtlose Nebenstellenanlage, 4
DS-CDMA, 35
DSCH, 232
DTAP, 95
DTCH, 256, 257
DTX, 134
Duplexverfahren, 38

EDGE, 185, 187
Effective Isotropically Radiated Power, 15
Einbuchen, 78
EIR, 90
EIRP, *siehe* Effective Isotropically Radiated Power
Entzerrer, 20
Equalizer, 20
Equipment Identity Register, 75
Erlang, 55
Erlang-Formel, 55
ETSI, *siehe* European Telecommunication Specification Institute
European Radio Message System, 7

Sachwortverzeichnis

European Telecommunication Specification Institute, 1

FACCH, 121
FACH, 231
Faltungscode, 136
Faltungscodierer, 29
Fast Fading, 18
FAUSCH, 231
FCCH, 116
FDD, 38
FDMA, *siehe* Frequenzvielfachzugriff
FEC, 28
Fehlerbehandlung, 29
Fehlererkennung, 29
Fehlersicherung, 28
Feststation, *siehe* Base Transceiving Station
FFCH, 124
Fire-Code, 138
FPLMTS, 188
Freiraumdämpfung, *siehe* Dämpfung
Frequency Hopping, *siehe* Frequenzsprungverfahren
Frequenzbänder, 13
Frequenzselektiver Mobilfunkkanal, 17
Frequenzspektrum, 13
Frequenzsprungverfahren, 28
Frequenzvielfachzugriff, 30
Frequenzwiederholabstand, 48
Funkfeldberechnung, 52
Funknetzplanung, 44
Funkschnittstelle, 107
Funkteilsystem, *siehe* Base Station Subsystem
Funkzellen, 43

Gateway MSC, 75
Gebührenabrechnung, 80
Gebührenerfassung, 89
General Packet Radio Service, 206
GGSN, 206, 214
Gleichkanalstörung, 43
Gleichkanalzellen, 45
Global Packet Radio System, 169
Global Positioning System, 8
GMM, 185
GMSC, *siehe* Gateway MSC, 214
GMSK, 108

GPRS-Register, 206
GPS, *siehe* Global Positioning System, 175
GSM, 63
GTP, 282

Handover, 10, 44
Hard Handover, 245
HDLC-Protokoll, 29
Hexagon, 44
High Performance Radio LAN, 5
HIPERLAN, *siehe* High Performance Radio LAN
Home Location Register, 75
Home Network Domain, 212
HSCSD, 185
HTML, 177
HTTP, 177

I-Node, 172
ICMP, 183
Identifikation, 78
IEEE, *siehe* Institute of Electrical and Electronics Engineers
IMEI, 79
IMSI, 78
IMT-2000, 190
IMT 2000, *siehe* International Mobile Telecommunication System 2000
Informationsrahmen, 104
Institute of Electrical and Electronics Engineers, 1
Inter-BSC Handover, 147
Inter-Frequenz Handover, 245
Inter-Mode Handover, 245
Inter-MSC-Handover, 146
Inter-System Handover, 245
Inter-Zell-Handover, 146
Interferenz, 47
Interleaving, 136
International Mobile Telecommunication System 2000, 8
International Telecommunications Institute, 1
Intersymbolinterferenz, 20
Intra-Zell-Handover, 146
IP, 172
ISDN, 64
ISDN User Part, 95

ISO-Referenzmodell, 23
ITU, *siehe* International Telecommunications Institute
IWU, 212

Java, 172
Joint Detection, 240

Kanäle, 25, 26
    Übertragungs-, 32
    benachbarte, 27
    dedizierte, 30
    Frequenz-, 32
    Funk-, 32
    Gesprächs-, 30
    logische, 32
    physikalische, 37
    TDMA-, 32
    Zeit-, 32
Kanalcodierer, 27
Kanalcodierung, 66, 100, 134, 150, 220
Kanalkombinationen, 121
Kanalzuordnung, 56
Kapazität, 40
    Kanal-, 39
    Netz-, 37
Kollisionen, 29, 39
Kontrollrahmen, 104
Kurznachrichten, *siehe* Kurznachrichtendienste
Kurznachrichtendienste, 69, 70

LA, *siehe* Location Area
LAI, 78, 81
LAN, 29
LAPDm, 86, 94
Laufzeit, 131, 288
Laufzeiten, 130
Laufzeitunterschiede, 128, 131
Leistungsklassen, 84
Leistungsmerkmale, 69
Leistungsmessungen, 116
Leistungsregelung, 121, 142
Leistungssteuerung, 241, 271
Leistungszeitmaske, 114
Liberalisierung, 1
LMSI, 83
Load Control, 272
Location Area, 75

Location Based Services, 175
Location Registration, 80
Location Update, 80, 81
Lognormal Fading, 18
Lokalisierungszonen, 75
LPC, 132
LQC, 188
LTP, 132
Luftschnittstelle, 75, 86, 107, 213

MAC, 30
Makrozellen, 52
MAP, 96
Measurement Command, 269
Measurement Identity Number, 269
Measurement Objects, 269
Measurement Quantity, 269
Measurement Report, 121, 142
Measurement Reporting Criteria, 269
Measurement Type, 269
Mehrfachnutzung, 33
Mehrfachreflexionen, 19
Mehrfachzugriff, 27, 29
Mehrwegeausbreitung, 15
    2-Wege-Ausbreitung, 16
Messdaten, 121
MExE, 169, 172
Mikrozellen, 53
Mobile Switching Center, 75
Mobilitätsverwaltung, 95, 289
Mobility Management, 95, 97, 152, 264, 289
Mobilvermittlungsteilsystem, *siehe* Network and Switching Subsystem
Morphologietypen, 52
Morsetelegraphie, 9
MSC, *siehe* Mobile Switching Center
MSISDN, 78, 80
MSK, 108
MSRN, 78, 82
MSS, 189
MTP, 95, 96
Multiframe, 122
Multiplexen, 27
Multirahmen, 124

Nachbarzellen, 43
Nah-Fern-Problem, 241
NBAP, 250

NCH, 120
Network and Switching Subsystem, 75
Network Layer, 25
Netzmanagement, 90
Node B, 202
Non-OACSU, 163
Normungsgremien, 1
NSS, *siehe* Network and Switching Subsystem

O-Schnittstelle, 75
OACSU, 163
ODCH, 231, 232
ODMA, 231
Okumura-Hata, 52
OMAP, 95
OMC, *siehe* Operation and Maintenance Center
OMS, *siehe* Operation and Management Subsystem
Open Loop Power Control, 241
Operation and Maintenance Center, 75
Operation and Management Subsystem, 75
ORACH, 232
Orthogonale Codes, 220, 274
OSI-Referenzmodell, 30
OSVF, 223
Outer Loop Power Control, 241

Packet Data Network, 283
Packet Data Protocol, 281
Paging, 81
Pagingsysteme, 7
    Cityruf, 7
    ERMES, 7
Paketdatennetze, 283
PCCH, 257
PCH, 120, 231
PCM-30, 75
PCN, *siehe* Personal Communication Network
PCS, *siehe* Personal Communication System, 189
PDCP, 252, 253
Personal Communication Network, 2
Personal Communication System, 2
Pfadverlust, 14
Phasenverschiebung, 16

PHS, 189
Physical Layer, 24
Physikalische Schicht, 24
PICH, 232
Picozellen, 53
PIN, 84
PLMN, 63
PNFE, 264
Power Control, *siehe* Leistungsregelung
Prüfsequenz, 104
Prüfsumme, 28
PRACH, 232
Presentation Layer, 25
Primärmultiplexanschluß, 4
PS Core, 214
PSTN, 63
PUK, 84
PUSCH, 232

QoS, 291
    Background Class, 291
    Classes, 291
    Conversational Class, 291
    Delay Classes, 288
    Interactive Class, 291
    Streaming Class, 291
QPSK, 239
Quality of Service, 217, 254, 287
Quantisierung, 99
Quellencodierung, 99
Quittung, 28
    negative, 29
    positiv, 29

RACH, 120, 231
Radio in the Local Loop, 5
Radio Link Control, 252, 260
Radio Ressource Control, 252
Rahmen, 41, 66, 103
Rahmenerkennungsworte, 104
Rahmenfehlerrate, 103
Rahmennummer, 66
    verkürzt, 127
Rahmenstruktur, 122
Rahmensynchronisierung, 120
Rake Receiver, 240
RAN, 202
RANAP, 250
Rand, 156

Rate Adaption, *siehe* Bitratenanpassung
Raumsegmente, 37
Raumvielfachzugriff, 30, 37
Raumwellen, 13
Raumwinkel, 14
Rayleigh-Fading, 16
Reflexion, 15, 19
Restbitfehlerhäufigkeit, 29
RFE, 264
RFN, 127
Rice Fading, 17
RLL, *siehe* Radio in the Local Loop
RLP-Rahmen, 103
RNC, 202, 214, 247
    Drift RNC, 248
    Serving RNC, 248
RNS, 214, 247
RNSAP, 250
RNTI, 271
    Cell-RNTI, 256
    UTRAN-RNTI, 256
Roaming, 78, 153
Routing Area, 282, 286
RPE, 132
RXLEV, 149
RXQUAL, 149

SACCH, 121
SAPI, 141
SAT, 169, 171
SCCH, 124
SCCP, 95
SCH, 231
Schnurlose Telefone, 4
Schutzabstand, 54
Schutzzeit, 114
SDCCH, 120
Service Management, 264
Serving Network Domain, 212
Session Layer, 25
SFN, 246
SGSN, 206, 214, 281
Shadowing, 18
Sicherungsschicht, 25
Signaling Bearer, 249
SIM, 78
Sitzungsschicht, 25
Slotted ALOHA, 40
Slow Fading, 18

Slow Frequency Hopping, 34
SMS, *siehe* Kurznachrichtendienste
Soft Capacity, 273
Soft Degradation, 226
Softer Handover, 245
Soft Handover, 202, 245, 274
Soft State, 218
Space Division Multiple Access, 37
SRes, 156
SS#7, 82, 250
Standardisierung, 1
Stealing Flags, 115
Stratum, 212
    Access Stratum, 212
    Application Stratum, 212
    Home Stratum, 212
    Serving Stratum, 212
    Transport Stratum, 212
Superrahmen, 126
Supplementary Services, 95

TBS, 229
TCAP, 95
TCH, 231
TCP, 172
TCTF, 259
TD-CDMA, 219
TDD, 38
TDMA, *siehe* Zeitvielfachzugriff
TDMA-Rahmen, 32, 113
TDMA-Rahmendauer, 117
Teilnehmerauthentikation, 78
Teilnehmeridentifikation, 73, 156
Telefon, 9
Telefonnetz, 9
Telegraphische Übertragung, 10
Telematikdienste, 64, 69
Telephone User Part, 95
Telepoint Systeme, 5
Terminal Adapter, 64
Terminal Equipment, 64, 84
TETRA, *siehe* Trans European Trunked Radio
TF, 229
TFCI, 229, 234
TFI, 229
Time Slots, 31
Timing Advance, 130
TMSI, 78, 83

Sachwortverzeichnis

Trägerdienst, 64
Trainingssequenz, 115
Transcoding, *siehe* TRAU
Trans European Trunked Radio, 7
Transportkanäle, 229
Transport Layer, 25
Transport Network Control Plane, 250
Transport Network Domain, 212
Transport Network User Plane, 249
Transportschicht, 25
TRAU, 86

Übertragung
   Funk-, 13
   Sprach-, 28
   Vollduplex-, 38
Übertragungs
   -bandbreite, 17
   -einrichtung, 25
   -fehler, 25
   -frequenz, 36
   -kanäle, 32
   -medium, 20, 29
   -pfaden, 27
   -qualität, 33
   -richtungen, 38
   -schicht, 27
   -wege, 18
UMTS, *siehe* Universal Mobile Telecommunication System
Universal Mobile Telecommunication System, 8
Uplink, 111
USCH, 232
User Equipment, 231
USIM, 175
USSD, 170
UTRA, 252
UTRAN, 213, 247, 249, 252

VAD, 134
VEA, 163
Verhältnis C/I, 48
Verkehr, 53, 55
Verlustsystem, 54
Vermittlungsknoten, *siehe* Mobile Switching Center
Vermittlungsschicht, 25
Verschlüsselung, 154, 156

Verschlüsselungsalgorithmus, 156
Versorgung, 59
Versorgungsbereich, 43
Verteilnetze, 2
Vielfachzugriff, 29
Virtual Home Environment, 173
Visitor Location Register, 75
VoXML, 174

W-CDMA, 219
WAE, 179
Walsh-Sequenz, 223
WAP, *siehe* Wireless Application Protocol, 169, 172, 176
WAP (Wireless Application Protocol), 5
WARC, 189
WDP, 181, 183
Wellenlänge, 13
Wiederholabstand, 48
Wiederholungsfaktor, 45
Wireless Application Protocol, 2
Wireless LAN, 5
Wireless Local Loop, 5
WLAN, *siehe* Wireless LAN
WLL, *siehe* Wireless Local Loop
WML, 169, 172, 183
WML-Script, 179
WSP, 179, 181
WTA, 179
WTAI, 180
WTLS, 181, 182
WTP, 182

XML, 172, 174, 183

Zeitmultiplex, 32
Zeitrahmen, 32
Zeitschlitze, 17, 31
Zeitvielfachzugriff, 31
Zellenrundfunk, 171
Zellulare Mobilfunknetze, 2
Zufallszugriff, 39
Zusatzdienste, 64, 72

Handy, Internet und Fernsehen verstehen

Glaser, Wolfgang
Von Handy, Glasfaser und Internet
So funktioniert moderne Kommunikation
Mildenberger, Otto (Hrsg.)
2001. X, 330 S. Mit 173 Abb. u. 4 Tab. Br. € 19,90
ISBN 3-528-03943-4

Dieses Buch will Verständnis wecken für die Techniken und Verfahren, die die moderne Informationstechnik überhaupt möglich machen. Nach einer Diskussion über den unterschiedlich definierten Begriff der Information in der Umgangsprache und in der Nachrichtentheorie wird auf die elementaren Zusammenhänge bei der zeitlichen und spektralen Darstellung von Signalen eingegangen, und es werden die grundlegenden Begriffe und Mechanismen der Nachrichtenverarbeitung erklärt (Nutz- und Störsignal, Modulation, Leitung und Abstrahlung von Signalen). Auf dieser Grundlage kann dann auf einzelne Kommunikationstechniken näher eingegangen werden, wie auf die optische Übertragung und Signalverarbeitung, auf Kompressionsverfahren, kompliziertere Bündelungstechniken und Nachrichtennetze. Nicht zuletzt durch einen Vergleich mit einem theoretisch vollkommenen biologischen informationsverarbeitendem System, dem Ortungssystem der Fledermäuse, wird auf die erst in den letzten Jahrzehnten möglich gewordene technische Nutzung des Optimalempfangsprinzips eingegangen, das einen Signalvergleich als theoretische Optimallösung vorschreibt.

Abraham-Lincoln-Straße 46
65189 Wiesbaden
Fax 0611.7878-420
www.vieweg.de

Stand 1.11.2001
Änderungen vorbehalten.
Erhältlich im Buchhandel oder im Verlag.

Einführung in die praktische Informatik

Küveler, Gerd / Schwoch, Dietrich
Informatik für Ingenieure
C/C++, Mikrocomputertechnik, Rechnernetze
3., vollst. überarb. u. erw. Aufl. 2001. XII, 572 S. Br. € 37,00
ISBN 3-528-24952-8

Inhalt:
Grundlagen - Programmieren mit C/C++ - Mikrocomputer - Rechnernetze

Dieses Lehrbuch ist für die Informatik-Erstausbildung in der Datenverarbeitung technischer Ausbildungsgänge geschrieben. Die breit angelegte Einführung bietet die wichtigsten Gebiete der praktischen Informatik. Wegen seiner ausführlichen Beispiele und Übungsaufgaben eignet sich das Buch besonders zum Selbststudium. In der 3. Auflage wurde C++ als Sprache neu vorgestellt. Ein besonderes Kapitel zeigt eine Einführung in das objektorientierte Programmieren mit C++. In diesen Abschnitten sind die Schlüsselworte für die Programmierung besonders hervorgehoben.

Die Autoren:
Prof. Dr. rer. nat. Gerd Küveler und Prof. Dr. rer. nat. Dietrich Schwoch lehren an der Fachhochschule Wiesbaden/Rüsselsheim im Fachbereich Mathematik, Naturwissenschaften und Datenverarbeitung.

Abraham-Lincoln-Straße 46
65189 Wiesbaden
Fax 0611.7878-420
www.vieweg.de

Stand 1.11.2001
Änderungen vorbehalten.
Erhältlich im Buchhandel oder im Verlag.

Let communications be a natural part of life.

Die Idee

Kommunikation an jedem Ort und zu jeder Zeit ist heute selbstverständlich.

Verteile Systeme bilden die technologische Basis.

Die entsprechenden Endgeräte findet man unter anderem in Fahrzeugen (Navigationssysteme) und in modernen Mobilfunknetzen (UMTS).

Das Ziel ist, die Verwendung Verteilter Systeme zum natürlichen Teil des Lebens werden zu lassen. Hierzu gehört eine intuitive Bedienbarkeit, die beispielsweise durch eine automatische Sprachsteuerung erzielt wird.

Der Weg

Die ComLet GmBH mit Sitz im ErgoZ in Zweibrücken entwickelt und vertreibt Mobile- und Verteilte Systeme.

In Kooperation mit der Fachhochschule Kaiserslautern arbeitet das junge Unternehmen an zukunftsorientierten Produkten in diesem Bereich.

Gegründet im Jahr 2001 von Hochschulprofessoren und Absolventen kann ComLet einen festen Kundenstamm im Automotive-Bereich vorweisen.

Die Geschäftsfelder

ComLet ist Spezialist für die Entwicklung von Verteilten Kommunikationsplattformen für Embedded Systems im Automotive-Bereich. Dies umfasst die Optimierung und Bewertung von Software-Architekturen.

Das Training der Kunden in Standard- und spezifischen Seminaren ist integraler Bestandteil der Unternehmensphilosophie.

Für die Entwicklung automatischer, sprachbasierter Auskunftsysteme in der Telefonie bietet die ComLet GmbH Module zur Spracherkennung und eine einfache CAPI-Programmierschnittstelle an.

Kontakt

ComLet Verteilte Systeme GmbH, Amerikastrasse 21
66482 Zweibrücken

Tel 06332 811-0
Fax 066332 811-119
Mail info@comlet.de
Web www.comlet.de

Verteilte Systeme GmbH

MIX
Papier aus verantwortungsvollen Quellen
Paper from responsible sources
FSC® C105338

If you have any concerns about our products,
you can contact us on
ProductSafety@springernature.com

In case Publisher is established outside the EU,
the EU authorized representative is:
**Springer Nature Customer Service Center GmbH
Europaplatz 3, 69115 Heidelberg, Germany**

Printed by Libri Plureos GmbH
in Hamburg, Germany